Julia Mia Stirnemann
Über Projektionen: Weltkarten und Weltanschauungen

Image | Band 147

Julia Mia Stirnemann
Julia Mia Stirnemann (Dr. phil.), geb. 1986, verbindet visuelle Kommunikation, Kartografie und Kunstgeschichte sowie Theorie und Praxis. Sie betrachtet die Welt kopfüber, fordert Standpunkte hinaus und stellt Perspektiven in Frage. Sie ist Autorin der zwei Softwareversionen zum Generieren von unkonventionellen Weltkarten, dem worldmapgenerator.com (2013) und dem worldmapcre ator.com (2017). Regelmäßige Lehrtätigkeiten und seit 2008 selbständige Grafikerin (juliamia.ch) in Zürich.

Julia Mia Stirnemann

Über Projektionen: Weltkarten und Weltanschauungen

Von der Rekonstruktion zur Dekonstruktion, von der Konvention zur Alternative

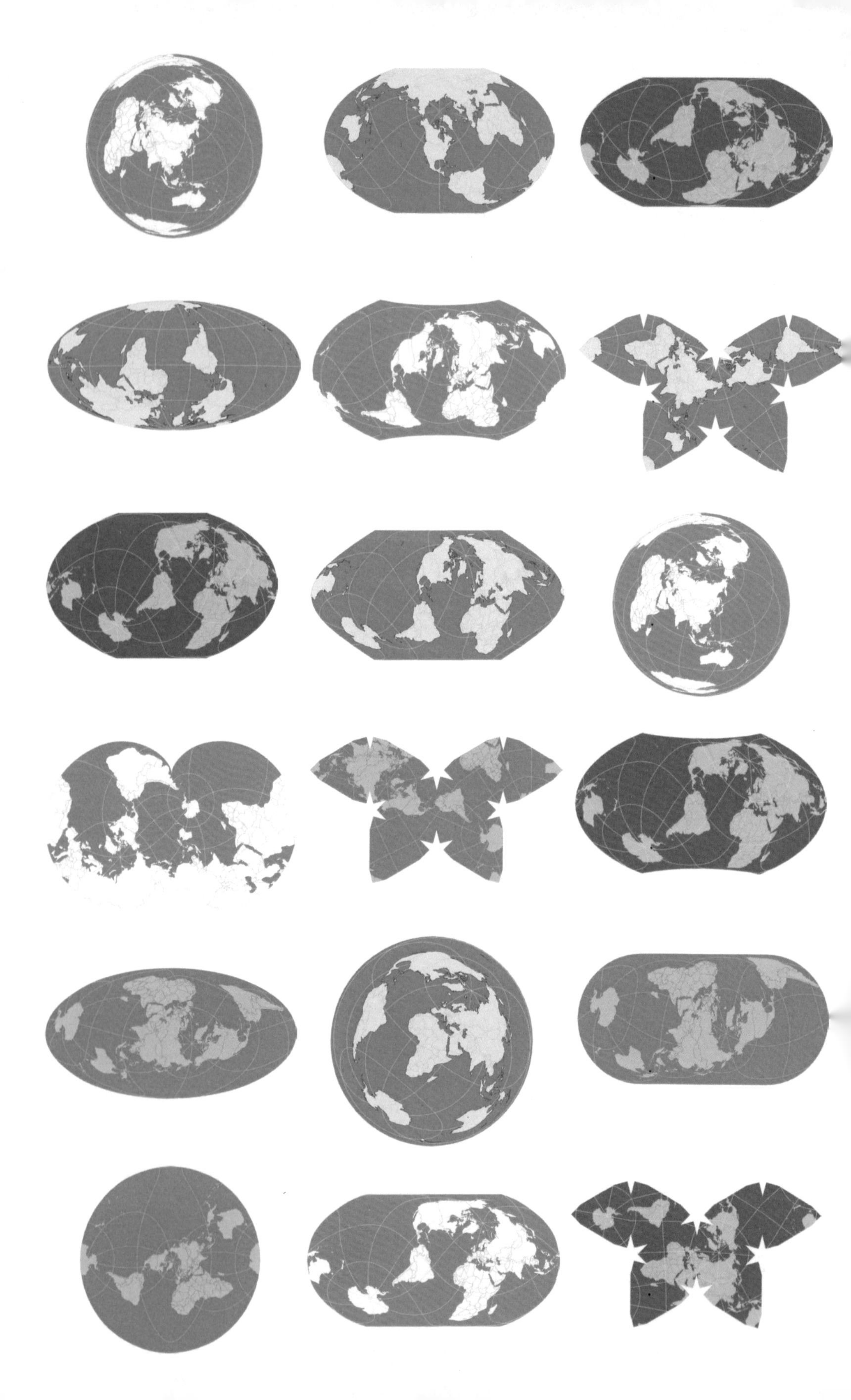

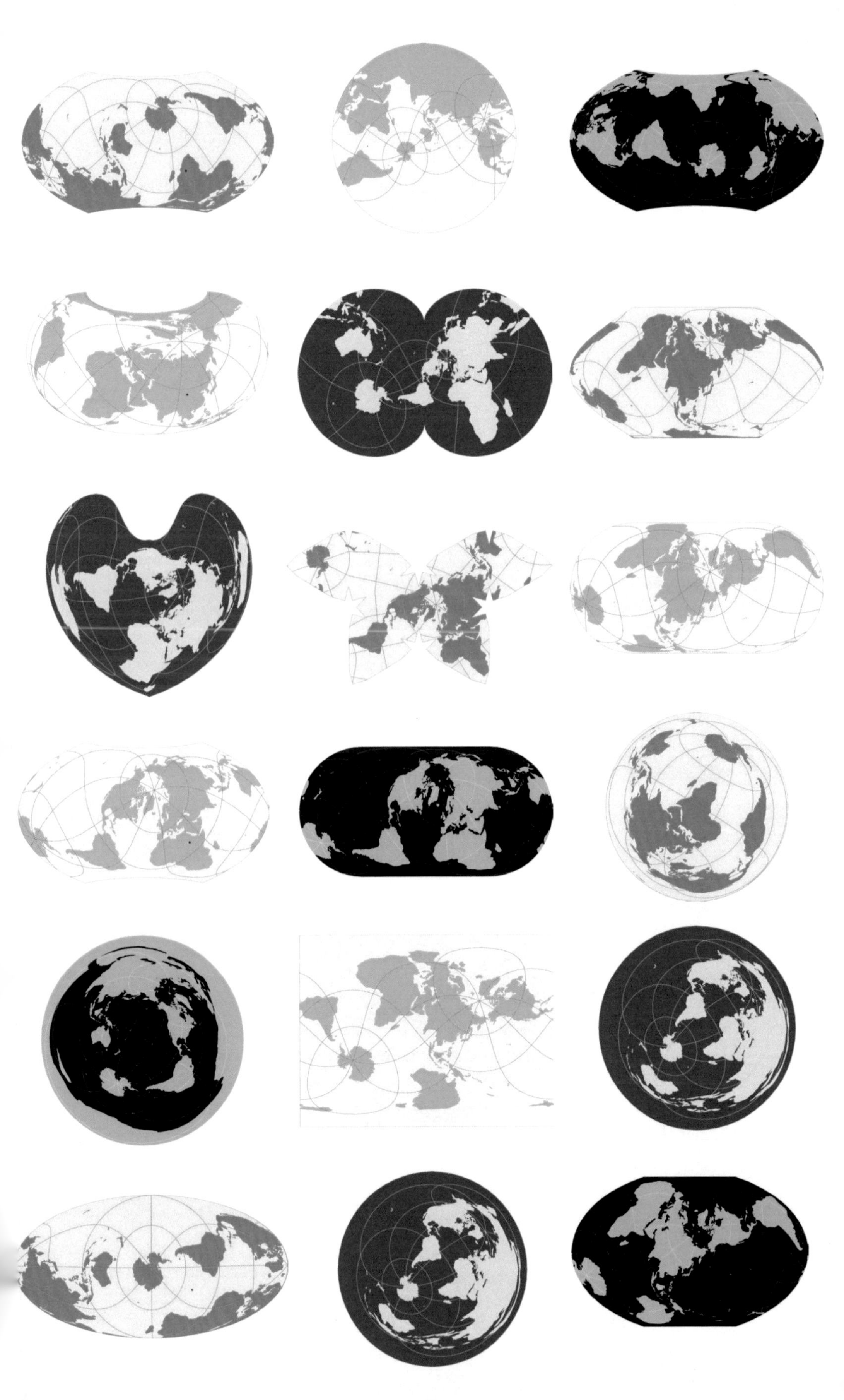

Dieses Buch entstand im Rahmen des vom Schweizerischen Nationalfonds (SNF) geförderten Forschungsprojektes 156136 Mapping Worldmaps und ist mit Unterstützung des Schweizerischen Nationalfonds zur Förderung wissenschaftlicher Forschung publiziert worden.

FONDS NATIONAL SUISSE
SCHWEIZERISCHER NATIONALFONDS
FONDO NAZIONALE SVIZZERO
SWISS NATIONAL SCIENCE FOUNDATION

Impressum

Erschienen im transcript Verlag 2018

Bibliografische Information der Deutschen Nationalbibliothek
Die Deutsche Nationalbibliothek verzeichnet diese Publikation in der Deutschen Nationalbibliografie; detaillierte bibliografische Daten sind im Internet über http://dnb.d-nb.de abrufbar.

Umschlaggestaltung: Julia Mia Stirnemann, Juliamia Grafik, www.juliamia.ch
Umschlagabbildung: Julia Mia Stirnemann, Juliamia Grafik, www.juliamia.ch
Innenlayout: Juliamia Grafik Zürich, www.juliamia.ch & transcript Verlag
Satz: Juliamia Grafik, www.juliamia.ch
Druck: Majuskel Medienproduktion GmbH, Wetzlar
Print-ISBN 978-3-8376-4611-5
PDF-ISBN 978-3-8394-4611-9

Gedruckt auf alterungsbeständigem Papier mit chlorfrei gebleichtem Zellstoff.
Besuchen Sie uns im Internet: www.transcript-verlag.de
Bitte fordern Sie unser Gesamtverzeichnis und andere Broschüren an unter: info@transcript-verlag.de

Inhalt

Vorwort 11

Dank 13

Einleitung 17
Projektion: «Projizierte Welten» 17
Forschungsstand 17
Forschungsfragen 23
Methode und Struktur der Arbeit 24

I. Teil: Rekonstruktion 35

1 Projektion: Weltkarten und Weltanschauungen 36

1.1 Antike: Naturphilosophische Weltanschauung 39
1.1.1 Naturphilosophische Weltanschauung in Weltkarten 40
1.1.2 Ptolemäische Weltkarte 46
1.1.3 Weltanschauung der ptolemäischen Weltkarte 48
1.1.4 Antike Ausprägungen von Weltanschauungen tabellarisch 52

1.2 Mittelalter: Theologische Weltanschauung 53
1.2.1 Theologische Weltanschauung in *Mappaemundi* 54
1.2.2 Ebstorfer Weltkarte 60
1.2.3 Weltanschauung der Ebstorfer Weltkarte 62
1.2.4 Mittelalterliche Ausprägungen von Weltanschauungen tabellarisch 66

1.3 Renaissance: Wissenschaftliche Weltanschauung 67
1.3.1 Wissenschaftliche Weltanschauung in Renaissance Weltkarten 68
1.3.2 Waldseemüller Weltkarte 76
1.3.3 Weltanschauung der Waldseemüller Weltkarte 78
1.3.4 Ausprägungen von Weltanschauungen der Renaissance tabellarisch 82

1.4 Gegenwart: Naturwissenschaftliche Weltanschauung 83
1.4.1 Naturwissenschaftliche Weltanschauung in gegenwärtigen Weltkarten 84
1.4.2 Google-Maps Weltkarte 96
1.4.3 Weltanschauung der Google-Maps Weltkarte 98
1.4.4 Die Darstellungskonventionen der Gegenwart tabellarisch 103

1.5 Zusammenfassung «Weltkarten und Weltanschauungen» 104

2 Projektion: Weltkarten und ihre Geometrie **113**

2.1 Antike: Systematische Weltkarten 115
2.1.1 Systematik der antiken darstellenden Geometrie 116
2.1.2 Ptolemäische Weltkarte 119
2.1.3 Systematik der ptolemäischen Projektion 120
2.1.4 Antike Darstellungskonventionen tabellarisch 123

2.2 Mittelalter: Schematische Weltkarten 124
2.2.1 Schemata der mittelalterlichen darstellenden Geometrie 125
2.2.2 Ebstorfer Weltkarte 130
2.2.3 Schema der Ebstorfer Projektion 131
2.2.4 Mittelalterliche Darstellungskonventionen tabellarisch 133

2.3 Renaissance: Mathematische Weltkarten 134
2.3.1 Mathematik der darstellenden Geometrie der Renaissance 134
2.3.2 Waldseemüller Weltkarte 139
2.3.3 Mathematik der Waldseemüller Projektion 140
2.3.4 Darstellungskonventionen der Renaissance tabellarisch 142

2.4 Gegenwart: Generierte Weltkarten 143
2.4.1 Das Generative der gegenwärtigen darstellenden Geometrie 144
2.4.2 Die Google-Maps Weltkarte 153
2.4.3 Das Generative der Google-Maps Projektion 155
2.4.4 Darstellungskonventionen der Gegenwart tabellarisch 158

2.5 Zusammenfassung «Weltkarten und ihre Geometrie» 159

II. Teil: Dekonstruktion **171**

3 Dekonstruktion von Projektionen **173**

3.1 Dekonstruierte Welten: Dekonstruktion und Weltkarten 175
3.2 Worldmapgenerator: Eine Software zum Generieren unkonventioneller Weltkarten 177
3.3 Multiple Alternativen: Ein Prinzip, um Weltkarten zu dekonstruieren 180
3.4 Fazit: Von der Rekonstruktion zur Dekonstruktion, von der Konvention zur Alternative 183

4 Zusammenfassung **225**

4.1 Neue Welten: Einsichten 225
4.2 Eröffnete Welten: Errungenschaften 226
4.3 Ergründung der Welten: Methoden und Struktur 227
4.4 Unbekannte Welten: Ausblick 229

Anhang **233**

Literaturverzeichnis **235**

Abbildungsverzeichnis **243**

Glossar **247**

Studie: Typisierung von Weltkarten **253**

Vorwort

In der Geschichte des menschlichen Denkens spielt kaum ein Begriff eine größere Rolle als der der Wirklichkeit. Die Frage nach der einzig wahren und gültigen Wirklichkeit und deren Inbezugsetzen zum eigenen Körper und zur eigenen Realität ist so alt wie der Mensch selbst und hat lange vor Platon und Kant zu mancher erkenntnistheoretischen Krise geführt. So waren wahrscheinlich schon die Höhlenmaler der Dordogne unsicher, ob die Umrisse der Hände, die sie mit roter und ockerfarbener Erde durch einen Röhrenknochen auf die dunklen Höhlenwände pusteten, nur mechanische Projektionen, also technische Reproduktionen ihrer subjektiven Wirklichkeit waren, oder ob sie vielleicht das Ergebnis objektiver, transzendenter Erfahrung waren. Zweifellos haben sich aus dieser verzwickten Erkenntnislage die ersten Kulte herausgebildet und mit den Kulten die ersten Vokabeln projektiver Formensprache, die wir heute unter anderem «Kunst» nennen.

So kann sich die Autorin des vorliegenden Buchs in bester Gesellschaft wähnen, wenn sie danach fragt, ob es geometrische oder weltanschauliche Projektionen waren, die zu unserem heutigen eurozentrischen Weltbild geführt haben. Die Projektion eines Weltbildes in konstruktiv-geometrischem Sinn ist zunächst nichts anderes als die Transformation einer gewölbten Kugeloberfläche in die zweidimensionale Fläche. In psychologisch-soziologischem Sinn hingegen ist die Projektion Ausdruck einer Unbewusstheit, einer archaischen Identität von Subjekt und Objekt. Sie kann als ein Abbildungsprozess eigener Vorstellungen in die Außenwelt definiert werden. Projektion ist also stets vom Standpunkt des Sehenden abhängig, so wie der Leser von dem Standortwechsel des Autors abhängig ist (und vice versa).

Weltkarten spiegelten neben ihrer wissenschaftlichen und pragmatischen Relevanz, von der Antike bis in die postkoloniale Zeit, immer auch den Konsens einer Interessengruppe wider, die davon träumte, der Menschheit ein glattes Ordnungssystem aufzuerlegen. Es handelte sich dabei stets um eine Aneignung von Raum, die heute im Zusammenhang mit dem «digital empire» als neue Form des Kolonialismus gelten kann. So beanspruchen Google-Maps, konventionelle Abbilder der Realität zu sein. «Google-Maps oder Google Earth sind gute Beispiele dafür, wie unsere Spuren über digitale, kartographische Anwendungen kontrolliert werden» (Stirnemann).

Die Konsequenz kann nur – wie es die Autorin im vorliegenden Buch brilliant vorführt – in der Herstellung und Anwendung unkonventioneller Weltkarten liegen, deren innere Logik die der konventionellen Weltkarten ist; jedoch mit dem feinen Unterschied, dass sie fragwürdige Theoreme einer kritischen dialektischen Dekonstruktion unterzieht. Derrida führte das Konzept der Dekonstruktion als Analyseverfahren von Texten ein, um verborgene, vergessene oder verdrängte Bedeutungszusammenhänge offen zu legen. Das Verfahren setzt einen Zustand der standortunabhängigen, «polyperspektivischen Offenheit» voraus (Stirnemann). In letzter Konsequenz ist die analytische Methode dieses Buchs der konstruktive Regelbruch, die fragmentierende, kaleidoskopische Sichtweise, die Wissen und Erkenntnis generieren. Philosophen, Sozialanthropologen und Kunstwissenschaftler sollten sich nach diesem Buch die Frage stellen, ob es nicht ein konstruktiver Regelbruch war, der es vor 20.000 Jahren einer Priesterin oder einem Priester erlaubte, die Gewalt der Natur und damit die Macht der Wirklichkeit mit dem Abbild ihrer Hände zu bannen.

Thomas Dittelbach

Castiglioncello del Trinoro
im Juni 2018.

Dank

Für die Unterstützung dieser Arbeit bedanke ich mich bei folgenden Personen:

Universität Bern
Ein besonderer Dank an:
- Erstbetreuung: Prof. Dr. Thomas Dittelbach

Hochschule der Künste Bern
- Zweitbetreuung: Dr. rer. pol. Dr. h. c. Harald Klingemann
- Graduate School oft he Arts (GSA) sowie die KollegInnen um den Forschungsschwerpunkt Kommunikationsdesign.

Universität Zürich
- Drittbetreuung: Prof. Dr. Sara I. Fabrikant

Universität Montréal & Kartografie
- Sébastien Caquard (Concordia, University Montréal)
- International Cartographic Association (ICC)

Doktorandenstipendium & Publikationsförderung
- Schweizerischer Nationalfonds

Gestaltung, Mentorat, Software
- Fabrice Tereszkiewicz, Software (51st floor)
- Philipp Läubli, Software (Dreipol)
- Manuela Pfrunder, Mentorat (Gestaltung Manuela Pfrunder)
- Martina Meier, Unterstützung Layout Publikation (Bureau Mia)

Sonstige
Familie, LektorInnen, Helsinkiklub und Bundeshaus zu Wiedikon für Tanz und Musik, Freunde ums Basislager Zürich, Nina Simones «Aint Got No I Got Life» als Hintergrundmusik beim Layouten dieser Arbeit, Liftgespräche im Lochergut zwischen dem 1. und 17. Stock, Akrobatiktraining ASVZ, Station Circus & Rote Fabrik fürs auf den Händen spazieren und dem Betrachten der Welt kopfüber, ...

Über alles für alles
Tom Rist

FÜR DIE WELT.

Einleitung

Projektion: «Projizierte Welten»

Seit jeher machen sich Menschen ein Bild der Welt, das mit dem Zeitgeist, in dem sie leben korreliert. Die Auffassung der Welt – also eine Weltanschauung – widerspiegelt die Umstände und Denkweisen der Menschen und Gegebenheiten ihrer Zeit. Jede Epoche bringt eine einzigartige Darstellung solcher Weltanschauungen hervor, die auf verschiedene Einflüsse zurückzuführen ist, wie etwa den Wissensstand über geografische Gegebenheiten, wodurch sich der Anfang und das Ende der Welt beschreiben lassen oder machtpolitische Umstände, durch deren Einwirkung bestimmten Regionen mehr Relevanz beigemessen wird als anderen. Solche und weitere Faktoren sind für die Prägung von Weltvorstellungen und Weltanschauungen verantwortlich. Solche Weltanschauungen sind in Weltkarten dargestellt, wodurch sich Wertmassstäbe und Wissensstände entsprechender Zeiten ablesen lassen.

Ein wichtiges Mittel zur Darstellung und Überlieferung von Weltanschauungen sind also Weltkarten. In Zeiten als die Mehrheit der Bevölkerung Analphabeten waren, konnten Weltkarten Informationen bildhaft überbringen und noch heute sind sie unverzichtbare visuelle Wissensvermittler. Oft stehen sie im Kontext von Erzählungen und Schriften und unterstützen somit die Informationsvisualisierung. Der hier vorliegende Text zeigt anhand verschiedener exemplarischer Weltkarten verschiedenste Weltanschauungen auf. Es wird klar, dass Weltkarten lediglich modellhafte Repräsentationen der Erde sind. Schon bei ihrer Produktion wird sie durch die subjektive Weltvorstellung des Kartenherstellers beeinflusst, und in einem weiteren Schritt wird diese subjektive Wirklichkeitskonstruktion durch die Rezeption des Betrachters uminterpretiert und verinnerlicht. Es besteht also ein Zusammenhang zwischen dem Kartenhersteller und der Kartenbetrachtung.

Forschungsstand

Dem Begriff *Projektion* können verschiedene Bedeutungen zugewiesen werden, so dass sich diese Arbeit auf Werke unterschiedlicher Fachrichtungen bezieht. Die *Projektion* ist relevant im Sinne einer Weltanschauung, also einem subjektiven Vorstellungsbild, das in die Aussenwelt projiziert wird, sowie im Sinne einer geometrischen Grundlage einer Weltkarte. Die folgende Arbeit steht also unter dem Einfluss von Theorien verschiedener Fachrichtungen, die für die Ausarbeitung entsprechender Aspekte beigezogen wurden. Einige Werke sind jedoch für die Gesamtstruktur, die Denkart und damit verbunden auch für das methodische Vorgehen, bestimmend und werden im Folgenden kurz dargelegt.

Weltanschauung: Die Projektion wird hier im Sinne einer Weltanschauung untersucht, wobei ich von einem subjektiven Vorstellungsbild, das in die Aussenwelt projiziert wird, ausgehen. Bei einer Weltanschauung beziehen wir uns auf die Gesamtheit der subjektiven Empfindung, welche die Wahrnehmung der Welt zu einem Ganzen zusammenbringt. Verschiedene Begriffe wie z.B. *Paradigma, Weltbild, Ideologie* sind der Bedeutung von *Weltanschauung* sehr ähnlich. Ihr Sinn weicht nur gering, hinsichtlich einiger Aspekte, ab. Hier sind verschiedene Konzepte von solchen sinnverwandten Begriffen, die für die Auseinandersetzung mit *Weltanschauung* konsultiert worden sind.

Wegweisend für die Beschreibung von Weltanschauungen ist Feyerabends Publikation *Wissenschaft als Kunst (1984)*. Feyerabend zeigt anhand der Kunstgeschichte auf, dass ideologische oder paradigmatische Wechsel nicht einen Fortschritt bedeuten, sondern lediglich auf einen Wechsel von Stilformen hindeuten.[1] Eine Stilform ist in sich vollkommen und gehorcht ihrem eigenen Regelwerk. In Anlehnung an Alois Riegels Definition von Stilepochen postuliert Feyerabend, dass Stilformen gleichwertig nebeneinander stehen, ausser man beurteilt sie vom Standpunkt einer bestimmten Epoche aus. «Über Projektionen» verfolgt nach diesem Prinzip keine Wertung von Weltkarten und ihren entsprechenden Stilepochen, sondern zeigt lediglich die verschiedenen Stile von Weltkarten und deren entsprechenden Weltanschauungen und Konventionen auf.[2]

Kuhn (1973) zeigt die Strukturen von Paradigmenwechseln in den Wissenschaften auf. Diese Umbrüche nennt er «wissenschaftliche Revolutionen», die ich hier hinsichtlich einiger Aspekte auf Weltanschauungen anwende. Nach Kuhn ruft die Einführung neuartiger Theorien die Änderungen der Regeln hervor, die bislang die Praxis der «normalen Wissenschaft» beherrschten. Dabei spricht er vom Paradigma im Zusammenhang mit der «normalen Wissenschaft», wenn in der konkreten wissenschaftlichen Praxis Vorbilder durch Beispiele, Gesetze, Theorien etc. abgegeben werden, aus denen bestimmte festgefügte Traditionen wissenschaftlicher Forschung erwachsen. Menschen, deren Forschung auf gemeinsamen Paradigmata beruht, sind nach Kuhn denselben Regeln und Normen für die wissenschaftliche Praxis verbunden. Dies gilt ebenso für Weltanschauungen, die durch ein bestimmtes Regelwerk und bestimmte Normen definiert werden.

Die Bildung einer Ideologie, wie sie Feyerabend in seinem Werk *Wider den Methodenzwang* (1975)[3] vornimmt, kann mit der Bildung einer Weltanschauung gleichgesetzt werden. Feyerabend geht davon aus, dass die Wissenschaften durch die Gewinnung neuer Tatsachen die bestehenden Theorien lediglich manifestieren. Dieser Prozess trage zur Erhaltung des Alten und Gewohnten bei, nicht aber zu einer Annäherung an die Wahrheit. Dieses Vorgehen führe zur Erhärtung einer Theorie, die sich aufgrund vermeintlich erzielter Stabilität in eine Ideologie – oder eben in eine Weltanschauung – verwandle. Der «Erfolg» einer Weltanschauung ist demnach ein reines Meisterwerk.

---

1 Feyerabend leitet seine These anhand der Entwicklung der Perspektive her, wobei er sich exemplarisch auf das perspektivische Experiment Brunelleschis bezieht. Dabei bezieht er sich ebenfalls stark auf Panofskys Aufsatz Die Perspektive als «Symbolische Form». (Wissenschaft als Kunst, (1984), S. 79).

2 Feyerabend (1984). Wissenschaft als Kunst.

3 Feyerabend (1986). Wider den Methodenzwang.

Azocar (2014) bezieht Kuhns «Konzept des Paradigmas» auf die Kartografie. Die Publikation *Paradigms in Cartography* zeigt die Überlegungen und Tendenzen der Kartografie des zwanzigsten und einundzwanzigsten Jahrhunderts auf. Es werden verschiedene paradigmatische Wechsel in der Kartografie analysiert und dargelegt.[4]

Konventionen, die Weltanschauungen über Weltkarten suggerieren, werden bezüglich verschiedener kritischer Denkansätze hinterfragt (Azocar und Buchroithner 2014). Um die Tragweite der kulturellen und politischen Dimension in Karten zu begreifen, ist Harleys Aufsatz *Maps, Knowledge and Power* ein unverzichtbarer Ausgangspunkt. Maps, Knowledge and Power (1988) und auch der Essay *The new nature of maps* (2001) untersuchen, inwiefern Karten Machtverhältnisse suggerieren und stellen Fragen nach deren sozialen Auswirkungen. In Anlehnung an Foucault wird die kartografische Information als eine Art kulturell motivierte Machtausübung gesehen. Diese Machtausübung wird auf das bestehende System von Kartenherstellenden und Kartennutzenden zurückgeführt, wobei Herrschaftsansprüche über das Kartenbild geltend gemacht werden. Kartografisches Wissen wird im politischen Kontext genutzt, um Raum zu kontrollieren und soziale, religiöse und kulturelle Macht zu projizieren. Neben der politischen Dimension in Karten und ihrer kulturell motivierten Machtausübung, stellt Harley die Frage nach den kartografischen Zeugnissen als kulturelle Texte. Als Gegenbewegung zu einer hegemonialen Kartografie, die sich selbst als eine wertfreie Transkription der Umgebung beschreibt, stellen sich neben Harley verschiedene weitere Autoren.

Auch Raumanschauungen unterliegen Konventionen, die über Weltkarten vermittelt werden und einer bestimmten Weltanschauung unterliegen. Panofsky behandelt in seinem Aufsatz *Perspektive als symbolische Form* das Konzept der Perspektive und stellt diese in den Gesamtzusammenhang einer Raumanschauung. Er bindet dabei die menschliche Wahrnehmung an den Begriff der «Symbolischen Formen».[5] Panofsky zeigt mittels eines Rückblicks in die Geschichte auf, inwiefern sich durch die Perspektive sowie die damit verbundene Raumanschauung bestimmte Stilformen in den Bildenden Künsten entwickelten. Auch Bering und Rooch (2008) erschliesst eine Gesamtübersicht zur Raumanschauung und Wirklichkeitskonstruktion über verschiedene Epochen.[6]

In Anlehnung an Panofsky führt Harley die ikonografische Theorie ins Feld der Kartografie. Er beschreibt die Kartografie als «offenes System» und erweitert die traditionellen kartografischen Ansätze durch alternative theoretische Rahmenbedingungen anderer Disziplinen. Er erkennt die kartografischen Funktionen in der Karte als eine Art Sprache, und zwar nicht als «gesprochene Sprache», sondern als «kartografische Sprache». Diese Sprache begreift er als ikonografische Methode der Kunstgeschichte, die eine literarische und symbolische Bedeutung umfasst. Dadurch wächst das Verständnis der symbolischen Bedeutung von Karten, die auf eine ideologische Bestimmung zurückzuführen ist. Hier wird Panofskys Konzept

4 Azocar und Buchroithner (2014). Paradigms in cartography an epistemological review of the 20th and 21st centuries.

5 Der Begriff der «symbolischen Formen» geht auf Ernst Cassirer und sein Hauptwerk «Philosophie der symbolischen Formen» zurück.

6 Bering und Rooch (2008). Raum: Gestaltung, Wahrnehmung, Wirklichkeitskonstruktion.

auf die perspektivische Darstellung von Weltkarten bezogen, also Projektion, sowie auf die Weltanschauung, welche mittels Weltkarten und ihren «symbolischen Formen» übermittelt werden.

Insbesondere wird die Kartografie durch Harleys Aufsatz *Deconstructing the Map* (1989) herausgefordert. Die Position der Karte als unbestreitbarer, wissenschaftlicher und objektiver Wissensträger wird in Frage gestellt. Es wird deutlich, dass Karten ihre eigene Rhetorik besitzen, wodurch über verschiedene Kommunikationsebenen bestimmte Ideologien respektive Weltanschauungen untermauert werden. Karten gehen weit über die eindimensionale Wiedergabe der Geophysik der Erdoberfläche hinaus und ihre Aussagen sind dementsprechend vielfältig. Harley geht davon aus, dass die Macht der Karten eine Repräsentation der sozialen Geographie sei, die hinter einer Maske der scheinbar «neutralen Wissenschaften» funktioniert. Harleys Strategie sieht vor, die Dekonstruktion als Mittel zu nutzen, um die verborgene Bedeutung in Karten aufzudecken. Weiter setzt er die Dekonstruktion als Instrument ein, um die eindimensionale Tradition anzuzweifeln, die sich durch die Kanonisierung der Geschichtsschreibung manifestiert hat.

Die Kartografiegeschichte wird durch Harley und Woodware aus einer alternativen Perspektive neu entworfen. Mit der *History of Cartography* (1987) gaben Harley und Woodware ein Standardwerk heraus, nach dem die soziokulturelle Dimension von Karten auch für die Geschichtsschreibung gültig gemacht werden soll. Dieses mehrbändige Werk wurde ein Meilenstein in der Kartografiegeschichte. Das Werk wirkt der unkritischen Rezeption von historischen Legenden entgegen, die für die Prägung unserer gegenwärtigen Weltanschauung mitverantwortlich ist. Nebst diesem Standardwerk ist diese Arbeit von verschiedenen Weltanschauungen weiterer Autoren beeinflusst: Die Beschreibungen der Geographie der antiken Weltanschauung werden von Dueck und Brodersen (2013), Berggren und Jones (2000) und Stückelberger (2011) aufgezeigt.[7] Ausführungen zu mittelalterischen Weltanschauungen finden sich bei Edson (2005), Baumgärtner (2008) und Brincken (2008)[8]. Bezüglich der Weltanschauung der Renaissance beziehe ich mich hier auf Woodware (1987) und Brottons Ausführungen zur Waldseemüller Weltkarte (2014).[9]

Geometrie: Spreche ich hier von der *Projektion* in konstruktivem Sinne, ist die *Projektion* eine Methode der Kartografie, um eine Kugeloberfläche in eine zweidimensionale Fläche zu *projizieren*. Um sich die Projektion vorzustellen, denkt man am besten an eine Lichtquelle im inneren eines Globus, der die Linien, Punkte und Flächen auf der Globusoberfläche auf einen Träger z. B. einen Zylinder projiziert, der schliesslich abgerollt wird. Die Projektion als konstruktive Grundlage von Weltkarten wird in verschiedenen klassischen kartografischen Standardwerken mitunter von Snyder (1987, 1989), Robinson (1995), Maling (1992) und Canters

7 Berggren und Jones (2000). Ptolemy's Geography. Dueck und Brodersen (2013). Geographie in der antiken Welt. Stückelberger (2011). Der Gestirnte Himmel: Zum Ptolemäischen Weltbild.

8 Baumgärtner (2008). Europa im Weltbild des Mittelalters: kartographische Konzepte. Brincken (2008/1981). Raum und Zeit in der Geschichtsenzyklopädie des hohen Mittelalters. Edson, Savage-Smith und Brincken (2005). Der mittelalterliche Kosmos: Karten der christlichen und islamischen Welt.

9 Brotton (2014). Die Geschichte der Welt in zwölf Karten. Woodward (1987). Cartography and the Renaissance: Continuity and Change.

(1989) beschrieben.[10] Nebst der mathematischen Transformation der Kugeloberfläche in eine Weltkarte wird der Verwendungszweck von Projektionen und ihren charakteristischen Eigenschaften dargelegt. Zylinder-, Kugel- oder Azimutalprojektion und deren mathematischen Regeln sowie die entsprechenden Verzerrungseigenschaften wie Längen-, Flächen- oder Winkelverzerrungen sind erklärt. Solche und weitere Werkte gelten als Grundlagenmaterial der klassischen kartografischen Projektionslehre. Der Einsatz von Projektionen und die Auswirkungen ihrer Verzerrungseigenschaften werden hinsichtlich der Merkatorprojektion respektive der Web-Merkator-Projektion ganz besonders von Robinson (1990), Battersby (2014) und Battersby und Montello (2009) aufgezeigt.[11] Dabei werden die Flächenverzerrungen untersucht und mit der Merkatorprojektion, ihren charakteristischen Eigenschaften und ihrer Rolle in Weltkarten in Bezug gestellt.

Die geometrische Konstruktion der Weltkarte durch die Projektion unterliegt Konventionen, die durch einige kritische Autoren hinterfragt werden. Monmonier (1991) stellt beispielsweise in seinem Aufsatz die Zentrierung von Weltkarten anhand einer Briesemeister-Equal-Area-Projektion in Frage.[12] Heutzutage werden die durch Projektionen verursachten Konventionen oft durch die neuen technologischen Möglichkeiten, wie etwa durch Geo-Software, kritisch hinterfragt. Mittels Flex-Projector[13] können Projektionen und ihre Proportionen modifiziert werden, mit der Geocart-Software[14] können verschiedene geografische Zentren auf einige Projektionen bezogen werden.[15] Der Worldmapgenerator[16] ist die erste öffentlich zugängliche Software, bei der ein beliebiges geografisches Zentrum mit einer breiten Auswahl an Projektionen kombiniert werden kann.[17] Dabei schafft die Software durch einen interaktiven Zugang zur kartografischen Thematik ein Verständnis für das konstruktive Verfahren mittels Projektion. 2012 zeigt Jenny mit der Veröffentlichung der Software *Adaptive Composite Map Projections* die Verwendung von Projektionen in verschiedenen Zoomfaktoren auf. Das heisst, seine Software passt die Projektion aufgrund des Zoomfaktors (Weltkarte oder regionale Abbildung) sowie aufgrund der abgebildeten geografischen Breitengrade (Ort entlang dem Äquator oder nahe der Pole) an.[18] Ausser der Möglichkeit, das geografische Zentrum mehr oder weniger flexibel zu verschieben, ändern sich die Projektionen kaum wahrnehmbar durch einen Morph.

Nebst der mathematischen Aufgabe der Projektion wird ihr eine ikonografische Dimension zugesprochen, welche die Aufrechterhaltung bestimmter Konventionen bestärkt. Die geometrische Projektion verstehen Wood, Fels und Kryigier (2010) als tektonischen Code, welcher den geodätischen Raum im Bildraum abbil-

10 Snyder (1987). Map projections a working manual. Snyder und Voxland (1989). An album of map projections. Robinson (1995). Elements of Cartography. Maling (1992). Coordinate systems and map projections. Canters und Decleir (1989). The World in Perspective: A directory of World Map Projections.

11 Robinson (1990). Rectangular World Maps – No! Battersby und Montello (2009). Area Estimation of World Regions and the Projection of the Global-Scale Cognitive Map. Battersby (2014). Implications of Web Mercator and its use on online mapping.

12 Monmonier (1991). Centering a Map on the Point of Interest.

13 Jenny und Patterson (2007). Flex Projector.

14 Strebe (2009). Geocart.

15 Jenny, Patterson, Ferry und Hurni (2011). Graphischer Netzentwurf für Weltkarten mit Flex Projector.

16 Stirnemann (2013). Worldmapgenerator.

17 Jenny (2012). Adaptive Composite Map Projections.

18 Ebd.

det.[19] Dieser «Code of construction» ist das Instrument, um die Transformation von der Kugeloberfläche in eine Ebene in bestimmter Relation zu vollbringen. Die Projektion stellt sich dabei durch das Gradnetz dar, wobei das Kartenbild nicht mehr durch den «tektonischen Code» an sich dargestellt wird, sondern durch ein symbolisches Bildzeichen: das Gradnetz. Dieses Bildzeichen manifestiert nach Wood, Fels und Kryigier die Ikonografie der Anordnung der Welt.

Verschiedene einschlägige Werke untersuchen die Konstruktionsverfahren von Weltkarten in der Kartografiegeschichte, die ich hier neben der «History of Cartography» geltend mache: Geus (2013) zeigt antike geographische Konstruktionsprinzipien auf, Stückelberger (2006) verortet mit der Kommentierung der Geographia die ptolemäische Projektion im Kontext der Antike.[20] Van der Brinken (2008) ist wegweisend für die Darstellungsprinzipien von *Mappaemundi* und Englisch (2002) stellt ein neues mögliches konstruktives Verfahren vor, das mittelalterlichen Weltkarten zugrunde liegen könnte.[21] Kugler (2007) zeigt mit einer neuen Untersuchung die Darstellungsprinzipien der Ebstorfer Weltkarte auf.[22] Snyder (1987) und Dalché (1987) beschreiben die Entwicklung der Projektion in der Renaissance sowie den Rückbezug auf die Antike, während Lehmann (2010) diese Tendenzen am Beispiel der Waldseemüller Weltkarte aufzeigt.[23]

19 Wood, Fels und Kriygier (2010). Rethinking the Power of Maps.

20 Stückelberger (2012). Erfassung und Darstellung des geographischen Raumes bei Ptolemaios. (Stückelberger und Ptolemaeus) (2006). Klaudios Ptolemaios: Handbuch der Geographie: Griechisch. Geus (2013). Vermessung der Oikumene.

21 Brincken und Szabó (2008). Studien zur Universalkartographie des Mittelalters. Englisch (2002). Ordo orbis terrae die Weltsicht in den Mappae mundi des frühen und hohen Mittelalters.

22 Kugler (2007). Die Ebstorfer Weltkarte: Untersuchungen und Kommentar.

23 Lehmann, Ringmann und Waldseemüller (2010). Die Cosmographiae Introductio Matthias Ringmanns und die Weltkarte Martin Waldseemüllers aus dem Jahre 1507 ein Meilenstein frühneuzeitlicher Kartographie. Snyder (1987). Map Projections in the Renaissance. Dalché (1987). The Reception of Ptolemy's Geography (End of the Fourteenth to Beginning of the Sixteenth Century).

Forschungsfragen

In Anbetracht des aktuellen Stands der Forschung erscheint es in verschiedener Hinsicht lohnenswert, die Frage nach den konstruktiven sowie ideologischen Konventionen des Ist-Zustands in Weltkarten zu untersuchen. Der jetzige Stand der Forschung weist verschiedene Lücken auf, die durch diese Arbeit geschlossen werden sollen:

- Die Verschränkung des Begriffs *Projektion* im Sinne einer Weltanschauung und einer geometrischen Grundlage für Weltkarten und deren Darstellungskonventionen, ist aus geisteswissenschaftlicher Perspektive kaum untersucht worden. Um diese Zusammenführung zu erreichen, bedarf es Wissen verschiedener Disziplinen, wie etwa der Kartografie, der Kunstgeschichte und der visuellen Kommunikation. Die Betrachtung des Sachverhalts aus verschiedenen Perspektiven, zum Beispiel Entwicklung der konstruktiven Perspektive oder Entwicklung geometrische Projektion, ist bis anhin kaum erfolgt.

- Die Projektion bezieht sich im Sinne einer Weltanschauung sowie hinsichtlich der Geometrie meist auf konventionelle Ausprägungen der Projektion. Das Kontrastieren der Projektionen durch unkonventionelle Alternativen – wie etwa durch das hier vorgeschlagene Prinzip Worldmapgenerator.com, bleibt bis anhin Desiderat.

- Die derzeitige theoretische Auseinandersetzung mit Projektionen stützt sich selten auf ein in sich geschlossenes, praxisbasiertes Prinzip, aus dem visuelles Material – also Weltkarten – hervorgeht. Nur vereinzelt gehen theoretische Überlegungen hinsichtlich der Projektion auf ein Prinzip zurück, aus dem visuelles Material hervorgeht. Dieses Material ist jedoch meist stark durch Konventionen limitiert. Eine visuelle Versinnbildlichung der Projektion im Sinne einer Weltanschauung, die auf einem praxisorientierten Prinzip basiert, fehlte bis jetzt.

Der oben dargelegte Forschungsstand weist also in verschiedener Hinsicht Lücken auf, die durch Antworten auf die folgenden Leitfragen geschlossen werden können:

1. Inwiefern ist die *Projektion* im Sinne der darstellenden Geometrie verantwortlich für Darstellungskonventionen in Weltkarten?

2. Inwiefern ist die *Projektion* im Sinne einer Weltanschauung verantwortlich für Darstellungskonventionen in Weltkarten?

Mit der Beantwortung dieser Fragen wird eine Rekonstruktion von Darstellungskonventionen und Weltanschauungen von Weltkarten erreicht. Diese schafft die Ausgangslage, um die theoretische Konzeption mittels visuellem Material durch das Generieren von alternativen Weltkarten zu dekonstruieren und Alternativen ins Feld zu führen. Für dieses Vorhaben stellt sich folgende Frage:

3. Wie können vorherrschende Konventionen in Weltkarten hinsichtlich *Projektionen* dekonstruiert werden?

Methode und Struktur der Arbeit

Ausgangskonzepte: Diese Untersuchung beschreibt verschiedene exemplarische Weltkarten anhand verschiedener Bedeutungsebenen des Projektionsbegriffes. Im Zusammenhang mit Weltkarten ist der Begriff der «Projektion» in zweierlei Hinsicht besonders interessant:

1. Der Begriff *Projektion* kann in psychologisch-soziologischem Sinn verstanden werden, wonach eine Vorstellung – also hier eine subjektive Weltvorstellung – nach aussen projiziert und abgebildet wird. Das heisst, dass ein Subjekt oder auch eine ganze Gesellschaft durch eine Weltkarte immer auch eine entsprechende Weltanschauung beschreibt. So definiert die analytische Psychologie die Projektion «als Ausdruck einer primären Unbewusstheit, einer archaischen Identität von Subjekt und Objekt, bei der einfach vorausgesetzt wird, dass die Welt so ist, wie man sie erlebt».[24] Die ethno-transkulturelle Psychologie hingegen erklärt die *Projektion* als «das unbewusste Hinausverlegen von eigenen Vorstellungen, Wünschen und Gefühlen in die Aussenwelt».[25] In der Geschichte lassen sich diese Vorstellungsbilder der Welt anhand von Weltkarten mitverfolgen. Verschiedene Gesellschaften verschiedener Epochen brachten Weltkarten hervor, die repräsentativ für einen damals vorherrschenden Wissensstand und Zeitgeist sind.

Die Projektion wird in diesem Verständnis mit dem Begriff der Weltanschauung beschrieben. Obwohl *Weltbild* und *Weltanschauung* oft als Synonyme verwendet werden, werden die beiden Begriffe in der vorliegenden Arbeit unterschieden. Mit *Weltbild* wird, wörtlich genommen, nichts anderes als ein «Bild von der Welt» beschrieben.[26] Dies wird durch die Redensarten *sich ein Bild machen* oder *jemand ins Bild setzten* deutlich. Eine Weltkarte losgelöst von ihrem Kontext kann als Weltbild – also als Bild der Welt – verstanden werden. Bei der Verwendung des Begriffs *Weltbild* fehlt allerdings die praktische Dimension der Sinngebung für das Leben. Das Weltbild beschreibt die Welt der Struktur nach und wirkt nicht weltbeschreibend oder -erklärend. Die *Weltanschauung* ist im Unterschied zum *Weltbild* nicht nur weltbeschreibend, sondern auch erklärend und handlungsmotivierend und daher ein passenderer Begriff für eine paradigmatische Beschreibung eines Zeitgeists. Unter *Weltanschauung* wird die Gesamtauffassung von Wesen und Ursprung, Wert, Sinn und Ziel der Welt und des Menschenlebens verstanden.[27] Als Produkt persönlicher Lebenserfahrung enthält die Weltanschauung meistens starke emotionale Komponenten.

2. In konstruktivem Sinn kann die *Projektion* als Mittel zur Herleitung von Kugeloberfläche in eine zweidimensionale Ebene verstanden werden.[28] Dieses Verfahren ist ein Teilbereich der Geometrie – der darstellenden Geometrie – wobei dreidimensionale Objekte in einem geometrisch-konstruktiven Prozess in zweidimensionale Bildebenen projiziert und dargestellt werden. Für diesen mathematischen Prozess bedient man sich einer Projektion. Heutzutage gibt es eine grosse Vielfalt an Projektionen, die alle ihre eigenen charakteristischen Eigenschaften mit

---

24 Müller (2003). Wörterbuch der analytischen Psychologie. S. 329
25 Lexikon der Ethnopsychologie und transkulturellen Psychologie. S. 399
26 Brüning (2011). Atlas der Weltbilder. S. 413
27 Brugger und Schöndorf (2010). Philosophisches Wörterbuch. S. 567–568
28 Hake und Grünreich (1994). Kartographie.

sich bringen. Dabei liegt die Herausforderung darin, die adäquate Projektion für den entsprechenden Verwendungszweck einzusetzen. Die mathematische Transformation der Kugeloberfläche in eine zweidimensionale Ebene ist dank gegenwärtigem mathematischem und technischem Wissen keine Herausforderung mehr.

Vorgehen: Die vorliegende Arbeit ist im Bewusstsein geschrieben, dass die hier vorgenommenen Wechsel von Standpunkten und die damit verbundenen Regelbrüche nicht der traditionellen wissenschaftlichen Praxis entsprechen. Das Vorgehen wird in der Überzeugung angewendet, dass es die inhaltlichen Aussagen dieser Arbeit konstruktiv unterstützt und die Zusammenführung von theoretischem und praktischem Wissen bestärkt. Das angewendete Vorgehen ist massgeblich durch die Dekonstruktion als Methode festgelegt.[29] Obwohl die Dekonstruktion ursprünglich als Analyseverfahren von Texten entwickelt wurde, wird sie hier auf die visuelle Sprache angewendet.

Die Dekonstruktion als Methode folgt nicht den klassischen wissenschaftlichen Regeln. Die Dekonstruktion ist ein Instrument, das Zugang zu Wissen aus völlig subjektiver Position verschafft. Diese Subjektivität soll allerdings nicht bedeuten, dass die Dekonstruktion als «Anti-Methode» gelte, die ausschliesslich auf Vorgefühl und Inspiration oder auf willkürlichen, prophetischen Annahmen beruhe und sich grundsätzlich wissenschaftlichem Vorgehen verwehre.[30] Daher muss an dieser Stelle Folgendes klar herausgestrichen werden: Der Begriff der Dekonstruktion wird – vorwiegend in den Kunst-, Design- und Geisteswissenschaften – enorm inflationär und inadäquat eingesetzt, so dass seine eigentliche Bedeutung schon längst verwässert und nichtssagend erscheint. Gerade da *Dekonstruktion* oft missbräuchliche Verwendung findet, stellt sich hier die Frage, inwiefern *Dekonstruktion* im Sinne einer Methode verstanden werden kann. *Dekonstruktion* ist vielleicht keine Methode im klassischen Sinn; sie unterliegt jedoch bestimmten Bedingungen. So ist beispielsweise der Ausgangspunkt einer Dekonstruktion keine freie Entscheidung oder ein absoluter Anfang. Die Dekonstruktion ist kein unsystematisches Vorgehen, der Weg zum Ziel kann allerdings vielfältig ausfallen, wodurch das Verfahren nicht reproduzierbar ist. Dekonstruktion ist die Dekonstruktion des Konzeptes einer Methode und wird in dieser Arbeit als entsprechendes Vorgehen eingesetzt.[31]

Dekonstruktion rekonstruiert die Geschichte der Verwerfungen, Zentrierungen, Marginalisierungen, Aneignungen und Identifizierungen, auf die sich ihr Sinn stützt.[32] Dafür wird die Vorgeschichte aufgedeckt, welche diese begriffliche Konstruktion verantwortet. Dies ist es dann auch, was den Ausgangspunkt einer Dekonstruktion definiert. Eine Rekonstruktion ermöglicht, eine Position einzunehmen, um die Vorgeschichte oder den Unterbau des begrifflichen Gerüstes aufzudecken.

Paul Feyerabend ist mit seinen grundsätzlichen Gedanken zur Methodologie wegweisend für diese Arbeit. Nach seinem allgemeinen Grundsatz «Anything

29 Deconstructive Methodology: Gasché (1986). The tain of the mirror: Derrida and the philosophy of reflection. S. 123

30 Ebd.

31 Ebd.

32 Wetzel (2010). Derrida. S. 12

goes» ist in dieser Arbeit die Anschauung vorherrschend, wonach die stringente Anwendung einer Methode keinen wissenschaftlichen Fortschritt erzeugt. Nur der Bruch von vorherrschenden Regeln und Massstäben kann Erneuerungen ermöglichen: «Zu jeder Regel, sei sie noch so ‹grundlegend› oder ‹notwendig› für die Wissenschaft, gibt es Umstände, unter denen es angezeigt ist, die Regel nicht nur zu missachten, sondern ihrem Gegenteil zu folgen.»[33]

Perspektive: Interdisziplinarität

Diese Arbeit verfolgt einen interdisziplinären Ansatz, wobei sich die Felder Visuelle Kommunikation, Kunstgeschichte und Kartografie ineinander verschränken. Diese interdisziplinäre Herangehensweise ist durch die Thematik gegeben. Gerade beim Untersuchen von Weltkarten wird deutlich, dass kunsthistorische und kartografische Belange eng korrelieren. Dieser interdisziplinäre Ansatz ist dementsprechend unabdingbar, wenn man beispielsweise bestrebt ist, historische Weltkarten zu begreifen – wie etwa die *Mappaemundi* – die als Kunstwerke, sowie als kartografische Meisterwerke zu verstehen sind. Diese Verschränkung zeigt sich in der für die Arbeit verwendete Literatur:

Der Wissenschaftstheoretiker Paul Feyerabend (1924–1994) bezieht sich in seinem Werk *Wissenschaft als Kunst (1984)* hinsichtlich der Entwicklung der Perspektive auf den Aufsatz *Die Perspektive als Symbolische Form* des Kunsthistorikers Erwin Panofskys (1892–1968). Im Speziellen bringt er Panofsky in Zusammenhang mit Entwicklung der Perspektive in Italien, wobei er sich an seiner Kunsttheorie orientiert und dies explizit erwähnt.[34] Der Kartograf und Kartenhistoriker John Brian Harley (1932–1991) leitet in seinem Aufsatz *Maps, knowledge, and power* seinen zweiten Argumentationspunkt in Anlehnung an Panofskys Theorie der Ikonologie her: «A second theoretical vantage point is derived from Panofsky's formulation of iconology. Attempts have already been made to equate Panofsky's levels of interpretation in painting with similar levels dicernible in maps.»[35] Harley war ein Vorreiter, was die Problematik der Dekonstruktion in der Kartografie anging. Er hinterfragte die Ergebnisse von Karten und bewertete vorherrschende Konventionen neu. Dabei war er stark von den literarischen Werken Derridas beeinflusst, wobei er seine Kritik an der wissenschaftlichen Rhetorik sowie das Konzept *power-knowledge* auf die Kartografie adaptierte. Panofskys kunsttheoretischer Aufsatz *Die Perspektive als Symbolische Form,* geht auf Cassirers *Philosophie der Symbolischen Formen* zurück, was Panofsky mehrfach betont.[36] Vor allem hinsichtlich der Ikonologie beruft sich Panofsky auf Cassirer, wobei er die reinen Formen, Motive, Bilder, Geschichten und Allegorien als Manifestationen zugrundeliegender Prinzipen erkennt und diese Elemente Cassirers entsprechend als «Symbolwerte» interpretiert.[37] Panofsky und Cassirer waren sich bekannt und im Kreis der Kulturwissenschaftlichen Bibliothek Warburg aktiv. Der Kartograf Jaques Bertin (1918–2010) verbindet mit seinem Werk, der *Sémiologie Graphique*, die Felder Visuelle Kommunikation mit der Karto-

---

33 Feyerabend (1986). Wider den Methodenzwang. S. 21

34 Feyerabend (1984). Wissenschaft als Kunst. S. 79–84

35 Harley (1989). Maps, Knowledge, and Power. S 279

36 Panofsky (1927). Die Perspektive als «Symbolische Form».

37 Kunkel (2011). Ernst Cassirer – Vordenker der Bildwissenschaft? Plädoyer für eine Rehabilitierung. S. 94–95

grafie hinsichtlich der Informationsgrafiken anhand von Weltkarten.[38] Seine Ideen wurden mehrfach in Fachmagazinen der Visuellen Kommunikation publiziert.[39]

Ausser der durch die Thematik verursachten Zusammenführung der Felder gründet der interdisziplinäre Aufbau dieses Projektes auf der tiefen Überzeugung, wonach sich die verschiedenen Felder konstruktiv bestärken, und richtet dementsprechend gleichzeitig Kritik an die in der Geschichte der Wissenschaft künstlich herbeigeführte Trennung der verschiedenen Disziplinen. Jede Disziplin bringt eine Denktradition mit sich, eine eigene Herleitung und einen Aufbau von Argumentationen, die eine eigene Art von Zuwachs und Qualität von Wissen herbeiführen. Diese Eigenheiten manifestieren sich nach aussen hin beispielsweise durch die verwendeten Terminologien, Methoden oder Präsentationsformate. Mit der Eigenheit des Denkens verbunden ist die Art und Weise des Vorgehens und des Verhaltens in einer Disziplin. Fachspezifische Denkstrukturen bestimmen also vieles: vom Prozess zu den Resultaten und der Form der Vermittlung neuen Wissens bis hin zu einem Benimm, einer Manier, einem eigenständigen Charakter des entsprechenden Milieus.

Struktur der Arbeit:
Die folgende Arbeit ist in zwei Teile gegliedert, die sich wiederum in drei Kapitel unterteilen. Dabei unterscheiden sich die zwei Teile durch *Rekonstruktion* und *Dekonstruktion.*

Erster Teil – Rekonstruktion:
Der erste Teil umfasst die Kapitel «Projektion: Weltkarten und Weltanschauungen» und «Projektion: Weltkarten und ihre Geometrie» (VGL. ABB. 01). In diesen zwei Kapiteln wird eine weder Idee des «Abtragens von Schichten»[40], wobei die Motivation des gegenwärtigen Denkens und Handelns anhand der Geschichte aufgedeckt werden soll. Derrida benennt diesen Prozess als «Desedimentierung»[41]. Ausgangslage für die vorliegende Arbeit ist, dass diese Sedimentschichten realgeschichtlicher Entwicklung die Grundlage eines Selbstverständnisses liefern und so eine gegenwärtige Perspektive bestimmen.[42] Das heisst, anhand eines Rückblicks in die Geschichte, gehe ich einen Standpunktwechsel ein, wodurch ich Weltkarten in verschiedenen Zeitepochen analysieren werde.

---

38 Bertin (2001). Matrix theory of graphics.

39 Daru (2001). Jacques Bertin and the graphic essence of data. Ziemkiewicz (2010). Beyond Bertin: Seeing the Forest despite the Trees.

40 Diese Methode des «Abtragen von Schichten» geht auf Heideggers Projekt einer Destruktion zurück. Die Schichten entstünden in einer Entwicklung von Formen des Urteilens, die als selbstverständlich gelten.

41 Diese «Desedimentierung» bezieht sich auf Husserls *Abbau*, wonach ein Durchbruch zum verborgenen Fundament von vermeintlichen Idealen erreicht werden sollte. Gasché, The tain of the mirror: Derrida and the philosophy of reflection. (1986). S. 110

42 Stekeler-Weithofer (2002). Zur Dekonstruktion gegenstandsfixierter Seinsgeschichte bei Heidegger und Derrida.

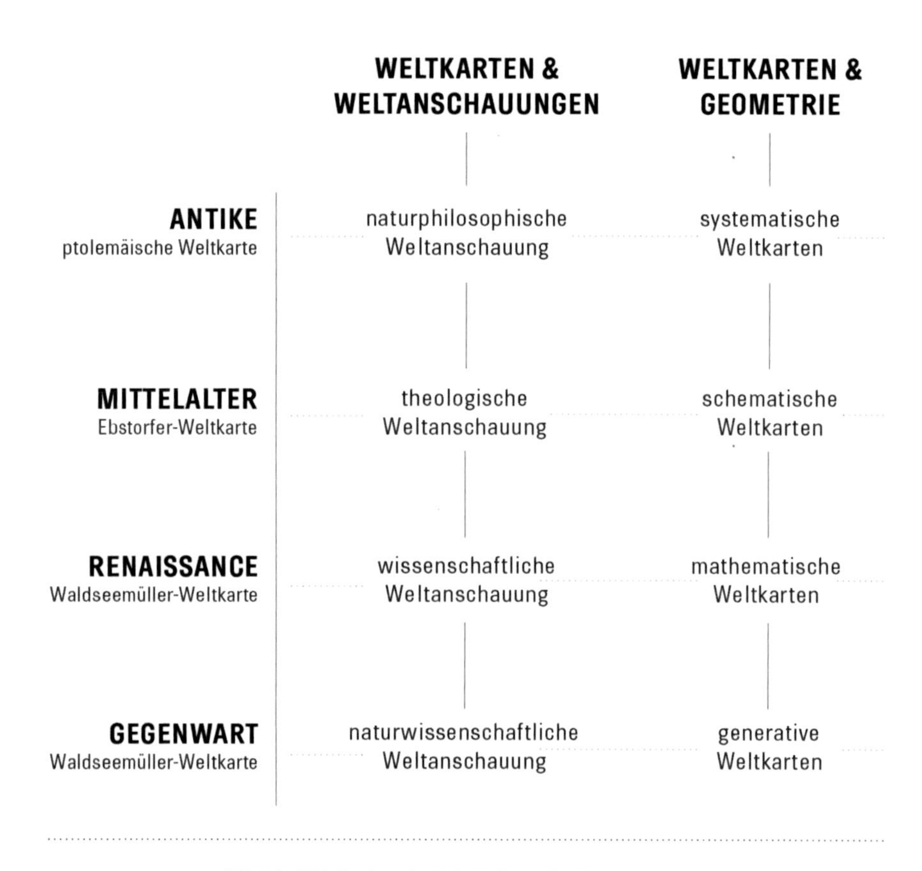

Abb. 01: JMS: Struktur der Arbeit. Erster Teil. Rekonstruktion.

Die beiden Kapitel stellen sich der Aufgabe, paradigmatische sowie darstellerische Konventionen aus der Geschichte herzuleiten. Dabei werden einige Fakten, Gesetze oder Theorien pauschalisiert und tabellarisch in Stichworten für die Zeitabschnitte Antike – Mittelalter – Renaissance und Gegenwart festgehalten. Dieser Rückblick in die Geschichte ist von Notwendigkeit, da die Beiträge der älteren Epochen und ihren Wissenschaften als wertvoll und gleichwertig erachtet werden. Sie sind für die Prägung der heutigen Konventionen in Weltkarten sowie für Weltanschauungen ausschlaggebend. Hier wird jedoch keinesfalls eine kumulative Entwicklungslinie von kartografischer Erkenntnis verfolgt, die schliesslich in einem vermeintlichen Höhepunkt von gegenwärtigen kartografischen Produkten mündet. Denn das Grundproblem einer geschichtsinterpretativen «Rekonstruktion einer Entwicklung» ist neben der historischen Richtigkeit die vorherrschende Idee einer Fortschrittspräsumtion.[43] Wir nehmen oft vermeintlich an, dass es unser Denken, Wissen und unsere Zivilisation weiter gebracht hätten als viele Kulturen vor unserer Zeit. Entgegen dieser fehlerhaften Annahme gehe ich hier analog zu Feyerabend davon aus, dass die kartografischen Werke respektive Weltkarten der verschiedenen Epochen jeweiligen Stilformen unterliegen, die gleichwertig nebeneinander stehen. Diese Stilformen bedeuten nicht Fortschritt, sondern blosse Veränderungen der Weltanschauung.[44] Es ist mir bewusst, dass diese Herleitung aus einem Gemisch von Irrtum, Mythos und Aberglauben entsteht, das durch die Geschichtsschreibung entstanden ist: «Wenn man [diese veralteten] Anschauungen Mythen nennen will, dann können Mythen durch Methoden derselben Art erzeugt und aus Gründen derselben Art geglaubt werden, wie sie heute zu wissenschaftlicher Erkenntnis führen.»[45]

Epochen und Begriffe: Der ideologische Standpunkt, der sich in den Überzeugungen von Epoche zu Epoche verändert, wird in dieser Arbeit an einen bestimmten Begriff geknüpft. Die Paradigmen des Kapitels «Projektion: Weltkarten und Weltanschauungen» werden auf die Begriffe *naturphilosophisch* (Antike), *theologisch* (Mittelalter), *wissenschaftlich* (Renaissance), *naturwissenschaftlich* (Gegenwart) verwiesen. Die Darstellungskonventionen des Kapitels «Projektion: Weltkarten und ihre Geometrie» werden anhand der Begriffe *systematisch* (Antike), *schematisch* (Mittelalter), *mathematisch* (Renaissance), *generativ* (Gegenwart) beschrieben. Diese zugeordneten Begriffe bestärken die paradigmatische Tendenz der Epoche. Dabei wird kein Anspruch auf eine einzige, absolute Richtigkeit dieses gewählten Begriffs erhoben. Es wird lediglich der Charakter der jeweiligen Epoche herausgestrichen.

Exemplarische Beispiele: Die verschiedenen Epochen sind jeweils durch ein exemplarisches Beispiel einer Weltkarte illustriert. Diese Beispiele sind gewählt worden, da sie jeweils charakteristisch für die entsprechende Epoche sind, anhand den sich bestimmte paradigmatische Aspekte beispielhaft aufzeigen lassen. Die Geometrie sowie die evozierte Weltanschauung der Weltkarte werden anhand folgender exemplarischer Weltkarten aufgezeigt:

- **Antike: «Ptolemäische Weltkarte»:** Diese Weltkarte ist der visuelle Artefakt für den Begriff des «ptolemäischen Weltbildes», der für eine geozentrische Weltanschauung steht und somit für die ganze Nachwelt prägend war. Die ptolemäische Weltkarte symbolisiert die zunehmende Systematisierung und Mathematisierung einer Weltanschauung. Diese Weltkarte wird hier aufgegriffen, da sich daran die geometrische, sowie die ideologische Entwicklung der Antike aufzeigen lässt und in nachkommenden Epochen, vorwiegend der Renaissance auf sie zurückgegriffen wird. Dank der Begleitschrift der «Geographia» konnte sie um das 13. Jahrhundert reproduziert werden und ist als eine der einzigen antiken Weltkarten als Artefakt überliefert.[46]

43 Ebd.
44 Feyerabend (1984). Wissenschaft als Kunst. S. 35
45 Kuhn (1973). Die Struktur wissenschaftlicher Revolutionen. S. 16
46 Vgl. für die ausführliche Begründung zur Wahl der Ptolemäischen Weltkarte die Abschnitte: «1.1.2. Ptolemäische Weltkarte» und «2.1.2. Ptolemäische Weltkarte».

- **Mittelalter: «Ebstorfer Weltkarte»:** Anhand der Ebstorfer Weltkarte können einige für das Mittelalter charakteristische Eigenschaften beschrieben werden, wie etwa die Zentrierung der Weltkarte auf Jerusalem, die Ausrichtung nach Osten und die Beziehung von Bild und Text. Weiter ist sie mit einem Durchmesser von 1.96 Meter eine grossformatige *Mappaemundi*, die einen hohen Detailreichtum aufweist.[47] Die Ebstorfer Weltkarte gilt als eine typische *Mappaemundi*, die verschiedene für das Mittelalter repräsentative Aspekte vereint.

- **Renaissance: «Waldseemüller Weltkarte»:** Die Waldseemüller Weltkarte wird aus der breiten Fülle der Renaissance-Weltkarten als exemplarisches Beispiel gewählt, da sie die Geografie der Welt als Ganzes zu erfassen versucht (sprich 360° Breite) und somit das neu entdeckte «America» darstellt und die damit verbundene «Neue Welt» ins Kartenbild integriert. Weiter basiert ihre geometrische Projektion auf der ptolemäischen Projektion, wodurch der Rückbezug auf die Antike über diese Weltkarte aufgezeigt werden kann.[48]

- **Gegenwart: Google-Maps Weltkarte:** Diese interaktive Anwendung ist gegenwärtig eines der meist aufgerufenen Kartentools. Die Darstellung der Google-Maps Weltkarte, die mit entsprechendem Zoomfaktor erreicht wird, suggeriert eine Weltanschauung, die auf der kartografischen Entwicklung der Renaissance beruht. Dabei ist ihre Untersuchung hinsichtlich der verwendeten Web-Mercator-Projektion und ihre Präsenz im Kontext des Unternehmens Google Inc. für die Verursachung heutiger Projektionen exemplarisch.[49]

Kurzum: Die ersten beiden Kapitel sind eine Rekonstruktion darstellerischer und ideologischer Konventionen, die in der Geschichte gewachsen sind. Dabei wird ein chronologischer Blick auf die verschiedenen Epochen (Antike, Mittelalter, Neuzeit, Gegenwart) geworfen. Die Projektion wird aus der Perspektive der *Weltanschauungen* sowie hinsichtlich der *Geometrie* untersucht. Die beiden Kapitel führen abschliessend zu einer tabellarischen Übersicht, in der die Konventionen der Geschichte veranschaulicht werden.

47 Vgl. für die ausführliche Begründung zur Wahl der Ebstorfer Weltkarte die Abschnitte: «1.2.2. Ebstorfer Weltkarte» und «2.2.2. Ebstorfer Weltkarte».

48 Vgl. für die ausführliche Begründung zur Wahl der Waldseemüller Weltkarte die Abschnitte: «1.3.2. Waldseemüller Weltkarte» und «2.3.2. Waldseemüller Weltkarte».

49 Vgl. für die ausführliche Begründung zur Wahl der Google-Weltkarte die Abschnitte: «1.4.2. Google-Maps Weltkarte» und «2.4.2.Google-Maps Weltkarte».

Zweiter Teil – Dekonstruktion: Im zweiten Teil, dem Kapitel: «Dekonstruktion von Projektionen» wird die Dekonstruktion von konventionellen Weltkarten angestrebt. Dabei wird ein unkonventionelles Prinzip zum Generieren von Weltkarten ins Feld geführt, das einen Vergleich zwischen den historisch gewachsenen Darstellungskonventionen gegenwärtiger Weltkarten und dekonstruierten Weltkarten ermöglicht. Die Dekonstruktion mündet in acht Thesen, die als Schlussfolgerung dieser Arbeit gelesen werden sollen.

Ein Prinzip zum Generieren von unkonventionellen Weltkarten – worldmapgenerator.com: In einem ersten Schritt wird die projekteigene Software worldmapgenerator.com[50] vorgestellt, die das Generieren von unkonventionellen Weltkarten ermöglicht. Dabei kann die Zentrierung und die Projektion frei gewählt werden. Der Worldmapgenerator.com basiert auf einem Prinzip, welches die Möglichkeit zum Generieren von unkonventionellen Weltkarten schafft. Dieses Prinzip beruht auf einem projekteigenen Regelwerk, wodurch vorherrschende Konventionen in Weltkarten und die damit verbundenen Standardisierungen hinterfragt werden können. Dieses Prinzip ermöglicht es denn auch, eine unendliche Anzahl an unkonventionellen Weltkarten hervorzubringen, wodurch die darstellerisch-konstruktiven Möglichkeiten von Weltkarten und die damit verbundenen Weltanschauungen aufgezeigt werden können.[51] Der Worldmapgenerator.com führt also multiple, alternative Weltkarten ins Felde, die konventionellen Weltkarten entgegengesetzt werden können. Durch diese Alternativen bietet sich ein breites Spektrum an Weltkarten an, das einem Konformismus von Weltdarstellungen und Weltanschauungen entgegenwirkt.

Fazit – acht Thesen: Die Dekonstruktion mündet in acht Thesen, welche die konstruktiven und ideologischen Projektionen zusammenführen und unter einigen Gesichtspunkten, zum Beispiel der Geopolitik, der Symbolischen Formen, etc. untersuchen und auswerten. Diese Gesichtspunkte stellten sich durch das Kontrastieren der alternativen Weltkarten mit den vorherrschenden Normen heraus. Die Thesen greifen die in der Rekonstruktion untersuchten Aspekte, wie zum Beispiel Raumanschauung, konstruktive Perspektive, Mittelpunkt, etc. auf, wobei verschiedene Aspekte zusammengeführt werden und sich in einer These synthetisieren. Bei dieser Zusammenführung wird die Aufrechterhaltung der einzelnen Aspekte nicht angestrebt, mit der Absicht, verborgene und vergessene Bedeutungszusammenhänge zu erreichen. Das heisst, die Dekonstruktion untersucht nicht lediglich einzelne Aspekte, wie zum Beispiel das Gradnetz im Vergleich zwischen konventionellen und unkonventioneller Weltkarten, sondern kombiniert verschiedene solcher Aspekte miteinander, wie zum Beispiel Gradnetz, Zentrierung, etc. und ordnet sie einem entsprechenden Gesichtspunkt unter, etwa dem Symmetrieprinzip (VGL. ABB. 02). Nur so können vergessene, verdrängte oder verborgene Bedeutungszusammenhänge aufgedeckt und blinden Flecken zu Präsenz verholfen werden. Mit diesem Vorgehen im Sinne einer Dekonstruktion gewinnen unvorhersehbare

50 Der worldmapgenerator.com ist im Rahmen eines HKB-Forschungsprojektes entstanden (12011VPT_HKB). Eine erste Version wurde im Sommer 2013 online geschalten. Die neuste Version der Software ist zugänglich unter: www.worldmapgenerator.com (Stand: 02.16) Stirnemann (2013).

51 Stirnemann (2014). Multiple Alternativen zur Konstruktion und Gestaltung von Weltkarten.

Gesichtspunkte an Bedeutung. Das Potenzial der Dekonstruktion besteht darin, dass sich verschiedene Aspekte immer wieder neu formieren, wodurch neue Einsichten und Formulierungen erzwingt werden.[52]

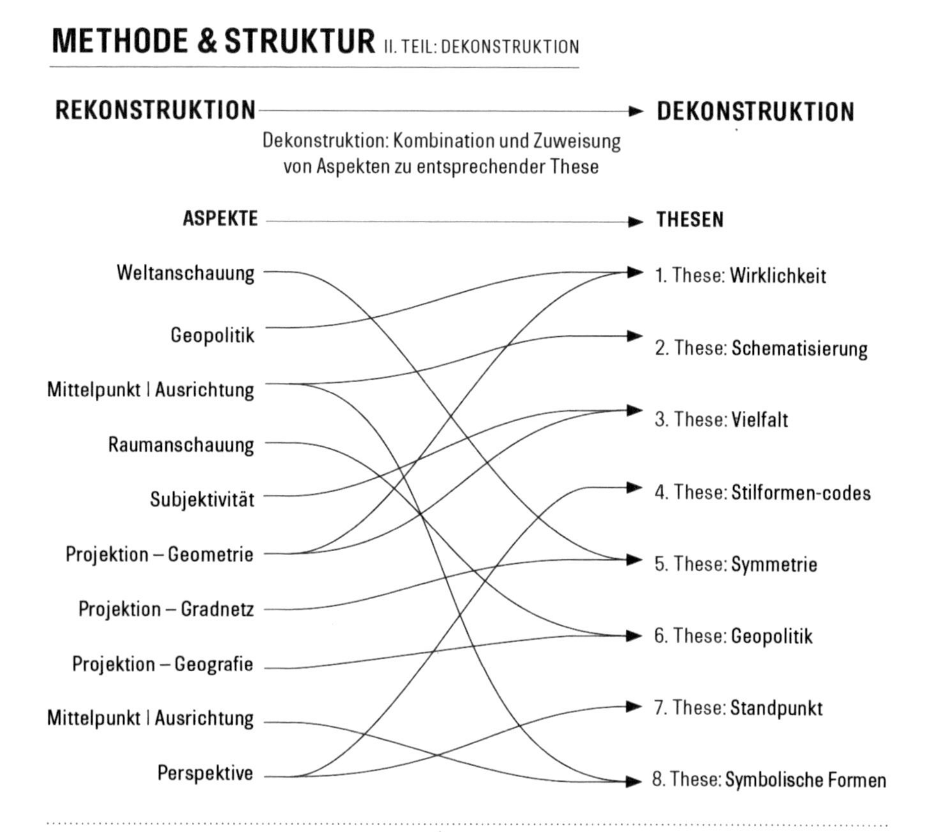

Abb. 02: JMS: Struktur der Arbeit. Zweiter Teil. Dekonstruktion. Verschiedene Aspekte münden in verschiedenen Thesen. Diese Zuweisung der einzelnen Aspekte zu den Thesen ist in dieser Abbildung nur zur Illustration der Idee dargestellt. D. h. die Zuweisung der Aspekte werden so im Kapitel 4.4 Dekonstruktion der Projektionen nicht vorgenommen.

Jede der hervorgebrachten Thesen ist schliesslich wie folgt strukturiert:

1. Allgemeine Konventionen: In einem ersten Schritt wird thematisch in die These eingeführt, wobei allgemeine vorherrschende Konventionen für den entsprechenden Gesichtspunkt relevant werden. **2. Kartografische Konventionen:** In einem zweiten Schritt wird vom Allgemeinen auf kartografische Sachverhalte geschlossen und die derzeitig Situation aufgezeigt. **3. Von der Konvention zur Dekonstruktion:** In einem dritten Schritt wird die These in Bezug zu den dekonstruierten Weltkarten gestellt und besprochen. Dabei dient das projekteigene Bildmaterial als Argumentationsgrundlage für diesen Vergleich.

52 Wetzel (2010). Derrida.

Dekonstruktion zielt also darauf ab, alternative Weltkarten anzuführen, um versteckte Bedeutungen und Absichten der konventionellen Weltkarten ans Licht zu bringen. Der Fokus richtet sich so auf die verborgene politische, soziale oder kulturelle Dimension einer Weltkarte. Die Idee der Weltkarte als Repräsentation der Wirklichkeit wird verworfen. Es werden alternative Denkansätze und Visualisierungen ins Feld geführt, die bestehende Theorien und Weltkartendarstellungen und ihre entsprechenden ideellen und konstruktiven Projektionen in Frage stellen.

I. Teil: Rekonstruktion

1 Projektion: Weltkarten und Weltanschauungen

Projektionen werden in diesem Teil der Arbeit im Sinne einer Weltanschauung untersucht. Das heisst, dass die Projektion hier mit der Bedeutung besetzt ist, welche die Erkennbarkeit der körperlichen Aussenwelt durch subjektive Empfindungen begründet und erklärt.[53] Wenn ich in diesem Teil der Arbeit von einer Weltanschauung spreche, gehen ich also von der Gesamtheit der subjektiven Empfindung aus, welche die Wahrnehmung der Welt zu einem Ganzen zusammenbringt und daher als Produkt eines transzendentalen Vermögens gesehen werden kann.[54] Eine Weltanschauung ist ein subjektives Vorstellungsbild, das in die Aussenwelt projiziert wird. Sie wird durch verschiedene soziokulturelle, philosophische und erkenntnistheoretische Aspekte bestimmt, die schliesslich zu einem Vorstellungsbild führen.

Weltanschauungen werden durch individuelle Sichtweisen und Wertvorstellungen geformt, wobei Weltkarten diese Meinungsbildung stark beeinflussen und vice versa. Weltkarten sind nie objektive Repräsentationen. Sie sind lediglich ein Versuch, wahre geophysische Gegebenheiten darzustellen, wobei immer eine vorherrschende subjektive Weltanschauung in die Weltkarte projiziert wird. Es wird bloss eine bestimmte «Idee einer Welt», eine Konstruktion subjektiver Wirklichkeit und damit eine Weltansicht in Weltkarten abgebildet.

Die Geschichte der Kartografie ermöglicht uns, Weltanschauungen anhand von Weltkarten paradigmatisch abzulesen. Dabei werden universelle wieder erkennbare wissenschaftliche Errungenschaften und Probleme oder Lösungen einer bestimmten Gesellschaft und Epoche anhand von Weltkarten aufgezeigt. Ich gehe hier davon aus, dass bestimmte Aspekte, die für die Bildung einer Weltanschauung verantwortlich sind, nur durch den historischen Kontext herbeigeführt werden können.[55] Darum werfe ich einen Blick in die Geschichte und zeige paradigmatische Wechsel erkennbar auf, die beispielsweise philosophischen und erkenntnistheoretischen Aspekten unterliegen. Anhand solcher Aspekte wird eine Wirklichkeitsvorstellung untersucht, die durch darstellerische Konventionen in Weltkarten ihren Ausdruck findet.[56] Die verschiedenen Weltanschauungen, die über Weltkarten vermittelt werden, gehen mehr oder weniger einher mit den in der Geschichte der Wissenschaft aufkommenden Paradigmen.[57]

53 Ritter und Kranz (1971). Historisches Wörterbuch der Philosophie. Bd. 7, S. 1458.

54 Ebd. Vgl. Weltanschauung. Bd. 12, S. 453.

55 Die «Critical Cartography» argumentiert, dass die theoretische Kritik, die sie an die vorherrschende kartografische Praxis richtet, nur durch den historischen Kontext zu verstehen sei. Crampton und Krygier (2006). An introduction to critical cartography.

56 Azocar und Buchroithner (2014). Paradigms in cartography an epistemological review of the 20th and 21st centuries. S. 33–40

57 Dem Paradigma kommt hier folgende Bedeutung zu: Ein Paradigma ist in der *wissenschaftssoziologischen* Verwendung eine *dominierende wissenschaftliche Orientierung* (das P. der Newtonschen Physik). Ritter und Kranz (1971). Historisches Wörterbuch der Philosophie. Bd. 7, S. 74.

Weltbild wird oft als vermeintliches Synonym für Weltanschauung eingesetzt, wobei diese Begriffe voneinander unterschieden werden sollen.[58] Das Historische Wörterbuch der Philosophie schreibt der Weltanschauung folgenden Sinn zu: «[das] Konzept einer Weltanschauung, die nicht als eine Art Abbildung des ‹Ansichseins der Welt› und ihrer ‹objektiven Einheit› in einem individuellen Bewußtsein verstanden werden darf, sondern Produkt eines transzendentalen Vermögens der welterzeugenden Subjektivität ist.»[59] Weltbilder erheben also keinen Anspruch auf Totalität und Systemcharakter der Welterklärung. Weltanschauungen hingegen bezeichnen ein subjektives Vorstellungsbild der Welt, wobei Weltbilder sozusagen als deren Abbilder verstanden und damit als Produkt einer Weltanschauung begriffen werden können.[60] Die Weltanschauung ist im Unterschied zum Weltbild nicht nur weltbeschreibend, sondern auch erklärend und handlungsmotivierend. Weiter kann die Weltanschauung als die Gesamtauffassung von Wesen und Ursprung, Wert, Sinn und Ziel der Welt und des Menschenlebens erachtet werden. Als Produkt persönlicher Lebenserfahrung enthält die Weltanschauung meistens stark emotionale Komponenten. In einer weiteren Beschreibung wird die Weltanschauung wie folgt definiert: «Unter einer Weltanschauung[61] versteht man das Zusammenspiel der für eine bestimmte Kultur leitenden Anschauungen und Deutungsmuster über den Aufbau des Kosmos, die Natur der Dinge und das Zusammenleben der Menschen, die sowohl durch die Struktur des Ganzen als auch die Funktion seiner Teile organisiert wird und in Erscheinung tritt.»[62]

In der vorliegenden Arbeit sind Weltbilder Abbilder von Weltanschauungen, d.h. Weltkarten sind Visualisierungen von Weltbildern, die eine entsprechende Weltanschauung widerspiegeln – Weltkarten lassen uns also Rückschlüsse auf eine entsprechende Weltanschauung ziehen. Das heisst, dass aus Weltanschauungen durch die Geschichte hindurch verschiedene Weltkarten entstanden sind, die wiederum dazu beigetragen haben, Weltanschauungen entsprechend zu repräsentieren.

Beim Erstellen von Weltkarten werden durch den hohen Abstraktionsgrad der Abbildung darstellerische Entscheidungen getroffen, die durch eine Weltanschauung verursacht sind und das Kartenbild entsprechend prägen. Dabei sind Weltkarten lediglich Modelle der Welt, die durch ihre Darstellungsart eine Weltanschauung vermitteln. Die Realität wird hinsichtlich vieler Aspekte interpretiert, damit sie annäherungsweise auf Weltkarten dargestellt werden kann: Projektion, Masss-

58 Nünning beispielsweise setzt den Begriff des Weltbildes der Weltanschauung gleich und bemängelt, dass der Begriff des Weltbildes unscharf gehandhabt wird: «[...] dass der zentrale Begriff des «Weltbildes», der oft mehr oder weniger synonym mit dem Begriff «Weltanschauung» gebraucht wird, selbst in den einschlägigen Studien zum Thema so gut wie nie kritisch reflektiert, geschweige denn expliziert oder definiert wird».Nünning (2005). Weltbilder in den Wissenschaften. S. 149.

59 Ritter und Kranz (1971). Historisches Wörterbuch der Philosophie. Bd. 12, S. 453.

60 Zur genauen Differenzierung von Weltbild und Weltanschauung: «Der eher marginal verwendete Begriff Weltbild findet erst seit dem Deutschen Idealismus weitere, aber auf die deutschsprachige Wissenschaft beschränkte Verbreitung. Weltbild verbindet sich nun mit ‹Weltanschauung› und gerät so in Zusammenhang mit der idealistischen Grundannahme von der welterzeugenden Subjektivität. Tendenziell bezeichnet dabei ‹Weltanschauung› eher das transzendentale Vermögen, Weltbild eher das Produkt dieses Vermögens. So haben nach J. G. FICHTE die ‹empirisch objektive Welt und ihre Objekte› kein Ansichsein, sondern sind ‹Bilder›, die dem ‹Einen untheilbaren Ich› gegeben sind. Dieses Ich schaut in der ‹Weltanschauung› das Weltbild an.» Ebd. Bd. 12, S. 460–461.

61 An betreffender Stelle wird in der hier aufgeführten Definition von «Weltbild» gesprochen. Allerdings ist davon auszugehen, dass hier der Begriff als Synonym zu Weltanschauung verwendet wurde. Janowiski (2007). Vom Natürlichen zum Symbolischen Raum. S. 53.

62 Ebd. S. 53.

tab, Ausrichtung, Symbolisierung, Farbgebung und Benennung (Kartentitel) etwa, sind visuelle Elemente, die als Mittel zur Visualisierung einer bestimmten Weltanschauung in Weltkarten entsprechend eingesetzt werden können. Diese und weitere Aspekte sind für die formalen Bildproportionen entscheidend und evozieren folgende Fragen: Wo kommt der Bildmittelpunkt zu liegen? Nach welcher Himmelsrichtung ist die Weltkarte ausgerichtet? Welche Projektion wird verwendet? Wie ist die Weltkarte grafisch dargestellt? Die Antworten auf solche Fragen werden durch religiöse, politische, geografische Bestimmungen einer vorherrschenden Weltanschauung bestimmt. Weltkarten widerspiegeln daher immer subjektive Einstellungen einzelner Personen oder ganzer Gesellschaften und zeugen von Weltanschauung entsprechender Zeiten.

Im Folgenden werden Projektionen in Weltkarten im Sinne von Weltanschauungen in verschiedenen Zeitabschnitten dargelegt. Dabei wird von der Antike über das Mittelalter, die Renaissance bis in die Gegenwart die Weltanschauung anhand von Weltkarten hinsichtlich verschiedener Aspekte[63] beschrieben und jeweils anhand eines Beispiels aufgezeigt. Aus dieser Beschreibung werden Darstellungskonventionen hinsichtlich bestimmter Aspekte abgeleitet und tabellarisch erfasst. In einem Vergleich (Fazit) werden die Darstellungskonventionen der verschiedenen Epochen einander gegenübergestellt, wobei folgende Fragen relevant werden:

- Welcher Begriff ist für die Weltanschauung beschreibend?
- Inwiefern ist eine Projektion resp. die Weltanschauung in Weltkarten erkennbar?
- Inwiefern ist die Geopolitik bestimmend für die Weltanschauung?
- Inwiefern ist der ideologische Mittelpunkt respektive die Ausrichtung repräsentativ für die Weltanschauung?
- Inwiefern geht die Raumanschauung mit der Weltanschauung einher?
- Inwiefern ist eine subjektive Perspektive in einer Weltanschauung erkennbar?

Die Beantwortung der oben aufgeführten Fragen sind am Schluss dieses Kapitels aufzufinden.[64]

63 Dabei werden folgende Aspekte untersucht: Die Sinngebung des Projektionsbegriffes, die mit der Projektion verbundene Weltanschauung und die Bedeutung der Mathematik, Gottes, der Unendlichkeit etc. für die entsprechende Weltanschauung, die Geopolitik, die Ausrichtung und das im Bildmittelpunkt abgebildete geographische Gebiet, die Perspektive im Raum (Raumanschauung), die Subjektivität und die Rolle der Wissenschaft.

64 Vgl. Abschnitt: 1.5 Zusammenfassung «Weltkarten und Weltanschauungen»

1.1 Antike: Naturphilosophische Weltanschauung

In antiken Weltkarten ist eine Art des Denkens abzulesen, die vorwiegend durch die Vorsokratiker und deren systematische Weltanschauung entwickelt wurde. In der Zeit der Antike gründete die Denktradition auf einer Naturphilosophie,[65] wobei die Natur in ihrer Gesamtheit Gegenstand dieser Wissenschaft war. Die Wissensaneignung geschah neben rationalen Erklärungsmodellen genauso über Mythen und Erfahrungswissen. Erst nach und nach versuchte man die Welt und ihre Phänomene rational zu erfassen und nach allgemeinen, unveränderlichen Prinzipien zu erklären und in Weltkarten entsprechend abzubilden.[66] Dabei wurde durch das rationale Erfassen von phänomenologischen[67] Beobachtungen nach universellen Erklärungsmodellen gesucht. So sah man die Natur aus einer Substanz hervorgebracht, die nicht nur göttlich, sondern auch materiell vorgestellt wurde. Die Naturzusammenhänge basieren dabei auf Elementen der Natur, die man aus Beobachtungen erschloss und daraus Erklärungsgrundlagen ableitete.[68] Diese antike Weltanschauung ist noch für unsere heutige Denktradition wegweisend.[69] Damals wurde das Fundament für die moderne Wissenschaft und auch für die moderne Geografie gelegt, indem relevante Fragen gestellt, Probleme analysiert und Berechnungen und Taxonomien geliefert wurden.

Das für antike Weltanschauungen ausschlaggebende Wissen wurde damals auf verschiedene Arten und Weisen tradiert; der Wissenstransfer geschah über mythologische Erzählungen und Dichtungen, aber auch über wissenschaftliche Beschreibungen. Die antike Weltanschauung wendet sich nach und nach von mythologischen ab und entwickelt sich hin zu rationalen Erklärungen. Obwohl die Götterwelt nach wie vor ihre Gültigkeit hatte, wurden Naturphänomene immer häufiger durch logische Modelle erklärt, die aus der Natur selbst gewonnen wurden und nicht auf Konstruktionen beruhten, die auf göttlich-mystischen Gründen basierten. Es vollzog sich der Übergang vom Mythos zum Logos, der in der

---

65 Für die Naturphilosophie liegen schon in der Antike mehrere Definitionen verschiedener Philosophen vor. So bildet beispielsweise die Naturphilosophie mit Theologie und Mathematik die Gruppe der drei betrachtenden (theoretischen) Wissenschaften, innerhalb deren sie aufgrund ihres Gegenstandsbereichs den zweiten Rang einnimmt: Ihre Aufgabe ist die Betrachtung der sinnlich wahrnehmbaren Substanzen, insofern sie bewegt und begrifflich erfasst sind. Weiter wird beschrieben, dass die von der Naturphilosophie betriebene Erforschung natürlicher Ursachen (insbesondere der Bewegung der Himmelskörper) leistet, [...]. Die Stoa kennt – seit Zenon von Krition – neben Ethik und Logik einen «natürlichen Teil der Philosophie», in den auch die philosophische Theologie einbezogen ist. Ritter und Kranz (1971). Historisches Wörterbuch der Philosophie. Bd. 6, S. 535–356. In der vorliegenden Arbeit bezieht sich der Begriff auf die Antike. Dabei kommt der «Naturphilosophie» folgende Bedeutung zu: Die Naturphilosophie erfasst die Natur in ihrer Gesamtheit und versucht, die Welt durch allgemeine, unveränderliche und konstante Erklärungsprinzipien zu deuten.

66 Die antike Ausgangslage genügt aus heutiger Sicht allerdings nicht einer rein philosophischen oder naturwissenschaftlichen Weltanschauung, da die Bewertung der wissenschaftlichen Erkenntnisse ausbleibt. Gerich beschreibt die ausbleibende Bewertung naturwissenschaftlicher Erkenntnisse in drei Punkten: 1. Das Fehlen des Erfahrungsschatzes von überliefertem Wissen. 2. Einer fehlenden philosophischen und erkenntnistheoretisch begründeten begrifflichen Grundlage. 3. Keiner empirisch überprüfbaren Methodik naturwissenschaftlicher Erkenntnis. Gerich (2014). Die Geschichte der Naturwissenschaften im Wandel erkenntnistheoretischer Positionen: von der biologischen Evolution zur kulturellen Evolution. S. 17

67 «Phänomenologische Beobachtungen» beziehen sich hier auf das «Sich-Zeigende». Vgl. Phänomen: «In der griechischen Philosophie wird [Phänomen] [...] (ans Licht kommen, sich zeigen) in der ganzen umgangssprachlichen Bedeutungsbreite dieses Verbs verwendet. Je nach dem Aspekt, unter dem das ‹Sich-Zeigende› betrachtet wird, meint [Phänomen] bald das Evidente, bald die Erscheinung, bald den bloßen Schein.» Ritter und Kranz (1971). Historisches Wörterbuch der Philosophie. Bd. 7, S. 462

68 Bering und Rooch (2008). Raum: Gestaltung, Wahrnehmung, Wirklichkeitskonstruktion. S. 18.

69 Brugger und Schöndorf (2010). Philosophisches Wörterbuch. S. 13ff

Darstellungsweise verschiedener Weltkarten nachvollziehbar ist und seinen Höhepunkt in der ptolemäischen Weltkarte findet.[70]

Anaximander von Milet (610–546 v. Chr.) war einer der ersten Griechen, die Schriften zur Erklärung der Natur verfassten, und gilt als erster Systematiker. Eine weitere Grundlage wurde durch die Zusammenführung von naturwissenschaftlichem Wissen durch Eratosthenes von Kyrene (276–195/194 v. Chr.) vollbracht. Eratosthenes versuchte, die Geografie auf eine wissenschaftliche Basis zu stellen, wobei sein Werk *Geographika* wissenschaftliche Ansätze[71] verschiedener Gelehrter wie etwa Anaximander, Hekataios von Milet (um 550–490 v. Chr.) etc. vereinigt.[72] Ptolemäus (ca. 100 v. Chr.) prägte mit seinen Werken *Tetrabiblos* und *«Almagest»* (Matematikè syntaxis) die antike Astronomie und Kartografie entscheidend. Seine Geographie legte anhand von acht Büchern die kartografische Darstellung der Erde dar. Durch diese Werke wurde eine Weltanschauung überliefert, die bis in die heutige Zeit als das «ptolemäische Weltbild» bekannt ist.

Wenn ich mich hier auf visuelles Kartenmaterial der Antike beziehe, ist unbedingt anzumerken, dass keine antiken Weltkarten erhalten geblieben sind. Beim Untersuchen von antiken Weltkarten beziehe ich mich meist auf beschreibende Texte oder auf Rekonstruktionen, die anhand von textbasierten Theorien vorgenommen werden. Dabei müssen wir uns bewusst sein, dass die Rekonstruktionen immer dem gegenwärtigen Konzept der Antike unterliegen.[73] Das Kartenbild kann also zum Beispiel hinsichtlich der Form oder der Farbe auf einer rein gegenwärtigen Interpretation beruhen.

1.1.1 Naturphilosophische Weltanschauung in Weltkarten

Die antike Weltanschauung bildete sich aus Überlieferungen heraus, die bis ins 8. und 7. Jahrhundert v. Chr. zurückreichen, woraus sich der Begriff der «Geografie» herausbildete. Die ursprüngliche Absicht der Geografie und somit auch ihrer Darstellung war es, ein naturphilosophisches, gesamtheitliches Erklärungsmodell der Erde und des Universums zu schaffen.[74] Es war kein primäres Ziel, Weltkarten für einen praktischen Nutzen zu produzieren, vielmehr war beabsichtigt, bestimmte Erkenntnisse anhand geografischer Aspekte zu erreichen, welche die damalige Weltanschauung vervollständigten. Im Sinne einer «philosophischen Geographie»[75] sollte versucht werden, mit den Mitteln philosophischer Besinnung, das Ganze der Zusammenhänge der Erde beziehungsweise der Landschaft zu erfassen.[76] Die Quellen der geografischen Informationen waren dementsprechend

---

70 Gerich (2014). Die Geschichte der Naturwissenschaften im Wandel erkenntnistheoretischer Positionen: von der biologischen Evolution zur kulturellen Evolution. S. 13ff

71 Diesem naturwissenschaftlichen Ansatz gingen die Theorien einiger antiker Gelehrte voraus. Eratosthenes' Werk *Geographika* vereinigte bewusst die mathematischen und physischen Grundlagen der Geografie, wobei geografische Grundlagen anderer Disziplinen die *Geographika* inhaltlich nicht beeinflussten, wie z. B. die Dichtung für die Geografie Vgl. Ebd.

72 Vgl. Greek Mapping Traditions. S. 8–9. Riffenburgh und Royal Geographical Society (Great Britain) (2011). The men who mapped the world the treasures of cartography.

73 Dueck und Brodersen (2013). Geographie in der antiken Welt. S. 117.

74 Brotton (2014). Die Geschichte der Welt in zwölf Karten. S. 39–41.

75 Mit der «philosophischen Geographie» ist der Zweig der geografischen Philosophie, der analog zur Natur- und Geschichtsphilosophie mit den Mitteln philosophischer Besinnung das Ganze der Zusammenhänge von Erde bzw. Landschaft und Mensch zu erfassen versucht. Ritter und Kranz (1971). Historisches Wörterbuch der Philosophie. Bd 3, S. 323.

76 Vgl. philosophische Geographie: Ebd. Bd. 3, S. 232.

vielschichtig: einerseits führten dichterische Werke, deren Mythen auf Erfahrungen gründeten zu geografischen Informationen, wie beispielsweise Homers Ilias ca. 8./7. Jh. v.Chr.) oder auch Hesiods *Theogonie* (um 700 v. Chr.). Andererseits nutzte man mathematische Methoden und Prämissen, die auf Sinneswahrnehmungen beruhten, und verwendete logische Argumente, um die so gewonnenen Rückschlüsse in zusammenhängenden Theorien zu präsentieren.[77] Diese logischen Schlussfolgerungen beruhen auf dem mathematischen Zweig der Geografie. Die Antike mündete mit der ptolemäischen Weltkarte in dieser mathematischen Geografie, welche für die Geografie der Renaissance wieder von besonderer Bedeutung war. Vor dieser Tendenz zur Mathematisierung herrschte ungefähr siebenhundert Jahre lang eine naturphilosophische Weltanschauung, wobei die Aneignung von Wissen nicht nur über rationale Erklärungsmodelle geschah, sondern unter anderem auch auf Erfahrungswissen und Erzählungen (beispielsweise auf Mythen) aufbaute.

Grundsätzlich war die geografische Lehre nur beschränkten sozialen Kreisen mit hohem Bildungsniveau vorbehalten. Wer geografische Lehren verfolgte, musste lese- und schreibkundig sein und darüber hinaus ein gewisses Verständnis für wissenschaftliche Sachverhalte besitzen, um Reiseberichte zu verstehen. Unter dem normalen Volk bildete sich so eine amorphe Idee der Geografie von einzelnen entfernten Ländern und Nationen, nicht aber ein zusammenhängendes Konzept der Welt.[78]

Die erste bekannte bildliche Darstellung der bewohnten antiken Welt ist die Weltkarte des miletischen Naturphilosophen Anaximander, der in Strabons Schriften einen Ehrenplatz als Gründervater der Geografie erhielt.[79] Anaximander wirkte als griechischer Naturphilosoph, der unter anderem Fragen nach «Ursprung» und «Prinzip» der Natur zu beantworten versuchte. Seine Welterklärungsversuche zielten darauf ab, das vorherrschende mythologische Verständnis der Welt durch Modelle zu ergänzen, die auf Beobachtungen von Naturphänomenen beruhen.[80] Seine vom runden Ozean umgebene Weltkarte veranschaulichte das damalige Bild der Welt, eine Art «Ordnung» des Weltganzen. Anaximanders Weltanschauung verfolgt das Prinzip des «Apeiron»,[81] wonach räumlich und temporal keine Beschränkung besteht.[82] Das heisst, dass der Raum ausserhalb des Kosmos unendlich ist. Diese Idee des Unendlichen war für viele antike Philosophen nicht nachvollziehbar. Aristoteles grenzte das Universum gegen das «Nichts» ab und hielt es für vollkommen.[83] Er äusserte seine Bewunderung für die Vollkommenheit der himmlischen Wesen, die im Einklang mit der damaligen Religion stünden. Er erwähnt die Erhabenheit des Himmels entgegen dem irdischen Gebrechen. Die Perfektion aber war

77 Dueck unterscheidet zwischen «Beschreibender Geographie» und «Wissenschaftlicher Geographie». Dabei ordnet sie der «Beschreibenden Geographie» alles Wissen zu, das auf Quellen des Mythos, des Epos und der Dichtung beruht. Dabei beschreibt sie die«Wissenschaftliche Geografie»als mathematischer Zweig der Geografie. Dueck und Brodersen (2013). Ebd. S. 81

78 Ebd.

79 Gehrke (2007). Die Raumwahrnehmung im archaischen Griechenland. S. 26.

80 Bering und Rooch (2008). Raum: Gestaltung, Wahrnehmung, Wirklichkeitskonstruktion. S. 18.

81 Apeiron (griech., das Unbegrenzte), das Unendliche, nach Anaximander der ungeformte Weltstoff für alle Dinge, die aus diesem heraus entstanden sind und wieder in das Apeiron hinein vergehen. Vgl. Aristoteles und Jori (2009). Über den Himmel. S. 43

82 Schmidt und Gessmann (2009). Philosophisches Wörterbuch. S. 90

83 Edson, Savage-Smith und Brincken (2005). Der mittelalterliche Kosmos: Karten der christlichen und islamischen Welt. 154f.

mit dem Endlichen assoziiert, wonach – entgegen Anaximander – der unendliche Raum unvorstellbar gewesen wäre.[84] Anaximander war neben der Beschreibung seiner Weltkarte (seine Weltkarte kennen wir heute lediglich als Doxografie, zumal keine Originalabbildung überliefert ist) wegweisend für eine rationale physikalische Erklärung des Universums.[85]

Bis in die heutige Zeit wird der Ursprung der abendländischen Weltanschauung oft auf die Antike zurückgeführt und den Vorsokratikern[86] zugeschrieben. Diese antike Weltanschauung reduzierte die Erklärung der Natur auf ihre zwei Grundzüge:[87] 1. Die Erklärung sollte auf sehr wenigen grundlegenden Prinzipien basieren, 2. die Erklärung sollte durch rationale Argumente abgestützt sein. Die Vorsokratiker verfolgten die Absicht, die geordnete Gesamtheit aller physischen Entitäten zu bezeichnen. Die Pythagoräer beispielsweise behaupteten darüber hinaus, dass die kosmische Ordnung numerischer Natur ist, so dass die mathematischen Proportionen die geeigneten Werkzeuge sind, um sie zu begreifen. So führte die Mathematik in Übereinstimmung mit den Naturphänomenen nach Pythagoras zu dem Satz «Alles ist Zahl», wobei die Zusammenhänge und Bedingungen einer Weltanschauung auf mathematischen Gesetzmässigkeiten beruhen.[88] Diese vorsokratischen Prinzipien zur Beschreibung einer Weltanschauung waren prägend für die nachkommenden Philosophen, deren Weltanschauung und die damit verbundene Darstellung der Welt. Auch Aristoteles' Weltanschauung gründete auf numerischer Natur. So beschreibt er, dass die kosmische Ordnung von einer göttlichen Intelligenz und selbst gar ein lebendes und göttliches Wesen sei. Er hebt dabei die Vollkommenheit des Universums hervor, verweist jedoch nicht auf die Erhabenheit der Ursachen, sondern bezieht sich auf eine mathematische Betrachtung.[89] Der Körper, der drei Dimensionen aufweist (wie etwa die Erde), stellt einen Hauptgegenstand der Wissenschaften dar. Da es nach Aristoteles nicht mehr als drei Dimensionen geben kann, ist die Triade und damit verbunden die Zahl Drei, die Zahl der Vollkommenheit. Auch daher attestierte man dem Universum eine Kugelgestalt, da die Kugel die perfekteste aller Formen sei.[90] In der Weltkarte von Eratosthenes drückt sich diese mathematische Betrachtungsweise hinsichtlich der Anwendung eines Gradnetzes, respektive einiger Konstruktionslinien aus, ohne dass der Weltkarte eine Projektion zugrunde läge. Durch diese Konstruktionslinie wird erstmals die Hinwendung zur mathematischen Beschreibung der Geografie visuell manifestiert. Eratosthenes wird der erste Versuch zugeschrieben, mittels astronomisch-mathematischer Überlegungen ein geographisches Weltbild zu entwerfen, was damals entgegen den auf der Scheibenvorstellung basierenden Kartenentwürfen seiner Vorgänger ein gigantischer Fortschritt war.[91] Strabon soll Era-

84 Couprie (2011). Heaven and earth in ancient Greek cosmology from Thales to Heraclides Ponticus. S. 154f

85 Brotton (2014). Die Geschichte der Welt in zwölf Karten. S. 43

86 «Vorsokratiker» dient als Sammelbezeichnung für alle diejenigen Denker des 6. und 5. Jh. v. Chr., die vor Sokrates Beiträge zu dem nachmals Philosophie genannten Wissen geleistet haben. Ritter und Kranz (1971). Historisches Wörterbuch der Philosophie. Bd. 11, S. 1222

87 Geus (2011). Eratosthenes von Kyrene. Studien zur hellenistischen Kultur- und Wissenschaftsgeschichte. S. 24

88 Bering und Rooch (2008). Raum: Gestaltung, Wahrnehmung, Wirklichkeitskonstruktion. S. 21

89 Aristoteles und Jori (2009). Über den Himmel. S. 128f

90 Soler Gil (2014). Philosophie der Kosmologie. Eine kurze Einleitung. S. 20

91 Stückelberger und Ptolemaeus (2006). Klaudios Ptolemaios: Handbuch der Geographie: Griechisch. S. 255–256

tosthenes getadelt haben, da er der Mathematik zu viel Platz einräumen würde.[92] Diese Entwicklung setzte sich jedoch nach und nach durch; der Mythos wurde vom Logos mehr und mehr verdrängt. Die daraus resultierende Weltanschauung fand in der ptolemäischen, mathematisch aufgebauten Weltkarte den Höhepunkt ihrer Visualisierung.

Die antike Geopolitik war prägend für die damalige Weltanschauung und die damaligen Weltkarten. Die antike Geografie und Politik nährten sich gegenseitig an. Die geografischen Kenntnisse wurden durch Feldzüge erworben und für diese Feldzüge wurden geografische Informationen benötigt.[93] Geopolitische Gegebenheiten prägten die Darstellung der Weltkarten und spielten für die Manifestierung von Macht eine wichtige Rolle. Schon damals standen Weltkarten mit der imperialen Expansion und Herrschaft in Zusammenhang. Militärische Erfolge erweiterten physisch, aber auch gedanklich die Welt. Die daraus entstandenen Weltanschauungen waren zuständig für die Abbildung der Welt und der damit verbunden Darstellung einer politischen Weltmacht.

Alexandria war das damalige weltweit führende Zentrum der Wissenschaften und der Politik.[94] Im griechischen Altertum galt Alexandria als Wissens- und Machtzentrum, dessen Einfluss sich über den ganzen Mittelmeerraum erstreckte. Die von Alexander dem Grossen (356–323 v. Chr.) gegründete Stadt galt als hellenistisches Weltzentrum, als Imperium der griechischen Antike und war neben einer politischen und militärischen Vormachtstellung ein einflussreiches Wissenszentrum, von wo aus die Welt entdeckt und kartiert wurde. Alexandria wurde unter Ptolemäus III. (246–222 v. Chr.) regiert und bot optimale Voraussetzungen, um die Sammlung und Auswertung umfangreicher geographischer Informationen aus allen Regionen der Ökumene vorzunehmen. An diesem zentralen Ort der Wissenssammlung sind oft neue Fachdisziplinen oder Weltanschauungen entstanden, welche die antiken Weltkarten enorm beeinflusst haben. Von Alexandria aus emanzipierte sich – vor allem durch die Feldzüge Alexanders des Grossen – die antike griechisch-römische Geografie. Diese Feldzüge verbanden die politische und geografische Expansion mit wissenschaftlichem Interesse, wobei menschliche Gewohnheiten, Flora und Fauna sowie Topografie und Klima der neu entdeckten Gebiete erfasst wurden.[95]

Gegen Ende der griechischen Antike rückte neben Alexandria der römische Staat mit seinem Herrschaftszentrum Rom auf die Bühne der Weltmächte. Durch den territorialen Gewinn der Punischen Kriege[96] wurde Rom bald zur damaligen Weltmacht, welche die Gebiete rund um das Mittelmeer kontrollierte.[97] Diese auf-

92 Geus (2011). Eratosthenes von Kyrene. Studien zur hellenistischen Kultur- und Wissenschaftsgeschichte. S. 268

93 Dueck und Brodersen (2013). Geographie in der antiken Welt. S. 18

94 Engels (2013). Kulturgeographie im Hellenismus: Die Rezeption des Eratosthenes und Poseidonios durch Strabon in den Geographika. S. 98

95 Dueck und Brodersen (2013). Geographie in der antiken Welt. S. 2

96 Erster Punischer Krieg: 264–241 v. Chr. Zweiter Punischer Krieg: 218–201 v. Chr. Dritter Punischer Krieg: 149–146 v. Chr. Stearns und Langer (2001). The encyclopedia of world history ancient, medieval, and modern, chronologically arranged. S. 80–81

97 Dueck und Brodersen (2013). Geographie in der antiken Welt. S. 21

strebende Weltmacht war für die griechisch-hellenistische Kultur bedeutsam, wodurch sich der Mittelmeerraum als geopolitisch wichtiger Ort herausstellte.

Grundsätzlich lassen sich in der Antike nur schwer allgemeine Aussagen hinsichtlich des ideellen Zentrums in Weltkarten machen. Der ideelle Mittelpunkt der damaligen Welt lässt sich jedoch anhand vieler antiker Weltkarten respektive von der dargestellten Ökumene ableiten, wobei sich dieses Gebiet durch verschiedene Völkerschaften definiert: so sind die Inder im Osten, die Kelten im Westen, die Skythen im Norden und die Äthiopier im Süden ausschlaggebend für die Begrenzung des Gebiets. Der Mittelpunkt lässt sich nun anhand der Symmetrie dieses Bezugsrahmens ablesen, wobei sich Delphi als «Nabel der antiken Welt» herausstellte. Gerade in der Antike sind mythische Raumvorstellungen vom Konzept des Mittelpunkts her gedacht, von dem ausgehend Ränder und Grenzen definiert werden.[98] Nach einem wohlbekannten Mythos sandte Zeus gleichzeitig zwei Adler von den Ost- und Westrändern der Welt aus, die sich schliesslich in Delphi trafen.[99] So liegt beispielsweise auch in der Weltkarte Anaximanders das geografische Zentrum in seinem Heimatort Milet oder Delphi. Da befand sich damals der Apollo-Tempel und stellte somit ein religiöses Zentrum dar.

Neben Delphi galt im griechischen Altertum Alexandria als Wissens- und Machtzentrum, dessen Einfluss sich über den ganzen Mittelmeerraum erstreckte. Alexandria wurde zum ideellen Zentrum der Welt, da es als Wissenszentrum Einfluss auf die ganze griechisch-antike Welt ausübte und eine Vielzahl von wirkungsreichen Naturphilosophen anzog. Vereinigt war das damalige Wissen in der Bibliothek von Alexandria, einer öffentlich zugänglichen Einrichtung, welche die bekanntesten Wissenschaftler der damaligen Zeit zusammenbrachte. So fanden unter anderem der Mathematiker Euklid (ca. 325–265 v. Chr.) von Athen, der Astronom Eratosthenes (ca. 287–195 v. Chr.) aus Libyen und der Mathematiker Archimedes aus Syrakus (ca. 287–212 v. Chr.) den Weg nach Alexandria, wo sie damaliges universelles Wissen miteinander verknüpfen konnten.[100] Einhergehend mit der geopolitischen Ausstrahlung Alexandrias wurde die Stadt zum Knotenpunkt, von dem aus die Welt ideell gedacht und geografisch konstruiert wurde. Alexandria war neben Delphi der Mittepunkt der griechisch-antiken Weltanschauung. Die antiken Weltkarten sind vorwiegend nach Norden ausgerichtet.

Die antike Raumanschauung unterliegt der damaligen antiken Perspektive. Die antiken Raumtheorien lassen sich in den damaligen Wandmalereien aufzeigen, wobei in der Antike zum ersten Mal Raumgrenzen visuell überschritten werden konnten. Einige Wandmalereien des 2. Jh. vor Chr. zeigen ein neues Formensystem, das nun wegweisende Möglichkeiten für die Konstituierung imaginärer Räume auf der Fläche ermöglichte.[101] Diese neuen Darstellungsformen erzeugten eine illusionistische Bildwirkung, wodurch eine erhebliche Realitätserweiterung erzeugt wurde. Der Realraum konnte durch den Bildraum und eine darauf dargestellte Scheinarchitektur erweitert werden. Die perspektivische «Näherungskonstruktion»[102] ver-

98 Gehrke (2007). Die Raumwahrnehmung im archaischen Griechenland. S. 17
99 Dueck und Brodersen (2013). Geographie in der antiken Welt. S. 88
100 Schmidt und Gessmann (2009). Philosophisches Wörterbuch. S. 32
101 Bering und Rooch (2008). Raum: Gestaltung, Wahrnehmung, Wirklichkeitskonstruktion. S. 73
102 Vgl. 2. Kapitel: Projektion: Weltkarten und ihre Geometrie. Abschnitt 2.1.1 Systematik der antiken darstellenden Geometrie.

half dazu, den Realraum um einen Illusionsraum zu ergänzen. Durch den Einsatz von perspektivischen Verkürzungen sowie Licht und Schatten konnte nun ein Raumeindruck erzeugt werden, der es ermöglichte, Utopien und Phantasieräume zu visualisieren. Räume konnten also von einem Standpunkt aus betrachtet eine Tiefe aufweisen, womit eine völlig neue Raumanschauung evoziert wurde.

Tendenzen dieser antiken Raumanschauung sind auch anhand der Darstellung von Weltkarten abzulesen. Da es sich jedoch bei dem Dargestellten nicht um eine Abbildung eines Blickfeldes handelt, sondern um die Erdoberfläche, verhält sich die Vermittlung von Raum über Weltkarten nur teilweise analog zur Raumdarstellung in den bildenden Künsten. Diese Unterschiede der kartografischen Darstellungen manifestieren sich wie folgt: 1. Weltkarten vermittelten keinen kontinuierlichen Raum, sie bilden meist die bekannte Erdoberfläche ab. Diese Erdoberfläche – die Ökumene – ist ein beschränkter Raum. Diese Endlichkeit der Welt zeigt sich in vielen Weltkarten durch den allumfassenden Ozean, der den abgebildeten Raum beschränkt. Zudem werden – entgegen einem klar beschränkten Blickfeld – Gebiete abgebildet, über deren Existenz nur spekuliert wurde. 2. Die perspektivische Verzerrung in antiken Weltkarten ist durch die klare Beschränkung des Raumes nicht allzu ausgeprägt. Da nur ein bestimmtes Spektrum der Kugeloberfläche abgebildet wird, wirken sich die Verzerrungseigenschaften nicht besonders stark aus. Die ptolemäische Weltkarte beispielsweise, die ein Spektrum von 180° aufweist, unterliegt geringeren Verzerrungen als Weltkarten, die ein 360°-Spektrum abbilden. Weiter sind die perspektivischen Verzerrungen antiker Weltkarten lediglich einer «Näherungskonstruktion» unterworfen und nicht auf einen einzigen Berührungspunkt hin konstruiert. Dadurch richtet sich die Formgebung der Welt nicht auf einen Punkt aus. Die antike Raumanschauung wurde nicht per se durch exakte geometrisch-perspektivische Abbildungen respektive Projektionen erzeugt. Panofsky beschreibt die antike Raumtheorie folgendermassen:

> «[...] keine von ihnen [antike Raumtheorien] ist dazu gelangt, den Raum als ein System von blossen Relationen zwischen Höhe, Breite zu definieren, so dass der Unterschied zwischen «vorn» und «hinten», «hier» und «dort», «Körper» und «Nichtkörper» sich in dem höheren Begriff der dreidimensionalen Ausdehnung [...] aufgelöst hätte; sondern stets bleibt das Ganze der Welt etwas Diskontinuierliches [...]»[103]

Schon in der Antike waren Beschreibungen der Geografie (ob als Weltkarte oder in schriftlicher Überlieferung) Instrumente zur Manifestation von Macht. Wer geografische Kenntnisse vorweisen konnte, bewies damit nicht nur eine territoriale und militärische Machtstellung, sondern konnte sich durch kulturelles Wissen der unterworfenen Gebiete brüsten. Diese Implikationen geografischer Expansion findet wie folgt eine schöne Beschreibung:

> «Sobald geografische Horizonte erweitert werden, wird Wissbegierde befriedigt, aber auch geweckt. Die treibende Kraft wird besonders in kriegerischen Gesellschaften, die zur politischen und territorialen Expansion neigen, zum Motor für die Erweiterung der Macht: Das Wissen von einem Gebiet schafft den Willen, es zu

103 Panofsky (1927). Die Perspektive als «Symbolische Form». S. 270–271

erobern, und die Eroberung eines Gebiets erhöht das Wissen über es. «Wissen ist Macht», und dies in einem ganz praktischen Sinn, weil geographisches Wissen militärische Siege und Eroberungen erleichtert, aber auch geistige Wirkung hat: Geographische Kenntnisse schaffen mächtige Herrscher, weil sie zu Propaganda-Zwecken genutzt werden und so zur weiteren Ausdehnung der Macht beitragen.»[104]

Während sich die griechische Antike neben militärischen Feldzügen auch über Wissenschaft, Mythos und Theorie behauptete, nahm im römischen Altertum die Profilierung über die militärische Macht stark zu.

1.1.2 Ptolemäische Weltkarte

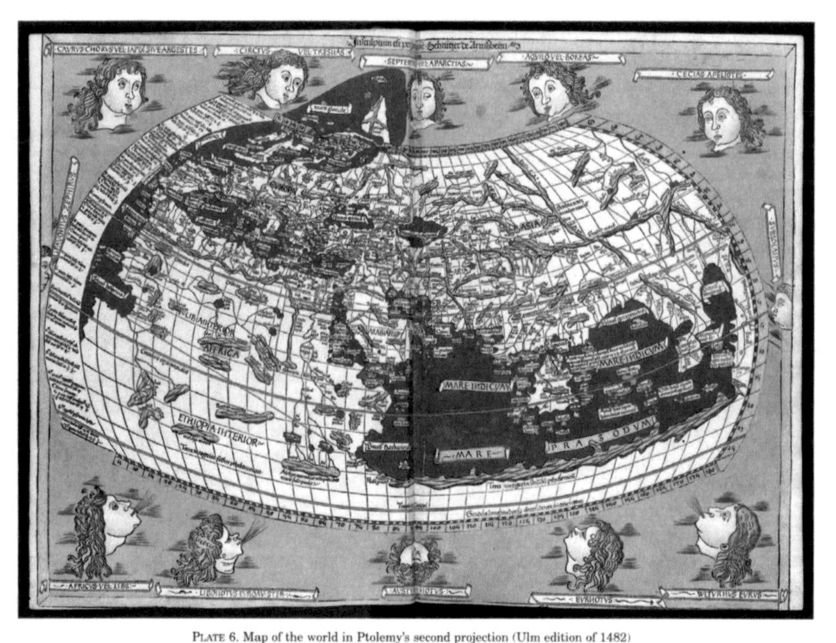

PLATE 6. Map of the world in Ptolemy's second projection (Ulm edition of 1482)

Abb. 03: Ptolemäische Weltkarte. In: Berggren und Jones (2000, Appendix)

Im Anschluss an die oben geschilderten allgemeinen Ausführungen zur Weltanschauung in der Antike gehen wir nun auf die ptolemäische Vorstellung der Welt ein, die schliesslich zur «ptolemäischen Weltanschauung» führte und die ganze Nachwelt prägte. Die ptolemäische Weltkarte wird hier als exemplarisches Beispiel aufgegriffen, da sie einige wichtige Ausprägungen der antiken Weltanschauung darlegt (VGL. ABB. 03): 1. Als greifbarer Beweis der antiken Geografie zeugt die ptolemäische Weltkarte von der Abkehr von einer naturphilosophischen hin zu einer wissenschaftlichen Weltanschauung. Diese Weltkarte symbolisiert die zunehmende Systematisierung und Mathematisierung einer Weltanschauung (auch durch die Projektion). 2. Mit der ptolemäischen Weltkarte wurde eine formale Grundlage

104 Dueck und Brodersen (2013). Geographie in der antiken Welt. S. 24

erschaffen, die in der *Geographia* theoretisch dargelegt ist und in der Renaissance zu einer Rekonstruktion der Karte führte. Diese Geografie hatte prägnante Auswirkungen auf die Geografie der Nachwelt, wie beispielsweise auf die Renaissance und die Geografie von Waldseemüller und Ringmann. 3. Das «ptolemäische Weltbild» steht als Begriff für eine geozentrische Weltanschauung.

In der Geschichte der Kartografie ist Claudio Ptolemäus (um 100–170 n. Chr.) einer der einflussreichsten Kartografen. Man geht davon aus, dass Ptolemäus in Griechenland geboren und schliesslich im hellenistischen Forschungs- und Wirkungsort Alexandria gelebt und gearbeitet habe, wo schon Eratosthenes und Hipparch ihre wissenschaftliche Beobachtungen gemacht hatten und wo durch stabile politische Verhältnisse für die Wissenschaft günstige Voraussetzungen herrschten.[105]

Ptolemäus entwarf mit seiner *Geographia* ein geografisches Handbuch, das neben einem Ortsverzeichnis eine Anleitung zum Erstellen von Karten umfasst. Entgegen diesen theoretischen Grundlagen ist keine bildhafte Darstellung der ptolemäischen Weltkarten bis in die heutige Zeit überliefert worden. Man geht jedoch davon aus, dass als Pendant zu Ptolemäus' theoretischen Überlegungen Weltkarten als bildhafte Darstellungen gefertigt und in einem Kartenwerk festgehalten wurden.[106] Nichtsdestotrotz haben sich Darstellungskonventionen aufgrund dieser theoretischen Überlegungen tradiert. Die ptolemäischen Weltkarten und ihrer Konventionen sind uns nur aus der Renaissance überliefert, wo sie wiederentdeckt wurden und eine enorme Breitenwirkung erzielten.

Neben dem Einfluss der Vorsokratiker baut Ptolemäus stark auf Überlegungen des Marinos von Tyros (ca. 80–130 v. Chr.) auf. Er wird als Vorläufer Ptolemäus' beschrieben, da er zahlreiche geografische Schriften verfasste. Ptolemäus bezieht sich sehr stark auf Marinos' Berichte, wobei er jedoch einige Dinge kritisierte: Marinos hätte die praktische Verwendbarkeit und die Einhaltung der Proportionen vernachlässigt, was er sich gleichzeitig zum Ziel seines Werkes setzte.[107]

---

105 Panofsky (1927). Die Perspektive als «Symbolische Form». S. 9

106 Stückelberger legt dar, anhand welcher Indizien Ptolemäus auch ein Kartenwerk erstellt haben soll. Stückelberger und Ptolemaeus (2006). Klaudios Ptolemaios: Handbuch der Geographie: Griechisch. S. 74–77

107 Vgl. Stückelberger (2012). Erfassung und Darstellung des geographischen Raumes bei Ptolemaios. 6. Kapitel: Über die Anleitung zur darstellenden Erdkunde nach Marinos, S. 67–69. 7. Kapitel: Berichtigung der von Marinos angenommenen Breitenausdehnung der bekannten Erde aufgrund astronomischer Beobachtungen. S. 69–73. 11. Kapitel: Fehlerhafte Berechnungen der Längenausdehnung der Oikumene nach Marinos, S. 83–85. 15. Kapitel: Widersprüche in Einzelheiten in der Darstellung des Marinos, S. 97–101. 16. Kapitel: Verschiedene Versehen des Marinos auch bei den Umrissen der Provinzgrenzen, S. 101. 17. Kapitel: Widersprüche zwischen den Angaben des Marinos und den Erkundungsergebnissen unserer Zeit, S. 101–105. 18. Kapitel: Schwierige Verwendbarkeit der Materialsammlungen des Marinos zur kartographischen Darstellung der Oikumene, S. 105–107. 20. Kapitel: Unstimmige Proportionen in der geographischen Karte des Marinos, S. 109–111

1.1.3 Weltanschauung der ptolemäischen Weltkarte

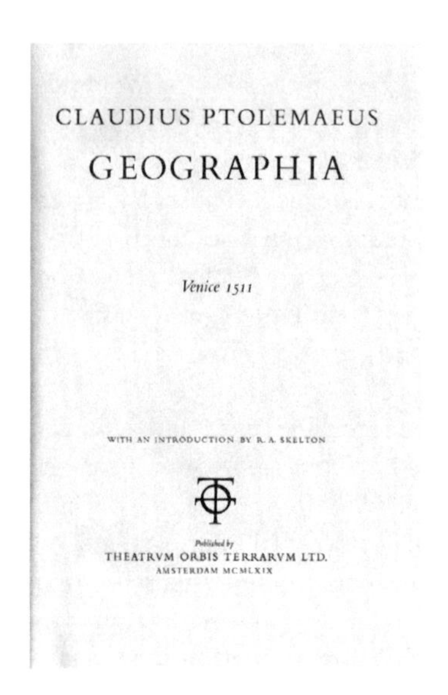
CLAUDIUS PTOLEMAEUS

GEOGRAPHIA

Venice 1511

WITH AN INTRODUCTION BY R. A. SKELTON

Published by
THEATRVM ORBIS TERRARVM LTD.
AMSTERDAM MCMLXIX

Abb. 04: Das einflussreiche Werk Ptolemäus': Einführung in die Geographie. Faksimile in: Ptolemaeus/Skelton (1511, 1969)

In der Geographia – auch Handbuch der Geographie genannt – beschreibt Ptolemäus auf didaktische Art und Weise seine Vorstellung der Geografie (VGL. ABB. 04). Zu Beginn seines Werkes definiert er den Begriff «Geographie», wobei er diese als Abbildungsverfahren zur Nachbildung des bekannten Teils der Erde beschreibt, einschliesslich dessen, was allgemein damit im Zusammenhang steht.[108] [109] Für Ptolemäus ist Geografie mehr oder weniger Kartografie.

(1) Die ptolemäische Weltkarte ist der Ausgangspunkt einer Kartografie, die auf geometrisch-mathematischen Grundlagen beruht. Zuvor versuchte die Antike die Welt naturphilosophisch zu beschreiben, wobei sie auf Mythischem sowie auf Erfahrungswissen aufbaute. Die ptolemäische Überlieferung zielte jedoch viel mehr auf eine rationale Übermittlung von kartografischen Informationen ab. So werden die geometrisch-mathematischen über mythische, beschreibende Aspekte gestellt. Dies wird deutlich, wenn man die ptolemäische Projektion[110] betrachtet, die rund 1500 Jahre später in der Renaissance eine wichtige Grundlage für kartografische Werke bot. Diese visuell erkennbare geometrisch-mathematische Grundlage zeugt von der zunehmenden Strukturierung des Raumes, die unsere heutige Denk- und Darstellungstradition massgeblich mitprägt.

(2) Derzeit bekannte Abbildungen der ptolemäischen Weltkarte wurden erstmals in der Renaissance aufgrund der theoretischen Grundlage der von Ptolemäus erschaffenen Geographia erstellt. Antike Überlieferungen von Weltkarten wurden kaum bis in die heutige Zeit tradiert. Durch die genauen Erklärungen des Ptolemäus, wie eine Weltkarte zu konstruieren sei, wird uns Zugang zu seinen kartografischen Kenntnissen geschaffen und lässt uns weitere Vermutungen über die antike Kartografie und die entsprechende Weltanschauung anstellen. Da jedoch keine physischen Karten vorhanden sind, auf welche die antike Literatur verweist, fehlen uns weitere Zeugnisse der antiken Kartografie.[111] Mangels visueller Alternativen wird die ptolemäische Weltkarte gerne als Referenzkarte der antiken Kartografie angesehen, woraus Generalisierungen hinsichtlich der antiken Kartografie und der damit verbundenen Weltanschauung abgeleitet werden. Erachten wir die ptolemäische Weltkarte als Höhepunkt der antiken Geografie, müssen wir einiges kritisch

108 Geus (2007). Ptolemaios Über die Schulter geschaut. S. 159

109 Die Geografie grenzt Ptolemäus von der Chorographie ab, die einzelne Teilgebiete getrennt voneinander darstellt und dabei Einzelheiten wie Häfen, Dörfer, Bezirke etc. erfasst. Ebd. S. 160

110 Vgl. 2. Kapitel: Projektion: Weltkarten und ihre Geometrie. Abschnitt: 2.1.3. Systematik der ptolemäischen Projektion.

111 Dueck und Brodersen (2013). Geographie in der antiken Welt. S. 123

hinterfragen: Zum einen beziehen wir uns lediglich auf eine Rekonstruktion der Antike, das heisst, dass wir über viele darstellerische Komponenten im Ungewissen sind, wie beispielsweise über die Verwendung von Farbe oder die Darstellung der Geophysik etc. Andererseits lesen wir aus der ptolemäischen Weltkarte eine Weltanschauung, die mit der unsrigen (respektive mit der Weltanschauung der Renaissance) korrespondiert und auf der unsere Denktradition aufbaut. Wir können die geometrisch-mathematischen Bestrebungen des Ptolemäus nachvollziehen, während uns die Rezeption der beschreibenden Geografie (Information über Mythen, Epen und Dichtungen) schwerer fällt. Die beschreibende Geografie zielt auf Aspekte ab, die uns mit unserem Verständnis nicht leicht zugänglich ist.

(3) Die ptolemäische Weltkarte ist ein bedeutsamer Zeuge des Gesamtwerks des Ptolemäus. Neben der nach ihm benannten Weltkarte entwickelte Ptolemäus ein Weltmodell, das später unter dem Begriff des «ptolemäischen Weltbildes» als geozentrisches Weltbild bekannt wurde. Der in der *Almagest (Syntaxis mathematica)* veröffentlichte Sternenkatalog umfasst eine umfangreiche Tabelle mit 1022 Fixsternen, die durch Koordinaten verortet sind. Die Gestirne am Firmament hatten die Menschen schon immer beeindruckt, da sie die Grenze zwischen den irdischen Gesetzen und dem Göttlichen markierten. Ptolemäus erklärte die Planetenbewegungen durch gleichförmige Kreisbewegungen um die Erde, da diese Bewegung der Umlaufbahn ihrer göttlichen Natur entspreche.[112] Nun hatte man beobachtet, dass einige sogenannte «Irrsterne» merkwürdige Schlaufen bilden, stillstehen oder sich rückläufig bewegen. Diese Bewegung erklärte Ptolemäus durch seine Epizykeltheorie, wonach die Planeten auf Epizykeln kreisen, deren Zentren auf den Kreisbahnen um die Erde liegen.[113] Ptolemäus' Werk *Mathematike Syntaxis* sowie die *Geographia* führen das durch rationale und mathematische Grundsätze bestimmte kartografisches Wissen der Antike zusammen. Ptolemäus war der Auffassung, dass die Astronomen komplizierte Himmelsbewegungen durch möglichst einfache Prinzipien beschreiben sollen.[114] Dabei war er nicht nur auf der Suche nach einer vollständigen kosmologischen Theorie.[115] Seine Weltanschauung erschloss sich durch exemplarische Beobachtungen, aus denen er Erklärungen der irdischen Ordnung ableitete. Sein aus vier Büchern bestehendes Werk *Tetrabiblos*[116] wurde zur «Bibel der Astrologen». Darin schildert er unter anderem, inwiefern die Veränderungen der irdischen Welt den Stellungen der Gestirne entsprechen.[117]

Ptolemäus misst den politischen Umständen in seinem Werk keine Bedeutung zu, was hinsichtlich des wissenschaftlichen Charakters der Geographia als auffällig erscheint.[118] Ptolemäus scheint imperiale Strukturen bewusst auszublenden. Er zielt vielmehr auf die Nachbildung des geographischen Raumes und seiner Grund-

112 Stückelberger (2011). Der Gestirnte Himmel: Zum Ptolemäischen Weltbild. Der Gestirnte Himmel: Zum Ptolemäischen Weltbild. S. 48

113 Ebd. S. 48

114 Aristoteles und Jori (2009). Über den Himmel. S. 311–314

115 Shea (2003). Nikolaus Kopernikus der Begründer des modernen Weltbilds. S. 19

116 Die Tetrabiblos bereitete das antike, astrologische Wissen auf. Das Werk besteht aus vier Büchern, worin unter anderem die Grundlagen der derzeitigen Astrologie erklärt werden. Melanchton besorgte 1553 eine griechische und lateinische Version, die 1923 ins Deutsche übersetzt wurden.

117 Ptolemaeus und Melanchthon (2012). Tetrabiblos. S. 11

118 Stückelberger und Ptolemaeus (2006). Klaudios Ptolemaios: Handbuch der Geographie: Griechisch. S. 264

struktur ab, wobei kulturgeographische oder geopolitische Informationen nicht berücksichtigt werden.[119] Das römische Reich ist in keiner Weise durch irgendwelche grafischen Mittel – etwa durch eine besondere Farbgebung – hervorgehoben. Man geht davon aus, dass der Verzicht dieser geopolitischen Aspekte der Darstellung der physikalischen Gestalt der Ökumene untergeordnet wurde und sich somit nach der Absicht des Gesamtwerkes der *Geographia* richtete.[120] Das Kartenbild scheint durch geophysische Gegebenheiten, wie etwa vorgezeichnete Umrisse der einzelnen Länder geprägt zu sein; der Darstellung imperialer Territoriumsverhältnisse schreibt Ptolemäus weniger Relevanz zu. Nicht einmal der Begriff des «Römischen Reiches» ist auf der Karte auffindbar.

In der ptolemäischen Weltkarte kommt der Persische Golf im Bildmittelpunkt zu liegen, obwohl Alexandria das antike, hellenistische politische Macht- und auch Wissenszentrum war. Diese Verschiebung des geografischen Zentrums nach Vorderasien ist durch zwei Gründe zu erklären: Einerseits erstreckte sich die entdeckte Welt von Alexandria weiter Richtung Osten, also Vorderasien. Westlich von Alexandria lag mit dem Atlantik bald schon das damalige Ende der bekannten Welt, man orientierte sich also geophysisch nach der Landmasse. Andererseits erstreckte sich gerade im Hellenismus das Alexanderreich weit in den Osten. Obwohl sich also Ptolemäus' Wirkungsort in Alexandria befand, rückte er den Mittelpunkt des damaligen Reiches nicht in die Bildmitte. Die antiken Weltkarten sind mehrheitlich – wie die ptolemäische Weltkarte auch – nach Norden ausgerichtet.

Die antike Raumanschauung wird in der ptolemäischen Weltkarte exemplarisch aufgezeigt. Der Beschreibung Panofskys nach vermochte es das antike Denken noch nicht, die konkret erlebbaren «Eigenschaften» des Raumes und auch den Unterschied zwischen «Körper» und «Nichtkörper» bildnerisch umzusetzen:

> «die Körper gehen nicht auf in einem homogenen und unbegrenzten System von Grössenrelationen, sondern sie sind die aneinandergefügten Inhalte eines begrenzten Gefässes.» [121]

Diese Art des antiken Denkens ist in der ptolemäischen Weltkarte wie folgt abzulesen: Die Bildebene ist ein Ausschnitt der Welt für den damals bekannten Raum, also die damals bekannte Geografie. Dafür ist genau der beschränkte Raum von 180 Grad vorgesehen, also eine halbe Erdkugel. Das heisst, dass trotz dem Bewusstsein für die Gestalt der Erde – also des Erdglobus –Ptolemäus seine Darstellung auf die bekannte Geografie beschränkte. Die unentdeckte Welt, den Raum für den «Nichtkörper», der formal als Leerraum hätte dargestellt werden können, bildete Ptolemäus also bewusst nicht ab (man denke an die Renaissance, wo solche unerforschten Gebiete als «weisse Flecken» auf der Weltkarte ihren Platz einnahmen).

Auch die ptolemäische Weltkarte ist nicht wertfrei. Über die beeindruckende geometrische Konstruktion – die ptolemäische Projektion – wird Ptolemäus' subjektive Perspektive vermittelt. Durch seine Weltanschauung, die repräsentativ

119 Geus (2007). Ptolemaios Über die Schulter geschaut. S. 160
120 Stückelberger und Ptolemaeus (2006). Klaudios Ptolemaios: Handbuch der Geographie: Griechisch. S. 265
121 Panofsky (1927). Die Perspektive als «Symbolische Form». S. 271

für die griechisch-hellenistische Kultur steht, wird eine mathematisch fundierte Abbildung angestrebt. Weiter ist die Wahl der abgebildeten Geografie für Ptolemäus' subjektive Perspektive entscheidend, die sich aufgrund des gewählten Ausschnittes der Kugeloberfläche bestimmt, die schliesslich zur Begrenzung des abgebildeten Raumes führt. Ausserdem nahm Ptolemäus aufgrund seiner Bestrebung, das Gesamtbild der Ökumene abzubilden, einige Retuschen vor, um eine bestimmte gestalterische Stimmigkeit zu erreichen.[122] Die über die ptolemäische Weltkarte vermittelte Perspektive ist höchst bedeutungsvoll für die Geschichte, so dass auf ihrer Grundlage der Begriff der «ptolemäischen Weltanschauung»[123] geprägt wurde.

Ptolemäus beschreibt eine Klassifikation von Wissen in der Einleitung der *Almagest*, wobei er die Philosophie als erster in praktisches und theoretisches Wissen unterteilt.[124] Dem theoretischen Wissen weist er die drei Hauptdisziplinen Theologie, Mathematik und Physik zu. Die Mathematik wiederum unterteilt er in die Unterkategorien Arithmetik, Geometrie und Astronomie. Ptolemäus beschreibt weiter, dass die Mathematik einen vorrangigen Stellenwert einnimmt, da er sie für die vollkommenste Disziplin hält. Der Theologie und auch der Physik gesteht er nicht dieselbe Wichtigkeit zu. Die Theologie sei unsichtbar und unverständlich, die Physik könne unter anderem aufgrund der Unklarheit der Sache keine absolute Wahrheit hervorbringen.

---

122 Geus (2007). Ptolemaios Über die Schulter geschaut. S. 166

123 Anmerkung: die Ausdrücke «ptolemäische Weltanschauung» und «ptolemäisches Weltbild» werden hier unterschieden, generell werden die Ausdrücke einander aber gleichgesetzt. Das «Ptolemäische Weltbild» steht für ein geozentrisches Weltbild/eine geozentrische Weltanschauung, welche eine Erklärung für die scheinbare Rückwärtsbewegung einiger Planeten lieferte. (Epizykeltheorie)

124 Pedersen und Jones (2011). A survey of the Almagest. S. 26

1.1.4 Antike Ausprägungen von Weltanschauungen tabellarisch

In der folgenden Tabelle wird die Weltanschauung der Antike, welche als Ursprung unserer Weltanschauung gilt, hinsichtlich einiger oben beschriebener Aspekte stichwortartig aufgelistet. Diese tabellarische, stichwortartige Auflistung konnte nur durch eine starke Pauschalisierung der Konventionen erreicht werden. Daher erhebt diese Matrix keinen Anspruch auf Allgemeingültigkeit, d.h. nicht jede antike Weltkarte wurde durch dieselbe Weltanschauung geprägt. Mit dieser Auflistung soll lediglich eine Tendenz aufgezeigt werden.

PROJEKTION paradigmatischer Begriff	**PROJEKTION** Beschreibung ideologische Projektion	**GEOPOLITIK**	**MITTELPUNKT, AUSRICHTUNG** ideologisch	**RAUM-ANSCHAUUNG** ideologisch	**SUBJEKTIVITÄT** ideologisch
ANTIKE allgemein					
Naturphilosophische Weltanschauung (Die Natur in ihrer Gesamtheit ist Gegenstand der Wissenschaft)	Wissensaneignung basierend auf Mythen, Erfahrung und rationalen Erklärungsmodellen — Vom Mythos zum Logos — Vollkommenheit Gottes — Wenige grundlegende Prinzipien	Machtzentrum Alexandria — Alexanderreich — Wenige Geopolitische Angaben in Weltkarten	Mittelpunkt: Alexandria und Mittelmeerraum — Ausrichtung: vorwiegend Nord-Süd	Raum als System von Relationen — Keine Abbildung von «Nichtkörpern» resp. Blinden Flecken — Aneinanderfügen von Inhalten in einem begrenzten Raum	Griechisch: Behauptung von Wissenschaft, Mythos und Theorie — Römisch: Behauptung durch Militärmacht
ANTIKE Ptolemäische Weltkarte					
Hinwendung zu wissenschaftlichem Denken Hinwendung zu wissenschaftlicher Weltanschauung (Die Natur ist vorwiegend über mathematische Aspekte erklärt)	Mythos ist widerspiegelt — Vollkommenheit Gottes — Wenige grundlegende Prinzipien — Rationales Denken — Numerische Natur, mathematische Betrachtung — Ptolemäisches Weltbild	Keine geopolitische oder kulturgeschichtliche Informationen in der Weltkarte	Mittelpunkt: Alexandria — Ausrichtung: Nord-Süd	Abbildung der bekannten Welt — Aneinanderfügen von Inhalten über 180°	Mathematische Abbildung — Harmonisches Gesamtbild — Auswahl des abgebildeten Gebietes

1.2 Mittelalter: Theologische Weltanschauung

Die mittelalterliche Weltanschauung wendet sich ab von der antiken naturphilosophischen Denktradition hin zu Erklärungsmodellen, die auf der Theologie[125] gründen. Dieser Paradigmenwechsel ist an den mittelalterlichen Weltkarten abzulesen; die antiken Vorstellungen der Welt wurden im Mittelalter neu gedacht und in Weltkarten entsprechend dargestellt. Die antiken Weltkarten, die auf mathematischen Grundgedanken beruhen und geometrisch aufgebaut sind, werden durch mittelalterliche Weltkarten ersetzt. Diese Repräsentationen der Welt verfolgen die Darstellung von Mythen anhand inakkurater, subjektiver geophysischer Grundlagen. Für diesen Paradigmenwechsel war der Einzug der weltlichen Herrschaft des Christentums ausschlaggebend, wodurch eine theologische Weltanschauung vermittelt wurde. Die frühmittelalterliche Weltanschauung war vorwiegend durch den Einfluss von platonischem Gedankengut geprägt. Die hochmittelalterliche Weltanschauung hingegen baute mehrheitlich auf der Physik des Aristoteles auf.[126] So wurde ab dem 12. Jahrhundert die Weltanschauung durch antike Schriften erweitert, darunter auch die aristotelischen Schriften, wie beispielsweise die Bücher zur Ethik oder zur Metaphysik.[127] Diese neuen Schriften führten zu Spannungen mit der biblischen Tradition, da sich bestimmte Aussagen nicht mit dem christlichen Glauben vereinbaren liessen. Entgegen dem frühen Mittelalter wurden im Hochmittelalter die verschiedenen theoretischen Werke nicht mehr per se durch die Brille der Theologie angeschaut, sondern aus der Perspektive der Philosophie beurteilt, wodurch sie ohne Christus auskamen und teilweise im Widerspruch zur christlichen Lehre standen. Diese Widersprüche zeigten sich deutlich in der Seelenlehre, in der Lehre von der Schöpfung und in der Frage nach Freiheit und Determinismus.[128] Ab diesem Zeitpunkt hat sich die Weltanschauung des christlichen Mittelalters mit der Philosophie konfrontiert, die damals jedoch noch für heidnisch gehalten wurde.

Die Darstellungen der frühen *Mappaemundi* wurden stark durch bestimmte griechisch-römische Denkrichtungen geprägt, beispielsweise durch den Philosophen und Grammatiker Macrobius (ca. 385/390–430 n. Chr.), den Philosophen und Theologen Orosius (ca. 385–418 n. Chr.) und den Historiker und Enzyklopädisten Isidor von Sevilla (ca. 560–636 n. Chr.). Aber auch mit dem Übertritt Konstantins des Grossen (zwischen 270/288–337) zum Christentum wurde das Mittelalter definitiv eingeläutet. Mit Karl dem Grossen (um 747–814 n. Chr.) hält die «karolingische Renaissance» Einzug, wobei ein kultureller Wandel stattfand, der unter anderem durch Reformen des Bildungswesens erreicht wurde. Aurelius Augustinus (354–430 n. Chr.), Albertus Magnus (1193–1280 n. Chr.) und sein Schüler Tho-

125 Theologie ist sowohl das ‹Gott Künden› (Deum loqui) als auch die Rechenschaft oder Lehre von Gott bzw. von den Göttern oder den auf das Göttliche bezogenen Dingen. Ritter und Kranz (1971). Historisches Wörterbuch der Philosophie. Bd. 10, S. 1080

126 Couprie (2011). Heaven and earth in ancient Greek cosmology from Thales to Heraclides Ponticus. S. 157

127 Thümmel (2008). Makrokosmos und Mikrokosmos. S. 32

128 Leppin äussert sich dazu: «Alle drei Themenkomplexen sind gewissermassen Variationen des Themas ‹Natur und Geist›, insofern es immer wieder um das Verhältnis von etwas Materiell-Körperlichem zu etwas Geistigem geht: von der Seele zum individuellen Körper, von dem geistigen Gott zur materiellen Welt oder auch von der Freiheit des Willens zu den Zwängen der Natur.» Des weiteren erläutert er die genauen Gründe für die Kritik der Seelenlehre (Individualität des Menschen versus Allgemeinheit der Vernunft), der Schöpfungslehre (Ewigkeit der Erde versus Ewigkeit Gottes) sowie der Frage nach Freiheit und Determinismus (Kausalität). Leppin (2008). Der umstrittene Aristoteles. S. 33

mas von Aquin (um 1225–1274 n. Chr.) führten die antike Naturphilosophie mit der christlichen Theologie zusammen. Auf Grundlage des geschlossenen aristotelischen Systems erreichten Albertus Magnus und Thomas von Aquin eine Rationalisierung der christlichen Glaubenswahrheiten.

1.2.1 Theologische Weltanschauung in *Mappaemundi*

Entgegen der Antike, als Weltkarten bestrebt waren, die Geografie möglichst akkurat abzubilden, unterlagen die mittelalterlichen Weltkarten der christlichen Weltanschauung und verfolgten somit ein ganz anderes Ziel mit ihrer Darstellung. Mittelalterliche Weltkarten orientieren sich nach den Worten der Bibel, worauf ein Grossteil der dargestellten Information beruht. *Terra* ist im Alten Testament der Begriff für Erde schlechthin, oder genauer: für die bewohnte Welt, den Platz des Heilsgeschehens und des Wirken Gottes an seinem auserwählten Volk.[129] Die mittelalterlichen Weltkarten beabsichtigten, die mittelalterliche Weltanschauung und die damit einhergehende christliche Überzeugung darzustellen. Dafür griff man im Mittelalter auf dementsprechende Quellen zurück; entgegen der Antike wurden die dargestellten Informationen von Orten nicht etwa durch Reisen oder Forschungen gewonnen, sondern sie sind der Mythologie und der Bibel entnommen.[130] Daher stehen diese Orte auch immer mit Geschichten der Schöpfung, der Errettung, des Jüngsten Gerichts etc. in Verbindung. Den Weltkarten kam nicht primär die Funktion zu, über die Geografie zu orientieren. Sie hatten nicht primär den Zweck einer praktischen Orientierungshilfe. Der Fokus lag auf der Darstellung der Ökumene, also der bewohnten Welt und ihrer Heilsgeschichte. Das Christentum akzeptierte zwar die Idee der *Terra Incognita*, die in mittelalterlichen Weltkarten beispielsweise als Antipode dargestellt wurde. Man bestritt jedoch, dass die Antipoden bewohnt waren, da man sich nicht vorstellen konnte, wie Nachkommen Adams bzw. Noahs dort hingelangen konnten.[131] Es war nicht denkbar, dass Menschen den Ozean überquerten und dazu noch die Hitze der Äquatorgegend überstanden. Obwohl die Antipoden für die christlichen Menschen nicht von grosser Relevanz waren, sind sie in einigen typischen T-O-Karten[132] eingezeichnet. Der Fokus der Bibel war hauptsächtlich auf die Heilsgeschichte auf der Ökumene gerichtet, wodurch der Kugelgestalt der Erde kaum grosse Aufmerksamkeit geschenkt wurde. Das soll aber nicht heissen, dass das Wissen um die Kugelgestalt der Erde im Mittelalter verloren gegangen wäre, wie es die Geschichtsschreibung der vergangenen Jahrhunderte postulierte. Für die christliche Weltanschauung war die Kugelgestalt minder relevant als heute. Die Christen zielten darauf ab, die ganze Menschheitsgeschichte unter theologischen Aspekten zu vermitteln, wobei ihre theologische Weltanschauung anhand der Ökumene in ihrem Sinne dargelegt werden konnte.

Der Paradigmenwechsel, der sich an der Wende von der Antike zum Mittelalter beobachten lässt, wurde durch die Rezeption philosophischer Schriften im frühen Mittelalter herbeigeführt. Es war beabsichtigt, die verschiedenen Meinungen

---

129 Brincken (1998). Zur Umschreibung empirisch noch unerschlossener Räume in lateinischen Quellen des Mittelalters bis in die Entdeckungszeit. S. 651

130 Brotton (2014). Die Geschichte der Welt in zwölf Karten. S. 155

131 Brincken (1998). Zur Umschreibung empirisch noch unerschlossener Räume in lateinischen Quellen des Mittelalters bis in die Entdeckungszeit. S. 651

132 Erklärungen zum T-O-Schema im 2. Kapitel: Projektion: Weltkarten und ihre Geometrie. Abschnitt: 2.2.1. Schemata der mittelalterlichen darstellenden Geometrie.

griechischer Philosophen durch eine allgemeingültige Meinung – eine christliche Wahrheit – zu ersetzten respektive sie unter dem christlichen Dogma zu begreifen. Die christliche Literatur setzte sich gegenüber der antiken Literatur (die aus der christlichen Perspektive als heidnisch galt) nach und nach durch. Grundsätzlich findet eine Abkehr von naturphilosophischer Argumentation zur Erklärung geophysischer oder sogar kosmologischer Phänomene statt; so wird beispielsweise die Gestalt der Erde eher durch eine wortwörtliche oder metaphorische Interpretation der Bibel vorgenommen und nicht auf mathematische und physische Gesetze zurückgeführt. Allgemein wurde das vorhandene Wissen im Mittelalter auf das Wirken Gottes und dessen Phänomene zurückgeworfen.

Mittelalterliche Weltkarten waren Bildträger für die ikonografische Vermittlung der christlichen Weltanschauung. Die Darstellungen waren im Einklang mit dem Glauben an die Erlösung, die Auferstehung und die Himmelfahrt Christi, was entsprechend symbolisch in Weltkarten illustriert war (vgl. z. B. die Ebstorfer Weltkarte, Jerusalem). In einigen mittelalterlichen Weltkarten steht über allem die Gottheit, die über dem obersten Teil der Karte (also dem Osten) über die Schöpfung und das Paradies wacht.[133] Die Meinungen darüber, ob das Paradies ein wirklich existierender Ort auf der Erde oder allegorisch zu verstehen sei, gingen auseinander. In den meisten *Mappaemundi* befindet sich das irdische Paradies am östlichen Rand der Ökumene.[134] So findet man beispielsweise in der Herefordkarte am oberen Kartenrand das Paradies dargestellt, in der Londoner Psalterkarte wacht Christus über der Weltkarte, wobei er mit der rechten Hand seinen Segen gibt und seine linke Hand eine Weltkugel umfasst, was die christliche Weltherrschaft deutlich symbolisiert. Weiter kann das durch die Flüsse verursachte «T», das in «T-O-Karten» die formalen Bildproportionen mitbestimmt, als Symbol für die Kreuzigung umgedeutet werden. Die mittelalterlichen Weltkarten vermitteln also eine Weltanschauung, in welcher die Gottheit über allem steht. Diese Veranschaulichung zeugt von der Bedeutung Gottes, wobei Gott als Schöpfer jeder Existenz angesehen wurde und somit das Göttliche in allem Natürlichen steckt.

Die Gesetze der Natur sind also durch Gott verursacht und indes ist in jeder Substanz etwas Göttliches vorhanden. Eine solche Beweisführung von naturwissenschaftlichen Thesen wird als Schutz vor der Inquisition erklärt, da Rechnen «ars» sei, also blosse Kunst, und keinen Anspruch auf wirkliche Existenz beinhalte.[135] Grundsätzlich stehen die Vernunft und der Glaube nicht im Wiederspruch zueinander, da beide von Gott hervorgebracht sind. Die theologische Weltanschauung nimmt mit Gott ihren Anfang. Gott wird als Schöpfer der Welt und Verfasser der Heiligen Schrift gepriesen, die zur Wahrheit führt.[136] Dabei gingen christliche Gelehrte vor dem 12. Jahrhundert davon aus, dass die Ruhe der Grundzustand ist und Bewegung von einer höheren Kraft erzeugt werden muss.[137] Die Ursache der Planetenbewegung war daher in der christlichen Argumentation durch den Willen Gottes verursacht, der für die Bewegungen der verschiedenen Sphärenkreise ver-

---

133 Brotton (2014). Die Geschichte der Welt in zwölf Karten. S. 159

134 Egel (2014). Die Welt im Übergang der diskursive, subjektive und skeptische Charakter der ‹Mappaemondo› des Fra Mauro. S. 251

135 Pinkau (2008). Von der Einheit der Wissenschaften im Mittelalter. S. 84

136 Sollbach (1995). Die mittelalterliche Lehre vom Mikrokosmos und Makrokosmos. S. 38

137 Gerich (2014). Die Geschichte der Naturwissenschaften im Wandel erkenntnistheoretischer Positionen: von der biologischen Evolution zur kulturellen Evolution. S. 84ff

antwortlich war.[138] Man stellte sich die Welt als ein System ineinander kreisender Schalen vor, die durch einen unbewegten[139] Beweger (also Gott) permanent in ihrer Kreisbewegung gehalten werden. Diese Trägheit musste kontinuierlich durch die göttliche Kraft überwunden werden.

Der mittelalterliche Mensch war zutiefst im Glauben verwurzelt und glaubte noch an Wunder. Fragen nach dem Paradies und nach der Apokalypse, der Unsterblichkeit und der Verdammnis der Seele, dem Himmelreich und der Hölle bewegten die Menschen zu dieser Zeit und konnten durch die dargestellten Szenerien in den *Mappaemundi* teilweise beantwortet werden.[140] Das menschliche Individuum war der Auffassung, dass die Welt und die Stellung des Menschen darin sich in gottgewollter Harmonie befinden.

Schon im Mittelalter wurden Herrschaftsansprüche über Weltkarten deutlich gemacht, Politik und Religion waren eng miteinander verknüpft. Man versuchte, über Weltkarten die ideenpolitische Konstellation der christlichen Ethik und der weltlichen Gebote, die politische Ordnung und die Jenseitserwartung miteinander in Einklang zu bringen.[141] In Weltkarten werden die biblischen Ursprünge, die römische Vergangenheit und die mittelalterliche Vereinnahmung zusammengeführt, um Hegemoniebestrebungen umzusetzen. Die offizielle Konversion Konstantins des Grossen und die Erhebung des Christentums zur Staatsreligion besiegelten das Ende der klassischen Antike, die christliche, das Mittelalter prägende Weltanschauung erreichte die politischen Instanzen.[142] Es war eine grundsätzliche Bestrebung, die politische Ordnung im Einklang mit dem Glauben an die Gottesherrschaft zu erklären. Politische Geschehnisse wie die Bekehrung des Augustinus von Hippo (354–430 n. Chr.) im Jahre 386 zum Christentum und neun Jahre später seine Weihe zum Bischof manifestierten die einem christlichen Dogma unterliegenden gesellschaftlichen Strukturen. Die von Augustinus im Jahre 426 veröffentlichte Schrift *Vom Gottesstaat,* welche Philosophie, Theologie und Geschichtsphilosophie beinhaltet, ist exemplarisch für die damaligen politischen Absichten und wurde eines der Grundlagenwerke der theologischen Weltanschauung. In dieser Zeit emanzipierte sich die römische Kirche mit ihrem Papsttum vom niedergehenden Kaisertum und etablierte sich zugleich als geistliche wie weltliche Macht, wobei Weltkarten (und auch Regionalkarten) geeignete Botschafter politischer Ausrichtung waren. Über Karten konnten politisch-weltanschauliche Aussagen mit Ideologie und Besitzergreifung verbunden werden.[143] In Weltkarten zeigt sich die Hegemoniebestrebung unter anderem deutlich an der Zentrierung auf das Heilige Land und die Stadt Jerusalem.

Erst 1324 wird durch Marsilius von Padua und seine Schrift *Defendor Pacis* heftige Kritik am päpstlichen Machtanspruch geübt. Obwohl er noch auf der Grundlage biblischer Schriften argumentierte, hatten weitere philosophische Werke – etwa die

138 Pinkau (2008). Von der Einheit der Wissenschaften im Mittelalter. S. 11

139 Mit dem «unbewegten Beweger» ist die Kraft gemeint, welche einen Körper vom Ruhezustand in eine Bewegungssituation versetzt, im Sinne eines Anstosses von aussen.

140 Sollbach (1995). Die mittelalterliche Lehre vom Mikrokosmos und Makrokosmos.

141 Llanque (2012). Geschichte der politischen Ideen von der Antike bis zur Gegenwart. S. 26

142 Edson, Savage-Smith und Brincken (2005). Der mittelalterliche Kosmos: Karten der christlichen und islamischen Welt. S. 143

143 Baumgärtner (2012). Das Heilige Land kartieren und beherrschen. S. 75

aristotelischen – Einfluss auf die politische Ordnung.[144] Die Tendenz einer Abkehr von der theologischen Weltanschauung zeigte sich auch in Weltkarten, wobei beispielsweise in der Weltkarte des Fra Mauro (1459) das geografische Zentrum von Jerusalem wegrückte und sich die Karte nicht mehr nach Osten, sondern nach Süden ausrichtete. Die Abkehr von der politischen Ausrichtung führte in den darauffolgenden Jahrhunderten zur strikten Trennung von Politik und Religion, weshalb sich das christliche Dogma auf Weltkarten nicht mehr so bestimmend auswirkte.

Um die mittelalterliche Vorstellung des Beginns der Menschheitsgeschichte zu vermitteln, wurde das irdische Paradies im Osten dargestellt, womit sich das Paradies als real existierender Ort in der erfahrbaren Welt befand. Dieser Vorstellung nach (und um die Relevanz der christlichen Lehre zu unterstreichen), wurden die *Mappaemundi* mehrheitlich geostet.[145] Neben der Ostung erscheint die Heilige Stadt Jerusalem in den meisten *Mappaemundi* in der Kartenmitte. Dieses geografische Zentrum ergibt sich sowohl aufgrund der christlichen Lehre als auch im Zusammenhang mit den Kreuzzügen..[146] Schon in der 1119 entworfenen Oxford-Karte wurde *Hierusalem* etwas oberhalb des Bildmittelpunktes abgebildet, oberhalb des Zionberges – quasi in der Bildmitte – und gerade neben einem oval umrundeten Kreuz, das für die Grabeskirche steht.[147] Als weitere nachdrückliche Beispiele sind die folgenden *Mappaemundi* zu erwähnen: die Psalterkarte (1244), die Herefordkarte (1390) und die Ebstorfer Weltkarte (um 1300), die alle auf Jerusalem zentriert sind. Nach der Auslegung des Hieronymus war die zentrale Stellung Jerusalems nicht auf die Erdfläche bezogen, sondern auf die Menschheit. Jerusalem war als symbolträchtiger Ort zu verstehen: Die Heilige Stadt war der Ort Christi und seiner Auferstehung und der Treffpunkt für die Apostel, um ihr Konzil abzuhalten und die christliche Botschaft der Auferstehung Christi in die Welt hinauszutragen. Jerusalem lag also nicht nur in der konstruktiven Bildmitte, sondern war darüber hinaus ein ideeller Ausganspunkt, von dem aus die inhaltlichen Zusammenhänge des ganzen Schaustückes erschlossen wurden:

> «[...] Jerusalem [wurde] zum Kern eines globalen Erzählraumes, vom Nabel der Welt zu einem die Welt umfassenden Sehnsuchts- und Erinnerungsraum, der von biblisch-christlichen Motiven ausgehend das gesamte enzyklopädische Wissen umfassen konnte. Dem Betrachter oblag die Aufgabe, die notwendige kartographische Reduktion auf wenige Schlagworte des Wissens über die Erzählungen rückgängig zu machen, Sinnzusammenhänge und Sinngruppen zu erkennen sowie deren Bedeutung für den Sammelpunkt Jerusalem in einer visuellen Exegese zu erschliessen».[148]

In einer Studie konnte die Bedeutung Jerusalems als ideeller Mittelpunkt der bewohnten Welt nachgewiesen werden. Von 33 untersuchten mittelalterlichen Weltkarten ist Jerusalem in 31 abgebildet.

---

144 Llanque (2012). Geschichte der politischen Ideen von der Antike bis zur Gegenwart. S. 30

145 Egel (2014). Die Welt im Übergang der diskursive, subjektive und skeptische Charakter der ‹Mappaemondo› des Fra Mauro. S. 227

146 Vgl. Die Bedeutung Jerusalems in der christlichen Tradition. In: Ebd. S. 267–271

147 Farinelli (2011). The Power, the Map, and Graphic Semiotics: The Origin. S. 198

148 Ebd. S. 223

> «Jerusalem is emphasized visually and made eye-catching in various ways, even if it does not occupy the centre of the map. It is usually represented by a magnificent and conspicuous edifice [...]»[149]

Es ist unbestreitbar, dass Jerusalem zu Zeiten der Kreuzzüge in den Fokus des Interesses gelangte und in mittelalterlichen Darstellungen daher bedeutungsvoll dargestellt wurde.

Die mittelalterliche Wahrnehmungs- und Darstellungsweise verlässt die antike Raumanschauung, in der den Dimensionen des Raumes eine Bedeutung zukam. Das Gebiet der antiken Naturphilosophie, das sich im Zuge der Rezeption des antiken Denkens mit dem Sehen – der naturphilosophischen Optik – beschäftigt, hatte auf das Mittelalter kaum Einfluss. Der Prozess des Sehens und Wahrnehmens von Körperlichkeit und Räumlichkeit veränderte sich enorm.[150] Den mittelalterlichen Formen des Sehens und Darstellens hinsichtlich Raum und Raumtiefe kommt eine andere Rolle zu, wobei Raum und Raumtiefe keine bewussten Phänomene waren, die in Darstellungen übersetzt wurden. Vielmehr ist die mittelalterliche Darstellungsweise stark durch den Inhalt geprägt. Dabei sind die Bildmotive mehrheitlich durch die christliche Lehre bestimmt:

> «Ihr Thema [hier am Beispiel der byzantinischen Malerei] ist nicht die Abbildung räumlicher Realität sondern die Darstellung vorwiegend des Heiligen, der sakralen Person und ihrer Umgebung, des heiligen Geschehens. [...] Das Heilige verweist auf den jenseitigen Bezug der Gottesbotschaft, der Heilsverkündigung. Sie hat nicht Welt als Welt zum Gegenstand. Damit schwindet auch das Interesse an so etwas wie Raum und Raumtiefe. Das kann soweit gehen, dass sogar die figurale Darstellung ihre Körperlichkeit verliert, flächig dargeboten wird. Körper wird zur Fläche. Gebäude verlieren ihre Grösse, werden Personen gleichgeordnet, Ferne wird zur Nähe, der Unterschied sich verkürzender Perspektive verschwindet. Im Blick des Interesses steht das Ereignis und seine Botschaft.»[151]

Hier wird also deutlich, dass der dargestellte Inhalt einer Abbildung die Darstellungsweise ausmacht und somit die Raumanschauung beeinflusst. Für die mittelalterliche Heilsgeschichte hat sich eine eigenständige Darstellungsweise herausgebildet, welche die Absicht des Darzustellenden bestärkt.

Die kartografischen Zeugnisse dieser Zeit sind exemplarische Beispiele für eine Raumdarstellung, deren Bildsprache auf den darzustellenden Inhalt ausgelegt ist. Die *Mappaemundi* lösen diese Absicht vollständig ein. Entgegen den auf geometrisch-mathematischen Prinzipien beruhenden antiken Weltkarten, deren Ziel es war, die Geophysik der bewohnten Welt darzustellen, sind die *Mappaemundi* vorwiegend darauf bedacht, den Verweis zur Gottesbotschaft herzustellen. Daher unterliegen die *Mappaemundi* keiner perspektivischen Konstruktion. Der Raum entsteht durch das Aneinanderreihen von Ortschaften, die durch Pilger-

---

149 Brincken (2008/1999). Jerusalem on medieval mappaemundi: A site both historical and eschatological. S. 700

150 Kölmel (1998). Roger Bacon: Körper und Bild. S. 729

151 Ebd. S. 729–730

wege verbunden sind. Raum und Raumtiefe fallen weg, sakrale Bauten sowie biblische Erzählungen sind flächig und nicht massstabgetreu dargestellt. Körper werden zur Fläche.

Durch die in *Mappaemundi* angewandte Darstellungsweise können thematische, zeitliche und räumliche Verstehensebenen gleichzeitig angesprochen werden. Dafür werden Bildzeichen mit verschiedenen Bildsignaturen, Texten und Kommentaren in Zusammenhang gestellt, woraus sich kulturelle Erzähl- und Erinnerungsräume formen.[152] Die schriftlichen Hinweise in den *Mappaemundi* beruhen beispielsweise auf biblischen Texten des Kirchvaters Hieronymus oder dem enzyklopädischen Wissen des Isidor von Sevilla. Diese Bild- und Textelemente führen zu einem komplexen Geflecht, das ein räumliches und zeitliches Nebeneinander ermöglicht und dazu, dass sich Räume für nicht dargestellte Geschichten eröffnen, die sich je nach Erzählkombination neu zusammenstellen.

Die *Mappaemundi* sind bewusst als Träger einer Vorstellung der Welt und ihrer göttlichen Einbindung verstanden worden. Daher lässt sich den Mappaemundi keine einzige, allgemeingültige mittelalterliche Weltanschauung zuweisen. Die *Mappaemundi* zielten jedoch darauf ab, dass sie eine von Gott umfasste Welt abbilden, die als hierarchischer und systematischer Ordnungsraum dargelegt ist.[153] Den Kartenerstellern stand dank den *Mappaemundi* ein breiter Interpretationsspielraum für die Ausgestaltung der christlichen Heilsgeschichte zur Verfügung, wodurch individuelle Weltanschauungen über *Mappaemundi* vermittelt wurden. Die mittelalterlichen Karten setzen auf unterschiedliche thematische Schwerpunkte: die Psalterkarte konzentriert sich auf das Wirken Christi, die Hereford-Karte verzeichnet biblische Ereignisse, die Sünde und göttliche Konsequenzen spiegeln, und die Ebstorfer Karte bringt Wundertaten biblischer und heiliger Figuren zum Vorschein.[154] Den *Mappaemundi* ist gemein, dass sie immer dem christlichen Dogma unterliegen, für dessen Inhalte sie instrumentalisiert werden.

Die Kartografie des Mittelalters ist nicht als eigenständige wissenschaftliche Disziplin zu verstehen.[155] Die Kartografie war im Mittelalter eine Hilfswissenschaft, die vorwiegend Texte von Gelehrten darstellte. Das Kreieren von Karten war also folglich nicht durch einen Kartografen vorgesehen, sondern wurde meist durch einen Mönch direkt im Kloster vorgenommen.

152 Farinelli (2011). The Power, the Map, and Graphic Semiotics: The Origin. S. 197

153 Schöller (2015). Wissen speichern, Wissen ordnen, Wissen übertragen. Schriftliche und Bildliche Aufzeichnungen der Welt im Umfeld der Londoner Psalterkarte. S. 143

154 Ebd.

155 Egel (2014). Die Welt im Übergang der diskursive, subjektive und skeptische Charakter der ›Mappamondo‹ des Fra Mauro. S. 61

1.2.2 Ebstorfer Weltkarte

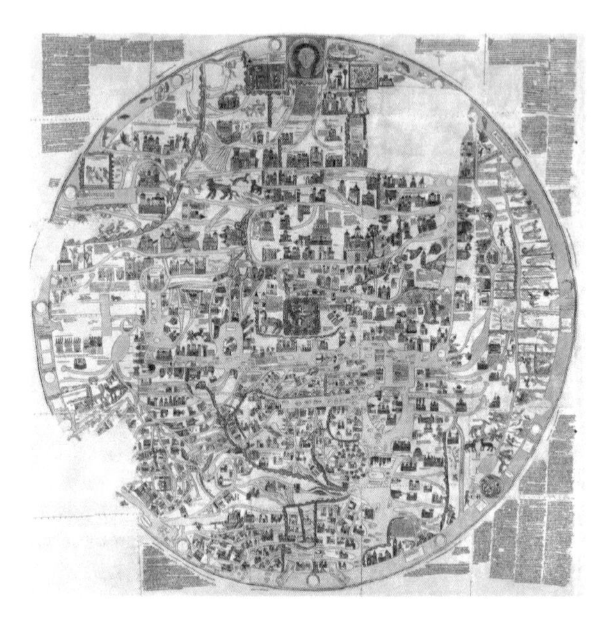

Abb. 05: Ebstorfer Weltkarte. In: Barber, Harper et al. (2010, S. 80)

Im Anschluss an die oben geschilderten allgemeinen Ausführungen zur mittelalterlichen Weltanschauung soll nun die Ebstorfer Weltkarte unter einigen Aspekten genauer betrachtet werden (VGL. ABB. 05). Die Ebstorfer Weltkarte wird hier vorgestellt, da sie als grossformatige Weltkarte charakteristische Eigenschaften aufweist, anhand deren mittelalterliche Darstellungskonventionen, welche die theologische Weltanschauung überliefern, exemplarisch aufgezeigt werden können: Die Zentrierung der Weltkarte auf Jerusalem (vgl. ebenfalls Psalterkarte, Herefordkarte; in der Karte des Fra Mauro ist die Abwendung von Jerusalem als geografischem Zentrum zu beobachten), die Ausrichtung nach Osten (vgl. auch Psalterkarte, Herefordkarte; Fra Mauro richtet sich nach Süden) und die Beziehung von Bild und Text (weder die Psalter- und Herefordkarte noch die Frau-Mauro-Weltkarte weisen so viele Bildlegenden und Textsignaturen auf). Ferner ist die Ebstorfer Weltkarte mit 3.57 m Durchmesser die grösste der *Mappaemundi* (vgl. Fra Mauro ø1.96, Herefordkarte 1.35 m × 1.65 m und die kleine Psalterkarte 9.5 cm hoch). Weiter war für die Wahl der Ebstorfer Weltkarte ausschlaggebend, dass die Weltkarte mit ihrem Detailreichtum eine der schönsten *Mappaemundi* ist und hier auch auf Grund persönlicher Präferenzen gewählt wurde.

Folgende Aspekte werden nachkommend genauer erläutert: 1. Die Ebstofer Weltkarte ist nicht ausschliesslich eine Illustration eines christlichen Textes, sondern sollte die theologische Weltanschauung allgemeiner vermitteln. 2. Der Ebstorfer Weltkarte liegt nicht eine einzige schriftliche Quelle zugrunde, die nicht genau ermittelt werden kann. Der Einfluss von christlichen Lehren ist jedoch unumstritten, und die Texte werden auf ersichtliche Weise mit dem Kartenbild in Bezug gesetzt. 3. Die Vermittlung der theologischen Weltanschauung geschieht formal über verschiedene Ebenen, wonach ein räumliches und zeitliches Nebeneinander entsteht.

Die Ebstorfer Weltkarte ist ein dichtes Gefüge von etwa 2000 kolorierten Zeichnungen und erläuternden Texten. Sie zeigt in einer farbenprächtigen Dichte wichtige Ereignisse der heidnischen sowie der biblischen Weltgeschichte auf. Die integrierte Christusfigur bezeugt, dass die Weltkarte auch als Andachtsbild betrachtet werden kann. Sie umschliesst die Karte, wobei ihr Kopf im Norden, ihre Füsse im Süden und ihre Hände jeweils im Osten und Westen der Karte dargestellt sind.[156] Wie die meisten konventionellen *Mappaemundi* ist die Ebstorfer Weltkarte in einem Kreis dargestellt und bildet darin die Ökumene, bestehend aus den drei Kontinenten Asien, Europa und Afrika, ab, die von einem ringförmigen Weltmeer umgeben sind. In diesem Weltmeer sind die 12 Winde[157] durch kreisförmige Symbole eingezeichnet, sowie verschiedene Fische und Inseln.

Die Ebstorfer Weltkarte wurde höchstwahrscheinlich im Benediktinerinnenkloster Ebstorf in der ersten Hälfte des 13. Jahrhunderts erstellt. Sie wurde allerdings erst 1830 wiederentdeckt und 1943 im Zweiten Weltkriegt definitiv zerstört.

Die Isidorkarte – auch Radkarte oder T-O-Karte genannt, erschien in den von Isidor von Sevilla (um 560–636 n. Chr.) verfassten *Etymologiae* und galt für die Ebstorfer Weltkarte hinsichtlich einiger Aspekte als Vorlage. So weist die Ebstorfer Weltkarte eine grosse Ähnlichkeit hinsichtlich der schematischen Darstellung – das T-O-Schema[158] – auf, und weiter wurden einige geografische Falschzeichnungen der Isidorkarte entnommen.[159] Die Ebstorfer Weltkarte ist neben der Hereford-Weltkarte (Ende des 13. Jh.) und der Psalterkarte (1260) eines der bedeutsamsten Kartenwerke des Hochmittelalters.

---

156 Englisch (2002). Ordo orbis terrae die Weltsicht in den Mappae mundi des frühen und hohen Mittelalters.

157 Die Winde mit ihren entsprechenden Richtungen respektive Völkern hier im Uhrzeigersinn aufgezählt: Subsolanus (Inder), Eurus (Rotes Meer), Euroauster (Ägypten), Auster (Nilmündung), Notus (Libysche Syrten), Africus (Hesperische Gefilde), Zephirus (Herakulische Säulen), Chorus (Briten), Circius (Rutenen), Aquilo (Mäotidische Sümpfe), Sepentrio (Goten), Volturnus (Serer). Die Winde werden anhand der Textlegenden der Ebstorfer Weltkarte genauer erläutert. Kugler (2007). Die Ebstorfer Weltkarte: Untersuchungen und Kommentar. S. 18

158 Vgl. «Darstellende Geometrie» im Mittelalter. Abschnitt: 2.2 Mittelalter: Schematische Weltkarten.

159 Die Isidorkarte ist die meistzitierte Autorität. Fast sämtliche Aussenlegenden stammen aus den *Etymologiae* von Isidor. Kugler (2007). Die Ebstorfer Weltkarte: Atlas. S. 50–53

1.2.3 Weltanschauung der Ebstorfer Weltkarte

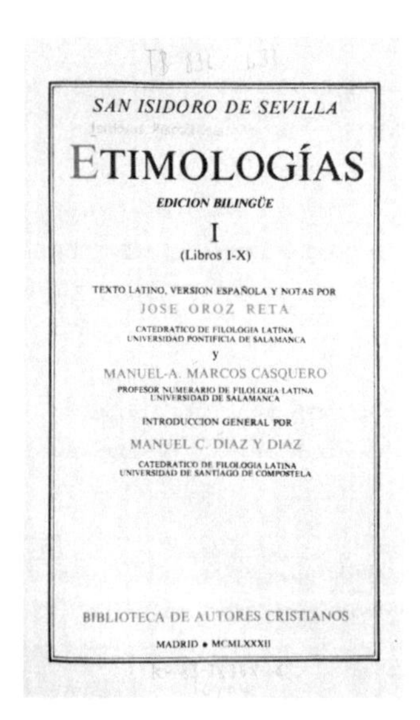
SAN ISIDORO DE SEVILLA

ETIMOLOGÍAS

EDICION BILINGÜE

I

(Libros I-X)

TEXTO LATINO, VERSION ESPAÑOLA Y NOTAS POR

JOSE OROZ RETA

CATEDRATICO DE FILOLOGIA LATINA
UNIVERSIDAD PONTIFICIA DE SALAMANCA

y

MANUEL-A. MARCOS CASQUERO

PROFESOR NUMERARIO DE FILOLOGIA LATINA
UNIVERSIDAD DE SALAMANCA

INTRODUCCION GENERAL POR

MANUEL C. DIAZ Y DIAZ

CATEDRATICO DE FILOLOGIA LATINA
UNIVERSIDAD DE SANTIAGO DE COMPOSTELA

BIBLIOTECA DE AUTORES CRISTIANOS

MADRID • MCMLXXXII

Abb. 06: Die «Etymologiae» des Isidoro de Sevilla war eine von verschiedenen Quellen der Ebstorfer- Weltkarte. Titelbild in: Isidorus und Oroz Reta (1982)

(01) Die Ebstorfer Weltkarte zielt vorwiegend darauf ab, das Bild der christlichen Welt zu überliefern. Die meisten mittelalterlichen Weltkarten intendierten, bestimmte religiöse Werke oder Weltchroniken zu illustrieren (vgl. Psalterkarte im Psalmenbuch), die Ebstorfer Weltkarte wie auch die Herefordkarte standen nicht im Zusammenhang mit einem konkreten religiösen Werk, sondern überbrachten eine Weltanschauung, welche die christliche Ideologie im Allgemeinen zum Ausdruck brachte. Die Ebstorfer Weltkarte war als grossformatige Weltkarte ein Wallfahrtsort, wo sie von zahlreichen Pilgern betrachtet wurde.[160] Die Zweckbestimmung der Ebstorfer Weltkarte lag darin, die Ökumene, ihre geografische Grösse und durchlaufene Geschichte in ihrer Gesamtheit darzustellen, wobei die verschiedenen Kulturen der Welt als eine unter dem christlichen Glauben zusammengefasste Vergangenheit erzählt werden. Dabei wird die Welt von Jesus Christus umfasst: oben im Osten ist sein Haupt dargestellt, links im Süden und rechts im Norden sind jeweils seine Hände, unten im Westen seine Füsse.[161] Hier tritt Jesus Christus als biblische Figur – der Erlöser der Welt – auf. Die Welt scheint den Körper Jesu zu bilden, womit Jesus als Sohn Gottes die Schöpfung der Welt versinnbildlicht. Diese Symbolik verweist auf die damalige Idee des Makro-Mikrokosmos. Weitere Verweise auf die christliche Lehre sind das Alpha und das Omega, die den Kopf Christi umgeben und auf den Beginn und das Ende der Welt hindeuten, sowie die Psalmen, die jeweils die Hände und Füsse Christi umgeben.[162] Entgegen anderen mittelalterlichen Weltkarten wird nicht dem irdischen Paradies der oberste Platz zugewiesen, sondern das Haupt Christi dargestellt.

(02) Die Ebstorfer Weltkarte zeigt die Frage nach dem Verhältnis von Text und Bild in besonderer Weise auf. Die Bibelpassagen am Kartenrand und die Karteninschriften innerhalb des Kartenbildes erschliessen die Schnittstelle zwischen Bild, Schrift und Bildzeichen. Gerade Karteninschriften vermitteln sprachlich etymologische und faktische Grundlagen, während bildliche Symbole Bezüge setzen und integrieren.[163] Diese beiden Ebenen der Wissensvermittlung stehen nicht nur nebeneinander, sondern unterstützen sich in kontinuierlicher Interaktion gegenseitig. Denn erst aus der Reziprozität von Visualisierung und Beschreibung ent-

160 Hahn-Woernle (1987). Die Ebstorfer Weltkarte. S. 34

161 Egel (2014). Die Welt im Übergang der diskursive, subjektive und skeptische Charakter der ‹Mappamondo› des Fra Mauro. S. 84 – 85

162 Ebd.

163 Schöller (2015). Wissen speichern, Wissen ordnen, Wissen übertragen. Schriftliche und Bildliche Aufzeichnungen der Welt im Umfeld der Londoner Psalterkarte. S. 159

steht eine eigene Rhetorik, deren spezifisches Zeichensystem Erzählungen ortsgebunden codiert und Wissensordnungen etablieren kann.[164] Der Forschung ist es nicht möglich, die Ebsorfer Weltkarte auf eine einzige Quelle zurückzuführen, der Quellenfundus erscheint ziemlich breit.[165, 166] Die aktuelle Forschung geht davon aus, dass sich die Kartografen eines «Handapparates» bedienten, der verschiedenes Quellenmaterial umfasste, wobei zwei «Hauptstücke» besonders herausstachen: die *Ethymologiae* des Isidor von Sevilla und der Geographie-Teil der *Imago Mundi* des Honorius Augustodunensis.[167] Die *Etymologiae* scheinen die meist zitierte Autorität der Ebstofer Karte zu sein, wobei fast sämtliche Aussenlegenden daraus entnommen wurden (VGL. ABB. 06). Neben den textbasierten Quellen waren einige buchformatige Karten verfügbar gewesen, deren Kartenbild vergrössert auf die Ebstorfer Weltkarte übertragen wurde.

(03) Das Kartenbild der Ebstorfer Weltkarte vermittelt Informationen auf mehreren Ebenen. So geschieht folglich auch die Rezeption über verschiedene thematische, zeitliche und räumliche Verstehensebenen, die sich durch das Zusammenführen von grafischen Elementen ableiten lassen.[168] Der Ebstorfer Weltkarte gelingt es einerseits durch das Zusammenspiel verschiedener Bildzeichen kulturelle Erzähl- und Erinnerungsräume zu schaffen, andererseits kann dadurch ein räumliches und zeitliches Nebeneinander entstehen. Die verschiedenen Bildelemente und Schriftzeichen ermöglichen das Betrachten der Weltkarte aus verschiedenen Betrachterperspektiven, wobei verschiedene Erzählungen und Zeitebenen in unterschiedliche Beziehungen gesetzt werden können, was multiple Interpretationen zulässt. Die Ebstorfer Weltkarte war also im Stande, biblisches, ethnologisches, geographisches, historisches und naturkundliches Wissen miteinander zu verknüpfen und dadurch zeitliche Abläufe mit spatialen Strukturen zu verbinden.[169]

Die Ebstorfer Weltkarte zeigt über das Kartenbild die damals politisch-strategischen geografischen Knotenpunkte auf. Das Mittelalter kannte noch keine Säkularisierung, im Gegenteil, die damalige Staatsordnung war durch Instanzen organisiert, die der kirchlichen Doktrin unterworfen waren. Die christliche Vormachtstellung wird in der Ebstorfer Weltkarte an Orte gebunden und dargestellt. Dabei wurden bestimmte Städte im Besonderen hervorgehoben: allen voran Jerusalem, das hegemoniale Zentrum des Christentums. Das durch Kreuze gekennzeichnete Konstantinopel galt als Metropole der Spätantike. Mit dem Übertritt Kaiser Konstantins zum Christentum wird Konstantinopel zu einem wichtigen Knotenpunkt und wird in der Ebstorfer Weltkarte nahe Jerusalem dargestellt.[170] Auch Rom, das durch die Konversion Konstantins nicht mehr als heidnisch und repressiv galt, wird ein prominenter Platz zugewiesen. Die Städte Lüneburg, Bremen, Braunschweig, Verden

---

164 Baumgärtner (2009). Die Welt als Erzählraum im späten Mittelalter. S. 145

165 Kugler (2007). Die Ebstorfer Weltkarte: Untersuchungen und Kommentar. S. 48

166 Die Quellendiskussion hat in der Forschung eine hohe Prominenz erhalten. Lange wurde die Ebstorfer Weltkarte auf die Otia Imperialia des Gervasius von Tilbury (1150–1235) zurückgeführt. Die neuste Forschung geht davon aus, dass Gervasius zwar als Quelle nicht ausgeschlossen werden kann. Von einer nahen Verwandtschaft der Otia imperialia und der Karte kann aber nicht die Rede sein. Ebd. S. 47

167 Genaue Ausführungen zum Bezug der Ebstorfer Weltkarte zu den beiden genannten Quellen sowie zu möglichem buchformatigen Kartenmaterial, das als Quellenmaterial diente, sind zu finden in: Ebd.S. 48–60

168 Farinelli (2011). The Power, the Map, and Graphic Semiotics: The Origin. S. 197

169 Brotton (2014). Die Geschichte der Welt in zwölf Karten. S. 143

170 Brotton (2014). Ebd. S. 143

und Hannover, die sich nahe Ebstorf befinden, sind am Kartenrand als kleine Städte dargestellt. Die Verbindung zwischen historischen Darstellungen und politisch bedeutsamen Orten geschieht über die Visualisierung des Alexanderromans, wobei sich über die Orte wie Troja, Karthago, Babylon oder den Ganges die Kreuzzüge Alexanders des Grossen ablesen lassen.[171] Die mittelalterliche Geopolitik wird in der Ebstorfer Weltkarte so ersichtlich, als die für die christliche Lehre bedeutsamen Orte und Wege abgebildet und entsprechend kontextualisiert wurden.

Die Ebstorfer Weltkarte veranschaulicht deutlich die Zentrierung auf Jerusalem; die Stadt befindet sich im Mittelpunkt der Weltkarte. Dargestellt ist sie durch eine Christusfigur, die von quadratischen Stadtmauern mit nach innen gerichteten Zinnen umfasst wird. Durch einen golden hinterlegten Farbton ist die Auferstehung Christi aus dem Sarg impliziert, wobei die ganze Szene durch eine Norddrehung dargestellt ist.[172] Christus ist Heilzeichen für alle Völker der Welt, welches sich im Grab in der Heiligen Stadt Jerusalem manifestiert, wo er von den Toten auferstanden ist. Christus ist nicht nur Erlöser eines Teils der Welt, sondern der ganzen Welt. Dabei wird Jerusalem zum Nabel der Welt, wobei der Heiligen Stadt folgende Bedeutung zukommt:

> «Sie [Jerusalem] verbindet reales und geistiges, irdisches und himmlisches Jerusalem, Heilsgeschichte und Kreuzzugideologie, letztlich sogar die Stadt mit der gesamten Schöpfung, so dass der Nabel das kartographische Gefüge beherrscht. Denn der Betrachter kann innerhalb der Karte symbolische und gedankliche Verknüpfungen erkennen, die einen auf das Zentrum bezogenen Erzählraum aufbauen, in dem das über Bild- und Textelemente vielfach bekräftigte weltweite Verlangen nach dem heiligen Ort die gesamte Kartographie bestimmt.»[173]

Der Bildmittelpunkt der Ebstorfer Weltkarte ist also neben der Erzählung über das christliche Bildmotiv für die inhaltliche Erschliessung der verschiedenen Verweise innerhalb der Weltkarte verantwortlich und somit bestimmend für die Bildkomposition der Karte. Christus im Kartenzentrum stellt sich als Knotenpunkt eines Bezugsgeflechtes dar, innerhalb dessen verschiedene Teile unter- und miteinander verbunden werden.[174]

Der mittelalterlichen Raumwahrnehmung und ihrer Darstellungsweise wird die Ebstorfer Weltkarte beispielhaft gerecht. Raum und Raumtiefe zu erzeugen wird nicht angestrebt, vielmehr zielt die Bildkomposition darauf ab, den Raum für verschiedene Erzählperspektiven zu nutzen. Biblische Motive sind flächig dargestellt, wie etwa die Häuser und Tiere sowie auch die Szene des auferstehenden Christus in Jerusalem und das Haupt Christi. Die verschiedenen Erzählperspektiven in der Ebstorfer Weltkarte eröffnen verschiedene thematische, zeitliche und räumliche Ebenen, woraus aus Signaturkomplexen, bestehend aus Bild- und Text-

---

171 Vgl.: www.uni-lueneburg.de/hyperimage/EbsKart/start.html (Stand: 09.15). Die Orte, die sich auf den Alexanderroman beziehen, lassen sich einblenden.

172 Farinelli (2011). The Power, the Map, and Graphic Semiotics: The Origin. S. 195

173 Ebd. S. 195

174 Willing (2011). Binnenstrukturen heilsgeschichtlicher Projektion. Zur Christusfigur auf der Ebstorfer Weltkarte. S. 318

elementen, verschiedene Erzählkombinationen ermöglicht werden. So stehen vom zentralen Jerusalem ausgehend verschiedene Szenen zur Konstruktion einer Erzählung in Verbindung: so etwa die im Südosten dargestellte Heilig-Grab-Wallfahrt der Nubier und deren drei Märtyrergräber beim Kloster Ebstorf oder die kleinen Kreuze in Theben, Jerusalem, Konstantinopel, Köln, Aachen und Lüneburg oder auch die Abbildungen der prunkvollen Gräber des Partherkönigs Darius und des Indienapostels Thomas etc.[175] Diese Bildelemente[176] lassen sich kombinieren mit verschiedenen Textebenen, die einerseits im Kartenbild selber als Kommentare zu einem Bildelement zugehörig oder ausserhalb der Weltkarte dargestellt sind. Die Gesamtdarstellung der Ebstorfer Weltkarte mit ihren Gedankenketten und Assoziationen, die sie hervorruft, beschreibt Baumgärtner folgendermassen:

> «[Aber] erinnert sei vorerst nur noch an das Wechselspiel zwischen Zentrum und Peripherie, zwischen auferstehendem und weltumspannenden Christus, zwischen goldglänzendem Triumphator und erhabenem Andachtsbild, dessen Strahlkraft die bekannte wie unbekannte Welt im göttlichen Heilsplan verankert.»[177]

Die Ebstorfer Weltkarte zeigt deutlich auf, dass sie nicht eine allgemeingültige Weltanschauung des Mittelalters darstellt, sondern eine komplexe und individuelle Weltanschauung entwirft. Diese individuelle Ausrichtung wird im Vergleich zu anderen *Mappaemundi* ersichtlich (vgl. Psalterkarte, Herefordkarte), wobei sie aus ihrem eigenen Kontext heraus entworfen wird und somit eine eigene Weltanschauung hervorbringt.[178] Die Ebstorfer Weltkarte stellt jene Orte dar, wo sich göttliche Wunder vollzogen haben. Diese Wunder werden durch alt- und neutestamentliche Städte und Ereignisse verortet, wobei das Kartenzentrum und das auf den Bilddiagonalen Liegende auf die Erlösung des Menschen und die Auferstehung Christi verweist.[179] Die Christusfigur, die den Erdkreis umfasst, zeigt diese inhaltliche Ausrichtung deutlich:

> «Sein Kopf [Kopf der Christusfigur], seine rechte und linke Hand sowie seine Füsse befinden sich je im äusseren Osten, Norden, Süden und Westen des Erdkreises, eine auf mittelalterlichen Weltkarten einmalige Darstellung.»[180]

Der Körper Christi entspricht der damaligen Vorstellung des menschlichen Mikrokosmos, der sich im Makrokosmos der Schöpfung wiederfindet. Während die Christusfigur in der Psalter- oder Herefordkarte ausserhalb des Kartenbildes als Richter über die Erde wacht, bindet die Ebstorfer Weltkarte Christus durch seinen Körper in das Kartenbild ein.

175 Farinelli (2011). The Power, the Map, and Graphic Semiotics: The Origin. S. 196

176 Diese Bildelemente sind in einer interaktiven Ebstorfer Weltkarte von der Uni Lüneburg zugänglich gemacht worden. Vgl. www.uni-lueneburg.de/hyperimage/EbsKart/start.html (Stand: 09.15)

177 Farinelli (2011). The Power, the Map, and Graphic Semiotics: The Origin. S. 196

178 Schöller (2015). Wissen speichern, Wissen ordnen, Wissen übertragen. Schriftliche und Bildliche Aufzeichnungen der Welt im Umfeld der Londoner Psalterkarte. S. 143

179 Ebd. S. 141

180 Ebd.

1.2.4 Mittelalterliche Ausprägungen von Weltanschauungen tabellarisch

In der folgenden Tabelle wird die Weltanschauung des Mittelalters stichwortartig aufgelistet. Diese tabellarische Auflistung konnte nur durch eine starke Pauschalisierung der Konventionen erreicht werden. Daher erhebt diese Matrix keinen Anspruch auf Allgemeingültigkeit, d.h. nicht jede mittelalterliche Weltkarte wurde durch dieselbe Weltanschauung geprägt. Mit dieser Auflistung soll lediglich eine Tendenz aufgezeigt werden.

PROJEKTION paradigmatischer Begriff	**PROJEKTION** Beschreibung ideologische Projektion	**GEOPOLITIK**	**MITTELPUNKT, AUSRICHTUNG** ideologisch	**RAUM-ANSCHAUUNG** ideologisch	**SUBJEKTIVITÄT** ideologisch
MITTELALTER allgemein					
Theologische Weltanschauung	Eine allgemeingültige christliche Wahrheit — Erklärungen begründen auf wörtlichen oder metaphorischen Interpretationen der Bibel, mathematische und physische Gesetze sind von geringer Bedeutung — Das Wirken Gottes konnte anhand bestimmter Phänomene erkannt werden	Verknüpfung der christlichen Ethik, der weltlichen Gebote, der politischen Ordnung und der Jenseitserwartung — Darstellung biblischer Ursprünge, der römischen Vergangenheit	Mittelpunkt: Vorwiegend Jerusalem — Ausrichtung: Vorwiegend Osten	Raum und Raumtiefe waren kein bewusstes Phänomen, das in Darstellungen übersetzt wurde — Körper werden zur Fläche — Darstellung ermöglicht ein räumliches und zeitliches Nebeneinander — Thematische, zeitliche und räumliche Verstehensebenen gleichzeitig	Keine allgemeingültige Weltanschauung — Breiter Interpretationsspielraum für Kartenersteller — Mappaemundi werden für Inhalte der christlichen Lehre instrumentalisiert
MITTELALTER Ebstorfer Weltkarte					
Theologische Weltanschauung	Eine allgemeingültige christliche Wahrheit — Christus umfasst die Mappamundi, der als Sohn Gottes die Schöpfung der Welt versinnbildlicht	Hervorhebung von Orten mit politischer resp. religiöser oder mythischer Bedeutung	Ideell: Jerusalem — Ausrichtung: Osten	Biblische Motive sind flächig dargestellt	Darstellung von göttlichen Wundern — Körper Christi widerspiegelt Konzept von Makro-Mikrokosmos

1.3 Renaissance: Wissenschaftliche Weltanschauung

Die Wende vom Spätmittelalter zur Renaissance (um 13.–15. Jh.) ist gekennzeichnet durch den paradigmatischen Wechsel von einer spätscholastischen zu einer wissenschaftlichen[181] Weltanschauung, der in Weltkarten deutlich abzulesen ist. Die letzten im Spätmittelalter entstandenen *Mappaemundi* unterliegen aufgrund der damaligen Weltanschauung ganz anderen Darstellungskonventionen als die in der Renaissance aufkommenden Weltkarten. Der Umbruch vom Mittelalter zur Renaissance geschah jedoch nicht schlagartig: Schon im Spätmittelalter liessen sich bestimmte Beweisführungen nicht mehr mit dem christlichen Glauben vereinbaren, zu gross waren die Differenzen der theologischen und der wissenschaftlichen Weltanschauungen. Mit dem Untergang des klerikalen Mittelalters und dem Beginn der Renaissance setzte eine Denktradition ein, die bis in die heutige Zeit anhält. Die Selbstverwirklichung des Denkens der Neuzeit war Auslöser für die Säkularisierung, den Renaissance-Humanismus und die Reformation und ausschlaggebend für die Neuausrichtung zu einer wissenschaftlichen Weltanschauung. Die Begründung von Erkenntnis wurde gegenüber dem Mittelalter völlig revolutioniert. Die christliche Lehre wurde wohl in allegorischen Darstellungen in Weltkarten der Renaissance abgebildet, jedoch war sie nicht mehr bildkompositorisch bestimmend für Weltkarten der Renaissance.

In der Renaissance – wie das Wort schon impliziert (Wiedergeburt) – verbreiteten die Gelehrten wieder vermehrt die Weltanschauung der griechischen und lateinisch-römischen Antike.[182] Es geschah also eine Rückbesinnung auf die Antike. Diese Weltanschauung gelang vom arabischen Raum in den christlichen Westen, wo die antike Wissenschaft und damit die antiken Schriften Verbreitung fanden. Durch die neuen Einflüsse fand mehr und mehr eine Abkehr von der theologischen Weltanschauung statt, wobei das naturphilosophische Erbe der griechisch-antiken Kultur wieder auflebte und hin zu einer wissenschaftlichen Weltanschauung führte. Entgegen der antiken Naturphilosophie ging es in dieser wissenschaftlichen Erkenntnismethode nicht mehr ausschliesslich darum, über die Natur Voraussagen zu treffen, sondern nach den Ursachen zu suchen und diese zu erklären.[183]

Mit dem einflussreichen Werk *De revolutionibus orbium coelestium* revolutionierte Kopernikus (1473–1543) das damalige geozentrische Weltbild hin zu einem heliozentrischem System. Diese «kopernikanische Wende» steht nicht nur für eine neue kosmologische Ansicht; Kopernikus stellte auch den Wahrheitsanspruch der Kirche in Frage, da das heliozentrische Weltbild im Widerspruch zur Heiligen Schrift

---

181 Der Begriff «Wissenschaft» ist über die verschiedenen Epochen mit verschiedenen Bedeutungen besetzt. Selbst ab der frühen Neuzeit ist der Sinngehalt des Begriffes verschieden ausgelegt. Dabei werden im *Historischen Wörterbuch der Philosophie* folgende Kategorien zur Strukturierung aufgeführt: a) Experienz und Mathematik, b) Universalistische Wissenschaft-Konzeptionen, c) Theorie und Praxis, d) Neuzeitliche Wissenschaft und Logik, e) Wissenschaft als System von Sätzen, f) Wissenschaft als gut gebildete Sprache. Ritter und Kranz (1971). Historisches Wörterbuch der Philosophie. Bd. 12, S. 902–948
In der vorliegenden Arbeit bezieht sich der Begriff auf die Renaissance. Dabei bezieht sich die «Wissenschaft» auf die oben genannte Kategorie a), wobei dem Begriff hier folgende Bedeutung zukommt:
In deutlicher Form zeichnet sich bei Leonardo da Vinci die für das neuzeitliche Verständnis von Wissenschaft charakteristische Verbindung von Mathematik und Experienz sowie die Ausrichtung der Wissenschaft auf die Praxis ab. Wissenschaft benennt nach Leonardo einen «mentalen Diskurs», der bei seinen Prinzipien anhebt, über welche hinaus in der Natur nichts anderes mehr ausfindig gemacht werden kann, das noch wieder einen Teil dieser Wissenschaft ausmachte.

182 Gerich (2014). Die Geschichte der Naturwissenschaften im Wandel erkenntnistheoretischer Positionen: von der biologischen Evolution zur kulturellen Evolution. S. 73

183 Ebd. S. 58

stand. Das auf mathematisch-wissenschaftlichen Grundlagen beruhende heliozentrische System, wonach sich die Sonne im Zentrum des Universums befindet, eröffnete entgegen dem damals vorherrschenden ptolemäischen System eine neue Weltanschauung. Weiter noch ging Giordano Bruno (1548–1600), der nicht nur die Idee der heliozentrischen Weltordnung vertrat. Er postulierte darüber hinaus die Unendlichkeit und Ewigkeit des Universums. Für sein Denken wurde er 1600 durch die Inquisition der Ketzerei und Magie für schuldig gesprochen und zum Tode verurteilt.[184] Weiter veröffentlichte Johannes Kepler (1571–1630) die *Astronomia Nova*, in der er die Astronomie und die Physik zusammenführte. Mit dem beobachtenden Astronom Tycho Brahe (1546–1601) konnte Kepler die Planetenbewegungen präzise erfassen und auswerten.

1.3.1 Wissenschaftliche Weltanschauung in Renaissance Weltkarten

Anhand von *Mappaemundi* lässt sich der Übergang von der Hochscholastik zur Weltanschauung der Renaissance und der Herausbildung ihrer Weltkarten, die auf mathematisch-geometrischen Prinzipien beruhen, aufzeigen. Obwohl ein Bruch mit der aristotelischen Weltanschauung hinsichtlich der Vorstellung eines geozentrischen Weltbildes eintrat, wurde antikes Wissen für die Renaissance wieder relevant. Auf Weltkarten nimmt unter anderem das kartografische Werk Ptolemäus' Einfluss. Das in der Renaissance vorhandene Wissen setzte sich kumulativ zusammen, das heisst, es baute auf vorhandenen antiken Prinzipien auf, wurde jedoch mit neuen Erkenntnissen zusammengeführt und vereint in Weltkarten abgebildet. Das Wissen um neu entdeckte Gebiete beispielsweise ergänzte das bestehende Wissen der Geografie. In der «Zeit der Entdeckungen» expandierte die Kenntnis über die Geografie durch neue Entdeckungsreisen ständig, wobei «der neuen Welt» anhand eines logischen Prinzips (z. B. mit Hilfe der Projektion) ein entsprechender Platz in der jeweiligen Weltkarte zugewiesen werden konnte. So vereinigten Renaissance-Weltkarten altes Wissen mit neuen Erkenntnissen, stellten es in Weltkarten dar und überbrachten die entsprechende, zeitgemässe Weltanschauung in Übereinstimmung mit dem damaligen Renaissance-Humanismus. Weiter dienten Weltkarten nicht primär als Erklärungsmodell der Erde, sondern wurden in der Praxis verwendet. Für globale See- und Handelsreisende war nautisches Kartenmaterial zur Notwendigkeit geworden.

Weiter wuchs in der Renaissance das Verständnis, für die Erde als ein Teil des kosmologischen Ganzen, wobei sie mit dem Himmel eine harmonische Einheit bildet. Die neuen Weltkarten der Renaissance verkörperten die neue kosmologische Weltanschauung und bestärkten den Umbruch vom geozentrischen zum heliozentrischen Weltbild. Obwohl kartografische Prinzipien der Antike übernommen wurden (insbesondere auch von Ptolemäus und seinem Werk über die Geographie), wendet man sich ab vom antiken Weltbild (auch: «ptolemäisches Weltbild»). Das geozentrische Weltbild, in dem die Erde Bezugspunkt des Kosmos ist,[185] wird durch das heutige heliozentrische Weltbild, in dem die Sonne Bezugspunkt des Kosmos

184 Im Jahre 2000, also gut 400 Jahre nach dem kirchlichen Schuldspruch, wurde Brunos Hinrichtung von Papst Johannes II. als ein Unrecht erklärt.

185 Dieses ‹geozentrische Weltbild› wurde von einigen mittelalterlichen Gelehrten dargelegt. So schreibt Macrobius in seinem Kommentar, dass die Erde unbeweglich in der Mitte des Universums liege und um sie herum sieben Planetensphären von Westen nach Osten rotieren würden. Vgl. Brotton (2014). Die Geschichte der Welt in zwölf Karten. S. 150

ist (auch: «kopernikanisches Weltbild»), in der Renaissance abgelöst. Mit dieser Wende vom geozentrischen zum heliozentrischen Weltbild wird eine völlig neue Weltanschauung hervorgerufen.[186] Mit Kopernikus wird das heliozentrische Weltbild zwar bekannt, der entsprechende Bruch der Weltanschauung aber wird erst mit dem Zusammenbruch der Aristotelischen Physik erreicht. Diese Weltanschauung beruht auf einer neuen rationalistischen Art des Denkens, die sich auf wissenschaftliche Prinzipien bezieht.

Dieses wissenschaftliche Prinzip verfolgte Kepler, indem er davon ausging, dass die Mathematik die einzige Grundlage bildet, um den Kosmos zu erforschen, und indem er so physikalische Ursachen und Bewegungsabläufe zu errechnen versuchte. Durch eine solche Rationalisierung kam Gott respektive dem Göttlichen eine neue Bedeutung zu, die mehr auf der Vollkommenheit der Natur und ihrer Proportionen beruhte. Diese göttliche Vollkommenheit wurde durch eine himmlische sowie durch eine irdische Natur ausgedrückt, wobei sich deren Perfektion durch geometrisch geordnete Gesetzmässigkeiten darstellte. Davon zeugte beispielsweise Keplers Denken. Für ihn war der Harmoniegedanke durch immanente und kausale Wechselwirkung und Proportion bedingt, die er als universellen Zusammenhang zu erfassen versuchte.[187] Auch Leonardo da Vincis Proportionsstudie zeigt die Verhältnisse des männlichen Körpers, welche die kosmische Ordnung im männlichen Körper widerspiegeln sollten.[188] Dabei wurde die visuelle Harmonie zwischen den heterogenen Einzelgliedern etabliert. Diese Vollkommenheit und Harmonie der Mathematik wurde in Renaissance-Weltkarten formal mithilfe einer Projektion dargestellt. Die Erdoberfläche konnte so geometrisch perfekt und in rational begründbaren Proportionen dargestellt werden. Diese perfekten Proportionen wurden auch in der Kartografie zur Darstellung der Welt angestrebt. Dafür entwickelte man eine breite Vielfalt an Projektionen, die als Grundlage zur Darstellung der Welt dienten. Damit wurde die Abbildung der Welt anhand einer geometrischen Grundlage ermöglicht, wobei sie mathematischen Proportionen unterlag. Durch diese Mathematisierung konnte eine geografische Exaktheit erreicht werden, die bald zum Qualitätsmerkmal für Weltkarten wurde. Je akkurater die Geografie in Weltkarten dargestellt ist, desto eher fällt unsere Beurteilung über sie positiv aus.[189]

Grundsätzlich hatte die Wissenschaft der Renaissance nicht das Ziel, die Existenz Gottes zu beweisen. Nach der neuen wissenschaftlichen Weltanschauung war die Suche nach Gott durch die Suche nach der ewigen Harmonie begründet, die es in ihrer objektiven Bedeutung zu verstehen galt. Diese Hinwendung zu einer rationalen globalen Struktur des physikalischen Ganzen, das dem menschlichen Verstand zugänglich sein sollte, zitiert Soler Gil in den Worten des heiligen Gregor

---

186 Die heliozentrische Idee wurde jedoch schon in der Antike von Aristarchos von Samos (um 310–230 v. Chr.) geäussert, konnte sich aber nicht gegen das ptolemäische Weltbild durchsetzen. Entgegen Aristarchs Beobachtungen, basierte der kopernikanische Ansatz auf einer mathematisch fundierten Grundlage. Shea (2003). Nikolaus Kopernikus der Begründer des modernen Weltbilds. S. 51
Aristarch berichtete. «[...] dass die Sonne sich im Mittelpunkt der Fixsternsphäre befindet, die Fixsternsphäre unbeweglich bleibt und die Erde sich ihrerseits in einem Kreis um die Sonne dreht». Aristarch formulierte also ein astronomisches System, in dem es nicht nur um die Drehung der Erde um ihre Achse, sondern auch um die Rotation der Erde um die Sonne geht. Aristoteles und Jori (2009). Über den Himmel. S. 304

187 Soler Gil (2014). Philosophie der Kosmologie. Eine kurze Einleitung. S. 60

188 Fehrenbach (2011). Leonardo da Vinci: Proportionsstudie nach Vitruv. S. 174

189 Woodward (1987). Cartography and the Renaissance: Continuity and Change. S. 7

von Nazianz. Dabei beschreibt er, dass alles Gottgewollte auf der Bestimmung der Zahl gründet und Gott so für die Menschheit erkennbar wird:

> «Gott, der alles in der Welt nach der Bestimmung der Zahl gegründet hat, hat die Menschheit auch mit einem Geist begabt, der diese Bestimmungen begreifen kann [...] Diese Gesetze sind innerhalb der Reichweite des menschlichen Geistes. Gott wollte, dass wir ihn durch die Erschaffung von uns nach seinem Bild erkennen, so dass wir seine Gedanken teilen können. Nur Narren fürchten, dass wir somit die Menschheit göttlich machen; denn Gottes Ratschlüsse sind undurchdringlich, aber nicht seine materielle Schöpfung.»[190]

Das Göttliche hatte auch auf Renaissance-Weltkarten Einfluss, nur war es anders erkennbar als in mittelalterlichen Weltkarten, wie eben z. B. in einer Ganzheitlichkeit oder mathematischen Perfektion. Durch die Säkularisierung geschah keine sofortige und vollständige Abkehr von heiligen Weltkarten.[191]

Die Geopolitik ist stark durch das «Zeitalter der Entdeckungen» respektive das «Zeitalter der europäischen Expansion» geprägt. Die Königreiche Spanien und Portugal stiegen zu den vorherrschenden Seefahrernationen auf. Sie waren es auch, die 1494 mit dem Vertrag von Tordesillas die Welt neu aufteilten. Spanien wurden die Gebiete westlich, Portugal die Länder östlich der Demarkationslinie zugeteilt.[192] Portugals Seefahrer drangen in unbekannte Gewässer vor, entdeckten neue Gebiete an der Küste Afrikas und kolonisierten die Azoren sowie die Kapverdischen Inseln.[193] 1492 gelang Christoph Kolumbus die Überfahrt nach Amerika unter spanischer Krone. In dieser Zeit der Kolonialisierung kamen Karten eine wichtige Aufgabe zu. Es waren denn auch oft die Nationalstaaten, welche die kartografischen Aktivitäten antrieben und die Tätigkeiten finanzierten. Es war gängige Praxis, Wissen durch kartografische Werke zu monopolisieren und für militärische Zwecke einzusetzen. Dabei wurde von Europa aus die Welt kolonialisiert, wobei sich nach und nach eine eurozentrische Weltanschauung festsetzte. Die Merkatorprojektion beispielsweise lenkte die Aufmerksamkeit bewusst auf die imperialen Staaten Spanien und Portugal. Dem Imperium des spanischen Königs Philipp II. sagte man nach, dass darin die Sonne nie untergehen würde.[194] Solche geopolitischen Vormachtstellungen wurden durch Karten bestärkt, wobei der Merkator-Weltkarte (mit der ihr zugrundeliegenden Merkatorprojektion) eine besondere Rolle zukommt:

> «In the well-known example of Mercator's projection, it is doubtful if Mercator himself – who designed the map with navigators in mind to show true compass directions – would have been aware of the extent to which his map would eventually come to project an image so strongly reinforcing the Europeans view of their own world hegemony. Yet the simple fact that Europe is at the centre of the world on this projection, and that the area of the land masses are so distorted that two-thirds of the

190 Panofsky (1927). Die Perspektive als «Symbolische Form». S. 28

191 Woodward (1987). Cartography and the Renaissance: Continuity and Change. S. 10

192 Schwartz (2007). Putting "America" on the map the story of the most important graphic document in the history of the United States.

193 Brotton (2014). Die Geschichte der Welt in zwölf Karten. S. 234

194 Black (1997). Maps and Politics. S. 30

earth' surface appears to lie in high latitudes, must have contributed much to a European sense of superiority.»[195]

Die europäische Vormachtstellung ist anhand der Karten deutlich abzulesen. Weiter verschaffte Europa dem Kolonialismus Auftrieb und Karten halfen dabei, die europäischen Ansprüche auf Länder auszurufen, bevor sie effektiv in Besitz genommen wurden.

«Maps were used to legitimise the reality of conquest and empire. They helped create myths which would assist in the maintenance of the territorial status quo. As communicators of an imperial message, they have been used as an aggressive complement to the rhetoric of speeches, newspapers, and written texts, or to the histories and popular songs extolling the virtues of empire.»[196]

Vom Übergang vom Mittelalter zur Renaissance verschob sich der ideelle Mittelpunkt mehr und mehr Richtung Europa (vgl. die Positionierung Jerusalems in der Fra-Mauro-Weltkarte), wo sich ein neues Machtzentrum herausbildete. Es war die damalige geopolitische Situation mit den politisch starken Seefahrtnationen Spanien und Portugal, welche die Verschiebung des ideellen Weltzentrums in Richtung Europa bekräftigte. Mehrheitlich wurde das geografische Zentrum in Renaissance-Weltkarten jedoch nicht in Europa abgebildet. Das geografische Zentrum kommt mehrheitlich in Vorderasien zu liegen (Waldseemüller Weltkarte: Persischer Golf, Rosselli-Weltkarte (oval): Somalia, nahe dem Persischen Golf), was auf folgende zwei Punkte zurückzuführen ist: 1. Wo früher die Weltkarten meist auf die nördliche Hemisphäre zentriert waren, sind die Renaissance-Weltkarten bestrebt, die ganze Erdoberfläche abzubilden. Daher wird der Südhalbkugel mehr Platz eingeräumt, was die horizontale Bildmitte zwangsläufig nach Süden verschiebt. 2. Der Einfluss der ptolemäischen Geografie war stärker als die geopolitische Situation oder der Blickpunkt des Betrachters. Die Konstruktion der Renaissance-Weltkarten mittels Projektion und das vorhandene geografische antike Wissen führten dazu, dass die vertikale Bildmitte meist in Vorderasien zu liegen kommt. Das geografische Zentrum stimmt also nicht mit dem ideellen Mittelpunkt überein:

«The centre of a projection did not usually imply either the author's viewpoint or the most important feature to be portrayed. Unlike mappaemundi, in which Jerusalem, Delos, Rome, or some other holy place might be at the centre of the map, a map such as Rosselli's ovoid world maps was centred on no particular place (the centre is off the coast of modern Somaliland).»[197]

Die meisten Renaissance-Weltkarten waren also nicht nach einem geopolitischen oder religiösen Zentrum ausgerichtet, sondern überliessen die Bestimmung des geografischen Zentrums formal-ästhetischen Kriterien, die durch die Geometrie der Projektion gegeben wurden. Die Zentrierung der Weltkarte auf Vorderasien zeugt von der Relevanz der Projektion, die zur Konstruktion der Weltkarten ein-

195 Harley (2001). The New Nature of Maps. S. 66
196 Harley (1989). Maps, Knowledge, and Power. S. 282
197 Woodward (1987). Cartography and the Renaissance: Continuity and Change. S. 14

gesetzt wurde. Dieser formal-logische Bildaufbau verweist auf die damalige wissenschaftliche Weltanschauung. Anders verhält sich das geografische Zentrum in den Doppelten-Hemisphären-Weltkarten. Bei ihnen liegt das horizontale Zentrum auf dem Äquator, das vertikale Zentrum kommt meist im Atlantik zu liegen. Die Bestimmung des vertikalen Zentrums lässt sich damit erklären, dass die Doppelten-Hemisphären-Weltkarten auf einer Halbkugel die «Alte Welt» und auf der anderen die «Neue Welt» abbildeten. Anders verhält sich die Merkator-Weltkarte: Der Nullmeridian liegt auf den Kap Verden, wodurch der geografische Mittelpunkt etwas westlich von Europa zu liegen kommt. Europa ist jedoch der klare ideelle Mittelpunkt der Welt:

> «Mercator placed Europe, which, to a European, both seemed most important and could be mapped most readily, at the top centre of his map, and gave the northern hemisphere primacy over the southern, both by treating the north as the top and by giving the southern less than half the map.»[198]

Mit dieser Platzierung Europas im Bildmittelpunkt ist der Eurozentrismus geboren und hat sich seit der Renaissance in den Köpfen der Menschen festgesetzt. Hinsichtlich der Ausrichtung geschieht eine Rückbesinnung auf die Antike. In Renaissance-Weltkarten ist der Norden wieder oben an der Weltkarte platziert, obwohl die Welt weder «oben» noch «unten» kennt. Man geht jedoch davon aus, dass während des klassischen Zeitalters mehr Leute in der nördlichen Hemisphäre lebten, welche ihre Lebenswelt in der oberen Bildhälfte darstellten.[199] In der visuellen Rhetorik ist eine formal höhere Platzierung mit guten Eigenschaften konnotiert.

In der Umbruchszeit zur Renaissance entsteht eine Raumanschauung, welche sich von der mittelalterlichen Raumillusion klar abwendet und wegbereitend für die Entstehung der neuzeitlichen perspektivischen Darstellungen wird. Im Zuge der Renaissance und ihrer neuen Weltanschauung entsprechend entwickelte sich die Raumwahrnehmung hin zu einem messbaren, auf wissenschaftlichen Prinzipien beruhenden Raum. Das mittelalterliche Darstellungsprinzip wurde überwunden und wandte sich hin zu einer perspektivischen Raumanschauung. Diese Revolution in der formalen Bewertung der Darstellungsfläche beschreibt Panofsky wie folgt:

> «diese [Darstellungsfläche] ist nun nicht mehr die Wand oder die Tafel, auf die die Formen einzelner Dinge und Figuren aufgetragen sind, sondern sie ist wieder die durchsichtige Ebene, durch die hindurch wir in einen, wenn auch noch allseitig begrenzten, Raum hineinzublicken glauben sollen: wir dürfen sie bereits als ‹Bildebene› in dem prägnanten Sinne dieses Wortes bezeichnen.»[200]

Dem Florentiner Filippo Brunelleschi (1377–1446) gelang es als erstem den Raum auf einer Bildebene unter solchen Prinzipien festzuhalten.[201] Mit der Abbildung des Baptisteriums von Florenz Anfangs des 15. Jahrhunderts visualisierte er

198 Black (1997). Maps and history: constructing images of the past. S. 29–38
199 Woodward (1987). Cartography and the Renaissance: Continuity and Change. S. 15
200 Panofsky (1927). Die Perspektive als «Symbolische Form». S. 278
201 Bering und Rooch (2008). Raum: Gestaltung, Wahrnehmung, Wirklichkeitskonstruktion. S. 283

die Idee der neuen Raumanschauung. Beeinflusst wurde er eventuell durch Ptolemäus' Werk *Geographia*, das zu dieser Zeit nach Florenz gelangte und dessen Einfluss eventuell zu den linearperspektivischen Experimenten Brunelleschis führte. Gerade Florenz galt als eines der wichtigsten europäischen Studien- und Produktionszentren für ein revolutionäres System der Geografie und der Kartenherstellung.[202] Eine erste schriftliche Anleitung, wie das Abbild auf die Darstellungsfläche zu bringen ist, findet sich in der von Leone Battista Alberti erstellten Schrift *Della Pittura* von 1435. Darin sind die Konstruktionsprinzipien der Zentralperspektive dargelegt. Das Prinzip führte zu einer Wahrnehmungstheorie, wobei Alberti davon ausging, dass man über den Zentrumsstrahl eine Gewissheit erlagen kann, die er theologisch begründet:

> «Wenn sich ein Gegenstand immer weiter vom Auge entfernt, erscheint er als Punkt, so dass dem Zentrumsstrahl die Rolle zufällt, das Auge des Betrachters mit dem Letzten, Unendlichen zu verbinden. Die Linearperspektive setzt also den Gedanken des Unendlichen voraus, jenem Phänomen, das im zeitgenössischen Verständnis nur mit Gott gleichzusetzten war.»[203]

Für die Rezeption der Zentralperspektive sowie die dazugehörige Raumwahrnehmung war die Idee der Unendlichkeit unabdingbar. Nicolaus Cusanus (1401–1464)[204] war einer der ersten Humanisten am Übergang vom Mittelalter zur Renaissance und als Vordenker der Neuzeit prägend für die damalige Weltanschauung. Er stellte sich dem grundlegenden Problem der Frage nach der Unendlichkeit, die mit der Entdeckung der Zentralperspektive in ein ganz neues Licht gerückt war. Die Theorie der Unendlichkeit liegt sowohl in konstruktiver Hinsicht als auch unter theologischen Aspekten der Visualisierung der Unendlichkeit Gottes zugrunde.[205] Cusanus wird die «Entdeckung» des Gedankens der Unendlichkeit zugesprochen. Obwohl er über eine Vielzahl von mathematischen Spekulationen diese Theorie verdeutlichte, sind seine Überlegungen nicht wissenschaftlicher, sondern theologisch-philosophischer Forschung unterworfen.

Der Umbruch von der mittelalterlichen Raumanschauung zur Renaissance und der damit einhergehenden Raumanschauung kann anhand des Übergangs von den *Mappaemundi* zu den Weltkarten der Renaissance nachvollzogen werden: Während in den *Mappaemundi* die Räumlichkeit durch das Über- und Nebeneinanderreihen von Bildelementen oder das Abheben (beispielsweise von einem goldenen Hintergrund) erzeugt wurde, sind die Renaissance-Weltkarten mit einem mathematischen Bewusstsein konstruiert und nach einem mathematischen Punkt orientiert (Projektionspunkt). Weiter werden die geophysischen Elemente nicht mehr in die Bildfläche eingepasst, wobei die Georeferenz der einzelnen Elemente nicht gewährleistet ist, sondern die Weltkarte wird zu einer klar definierten Bildebene, welche

202 Edgerton (2002). Die Entdeckung der Perspektive. S. 86

203 Bering und Rooch (2008). Raum: Gestaltung, Wahrnehmung, Wirklichkeitskonstruktion. S. 285

204 Niklaus von Kues war ein deutscher Philosoph, der am Übergang vom Spätmittelalter zur Neuzeit einige mittelalterliche Theorien (hinsichtlich der Natur, des Menschen und Gottes) in Frage stellte. Er trat heraus aus der mittelalterlichen Schulwissenschaft, indem er ihr Scheitern begreiflich machte und schuf die Möglichkeit, das als gewesen Gewusste aus neu gewonnenem Abstand zu bewerten. Flasch (1986). Das philosophische Denken im Mittelalter von Augustin zu Machiavelli. S. 540–545

205 Bering und Rooch (2008). Raum: Gestaltung, Wahrnehmung, Wirklichkeitskonstruktion. S. 298–302

die gesamte Erdoberfläche abzubilden versucht. Dabei ist für die einzelnen Bildelemente ein klar definierter Platz vorgesehen. Der Raum ist mathematisch organisiert, es geschieht eine perspektivische Vereinheitlichung.

Die Frage nach der Subjektivität in Renaissance-Weltkarten musste in dieser Umbruchszeit neu überdacht werden. Die Vereinheitlichung des neuen perspektivischen Darstellungsprinzips hatte zur Folge, dass die Perspektive auf einen subjektiven Fluchtpunkt zuläuft und daher auf einen subjektiven Standpunkt reduziert ist. Zu dieser neuen Raumanschauung und der damit verbundenen Subjektivität äussert sich Nikolaus von Kues. Er postulierte, dass die perfekte Abbildung unmöglich sei, da ein Individuum den Raum immer aus einer Perspektive erfasse und daher nie die «absolute Wahrheit» abbilde, sondern nur eine Annäherung an sie. Über seine Schrift *De visione Dei* werden folgende Äusserungen laut:

> «Die Welt der Vernunft ist nach Nikolaus [von Kues] die Welt, die von der ratio allein gesehen und gemessen wird. Zwischen einer rationalen Konstruktion und der anderen besteht dieselbe Ungleichheit wie zwischen den verschiedenen Darstellungen desselben Antlitzes aus verschiedenen malerischen Perspektiven: keine von ihnen ist eine perfekte Wiedergabe des göttlichen absolutus visus, exemplarisch und archetypisch.[206]

Er verfolgte einen anthropologischen Ansatz, der auf der fundamentalen Subjektivität des Menschen basiert. Seiner Weltanschauung nach bewegen wir uns in einem unendlichen Raum ausbreitender Welt und dem adäquaten Streben des Menschen, in grenzenlose Räume vorzustossen.[207]

Solche Überlegungen lassen sich auf die Perspektive beziehen, die sich in der Renaissance mit Albrecht Dürer, da Vinci etc. entwickelte und die darstellerischen Möglichkeiten revolutionierten. Dass die perspektivische Darstellung nicht die Wahrheit widerspiegelt, sondern nur ein Abbild aus einem individuellen Standpunkt wiedergibt, wird wie folgt verdeutlicht:

> «Solange Perspektive und kreisförmige Schau [mit kreisförmiger Schau ist eine Erfassung des Raumes aus verschiedenen Perspektiven gemeint] sich nicht begegnen, kann unser Geist die Wirklichkeit nicht so erfassen, wie sie ist, das heisst so, wie sie von Gott gesehen wird: jenseits jedes Bildes, jedes Masses, jeder Proportion und jedes Begriffs.»[208]

Diese neue Raumanschauung der Renaissance drückt sich auch in der Kartografie und dementsprechend in Weltkarten aus. Analog zu den neuen perspektivischen Darstellungsformen der bildenden Künste entwickelte sich in der Kartografie die Darstellung der Erde mittels Projektion. Wo in den bildenden Künsten der Fluchtpunkt den Referenzpunkt zur Bildkonstruktion verantwortet, tritt in der

---

206 Cuozzo (2011). Nikolaus von Kues und Albrecht Dürer: Proportion, Harmonie und Vergleichbarkeit. Die ratio melancholica angesichts des verborgenen Masses der Welt. S. 354
207 Bering und Rooch (2008). Raum: Gestaltung, Wahrnehmung, Wirklichkeitskonstruktion. S. 300
208 Cuozzo (2011). Nikolaus von Kues und Albrecht Dürer: Proportion, Harmonie und Vergleichbarkeit. Die ratio melancholica angesichts des verborgenen Masses der Welt. S. 354

Kartografie der Berührungspunkt, respektive die Berührungslinie der Projektion an diese Stelle. Fluchtpunkt sowie Berührungspunkt unterliegen immer einer subjektiven Entscheidung des Individuums und sind abhängig von einer Momentaufnahme. Eine multiperspektivische Darstellung (wie beispielsweise in den *Mappaemundi*) ist durch den Einsatz einer Projektion in der Renaissance verlorengegangen. Obwohl durch das neue Darstellungsprinzip, also eine vermeintliche Objektivierung der Bildkonstruktion erreicht wurde, wird im Gegenzug die Subjektivität der Weltkarte umso mehr durch den Standpunkt des Individuums bestimmt.

Die Perspektive auf die Wissenschaft änderte sich mit der kopernikanischen Wende, so dass die Hierarchie der verschiedenen Wissenschaftsdisziplinen neu überdacht wurde. Kopernikus stellt die damalige Gewichtung der einzelnen Disziplinen in Frage, da er Verfechter der mathematischen Grundlagen war, wodurch er die Rotation der Erde um die Sonne rechtfertigte.[209] Dabei überwand er die von Aristoteles aufgestellte hierarchische Ordnung, die sich der Abfolge Theologie, Philosophie, Astronomie unterwarf. Kopernikus war ein versierter Mathematiker und Astronom, der in einigen Fragen im Widerspruch zur Theologie und auch zur Naturphilosophie stand. Die Künste der Mathematik und im speziellen der Astronomie waren für Kopernikus die höchsten aller Künste.[210]

Diese neue Gewichtung der wissenschaftlichen Disziplinen brachte der Mathematik einen völlig neuen Stellenwert innerhalb der Wissenschaften ein. Der Einfluss liess sich in den bildenden Künsten, der Raumkonstruktion und -wahrnehmung beobachten. Durch die neue Raumwahrnehmung, die auf geometrisch-mathematischen Grundprinzipien beruht, wird der subjektive Seheindruck so rationalisiert, dass eine Überführung des psychophysiologischen Raumes in den mathematischen erreicht wird, woraus das mittels Perspektive konstruierte Abbild resultiert. Durch diese Rationalisierung der Darstellung wird einerseits die Kunst zur «Wissenschaft» erhoben und andererseits wird «eine Objektivierung des Subjektiven» erzielt.[211] Die Kunst erreicht eine ganz neue Position innerhalb der Wissenschaften der Renaissance.

209 Vesel (2014). Copernicus Platonist astronomer-philosopher cosmic order, the movement of the earth, and the scientific revolution. S. 375–376

210 Ebd. S. 375–376

211 Panofsky (1927). Die Perspektive als «Symbolische Form». S. 287

1.3.2 Waldseemüller Weltkarte

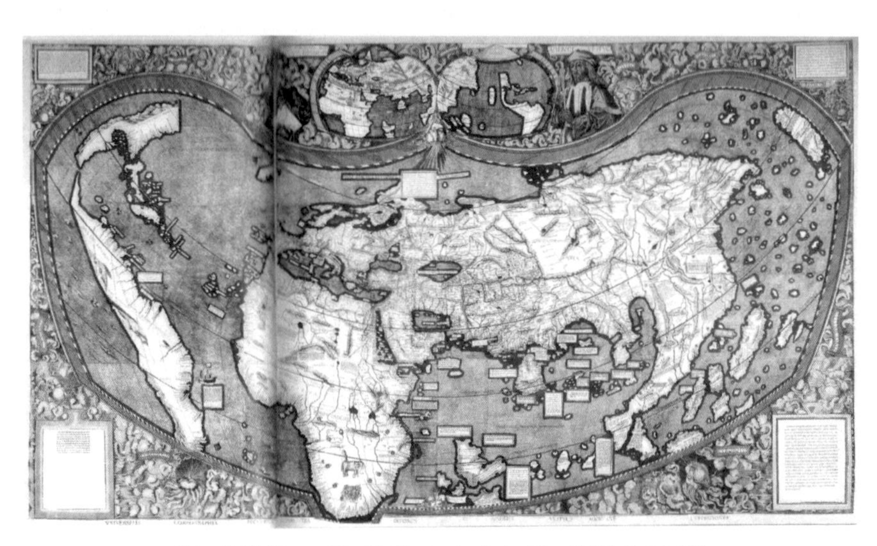

Abb. 07: Waldseemüller Weltkarte. In: Schneider (2012, S. 34-35)

Im Anschluss an die oben geschilderten allgemeinen Ausführungen zur Weltanschauung in der Renaissance soll nun auf die Vorstellung der Welt eingegangen werden, wie sie in der Waldseemüller Weltkarte aufgezeigt wird (VGL. ABB. 07). In der Renaissance sind exponentiell viele neue Darstellungen der Welt entstanden, wobei sich an dieser Stelle die neue Weltanschauung auch anhand einer anderen bekannten Weltkarte der Renaissance hätte aufzeigen lassen: Die Merkator-Weltkarte *(Nova et aucta orbis terrae descriptio ad usum navigantium)* beispielsweise zeugt einerseits von der «Zeit der Entdeckungen», da ihre Nutzung vorwiegend auf navigatorische Zwecke ausgelegt ist. Andererseits widerspiegelt die Weltkarte durch die ihr zugrunde liegende Merkator-Projektion die zunehmende Mathematisierung der Darstellung der Welt und deutet damit auf den Umbruch in der Wissenschaftstradition hin. Die Waldseemüller Weltkarte wurde an dieser Stelle gewählt, da sie hinsichtlich verschiedener Punkte die Weltanschauung der Renaissance begreiflich macht: 1. Die Weltkarte ist bestrebt, die Welt als Ganzes abzubilden. Die Perspektive auf die Welt hat sich von der Sicht auf die Ökumene zur Abbildung der ganzen Erdoberfläche gewandelt und führt somit eine ganz neue Weltanschauung ein. 2. Es handelt sich um die erste bekannte Weltkarte, in welcher der Kontinent Amerika benannt und beschriftet ist, was die Weltkarte für die amerikanische Gesellschaft zu einem bedeutenden, historischen Artefakt macht. 3. Die Waldseemüller Weltkarte zeigt über ihr Kartenbild den Bezug zur ptolemäischen Geografie und damit auch den Einfluss des antiken Wissens in der Renaissance auf. Die Einwirkung der ptolemäischen Weltanschauung wird in der Waldseemüller Weltkarte hinsichtlich verschiedener Aspekte dargestellt.

In der *Cosmographiae Introductio* wurde die Waldseemüller Weltkarte 1507 veröffentlicht (VGL. ABB. 08). Das Buch besteht aus zwei Teilen: einem Buch und zwei kartografischen Beilagen.[212] Der Text enthält das geografische Lehrbuch – eben die *Cosmographiae Introductio* – und die vier Berichte des Amerigo Vespucci. Die Kartenbeilagen – die *Universalis Cosmographiae* – enthält zum einen die Globusstreifen (die zu einem Globus zusammengesetzt werden konnten) und zum anderen die Plankarte, die uns als Waldseemüller Weltkarte bekannt ist. Das Interesse unter den Gelehrten an der *Cosmografiae Introductio* war überaus gross. Dank der revolutionären Erfindung der Druckmaschine,[213] konnte Waldseemüllers und Ringmanns Schrift vervielfältigt werden, wonach das Werk bald in weitesten Kreisen Verbreitung fand. Das neue Druckverfahren revolutionierte nicht nur den Buchdruck, sondern wirkte sich auch auf die visuelle Kommunikation aus. Es war durch die neue Technologie nun möglich, exakt reproduzierbare Statements zu erstellen. Die Anzahl der gedruckten Karten steigerte sich durch die Erfindung des Buchdrucks enorm.[214]

Die Waldseemüllerkarte wurde von Martin Waldseemüller im Vogesenort St. Dié entworfen. Der Gelehrte gehörte unter anderen mit Matthias Ringmann dem Gymnasium Vosagense an, wo sie in einem Gelehrtenzirkel die Neuausgabe der ptolemäischen Geographie studierten.[215] Ringmanns und Waldseemüllers kartografisches Vorhaben gründete auf Nachrichten von Übersee und den *Mundus-Novus-Brief* Vespuccis.[216] 1507 veröffentlichten Ringmann und Waldseemüller die aus drei Teilen bestehende Werk *Cosmographiae Introductio*, wobei Ringmann die Begleitschrift verfasste und Waldseemüller die zwölfteilige Weltkarte entwarf.[217] Dieses Werk umfasst neben astronomischen Grundlagen vier ausführliche Schilderungen von Amerigo Vespucci von seinen zwischen 1497 und 1504 unternommenen Seereisen.

Die Waldseemüllerkarte ist neben einem Erdglobus[218] und der Begleitschrift *Cosmographia Introductio* einer der drei Teile von Ringmanns und Waldseemüllers Gesamtwerk. Die Waldseemüller Weltkarte ist eine 3 m² grosse Karte bestehend aus zwölf zusammenhängenden Segmenten und stellt die Erdoberfläche planimetrisch dar. Die Karte ist auf Europa zentriert. Ihr liegt eine flächentreue Kegelprojektion zugrunde, deren Meridiane gekrümmt sind, wodurch sie an die Kugelgestalt der Erde erinnert.

---

212 Waldseemüller und Wieser (1907). Die Cosmographiae Introductio des Martin Waldseemüller (Ilacomilus). S. 8

213 Die Erfindung des Buchdrucks war eine technische Innovation, die enorme Auswirkungen auf die europäische Renaissance gehabt hat. Es war 1492, als Johannes Gutenberg mit beweglichen Lettern die 42-zeilige Bibel druckte. Das neue Druckverfahren brachte in rasantem Tempo Bücher in Umlauf, wobei sich ihre Verbreitung enorm steigerte.

214 Brotton (2014). Die Geschichte der Welt in zwölf Karten. S. 231–238

215 Panofsky (1927). Die Perspektive als «Symbolische Form». S. 15

216 Amerigo Vespucci (1451–1454 n. Chr.) war ein florentinischer Seefahrer und Entdecker. Man geht davon aus, dass Ringmann und Waldseemüller den Namen «America» aus den Briefen Amerigo Vespuccis entnommen haben, das nach ihm «Amerige» respektive «Americus» benannt wurde. Lehmann, Ringmann und Waldseemüller (2010). Die Cosmographiae Introductio Matthias Ringmanns und die Weltkarte Martin Waldseemüllers aus dem Jahre 1507 ein Meilenstein frühneuzeitlicher Kartographie. Vgl. Kapitel «Amerigo»: S. 349–374. Und Lester (2010). Der vierte Kontinent: wie eine Karte die Welt veränderte. S. 100–107

217 Waldseemüller und Hessler (2008). The naming of America Martin Waldseemüller's 1507 world map and the "Cosmographiae introductio". S. 15

218 Der Erdglobus wurde ebenfalls 1507 veröffentlicht (wie die Begleitschrift und die Waldseemüller Karte). Der Globus bildet ebenso wie die Weltkarte den neuen Kontinent Amerika ab. Der Erdglobus wurde auch als Segmentkarte abgebildet, wobei der Globus in einzelnen Globusstreifen in zusammengehörigen ovalen Zwickel dargestellt ist und ausgeschnitten auf eine Kugel geklebt werden könnte. Lehmann, Ringmann und Waldseemüller (2010). Die Cosmographiae Introductio Matthias Ringmanns und die Weltkarte Martin Waldseemüllers aus dem Jahre 1507 ein Meilenstein frühneuzeitlicher Kartographie. S. 33

Von der von Ringmann verfassten Begleitschrift sind bis zum heutigen Tag noch mehrere Exemplare vorhanden, von der grossen Weltkarte Waldseemüllers ist bis heute nur ein einziges Exemplar übrig geblieben.[219] In den Fokus der Öffentlichkeit kam die Waldseemüller Weltkarte im Jahre 2001, als sie an die Vereinigten Staaten von Amerika verkauft und 2007 offiziell an die Library of Congress in Washington übergeben wurde. Für die vereinigten Staaten von Amerika ist der Erwerb dieses kulturhistorischen Dokumentes bedeutsam, da zum ersten Mal die Bezeichnung *America* für den neu entdeckten Kontinenten Verwendung fand.

Die theoretische Grundlage der Waldseemüller Weltkarte ist die von Ringmann verfasste Begleitschrift *Cosmographia Introductio*. Die Karte basiert auf der darstellenden Geometrie der zweiten ptolemäischen Projektion und bezieht sich somit auf die von Ptolemäus verfasste *Geographia*. Neben dem Einfluss der antiken Gelehrten orientierten sich Ringmann und Waldseemüller auch an Karten ihrer Zeitgenossen.

1.3.3 Weltanschauung der Waldseemüller Weltkarte

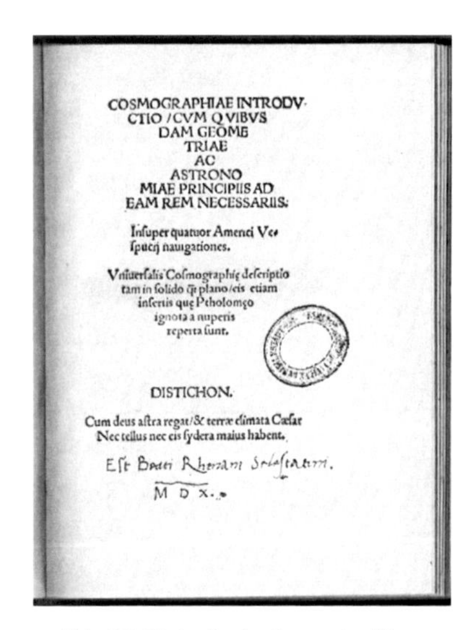

COSMOGRAPHIAE INTRODV-
CTIO /CVM QVIBVS
DAM GEOME
TRIAE
AC
ASTRONO
MIAE PRINCIPIIS AD
EAM REM NECESSARIIS.

Insuper quatuor Americi Ve-
spucij nauigationes.

Vniuersalis Cosmographię descriptio
tam in solido q3 plano/eis etiam
insertis quę Ptholomęo
ignota a nuperis
reperta sunt.

DISTICHON.

Cum deus astra regat/& terræ climata Cæsar
Nec tellus nec eis sydera maius habent.

M D X.

Abb. 08: Titelseite der Cosmographiae Introductio. In: Waldseemüller und Wieser (1907, S. 1)

(1) Die Waldseemüller Weltkarte legte ein Bild der Welt vor, das sich komplett von den letzten *Mappaemundi* abwendet. Die 48 Jahre zwischen der letzten Mappamundi – der Fra-Mauro-Mappamundi (1459) und der Waldseemüller Weltkarte (1507) veranschaulichen, wie gewaltig sich die Weltanschauung änderte. Die Umstellung ist dahingehend gross, als nicht nur ein Ausschnitt der Erdoberfläche dargestellt wurde, sondern man bestrebt war, die ganze Globusoberfläche zu erfassen. Die Waldseemüller Weltkarte stellt die expandierende Welt dar, wobei sich ihre Breitenausdehnung im Vergleich zu älteren Weltkarten enorm ausweitete. Durch die wahrscheinlich vom Seefahrer Amerigo Vespucci übermittelten Breitenangaben fügte sich nach und nach das Bild des gesamten Globus zusammen.[220] Dieses neue Kartenbild impliziert die damalige Weltanschauung; durch das Zeitalter der Entdeckungen dehnte sich die Welt beträchtlich aus. Dadurch schien in den Augen des deutschen Humanisten Matthias Ringmann[221] die

219 Man geht davon aus, dass die Waldseemüller Weltkarte in hoher Auflage (bis zu 1000 Stück) vorhanden gewesen sei. Vgl. Lester (2010). Der vierte Kontinent: wie eine Karte die Welt veränderte. S. 19

220 Ebd. S. 403–407

221 Matthias Ringmann ist mit Martin Waldseemüller Autor der *Cosmographiae Introductio* (1507) (Einführung in die Kosmografie). Dieses Werk besteht aus drei Teilen: ein erster Teil ist eine Einführung in die Geografie, die aus einem langen Brief von Amerigo Vespucci an René II., Herzog von Lothringen, besteht. Ein zweiter Teil ist die riesige Waldseemüller Weltkarte, einen dritten Teil bildet eine verkleinerte Version dieser Weltkarte, die aus 12 Globusstreifen bestejt, die zusammengeklebt und zu einem Globus gewölbt werden können. Ebd. S. 18 u. 407

Welt nicht nur geografisch vereint, sondern auch politisch und religiös.[222] Der Einfluss der Europäer sollte sich in alle Richtungen rund um den Globus ausdehnen. Waldseemüller und Ringmann zielten darauf ab, ein vereinigtes Europa darzustellen, das über ein weltumspannendes christliches Reich herrschte. Das Bewusstsein über den Umfang der Welt und das Unwissen über die Geografie wurden durch die aufkommenden Erkundungsreisen und ihre Reiseberichte in den Köpfen der Menschen festgemacht. Die Waldseemüller Weltkarte zeigt auf, dass die Grenzen des geografischen Wissens damals in Bewegung waren. Wo im Mittelalter die Meere die Ökumene eingrenzen und das «Ende der Welt» symbolisieren, wird in der Renaissance der Atlantik überwindbar. Entgegen der Antike, die zwar um die Kugelgestalt der Erde wusste und dennoch nur einen Teil der damaligen Welt abbildete (vgl. etwa die ptolemäische Weltkarte), wächst in der Renaissance die Bestrebung, eine möglichst vollständige Geografie und somit eine globalere Weltanschauung zu vermitteln.

(2) Mit der Waldseemüller Weltkarte wurde das klassische dreigeteilte Weltmodell der Geografie revolutioniert. Die Weltkarte bildete als eine der ersten Darstellungen den neuen Kontinenten Amerika ab, wodurch sich das Bild der Welt mit dem «vierten Kontinenten» in den Köpfen festigte. Die Abbildung des neuen Kontinents auf einer Weltkarte war damals revolutionär und änderte die damalige Weltanschauung. Der neue Teil der Welt war durch Ringmann erstmals «America» benannt worden, was er aus dem Vornamen seines Entdeckers – Amerigo Vespucci – ableitete, quasi «Americi terra» oder «America», da auch Asien und Afrika nach Frauen bezeichnet waren.[223] Die Entdeckung, Benennung und Abbildung «Americas» führte zu einer Neupositionierung Europas in der Welt, aber auch zu einer Begründung der Existenz Amerikas. Mit der Waldseemüller Weltkarte war Amerika legitimiert und somit wurde die Karte zu einem bedeutungsvollen historischen Dokument für die amerikanische Gesellschaft. So wollte es die Geschichte, dass nach dem Auftauchen der Weltkarte die Library of Congress in Washington die Weltkarte im Jahre 2005 erwarb.[224] Das Bestehen des neuen Kontinents war mit der Waldseemüller Weltkarte besiegelt und der Pazifik als eigenständiger Ozean fand Platz in der Weltanschauung der Renaissance.

(3) Die Waldseemüller Weltkarte bezeugt die Wiederaufnahme von antikem geografischen Wissen. Obwohl die Waldseemüller Weltkarte aus verschiedenen Quellen zusammengesetzt war (wie z. B. der Caveri-Karte von 1594/95, welche Amerika auch ansatzweise abbildete), basierte die Formgebung des Kartenbildes hauptsächlich auf dem ptolemäischen Werk Geographia respektive auf der ptolemäischen Weltkarte. Die Erweiterung der Weltkarte geschah vorwiegend über die Modifikation der ptolemäischen Projektion,[225] wobei die Karte auf den formalen Grundlagen der Antike beruhte. Mit dieser Übernahme stützte sich die geografische Darstellung auf ein Koordinatennetz, was den Rückbezug auf Aspekte der antiken Denktradition versinnbildlicht, die auf rationalen und mathematischen Grundprinzipien beruhte. Die Waldseemüller Weltkarte legt durch ihr Kartenbild

222 Ebd. S. 406

223 Ebd. S. 409

224 Brotton (2014). Die Geschichte der Welt in zwölf Karten. S. 224–227

225 Vgl. 2. Kapitel: Projektion: Weltkarten und ihre Geometrie. Abschnitt: 2.1.3. Systematik der ptolemäischen Projektion.

eine Weltanschauung dar, bei der die Verschränkung von antikem Wissen und dem Wissenstand der Renaissance visuell nachzuvollziehen ist.

Die Entwicklung der vielen verschiedenen Projektionen in der Renaissance widerspiegelt die Hinwendung zu einer zunehmenden Mathematisierung der Weltkartendarstellungen und damit einhergehend der Rationalisierung einer Weltanschauung. Die von Waldseemüller und Ringmann verfasste Cosmographiae Introductio erklärt Schritt für Schritt die Prinzipien der Geometrie und der Astronomie, wie z. B. die Bedeutung der Geometrie der Kugel, der Pole etc. und weiter der Theorie der Kugel und deren Aufteilung in verschiedene Gradeinheiten. Diese Strukturierung des Raumes ist auf Weltkarten folglich als Koordinatennetz sichtbar.[226] Die Abbildung zeigt die Bestrebung auf, die Erde möglichst akkurat abzubilden, wobei unter anderem die klimatischen Zonen und die verschiedenen Windrichtungen Kriterien zur Einteilung der Erdkugel waren.

Waldseemüller bewegte sich im Gymnasium Vosagense in einem renaissancehumanistischen Umfeld. Er war am Hof des Herzogs René von Lothringen tätig. Die damalige geopolitische Situation beeinflusste die Ausarbeitung der Weltkarte enorm. Durch die «Zeit der Entdeckungen» und die «Zeit der europäischen Expansion» änderten sich die geophysischen Grenzen ständig. Durch die spanischen und portugiesischen Entdeckungsreisen erhielt das Gymnasium Vosagense neue Informationen, worunter vor allem die Reiseberichte von Amerigo Vespucci, aber auch die Berichte von Columbus von grosser Bedeutung waren.[227] Neben diesen Informationen blieben die Kenntnisse über die Geografie noch unvollständig, wodurch sich die Darstellung der Welt immer in einem gewissen Spekulationsbereich bewegte. Durch die Visualisierung der «neuen Welt» und der damit verbundenen Legitimation Amerikas bewies die Waldseemüller Weltkarte ihre geopolitische Relevanz. 2001 machte die Waldseemüller mit ihrem Verkauf an die USA erneut Schlagzeilen und zeigte auf, welchen kulturhistorischen Wert Weltkarten besitzen.

Obwohl das konstruktive Zentrum der Waldseemüller Weltkarte in Vorderasien liegt, fokussierte die Welt auf Europa. Die beiden Autoren Ringmann und Waldseemüller sind Vertreter einer eurozentrischen Perspektive: einerseits war ihr Wirkungsort das Gymnasium Vosagense (Vogesen, Frankreich) wodurch dank dem geografischen Standpunkt die eurozentrische Perspektive bestärkt wird. Andererseits erwähnen Ringmann und Waldseemüller mehrfach die politische Vormachtstellung der Seefahrtnationen Spanien und Portugal, welche durch die Reiseberichte Vespuccis bestärkt und dargelegt wird. Weiter war es Ringmann ein Anliegen, dass Europa geeint würde und über das weltumspannende christliche Reich herrschen sollte, wobei nach ihm Europa eindeutig im Zentrum der Welt lag.[228] Die Ausrichtung verhält sich in der Waldseemüller-Karte wie in gängigen Weltkarten nach Nord-Süd.

226 Waldseemüller und Hessler (2008). The naming of America Martin Waldseemüller's 1507 world map and the "Cosmographiae introductio". S. 68–107

227 Schwartz (2007). Putting "America" on the map the story of the most important graphic document in the history of the United States.

228 Lester (2010). Der vierte Kontinent : wie eine Karte die Welt veränderte. S. 397–406

Die Waldseemüller Weltkarte zeigt den Einfluss der ptolemäischen Geografie auch hinsichtlich der Raumanschauung auf. Die ptolemäische Geographia war wegweisend für die Entstehung der Perspektive im frühen 15. Jahrhundert in Florenz. Die Idee der Perspektive entwickelte sich parallel in den bildenden Künsten sowie in der Kartografie, wobei zum einen zentralperspektivische Gemälde und zum anderen projektive kartografische Darstellungen entstanden. Der Einfluss von Ptolemäus auf die florentinischen Künstler zeigt sich wie folgt:

> «Ptolemäus war in der Tat weitgehend etwas wie ein alexandrinisches Gegenstück zu Alberti, und dazu passt es, dass er es war, der der Welt die kartographische Methode der Linearperspektive schenkte.»[229]

Der Einfluss Ptolemäus' ging jedoch weit über Florenz hinaus und erreichte St. Dié in den Vogesen und damit Waldseemüller und Ringmann. Die Waldseemüller Weltkarte macht die Relevanz der antiken Geografie für die damalige Raumanschauung deutlich. Sie basiert auf der darstellerischen Grundlage der ptolemäischen Projektion und wurde durch eine logische Weiterführung des perspektivischen Prinzips erweitert. Die ptolemäische Kartografie wandte dasselbe ästhetische Prinzip zur Erzeugung von Raum an, das die Renaissance-Künstler durch eine geometrische Harmonie in der Kunst erzeugten.

Mit der Anwendung der Perspektive in der Waldseemüller-Karte unterliegt sie auch dem neuen Ausdruck von Subjektivität. Das konstruktive Verfahren der Weltkarte gründet auf «objektiven» mathematischen Prinzipien. Der räumliche Standpunkt, aus welcher die Karte konstruiert wurde, zielt jedoch auf einen bestimmten subjektiven Fluchtpunkt ab, der sich im Schnittpunkt zwischen Mittelmeridian und Äquator befindet. Die Waldseemüller Weltkarte veranschaulicht mit dem neuen perspektivischen Darstellungsprinzip die damit einhergehende Raumanschauung.

Der hohe Stellenwert der Mathematik in der Hierarchie der wissenschaftlichen Disziplinen hatte grosse Auswirkungen auf die Waldseemüller Weltkarte. Mit der Projektion ist die Geometrie die Grundlage der Darstellung und verhilft der Waldseemüller Weltkarte zur Anerkennung einer zeitgemässen wissenschaftlichen Abbildung der damaligen Welt.

229 Edgerton (2002). Die Entdeckung der Perspektive. S. 96

1.3.4 Ausprägungen von Weltanschauungen der Renaissance tabellarisch

In der folgenden Tabelle wird die Weltanschauung der Renaissance stichwortartig aufgelistet. Diese tabellarische Auflistung konnte nur durch eine starke Pauschalisierung der Konventionen erreicht werden. Daher erhebt diese Matrix keinen Anspruch auf Allgemeingültigkeit, d.h. nicht jede Weltkarte der Renaissance wurde durch dieselbe Weltanschauung geprägt. Mit dieser Auflistung soll lediglich eine Tendenz aufgezeigt werden.

PROJEKTION paradigmatischer Begriff	**PROJEKTION** Beschreibung ideologische Projektion	**GEOPOLITIK**	**MITTELPUNKT, AUSRICHTUNG** ideologisch	**RAUM-ANSCHAUUNG** ideologisch	**SUBJEKTIVITÄT** ideologisch
RENAISSANCE allgemein					
Wissenschaftliche Weltanschauung	Säkularisierung, Renaissance-Humanismus, Reformation — Vom geo- zum heliozentrischen Weltbild — Ziel der Wissenschaft war es, die Ursachen von beobachteten Phänomenen zu ergründen	Zeit der Entdeckungen, Renaissance-Humanismus — Seefahrernationen Spanien Portugal — Entdeckung Amerika — Eurozentrismus — Vertrag von Tordesillas	Mittelpunkt: Mittelpunkt in Europa — Ausrichtung: Nord-Süd	Entstehung der Perspektive — Unendlichkeit des Raumes — Rationalisierung des Raumes	vermeintliche Objektivierung durch Vereinheitlichung der Perspektive — Wissenschaft: Mathematik & Astronomie als höchste aller Künste — Kunst wird zur Wissenschaft
RENAISSANCE Waldseemüller Weltkarte					
Wissenschaftliche Weltanschauung	360°-Projektion, die Welt als Ganzes — Bezeichnung Americas, vierter Kontinent — Bezug ptolemäische Geographie — Verbreitung der Karte durch Druckverfahren	Entdeckung Neue Welt — Legitimation America	Mittelpunkt: Ideell Europa — Ausrichtung: Nord-Süd	Entstehung der Perspektive — Grundlage ptolemäische Kartografie	Subjektivierung durch Vereinheitlichung der Perspektive — Hinwendung zur Mathematik

1.4 Gegenwart: Naturwissenschaftliche Weltanschauung

Wer die gegenwärtige Weltanschauung ergründen will, wendet sich meist mit Fragen nach dem Universum und nach den Naturgesetzen etc. den Naturwissenschaften zu.[230] Die Physik, Chemie, Geologie und Biologie erklären, woraus die materialistische[231] Welt besteht. Diese Weltanschauung schliesst an die wissenschaftliche Denktradition der Renaissance an und hat sich hin zu einem Erklärungsmodell bewegt, das auf naturwissenschaftlichen Prinzipien beruht. Nicht selten ist derzeit vom «Weltbild der Naturwissenschaften» oder auch vom «Weltbild der Physik» die Rede.[232,233] Daraus wird die Frage laut, was eine naturwissenschaftliche Weltanschauung alles umfasst. Wird die Welt also nur durch materielle Dinge, Eigenschaften und Tatsachen erklärt oder werden etwa Seele, Geist und Bewusstsein als Gegenstand der Forschung anerkannt?[234] Die Aufgabe der Naturwissenschaften liegt primär darin, die Natur anhand reproduzierbarer Ereignisse zu erklären, aus denen Naturgesetze abgeleitet werden können. Die Naturwissenschaften sind eine Erkenntnisquelle für ein rationales Weltbild, und eine wichtige Prüfinstanz für alle Annahmen von Resultaten anderer Disziplinen.[235, 236] Diese Beschreibung besagt zwar nicht, dass die Naturwissenschaften andere Disziplinen ausschliessen, impliziert aber, dass sie für die Prüfung von deren Resultaten massgeblich sind. Diese gegenwärtige Weltanschauung ist auch in der Kartografie erkennbar: die Darstellung der Welt gründet auf mathematischen Projektionen, welche die Geografie nach dieser Grundlage verorten und darstellen. Die Darstellungsprinzipien der heutigen Weltkarten sind aus den wissenschaftlichen Prinzipien der Renaissance hervorgegangen und haben sich schliesslich mehr und mehr naturwissenschaftlichen Kriterien unterworfen. Weltkarten werden vorwiegend aus kartografischer Perspektive erstellt, wobei die Kartografie als Teilgebiet der Geografie mehrheitlich zu den Naturwissenschaften gezählt wird. Für lange Zeit wurde den naturwissenschaftlichen Aspekten eine besondere Relevanz zugesprochen, was die gegenwärtige Tendenz zu einer naturwissenschaftlichen Weltanschauung bestärkt. Nun stellt sich die Frage, ob sich die Abbildung der Geografie auf rein physikalische Tatsachen reduzieren lässt oder Aspekte des Erlebens bzw. der Subjektivität ebenfalls berücksichtigt werden? Wie zeigt sich das Verhältnis zwischen den naturwissenschaftlichen und den soziokulturellen und subjektiven Aspekten, welche in Weltkarten abgebildet werden? Und inwiefern prägen sie unsere Weltanschauung? Lassen wir uns also durch unsere gegenwärtige Weltanschauung von naturwissenschaftlichen Aspekten belehren oder erkennen wir die Subjektivität in

---

230 Gadenne (2011). Das naturwissenschaftliche Weltbild am Beginn des 21. Jahrhunderts. S. 91

231 Der Materialismus (auch Physikalismus) ist die Auffassung, dass es in der Welt nur materielle Dinge, Eigenschaften und Tatsachen gibt. Danach ist alles Psychische auf Materielles reduzierbar, höchstwahrscheinlich auf Strukturen und Prozesse in den Zentralnervensystemen der Lebewesen. Die Kritik am Materialismus ist dahingehend, dass der Mensch zu grossen schöpferischen Leistungen fähig sei, die ein rein materielles System nicht erbringen könne. Ebd. S. 96

232 Brüning (2011). Atlas der Weltbilder. S. 413–420

233 Die Erschütterung der klassischen Physik im 20. Jahrhundert durch die Relativitätstheorie und die Quantenmechanik lenkt unser Fokus auf die Naturwissenschaften, wobei wir ein Verständnis für Raum, Zeit und Materie erreichen möchten.

234 Gadenne (2011). Das naturwissenschaftliche Weltbild am Beginn des 21. Jahrhunderts. S. 91–107

235 Ebd. S. 106–107

236 Erkenntnisse der Naturwissenschaften sollen folgendermassen herangezogen werden: «Alle Annahmen, die der Entwurf eines Weltbildes enthält, sollten daraufhin geprüft werden, ob sie mit den gut bewährten Erkenntnissen der Naturwissenschaften in Einklang stehen.» Ebd. S. 106

Weltdarstellungen an und thematisieren wir sie? Es wird als gegenwärtige Aufgabe erachtet, dass Weltanschauungen anderer wissenschaftlicher Disziplinen als unverzichtbares Korrektiv zu naturwissenschaftlichen Weltanschauungen und deren oft beanspruchter Absolutheitsanspruch entworfen werden sollten.[237]

1.4.1 Naturwissenschaftliche Weltanschauung in gegenwärtigen Weltkarten

Die naturwissenschaftliche Forschung hat die mathematisch korrekte Darstellung der Erdoberfläche ermöglicht. Durch die Satellitentechnik ist die Geophysik der Erdoberfläche mehrheitlich erfasst, und die Transformation von Globusoberfläche zu Weltkarte mittels Projektion ist eine Selbstverständlichkeit. Die Herausforderung liegt nun darin, die mathematisch korrekte darstellende Geometrie auf ihre subjektive Aussage hin zu untersuchen. Der Fachwelt ist inzwischen klar, dass die akkurate Darstellung mittels Projektion, die über Weltkarten vermittelte Weltanschauung mitprägt. Das heisst, dass trotz ihrer mathematischen Präzision die Projektion nie eine korrekte Abbildung und hinsichtlich sozio-kultureller Aspekte kritisch zu hinterfragen ist.

Obwohl mit dem «spatial turn» in den letzten Dekaden weitere Faktoren miteinbezogen wurde, richtet sich der Fokus noch immer stark auf einen mathematischen Ansatz. Das möglichst adäquate Darstellen der Geophysik mittels mathematischer Formeln beispielsweise oder die genaue Erdvermessung werden über ethnische, politische, religiöse oder soziale Aspekte gestellt. Die Projektion wirkt so also nicht nur als eine geometrische Grundlage in Weltkarten, sondern ist Verursacherin einer Weltanschauung. Die Trennung zwischen technischen, mathematischen und soziokulturellen Absichten, die der Zuweisung Natur-/Geisteswissenschaften entspricht, ist nicht aufrecht zu erhalten, wenn man davon ausgeht, dass die darstellende Geometrie immer eine soziokulturelle Dimension vermittelt, was wie folgt ausgedrückt wird:

> «Much of the power of the maps, as a representation of social geography, is that it operates behind a mask of a seemingly neutral sciences. It hides and denies its social dimensions at the same time as it legitimates. [...] They have ensured that maps are at least as much an image of the social order as they are a measurement oft he penomenal world of objects.»[238]

Der sozialen Dimension in Karten scheint in dieser naturwissenschaftlich geprägten Weltanschauung zu wenig Relevanz beigemessen zu werden. Dabei wird die Vermessung der phänomenalen Welt oft einem sozialen Auftrag gegenüber gestellt, anstatt schon das technische Verfahren als sozialen Auftrag zu begreifen. Erst seit den 1980er Jahren wird ein neuer Denkansatz laut. Dabei geschieht die Hinterfragung der Karten über den geometrischen Aspekt hinaus:

---

237 Nünning beschreibt, dass bei einer Beschreibung der Welt aus verschiedenen Wissenschaftlichen Perspektiven folgende Aspekte zu tragen kämen: Menschen, Sprache(n), Texte, Geschichte(n), und Metaphern, Erinnerungen und Gedächtnis, Kulturen, Sinn(stiftungen), Werte und Normen, Aufführungen, Inszenierungen und Rituale sowie die Bilderwelten, welche die vorherrschenden Weltbilder [Weltanschauungen] der heutigen Medienkulturgesellschaften prägen. Nünning (2005). Weltbilder in den Wissenschaften. S. 176

238 Harley (1989). Deconstructing the map.

> «The published map also has a ‹well-heeled image› and our reading has to go beyond the assessment of geometric accurancy, beyond the fixing of loccation, and beyond the recognition of topographical patterns and geographies.»[239]

Die damalige Überzeugung, dass durch rein naturwissenschaftliche, respektive vorwiegend mathematische Aspekte die Realität möglichst genau beschreiben werden kann, wird hier kontrovers diskutiert. Damals war es die Bestrebung, durch bestimmte kartografische Regeln ein möglichst korrektes Abbild der Erdoberfläche zu ermöglichen. Die Qualität der Karte wurde also als «besser oder schlechter» befunden, je «naturgetreuer» und je nachdem wie «objektiv» die physische Erdoberfläche abgebildet war.

> «The first set of cartographic rules can thus be defined in terms of a scientific epistemology. [...] The object of mapping is to produce a ‹correct› relational model of the terrain. Its assumptions are that the objects in the world to be mapped are real and objective, and that they enjoy an existence independent of the cartographer; that their reality can be expressed in mathematical terms; that systematic observation and measurement offer the only route to cartographic truth [...]»[240]

Dass die Kartografie einem naturwissenschaftlichen Paradigma unterliegt, wird seit solchen kritischen Aussagen mehrfach diskutiert. Die vermeintliche Objektivität von Karten steht seitdem in Frage und es wird offensichtlich, dass die Darstellung mittels mathematischer Mittel nicht zu einer vollkommenen kartografischen Wahrheit führt. In diesem Sinne wird auch die gegenwärtige Weltanschauung kritisiert, die der modernen Naturwissenschaft unterliegt:

> «[Und vergessen wir nicht], dass der Übergang von der Aristotelischen Weltauffassung zum Weltbild der modernen Physik und Biologie die eben kritisierte Verrücktheit zu einem Wahrheitsprinzip erhoben hat: die farbenprächtige und vielgestaltige Welt des gewöhnlichen Bewusstseins wird ersetzt durch eine grobe Schematisierung, in der es weder Farben noch Gerüche, noch Gefühle, noch selbst den gewohnten Zeitablauf gibt – und diese Karikatur gilt nun als die Wirklichkeit.»[241]

Für die gegenwärtige Weltanschauung prägend sind verschiedene kartografische Strömungen, welche die traditionelle Kartografie überdenken. In den letzten Dekaden haben diese kritischen Strömungen einen neuen Diskurs hervorgebracht, der die Kartografie massgeblich beeinflusste. Die «Radical Geography» der siebziger Jahre des 20. Jahrhunderts war eine Form von Diskurs, der die vorherrschende Wertorientierung mit dynamischen sozialen Ansätzen konfrontierte und somit die traditionelle Ausrichtung der Disziplin zu überwinden versuchte.[242] Die Bewegung ging aus den sechziger Jahren hervor, wobei politische Aktivisten Antworten auf gesellschaftliche Probleme, wie etwa die Ungleichheit, den Rassismus, den Sexismus oder die Umweltzerstörung suchten. Der Begriff «Radical Geogra-

239 Ebd.
240 Ebd.
241 Feyerabend (1984). Wissenschaft als Kunst. S. 42
242 Kitchin (2009). International encyclopedia of human geography. Vol. 9, S. 73–82

phy» verweist auf das breite Spektrum von verschiedenen Sichtweisen, die von der aktuellen Geografie berücksichtigt werden sollten. Während sich die traditionelle Geografie bis anhin mit sozialen und politisch irrelevanten Themen auseinandersetzte, fokussierte das 1969 gegründete Magazin *Antipode: A Radical Journal of Geography* auf Themen wie urbane und regionale Armut, die Diskriminierung von Frauen und Minderheiten, den ungerechten Zugang zu sozialen Dienstleistungen etc.[243] Dabei wurde die visuelle Aufteilung von Weltkarten in politische Einheiten als unnatürlich betrachtet. Konzepte wie «Hegemonie», «Marginalisierung» und die Kontrolle des «Raumes» wurden überdacht.[244]

Die Beweggründe der «Radical Geography» werden von der «Critical Cartography» aufgegriffen und weitergeführt. Die «Critical Cartography» hat ihren Ursprung in den späten achtziger und frühen neunziger Jahren. Seitdem wird die Kartografie aus verschiedenen Perspektiven und Standpunkten betrachtet, wobei die traditionelle Kartografie und ihre Theorien kritisiert werden. Die «Critical Cartography» verstand sich damals als Gegenbewegung zur hegemonialen Beschreibung der Kartografie, deren Fokus auf die progressive und wertfreie Transkription der Umwelt gerichtet war.[245] Weiter richtete sich die Kritik gegen die etablierte Kartografie, die nicht zuletzt von den Universitäten stark bestimmt wurde. Die «Critical Cartography» sieht sich als eine neue kartografische Praxis sowie als eine grundsätzliche, theoretische Kritik.[246] Man ging davon aus, dass jede Kritik grundsätzlich politisch sei und Karten eine soziale Dimension besässen, wodurch Macht und Wissen vermittelt würden.[247] Ziel war es, die technisch orientierten Karten hinsichtlich ihrer Machtstrukturen theoretisch zu analysieren. Dabei war die Identifikation der Kartenattribute zu ergründen, die wir aufgrund unserer Sehgewohnheiten kaum noch hinterfragen. Weiter wird argumentiert, dass die Kartografie spezifisches räumliches Wissen schaffe, wobei «Raum produziert» werde.

Neben der «Radical Geography» und der «Critical Cartography» erhöht auch das «Counter-Mapping» die Aufmerksamkeit der sozialen Relevanz der Kartografie. Mit der Absicht, die bestehenden Machtstrukturen zu durchschlagen, ist diese Art von Kartografie seit 1995 unter der Benennung «Counter Mapping» aktiv.[248] «Counter-Mapping» umfasst eine grosse Vielfalt an verschiedenen kartografischen Aktivitäten, die sich vorherrschenden kartografischen Entwürfen und Raumwahrnehmung entgegensetzt – oder eben «counter»– also entgegenwirkt. Sie grenzt sich ab von der Kartografie der Regierung, der Städteplaner und anderer elitärer Gruppierungen. Im Gegenteil, sie baut auf die technische Entwicklung, die auch Randgruppen Zugang zu kartografischer Software ermöglicht. Dadurch werden Themen wie die Rechte der Minderheiten oder die Demokratisierung der Information angesprochen. «Counter-Mapping» gilt als kartografische Praxis, die für Widerstand und Emanzipierung steht.[249] Die Idee des Counter-Mapping gründet sehr stark auf den kartografischen Praktiken vorwiegend nordamerikanischer indigener

---

243 Ebd.

244 Klinghoffer (2006). The power of projections how maps reflect global politics and history. S. 118

245 Wood, Fels und Kriygier (2010). Rethinking the Power of Maps. S. 120

246 Crampton und Krygier (2006). An introduction to critical cartography. S. 11

247 Azocar und Buchroithner (2014). Paradigms in cartography an epistemological review of the 20th and 21st centuries. S. 67

248 Culcasi (2015). Counter-Mapping.

249 Ebd.

Völker. Daraus entstand auch die Forderung, wonach die Kartografie nicht professionellen Kartografinnen vorbehalten sein sollte. Das «Counter-Mapping» war bestrebt, eine neue Ordnung der Welt zu schaffen, jenseits des Eurozentrismus. Disparate Kulturen sollten sich nicht länger an westlichen Werten messen, die als alleinig für «objektiv» gehalten wurden.

Prägend für die Weltanschauung im 20. Jahrhundert ist der zunehmende Einfluss der Frauen in der Kartografie. Sie sind im kartografischen Feld aktiv und bestimmen massgeblich die Ausrichtung der zu untersuchenden kartografischen Sachverhalte.[250] In früheren Zeiten waren Frauen wohl in der Kartografie tätig, sie arbeiteten aber oft im Namen ihres Bruders oder Ehemannes, wobei ihre Arbeit kaum als eigenständig wahrgenommen wurde. Der Zuwachs an Frauen in der Kartografie ist auf den Zweiten Weltkrieg, das Aufkommen der Kartografie als akademische Disziplin sowie auf den Feminismus zurückzuführen. Seitdem wird einhergehend mit dem Eurozentrismus, der vorherrschende männliche Chauvinismus angeklagt. Die feministische Geografin Gillian Rose beispielsweise richtete Kritik gegen die weisse bourgeoise, heterosexuelle Männlichkeit, welche die Geografie weitgehend konstituiert hätten. Weiter wird eingewendet, dass die Natur, die generell als weiblich angesehen wird, während des 16. und 17. Jahrhunderts durch die aufkommende Anwendung mechanischer Naturgesetze unter männliche Kontrolle gerät. Feministische Geografinnen sehen verschiedene Aspekte der Natur von den rationalen Vorstellungsbildern der Männer kontrolliert, die durch Metaphern geprägt werden, wie beispielsweise die von «unberührtem Land, der Eroberung der wilden Natur und der Bändigung des ungezähmten Landes» etc.[251] Grundsätzlich strebte man nach einem Themenkatalog, der nicht von einer Klasse oder bestimmten Rasse abhängt. Die Frauenbewegung der 1960er Jahre gab dem Bewusstsein dieser Rassen- und Genderungleichheit Auftrieb. Dies hatte zur Folge, dass beispielsweise die International Cartographic Association (ICA) in den 80er und 90er Jahren eine «Commission on Women» gründete, und auch «The Association of American Cartographers» setzten ein «Committee on the Status of Women» ein.[252] Derzeit sind mehrheitlich die geschäftlichen und staatlichen Führungspositionen noch immer von Männern besetzt und damit ist die Kartografie inhaltlich von einer männlichen Perspektive dominiert. Obwohl Frauen und dementsprechende Anliegen in der Kartografie noch untervertreten sind, ist ihre Präsenz und Tätigkeit im kartografischen Feld von grosser Bedeutung und gegenwärtig nicht mehr wegzudenken.

Wie die eben geschilderten Strömungen aufzeigen, ist für die heutige Weltanschauung prägend, wie die Kartografie verstanden und ausgelegt wird. Dabei kann die Kartografie unter ganz verschiedenen Aspekten beschrieben und beurteilt werden. Richtet man den Fokus dabei beispielsweise auf die Karten-Erstellenden, zeichnen sich drei dominierende Gruppen ab: Der erste Typ ist verantwortlich für die topografische Kartografie. Diese Kartografen sind oft Techniker, die mit hoch spezialisiertem Equipment Daten erheben. Diese Daten werden oft durch eine staatliche Institution zusammengetragen. Die zweite Gruppe der Kartografen

250 Tyner (2015). Women in Cartography. S. 1758

251 Klinghoffer (2006). The power of projections how maps reflect global politics and history. S. 119

252 Tyner (2015). S. 1760

nutzt die erhobenen Daten der ersten Gruppe, um sie zu interpretieren. Diese Kartografen arbeiten als Wissenschaftlerinnen und Universitätsangestellte. Die dritte Gruppe von Leuten sind Kartografinnen ohne kartografisch-professionellen Hintergrund.[253] Diese verschiedenen Ausübungen der kartografischen Praxis werden derzeit stark durch die technischen Möglichkeiten bestimmt.

Seit den letzten Dekaden sind die Auswirkungen der technologischen Entwicklung in der Kartografie stark bemerkbar. Die Kartografie hat durch neue, öffentlich zugängliche Softwareprogramme viele Bereiche durchdrungen und ist vielseitig verbreitet, wodurch sich die kartografische Praxis völlig verändert hat. Es ist eine klare Trendwende zu beobachten, wobei die traditionelle Kartografie durch eine neue Generation abgelöst wird, deren kartografische Praxis nicht auf den bisherigen Regeln und Standards beruht.[254] Die neuen Technologien beeinflussen unseren derzeitigen Umgang mit kartografischen Informationen auf verschiedenen Ebenen. 1. Geografische Informationssysteme (GIS): Seit der Entwicklung des GIS in den 70er Jahren, hat sich dessen Anwendung bis in die heutige Zeit stark geändert. Damals waren die GIS hauptsächlich auf Leistungen für den öffentlichen Sektor, die Wissenschaft oder das Ingenieurwesen ausgelegt.[255] Heute kann das GIS personifiziert angewendet werden, wobei allen Kartennutzenden die Verwaltung persönlicher Geodaten zur Verfügung steht. Ohne die GIS-Technologie ist das heutige tägliche Leben kaum vorstellbar, denken wir beispielsweise an Navigationssysteme oder Internet-Karten. Gerade im Internet sind digitale GIS-Anwendungen zu Schnittstellen geworden, die als Informationssysteme dienen, um jegliche Daten räumlich zu verorten und anzuzeigen. 2. Open Source: Durch die Open-Source-Software und -Datensätze ist das Kartenerstellen nicht nur traditionellen Kartografen vorbehalten, sondern auch Menschen ohne kartografischen Hintergrund. Die Verfügbarkeit von Daten und kartografischen Tools ermöglicht es ihnen, abzubilden was wie wollen und wie sie wollen, ohne dass ihre Umsetzung kartografischen Konventionen unterliegt. 3. Die Demokratisierung durch das Internet: Wie vorangehend dargelegt, führt die Internetkartografie durch das personifizierte GIS sowie die Open-Source-Daten zu einer Demokratisierung der Kartografie. Die heutige Internetkartografie unterliegt einem neuen Charakter. Die Karten werden kollaborativ erstellt mit der Absicht, gemeinsam Projekte zu erarbeiten und die erschaffenen Resultate schliesslich wieder der Öffentlichkeit zur Verfügung zu stellen. Dabei ist das OpenStreetMap-Projekt ein bemerkenswertes Beispiel für Webkarten, die demokratisch erstellt und dementsprechend genutzt werden können. Das OpenStreetMap-Projekt wurde 2004 ins Leben gerufen. Die dabei entstandene OpenStreetMap ist entwickelt von einer Gemeinschaft von Kartografen aus aller Welt, die gesammelte Daten teilen und in das System integrieren. Unter www.openstreetmap.org[256] sind viele Benutzer freiwillig daran, verschiedene Daten wie beispielsweise von Strassen und Cafés bis hin zu Zugstationen in die Karte einzuschliessen. Die OpenStreetMap-Community beschreibt sich mit folgenden Schlagworten: Local Knowledge, Community Driven, Open Data, Legal, Partners. Die

253 Wood, Fels und Kriygier (2010). Rethinking the Power of Maps. S. 123

254 Azocar und Buchroithner (2014). Paradigms in cartography an epistemological review of the 20th and 21st centuries. S. 80

255 Abdalla (2013). Personal GIS – Ein Tool zur Verarbeitung unserer persönlichen Daten.

256 Unter der URL: www.openstreetmap.org kann die Webkarte aufgerufen werden. (Stand: 09.15)

grosse Benutzergemeinde hat dabei ein erstaunliches Resultat hervorgebracht: In kurzer Zeit wurden viele Daten (z. B. mit GPS Geräten) gesammelt und auf ihre Korrektheit überprüft. Dabei ist in bestimmten Regionen die Qualität der Daten sehr gut. Natürlich zeigen sich weisse Flecken auf der Karte, nämlich da, wo keine Benutzer zur Datenerfassung beitragen.

Trotz der vielfältigen technologischen Möglichkeiten sind gegenwärtig Darstellungskonventionen prägend für unsere Weltanschauung. Diese sind bestimmt durch die verwendeten Metadaten, die Projektion, die Farbskala, die Symbolisierung, Linienstärken, der Typografie, etc. Wo früher internationale Bestrebungen zur Standardisierung der Darstellung von Karten bestanden (vgl. IMW – International Map of the World), sind heute die nationalen kartografischen Behörden und monopolistische Grosskonzerne für darstellerische Richtlinien zuständig.[257] Derzeit bestehen verschiedene Organisationen, die jedoch mehr auf die Verwaltung der Metadaten abzielen, als auf die direkte darstellerische Vereinheitlichung (vgl. EuroGeographics,[258] INSPIRE[259]). Die direkt visuell ersichtlichen Darstellungskonventionen in gegenwärtigen Weltkarten werden so beschrieben, dass jede Karte eine Synthese aus verschiedenen Zeichen ist, woraus sich das Kartenbild ergibt. Diese Synthese aus verschiedenen Zeichen führt zu Codes, die uns die Beziehung zwischen Inhalt und Ausdruck eines bestimmten semiotischen Umstandes vorschreiben.[260] Diese Codes unterliegen bestimmten Konventionen, die durch ihren kulturellen Kontext und den Motiven der Kartenersteller bestimmt sind. Um diese Codes zu interpretieren stehen uns Legenden zur Verfügung, die Strassen-Klassifikationen, Karten-Symbole etc. in verbalen Equivalenten beschreiben. Verschiedentlich wurde die Relevanz von Legenden in Abrede gestellt, da Kartensymbole selbsterklärend sein sollten und keiner weiteren Beschreibung bedürfen. So werde beispielsweise die Farbe Blau automatisch mit Gewässern assoziiert und müsse demnach nicht weiter in einer Legende beschrieben werden. Farben werden also bestimmten Kartensymbolen zugewiesen:

> «We choose colors for truth, emphasis, contrast, and beauty, but we have also to consider the conventional symoblization. We almost paint water blue, although the water of the Rio Grande is more like chocolate. Nobody would hesitate to paint ice white, forests green, or deserts in more reddish colors. […] Thus cities, roads, and arrows for movement are usually shown in red or black, which stand out vividly and covert the other colors. Generally lines are apt to be black or red, while large areas are painted more frequently in pastel colors of lighter shades and of lesser chroma.»[261]

Unsere Interpretation von Symbolen unterliegt einem subjektiven Verständnis, das mitunter durch Darstellungskonventionen erreicht wurde. Kartensymbole sind kaum vollumfänglich selbsterklärend. Es bedarf der Zuweisung einer Bedeutung, die immer von der Interpretationsfähigkeit der Kartenbetrachtenden abhängt. Die

257 Kent (2015). Cartographic Conventions.

258 EuroGeographics: ist eine Non-Profit Organisation, die durch eine Standardisierung die Referenzierung und Kodierung von Informationen erreichen wollen. Vgl. EuroGeographics (2015). (Stand: 11.15)

259 INSPIRE (Infrastructure for Spatial Information in the European Community): ist eine ist bestrebt eine Dateninfrastruktur für alle europäischen Länder bis ins Jahr 2019 aufzubauen. INSPIRE (2015). (Stand: 11.15)

260 Wood, Fels und Kriygier (2010). Rethinking the Power of Maps.

261 Raisz (1962). Principles of cartography. S. 132

Interpretationsfähigkeit wiederum ist verursacht durch die Konditionierung des Betrachtenden: Die in der Geschichte entstandenen Darstellungskonventionen sowie die soziokulturelle Prägung sind ausschlaggebend für eine Deutung von visuellen Codes. Folglich ist also keine allgemeingültige, einschlägige Interpretation eines Codes ohne Legende möglich, sie bleibt individuell und von der entsprechenden Weltanschauung abhängig. Selbsterklärende Codes stützen sich ausschliesslich auf Darstellungskonventionen und bestärken diese im gleichen Zug. So ist blau beispielsweise historisch gesehen nicht per se mit der Darstellung von Gewässern konnotiert und dementsprechend in rot, schwarz, weiss, braun und pink dargestellt worden. Die Standardisierungen und die damit verbundenen Darstellungskonventionen in Weltkarten werden gegenwärtig mehrfach kritisch hinterfragt. Harley beispielsweise beschreibt die Standardisierung im Zusammenhang mit der zunehmenden Verwissenschaftlichung wie folgt:

> «[...] the primary effect of the scientific rules was to create a ‹standard› – a successfull version of ‹normal science› – that enabled cartographers to build a wall around their citadel of the ‹true› map. Its central bastions were measurement and standardisation and beyond there was a ‹not cartography› land where lurked an army of inaccurate, heretical, subjective, valuative and ideologically distorted images. Cartographers developed a ‹sense of the other› in relation to nonconforming maps.[262]

Durch die verschiedenen kartografischen Bewegungen der achtziger Jahre, wurde der Ruf laut nach einer unabhängigen Kartografie, die nicht von der Akademie und ihren Standards definiert ist.[263] Diese Emanzipation von der akademischen Kartografie ist durch die gegenwärtige Technologie zu einem guten Stück erreicht worden. Bestimmend für die derzeitigen Konventionen scheint nicht mehr vorwiegend die akademischen Kartografie zu sein, sondern die neuen Technologien, die von privaten Grosskonzernen kontrolliert sind (vgl. dazu Kapitel 2.4.1).

Im 20. Jahrhundert wird die Geopolitik als der Wettbewerb von Raumaneignung und -überwachung verstanden. Die Geopolitik ist Form einer «angewendeten politischen Geografie» oder einer «geografischen Politik», die von Staaten eingesetzt wird, um ein geografisches Verständnis der sich ständig verändernden Umgebung zu behalten.[264] Dabei werden Machtbeziehungen zwischen verschiedenen Staaten analysiert, wobei meist beabsichtigt ist, die Macht eines Staates zu maximieren und seine globale Dominanz zu bestärken. Die Geopolitik wies den Karten folgende Aufgabe zu: Die Visualisierung von Macht und Politik. Um geopolitische Absichten zu suggerieren eignen sich Karten vorzüglich. Sie visualisieren neben der Hauptinformation alternative Subtexte. Karten helfen eine geopolitische Aussage zu konstruieren, da sie durch ihre visuellen Codes Hierarchien und Anordnungen bestimmen können.[265] Sie vermitteln durch die Manipulation verschiedener Elemente eine einseitige Sicht der Dinge:

---

262 Harley (1989). Deconstructing the map.

263 Vgl. z. B. die «Radical Geography» oder später der «Critical Cartography» weiter unten im Text.

264 Klinghoffer (2006). The power of projections how maps reflect global politics and history. S. 85

265 Herb (2015). Geopolitics and Cartography. S. 539

«By asapting individual projections, by manipulation scale, by over-enlarging or moving signs or typography, or by using emotive colours, makers of propaganda maps have generally been the advocates of a one-sided view of geopolitical relationships. [...] The religious wars of [...] the Cold War of the twentieth centruy have been fought as much in the contents of propaganda maps as through any other medium.»[266]

So wies Präsident Roosevelt 1942 über das nationale Radio seine Bevölkerung an, den von den Japanern verübte Anschlag auf Pearl Harbor anhand von Weltkarten zu verfolgen und motivierte die Bevölkerung, Geografie zu studieren.[267] Dabei war Roosevelt bewusst, dass Karten benutzt werden können, um die öffentliche Meinung zu beeinflussen.

Diese Aneignung von Raum wird auch im Zusammenhang mit dem «digital Empire» als neue Form des Kolonialismus gelesen. Interaktive und web-basierte GIS-Anwendungen beziehen sich auf ein neues Gebiet: das digitale Imperium.[268] Darunter versteht man, dass sich der traditionelle Imperialismus in eine neue Form transformiert habe, wobei die Rolle des Nationalstaates ersetzt wurde durch eine neue Form der Souveränität. Diese Form der Souveränität ist nicht global, dezentriert und nicht mehr auf ein physisches Gebiet bezogen, es ist völlig virtuell. Die globale Macht manifestiert sich dabei durch die Infrastruktur und Kontrolle von Informationsflüssen (Daten) anstatt durch den Besitz von real-geografischem Raum.[269]

Das in der Renaissance begründete Bild von einer eurozentrischen Welt wurde durch einige geopolitische Ereignisse der Gegenwart bestärkt. Neben der Festlegung des Nullmeridians durch Greenwich, wurde die bipolare Ansicht der Welt durch den kalten Krieg gefestigt.[270] Durch die Gegenüberstellung der beiden Supermächte USA und der Sowjetunion standen sich die beiden Blöcke «West» und «Ost» gegenüber. Das geteilte Europa stand dazwischen. Im Zentrum dieser Auseinandersetzung lag Europa, wodurch sich eine eurozentrische Weltanschauung ergab. Die westliche Welt befürchtete, dass die Sowjetunion die Übermacht erringen könnte und dass Eurasien Amerika umzingeln würde. Die geografische Position der Sowjetunion schien unverletzlich; von dem östlichen Part Deutschlands bis hin zur asiatischen Küste im Pazifik schien die Sowjetunion eine Hegemonie über Eurasien auszuüben. Dementsprechend wurde Russland auf Weltkarten auch dargestellt. Durch die periphere geographische Lage unterlag die Darstellung der Sowjetunion starken Verzerrungseigenschaften. Das flächenmässig sehr grosse Gebiet wurde durch die Verzerrungen noch enormer dargestellt. Dies nicht zuletzt deshalb, weil eine unvorteilhafte Projektion (etwa eine Zylinderprojektion) eingesetzt wurde. Die grosse Sowjetunion wurde in Weltkarten als noch überdimensionaler, angsteinflössender «Feind von Osten» dargestellt, wodurch die Bedrohung dieser Weltmacht über Weltkarten suggeriert wurde. Dieses Beispiel zeigt auf, wie durch verschiedene andere gestalterische Mittel die darstellende Geometrie in Weltkarten respektive die Projektion nicht wertneutral ist. Im

266 Harley (1989). Maps, Knowledge, and Power. S. 287
267 Klinghoffer (2006). The power of projections how maps reflect global politics and history. S. 102
268 Farman (2010). Mapping the digital Empire. Google Earth and the process of postmodern cartography.
269 Ebd.
270 Klinghoffer (2006). The power of projections how maps reflect global politics and history. S. 107–114

Gegenteil: trotz ihres naturwissenschaftlich korrekten Charakters wird die darstellende Geometrie bewusst für eine machtpolitische Aussage eingesetzt.

Von zunehmender Relevanz für die Geopolitik wurde die Gestaltung von sogenannten «suggestiven» Karten, welche eine emotionale Wirkung hervorrufen und eine bestimmte Überzeugung glaubhaft unterschwellig vermitteln. Arnold Hillen Ziegenfeld (1935) begründete den Ausdruck «Kartografik» für einen solchen Kartentyp, der analog zum neuen Feld der Gebrauchsgrafik aufkam. Die politische Kartografie der Zwanziger- und Dreissiger Jahre war beeinflusst durch die italienische Bewegung der Futuristen und Marie und Otto Neuraths Bildsprache der «Isotype». Weitere erwähnenswerte einflussreiche Gestaltende waren Rupert von Schumacher, Friedrich Lange, Kurt Trampler, Dora Nadge und Mario Morandi. In den achtziger Jahren sind das geopolitische Journal *Hérodote* (1976), das Journal *Géopolitique* (1983) und der *Atlas stratégique* (1983) erschienen, der die Geopolitik an einer Bandbreite verschiedener Projektionen aufzeigte. In den jüngsten Jahren ist der *Atlas der Globalisierung* des *Le Monde Diplomatique* und die darin herausstechenden Visualisierungen von Philippe Rekacewicz eine Vorzeigebeispiel, in dem die derzeitige Grafik und die Geopolitik in Beziehung zueinander gebracht werden.[271]

Grundsätzlich gibt es gegenwärtig keine eindeutige Antwort auf das im Bildmittelpunkt abgebildete Gebiet in Weltkarten, es zeichnen sich jedoch klare Tendenzen ab. Die Europäer orientieren sich bezüglich der vertikalen Bildmitte am Nullmeridian, der durch Greenwich führt. Diese Konvention wurde 1884 an einer internationale Konferenz in Washington D. C. beschlossen. Seitdem wird die Welt von Greenwich aus vermessen. Nichtsdestotrotz bilden die Chinesen den Meridian der Datumsgrenze in der vertikalen Bildmitte ab und die Amerikaner setzen sich selber ins vertikale Zentrum.[272] Die horizontale Bildmitte ist meist durch den Äquator bestimmt und lehnt sich somit an vergangene Standardisierungsbestrebungen an. Die vertikale Bildmitte richtet sich nach den ideellen Zentren der Welt, die horizontale Bildmitte jedoch verharrt auf dem Äquator – oder der Abbildung der nördlichem Hemisphäre wird mehr Platz eingeräumt. Obwohl polständige Projektionen anerkannt sind, fällt es uns schwer, die Erdoberfläche in solchen Abbildungen zu interpretieren. Sie werden selten zur Vermittlung eines Weltbildes eingesetzt. Polständige Ansichten kommen meist nur zum Einsatz, wenn sie einem bestimmten Nutzen entsprechen.

Die Ausrichtung der gegenwärtigen Weltkarten ist willkürlich, es gibt keine wissenschaftliche Begründung, warum bei den meisten Karten Norden nach oben ausgerichtet ist.[273] Die Ausrichtung ist von einer kulturellen Tradition diktiert, die in der Renaissance von der griechischen Antike und dem Einfluss der ptolemäischen Weltkarte übernommen wurde. Weiter wird vermutet, dass der Einsatz des Kompasses die Nordausrichtung bestärkt hat. Obwohl es technisch kein Problem wäre, werden selten Weltkarten abgebildet, deren Ausrichtung oder Zentrum von den gängigen Konventionen abweicht. Die *Stuart Mc Arthur's Universal Corrective Map oft he World* – auch genannt *Upside-Down Worldmap* – wurde 1979 in Australien veröffentlicht und ist ein Beispiel für eine solch unkonventionelle Weltkarte.

271 Herb (2015). Geopolitics and Cartography. S. 541
272 Wood, Fels und Kriygier (2010). Rethinking the Power of Maps. S. 20–21
273 Ebd.

Sie ist nach Süden ausgerichtet und die vertikale Mitte verläuft durch Canberra, Australien. Europa befindet sich also in der unteren rechten Ecke und die USA in der linken unteren Ecke. Diese ungewohnten Bildproportionen führten zu einer ganz neuen Weltordnung, wobei Australien eine vorteilhafte formal-ästhetische Position zukommt.

Der Raum auf dem unsere Raumanschauung gründet, nehmen wir im Rahmen unseres Blickfeldes wahr, wobei wir uns dabei nach Kriterien wie «oben-unten», «vorne-hinten», «zentral-peripher», «nah-fern» orientieren. Diese Raumkonstruktion basiert auf dem euklidischen Raum, wobei wir die durch die Relativitätstheorie entdeckte vierte Dimension – die Zeit – beim Raum unserer Anschauung ausser Acht lassen. Wir beschreiben unseren Raum durch ein kartesisches Koordinatensystem, wobei die drei Raumdimensionen abgebildet werden können. Aufgrund des «spatial turn» wurde seit den achziger Jahren der Raum neben der mathematischen Beschreibung zunehmend unter einem anderen Fokus begriffen. Es wurde zunehmend diskutiert, inwiefern der Raum durch unsere Erfahrung konstituiert wird. Dabei wird die Konstitution von Raum hinsichtlich verschiedener Faktoren untersucht, wie etwa kulturelle, soziale, politische Räume, etc.[274]

Die vermeintliche Objektivität in Weltkarten ist seit den achtziger Jahren vehement in Frage gestellt worden. Es ist klar, dass Weltkarten nicht nur die Geophysik in einer möglichst adäquaten, abstrahierten Form darstellen, sondern immer auch eine subjektive Weltanschauung mittels Weltkarten vermittelt wird.[275] Eine Weltkarte ruft eine Empfindung einer bestimmten Qualität des Erlebens hervor; man fühlt sich mit der dargestellten Welt vertraut, man kann sich verorten oder findet die Weltkarte ästhetisch ansprechend. Diese verschiedenen Erlebnisqualitäten kann man unter dem Begriff der *Subjektivität* zusammenfassen. Diese *Subjektivität* drückt den «Innenaspekt» des Psychischen aus.[276] Das Erstellen oder Rezipieren von Weltkarten ist immer verbunden mit einem Erlebnis eines Subjekts. Seit dem Ende des 20. Jahrhunderts ist dieses Bewusstsein vorhanden und es wird mehr die Strategie verfolgt, den Zusammenhang zwischen Realität und ihrer Repräsentation neu zu denken.[277] Dabei werden Karten als «soziale Konstruktion» verstanden, aber auch hinsichtlich Machtstrukturen untersucht. Man geht davon aus, dass Karten eher eine Realität konstruieren, als dass sie eine Wirklichkeit darstellen. Dabei sollten Weltkarten nicht mehr nur auf ihre akkurate Abbildung hin untersucht werden, sondern ihren sozialen, kulturellen und historischen Aspekten wurde Relevanz beigemessen. Brian Harley untersuchte diese versteckten Absichten einer Weltkarte unter anderem in seinen für die gegenwärtige Kartografie prägenden *Aufsatz Deconstructing the Map.*[278]

Karten werden im Zusammenhang mit Macht verschieden diskutiert: Seit jeher wurden Karten als Instrumente der Macht verstanden, die Staaten, dem Militär, kommunalen Verwaltungen etc. dienten. Karten wurden von machtvollen Auto-

274 Günzel (2013). Texte zur Theorie des Raums.

275 Vgl. Harley (1989). Deconstructing the map.

276 Gadenne (2011). Das naturwissenschaftliche Weltbild am Beginn des 21. Jahrhunderts. S. 101

277 Der folgende Artikel hatte einen enormen Einfluss auf die Kartografie, woraus sich verschiedene kritische Haltungen entwickelten, wie z. B. die «Critical Cartography». Harley (1989). Deconstructing the map.

278 Ebd.

ritäten in Auftrag gegeben mit der Absicht, ihre Machtposition visuell festzusetzen. Dabei stehen die politische Geografie und ihre Geschichte stark mit «Karten und Macht» in Verbindung, wie beispielsweise die Kolonialgeschichte aufzeigt.[279] Heute verfolgen wir die Bestrebung, Karten nicht mehr im Kanon der Kartografiegeschichte zu betrachten. Gegenwärtig werden Karten als soziale Dokumente gesehen, die in ihrem historischen Kontext gelesen werden müssen. Unter diesem Gesichtspunkt wurde die Kartografiegeschichte durch die «History of Cartography»[280] neu aufbereitet. Es ist uns bewusst, dass Karten keine wertfreie Bilder sind; zum einen wird ihre Ausrichtung durch den abgebildeten Inhalt bestimmt, zum anderen wird durch ihre Repräsentation eine bestimmte Art und Weise erreicht, wie die Welt strukturiert und dargestellt wird. Diese Art und Weise der Repräsentation ist voreingenommen und bestärkt durch bestimmte soziologische Muster einer Gesellschaft. Harley streicht dabei drei Punkte heraus, durch die eine bestimmte Ideologie mittels Karten vermittelt werden kann:[281] 1. Die Karte kann durch ihrer visuelle Sprache bestimmte Machstrukturen bestärken. Dieser Denkansatz ist von der Idee der Semiotik herbeigeführt. Die verwendete Sprache in einer Karte drängt uns die Frage nach der Leserschaft, nach der Autorschaft, nach Aspekten der Geheimhaltung sowie der Zensur und nach der Art der politischen Aussagen auf, die mittels Karten gemacht werden. Weiter wird über diese visuelle Sprache eine bestimmte visuelle Rhetorik genutzt, die sich eine entsprechende politische Kraft zunutze machen kann. 2. Weiter kann die Karte hinsichtlich einer von Panofsky formulierten Ikonologie betrachtet werden. Durch die Ikonologie könne nicht nur eine oberflächliche Bedeutung gelesen werden, sondern eine tiefere symbolische Dimension. Durch diese Symbolik werde politische Macht effektiv reproduziert, kommuniziert und ausgeübt. 3. Die Kartografie kann eine Form von Macht und Wissen demonstrieren, die durch den Entstehungskontext der Karte bedingt ist. Es ist möglich, Karten für einen wissenschaftlichen Nutzen, zur Kriegsführung oder für politische Propaganda zu erstellen.

Seit Harleys Untersuchung (wie z. B. «maps, knowledge and power») wurden hinsichtlich der Objektivität in Karten und «Karten, Wissen und Macht» neue Forschungsabsichten verfolgt. Diese zielten darauf ab, den etablierten Status Quo von Karten und die damit verbundenen Machtinteressen zu hinterfragen. Weltkarten werden dabei auch nicht mehr nur dem Gesichtspunkt der Regeln der darstellenden Geometrie unterworfen, sondern hinsichtlich der Normen und Werte gesellschaftlicher Traditionen beurteilt. Es wird als Aufgabe erachtet, das soziale Einwirken, welches die Strukturen der Weltkarten massgeblich mitprägen, aufzuzeigen und den Einfluss von Machteinflüssen in Kartenwissen darzulegen.

Als geeignetes Beispiel lässt sich diese Repräsentation von Macht am Aufstieg der westlichen Zivilisation und ihrer entsprechenden territorialen Abbildung veranschaulichen. Diese Entwicklung hat es mit sich gebracht, dass die Darstellung von Weltkarten vorwiegend einer westlichen Perspektive unterworfen ist. Die Darstellung von Weltkarten ist mit einer Machtmanifestation verbunden, die den historischen Aufstieg der westlichen Gesellschaft wiederspiegelt. Die westliche Gewalt

279 Harley (2001). The New Nature of Maps. S. 52

280 Die *History of Cartography* besteht aus 6 Bänden, wobei die letzte Publikation *Cartography in the twentieth Century* im Jahre 2015 erschienen und von Monmonier ediert ist. Harley und Woodward (1987). The history of cartography.

281 Harley (2001). The New Nature of Maps. S. 53–55

ist denn auch bestimmend, wie Informationen verstanden, erworben, organisiert, präsentiert und verwendet werden.[282] Geoinformationen sind dabei massgeblich für die Visualisierung von Macht verantwortlich. Westliche Methoden und Konzepte spielen eine wichtige Rolle bei der Aneignung und der Darstellung von Information und helfen mit, die vorherrschenden Machtstrukturen zu manifestieren.

Der Kartograf Max Eckert etablierte die Kartografie als eigenständige Wissenschaft. Er beabsichtigte durch seine Lehrtätigkeit und seine verschiedenen Lehrbücher, auf verschiedenen Ebenen die Geografie zugänglich zu machen. Dabei verband er in seinem 1921 veröffentlichten Werk Die Kartenwissenschaft das vergangene mit dem damaligen kartografischen Wissen. Mit diesem Werk sprach Eckert der Kartografie Attribute einer Wissenschaft zu, wobei er bestehendes praktisches, handwerkliches Wissen mit wissenschaftlicher Kartografie verband. Die Verortung der Kartografie zu den Natur- oder Geisteswissenschaften war damals noch unklar. Das Schlüsselwerk «Kartenwissenschaften» führte zur Grundlage der modernen und autonomen wissenschaftlichen Kartografie Deutschlands.[283] Weitere nachfolgende Werke wie Artuhr Robinsons *Element of Cartography* (1953) oder Erik Arnbergers *Handbuch der Thematischen Kartographie* (1966) überführten die Kartografie in eine wissenschaftliche Disziplin.[284]

In entgegengesetzter Tendenz zu Eckerts Etablierung der Kartografie in der Wissenschaft öffnet sich die gegenwärtige wissenschaftliche Kartografie einerseits gegenüber anderen Disziplinen und andererseits auch gegenüber praktisch orientierten Tätigkeitsfeldern. Die Kartografie der letzten Dekaden wird als ein breites transdisziplinäres Feld angesehen. Dieser Überzeugung war beispielsweise die «Critical Cartography», die sich ablösen wollte von der vorherrschenden Dominanz. Sie bestimmte die Kartografie Jahrhunderte lang durch eine kleine Elite. Diese Elite seien die grossen Kartenhäuser des Westens, die öffentlichen Institutionen sowie die akademische Kartografie, die an der Universität betrieben wurde.[285] Die etablierte Kartografie soll durch eine alternative kartografische Praxis sowie eine politisch kritische Haltung durchdrungen werden und so die bisherige Kartografie disziplinlos werden lassen.

> «It is in this sense that we can say that cartography is being undisciplined; that is, freed from the confines of the academic and opened up to the people.»[286]

Neben der akademischen kartografischen Praxis wird jedoch auch das praktische Tätigkeitsfeld in Frage gestellt. Dabei wird der Kunst eine besondere Rolle zugesprochen, wobei sie nicht nur die professionellen Autoritäten des Kartierens herausfordert, sondern die Kartografie aus einer alternativen Perspektive betrachtet und dadurch bestimmten Aspekten mehr Gewicht beimisst als die traditionelle Kartografie. Wo früher nur bestimmte Weltkarten als solche akzeptiert und an-

---

282 Black (2014). The power of knowledge how information and technology made the modern world. S. 4

283 Scharfe (1986). Max Eckert's Kartenwissenschaft – The Runing Point in German Cartography.

284 Azocar und Buchroithner (2014). Paradigms in cartography an epistemological review of the 20th and 21st centuries. S. 70

285 Crampton und Krygier (2006). An introduction to critical cartography. S. 12

286 Ebd.

dere zurückgewiesen wurden, ist derzeit die Vielfalt der Produkte, die als Karte anerkannt werden, enorm gestiegen. Verschiedene professionelle Tätigkeitsfelder nehmen sich des Erstellens respektive Gestaltens von Karten an. Gerade in den letzten Dekaden erhielten verschiedene kartografisch aktive Berufszweige durch Bewegungen wie etwa das «Counter-Mapping» ihre Berechtigung. Viele dieser Karten haben ihre Wurzeln in der Kunst, in der «Mental-Maps-Bewegung» der 1960er Jahre etc.

1.4.2 Google-Maps Weltkarte

Abb. 09: Bildschirmfoto von Google Maps. Screenshot (Stand: 06. 15)

Als exemplarisches Beispiel für die gegenwärtige Weltanschauung wird hier die Weltkarte untersucht, die bei Google-Maps ersichtlich wird, wenn man den entsprechenden Zoomfaktor einstellt (vgl. Abb. 09). Diese Google-Maps Weltkarte ist bei der Nutzung von Google-Maps nicht per se auf den ersten Blick ersichtlich, sie ist jedoch bei jeder regionalen Abbildung implizit vorhanden und daher für die Vorstellung der Welt prägend. Google-Maps ist heute eines der am meisten aufgerufenen kartografischen Tools und hat daher enorme Auswirkungen auf unsere Gesellschaft, wobei sich diese wie folgt widerspiegeln:

1. Google Maps ist exemplarisch für die gegenwärtige Aneignung von Macht, die sich nicht mehr über territoriale Gewinne manifestiert, sondern durch virtuellen Besitz abzeichnet. Im digitalen Zeitalter ist die Ausdehnung eines «digitale Empire» die Entwicklung hingehend zu einer politischen Vormachtstellung, die sich durch Technologie, Kontrolle von Infrastruktur, digitaler Überwachung etc. abzeichnet. 2. Durch die technologische Entwicklung wurden einige Massstäbe festgesetzt, welche die kartografische Darstellung prägen. Diese Festsetzungen sind oft nicht aufgrund einer kartografischen Expertise von Fachexperten entschieden worden, sondern durch Computertechniker. Dadurch sind einige unvorteilhafte Standardisierungen entstanden, die unsere Weltanschauung wesentlich beeinflussen, wie etwa der Einsatz der Web-Merkator-Projektion. 3. Google Maps zeigt auf,

wie die Nutzenden dazu gebracht werden, in einem globalen Dialog die Entwicklung der Google Produkte zu unterstützen.

Die Google-Maps Karten wurden nicht etwa mit einer theoretischen Begleitschrift versehen – wie etwa die in der Antike von Ptolemäus verfasste *Geographia* oder die von Ringmann und Waldseemüller in der Renaissance entstandene *Cosmografiae Introductio* – sondern sie entstand im Kontext des Milliardenkonzerns Google Inc. Google Maps ist ein öffentlich zugänglicher Online-Service, der 2005 online geschaltet wurde. Google entwickelt verschiedene Produkte, wie etwa Technologien zur Online-Werbung, die Google-Suchmaschine etc. Das Unternehmen beschreibt sich auf seiner offiziellen Website folgendermassen: «Google's mission is to organize the world's information and make it universally accessible and useful.»[287] Das Unternehmen brachte Google Maps und die Software Google Earth auf den Markt, die auf ähnlichen Technologien und Datensätzen basieren.[288] Google Maps umfasst eine Menge an Teilfunktionen, wobei z. B. mit der Anwendung von Street-View soweit in die Karte hineingezoomt werden kann, dass bestimmte Gegenden aus Strassenperspektive angeschaut werden können.

Google Maps wurde ursprünglich von den dänischen Brüdern Lars und Jens Rasmussen entwickelt und von Google 2004 übernommen.[289] Google Maps wird vorwiegend eine orientierungspraktische Aufgabe zugeschrieben. Dafür sind Navigationselemente wie der Zoomfaktor oder die Ortseingabe über einen Suchbegriff sowie auch das Bewegen der Erdoberfläche zum passenden Kartenausschnitt verfügbar. Neben dem Nutzen und der Verwendung von Google Maps, wonach uns die Karten Orientierung bieten und uns die Navigation ermöglichen, lassen sich Routen vermessen und einzeichnen. In den Karten können Markierungen, Informationen, Symbole, Fotos, Routen etc. eingefügt werden, woraus eine personalisierte Karte entsteht, die durch das Hinzufügen weiterer Karten ständig modifiziert werden kann. Google Maps ist also personifiziert, der aktuelle Standort des Users wird automatisch vermittelt und mittels Icon auf der Karte visualisiert. Weiter wird Google Maps in viele Applikationen eingebunden, d.h. das GIS wird in verschiedenste Anwendungen implementiert, wo sie als eine Art Basiskarte zur Informationsvisualisierung genutzt wird. Somit werden verschiedene Datensätze anhand Google Maps illustriert. Durch die rasche Verbreitung und Anwendung von *Google Maps* ist oft die Rede von einer kartografischen Revolution, da die Anwendung eine Demokratisierung der Kartografie bewirkte, da User ohne kartografische Vorbildung ihre Karte generieren können.[290]

Die geospatiale Anwendung *Google Maps* setzt sich zusammen aus Satelliten- und Luftaufnahmen, womit die Erdoberfläche darstellt wird. Das Tool besitzt verschiedene Werkzeugfunktionen, womit unter anderem Gebietsausschnitte gewählt werden können. Innerhalb von Sekunden können tausende Kilometer in die Karte hinein gezoomt werden, um auf einen Ort oder ein Objekt zu fokussieren. Strassen, Gebäude und Häuser lassen sich auf der Karte erkennen, physische Objekte können direkt angeklickt werden um mehr Informationen über sie zu erhalten.

---

287 Google (2016): www.google.com/about/our-company (Stand: 06.15)

288 Reischl (2008). Die Google-Falle die unkontrollierte Weltmacht im Internet.

289 Svennerberg (2010). Beginning Google maps API 3. S. 4

290 Die Einführung von Google Maps wird in der aktuellen Fachliteratur mit Überschriften wie z. B. «How Google Maps Revolutionized Mapmaking» etc. beschrieben. Muehlenhaus (2014). Web cartography map design for interactive and mobile devices. S. 10

Zoomt man aus der Karte hinaus, erreicht man die Ansicht der ganzen Erdoberfläche, die in einer unvorteilhaften Projektion dargestellt wird. Der Darstellungsmodus lässt sich von der Planansicht in den Satellitenbildmodus ändern. Es stehen verschiedene Datenebenen zur Ansicht zur Verfügung, die etwa Tramhaltestellen und Strassennetze bis hin zu Restaurants und Tankstellen auf der Karte ersichtlich werden lassen.

Google Maps ist frei zugänglich und nutzbar.[291] Google Maps und Google Earth basieren auf beinahe denselben Datensätzen. Sie beruhen beide auf Daten des US-amerikanischen Unternehmens Google Inc.

1.4.3 Weltanschauung der Google-Maps Weltkarte

Abb. 10: Bildschirmfoto von Google Maps. Screenshot, (Stand: 06. 15)

(1) Wenn wir heute von einem «digitalen Empire» reden, dann ist Google eines der gegenwärtigen Schlüsselunternehmen, das eng mit dem Begriff verbunden ist (VGL. ABB. 10). Google hat nicht nur eine Vorreiterrolle im digitalen Imperium, sondern erreichte schon längst eine Monopolstellung im Weltmarkt. Das Unternehmen kontrolliert eine Unmenge an Daten und überwacht eine grosse Anzahl an Datenflüssen, für die es entsprechend zuständig ist. Dass einer privaten US-Unternehmung eine so grosse Verantwortung zukommt, wird als von Kritikern als eine gefährliche und ungesunde Entwicklung erachtet.[292] Die Geo-Informationssysteme von Google, z. B. Google Maps und Google Earth, bestärken die Dominanz des Unternehmens. Google Maps ist eines von vielen Produkten von Google Inc. und ein gutes Beispiel für eine dieser Anwendungen, die uns verlockend «gratis» zur Verfügung steht. Obwohl Google Maps ein öffentlich zugänglicher Online-Kartendienst ist, heisst das noch lange nicht, dass die Applikation gratis genutzt werden kann.[293] Die Nutzenden bezahlen bei jedem Besuch mit persönlichen Informatio-

291 www.google.com/maps (Stand: 06.15)

292 Farman (2010). Mapping the digital Empire. Google Earth and the process of postmodern cartography.

293 Reischl (2008). Die Google-Falle die unkontrollierte Weltmacht im Internet.

nen, wodurch ihre Privatsphäre – oft unbemerkt – stark beeinträchtigt wird. Das heisst, dass alle, die eine Google-Anwendung in Anspruch nehmen, von Google ausspioniert werden. Google Maps oder Google Earth sind gute Beispiele dafür, wie unsere Spuren über digitale, kartografische Anwendungen kontrolliert werden:

> «Google Earth has its ludic dimension – and we should revel in it – but it also has its military applications, and Google Earth merely hints at the insane apparatus of surveillance and control that the official world of maps and mapmaking has mutated into»[294]

Die wirtschaftlichen Interessen von Google Maps konnten durch die Erhebung solcher Daten erfüllt werden. Google Inc. erlangte nach und nach eine marktführende Position. Durch die technologische Revolution hat der Konzern eine digitale Vormachtstellung erreicht, die als exemplarisch für eine moderne Art der imperialen Machtausübung des «digital Empires» begriffen werden kann. Wo früher territorialer Besitz Ausdruck von politischer Macht war, ist es heute die Kontrolle des digitalen Imperiums.[295]

(2) Eine weitere problematische Tatsache zeichnet sich durch die Web-Mercator-Projektion ab, die von Google zur Verfügung gestellt und inzwischen in vielen Websiten implementierte wird. Diese geometrische Projektion ist massgeblich für die ideologische Projektion – also für eine Weltanschauung – verantwortlich. Die Web-Merkator.projektion verursacht durch die enormen Verzerrungseigenschaften eine Weltanschauung, die kritisch zu hinterfragen ist. Je weiter man von der horizontalen Bildmitte der Weltkarte abweicht, desto bemerkenswerter werden die Flächen verzerrt. So erscheinen Grönland,[296] Alaska, Kanada und Russland bedeutend grösser als sie in der Tat wären. Spätestens nach dem Diskurs rund um die Peters-Projektion[297] war man sich einig, dass die Merkator-Weltkarte respektive die Web-Merkator-Weltkarte keine geeignete Repräsentation der Welt sei. Um so erstaunlicher ist es, dass gerade eine solch neuzeitliche, interaktive Applikation die ungeeignete Web-Mercator-Weltkarte eingesetzt wird. Eine solche Missachtung eines Fachdiskurses zeugt davon, dass die Entwicklung von Google Maps eher Computerspezialisten als Kartografen vorbehalten war.[298]

(3) Google verfolgt eine erfolgreiche Strategie, sein Zielpublikum für sich zu gewinnen und aktiv in die Entwicklung seiner Produkte einzubinden. Dafür involviert Google seine User auf verschiedene Art und Weise. Google Maps bietet beispielsweise durch den API Google Web Mapping Service die Schnittstelle zur Anwendungsprogrammierung für die breite Öffentlichkeit. Das heisst, durch die von Google zur Verfügung gestellten API (Application Program Software), kann

294 Wood, Fels und Kriygier (2010). Rethinking the Power of Maps. S. 111

295 Farman (2010). Mapping the digital Empire. Google Earth and the process of postmodern cartography.

296 Der Vergleich wird oft zwischen Grönland und Australien angestellt, wobei Australien mit einer Fläche 7.692.024 km² dreimal so gross wäre wie Grönland mit 2.166.086 km².

297 Peters-Projektion: Die 1973 präsentierte Gall-Peters-Weltkarte wurde aus einem Irrtum heraus als vermeintlich gerechtere Darstellung der Welt gehalten. Die Peters-Weltkarte war eine modifizierte Gall-Projektion, welche die traditionelle Merkator-Weltanschauung vermittelte. Im falschen Glauben an eine gerechtere Weltdarstellung wurde die Peters-Weltkarte bald von namhaften Organisationen wie der UNICEF oder der UNESCO eingesetzt. Die Peters-Weltkarte erntete jedoch bald sehr viel Kritik, wonach man sich grundsätzlich einig war, dass Zylinderprojektionen ungeeignet seinen für Weltkartendarstellungen

298 Schneider (2015). Das Kartenhaus: Wie Google innerhalb von nur zehn Jahren zur Grossmacht der Kartographie aufstieg.

die Goole-Maps-Karte in eine beliebige Software integriert werden. Google Maps stellt die Basiskarte mit bestimmten Steuerelementen zur Verfügung, die vom User mit thematischen Inhalten ergänzt werden kann.[299] Durch die Implementierung der Google-Karten in verschiedene Websites und durch die Personifizierung des Karteninhaltes, finden die Google-Karten rasche Verbreitung. Die praktische Handhabung der modifizierbaren Google Maps haben allerdings ihre Folgen: sie führen zu erheblichen Standardisierungen der kartografischen Gestaltung. Die Ordnung der Kartenbestandteile, die Startansicht des Karteninhalts, visuelle Rangordnung (Hierarchie, Wahrnehmungsfolgen der Information und Navigation), grafische Anpassungen der Zeichen und Variablen der Basiskarte sind Standardisierungen unterworfen.

Weiter sind zahlreiche Google-Nutzende über soziale Netzwerke miteinander verbunden – wie etwa durch die «Google Earth Community»[300] – und diskutieren darüber die neusten Google-Entwicklungen. Mit Google Maps steht eine dynamische Online-Technologie zur Verfügung, die von der Nutzergemeinschaft aktiv und kritisch mitverfolgt werden kann.[301] Das heisst, es wirken also über zahlreiche Internetforen Mitglieder der Netzgemeinschaft bei der Schaffung von neuen Softwarewerkzeugen mit.[302] Diese Dynamik ist erstaunlich, wenn man bedenkt, dass sich viele Freiwillige dafür einsetzten, Produkte eines Milliardenkonzerns weiter zu entwickeln, ohne dafür entschädigt zu werden. Im Gegenteil, zum Dank werden sie bei der Nutzung der von ihnen mitentworfenen Applikationen ausspioniert. Im Gegensatz zu Open-Source-Data-Applikationen, wie etwa dem «Open-Street-Maps»-Projekt, kann Google aus dieser freiwilligen Arbeit enorme Gewinne erzielen.

Die Google-Map Karte wird so oft aufgerufen, dass sie als Abbild der Realität verstanden wird und so eine bestimmte Weltanschauung vermittelt. Die dahinterstehende Autorität wird bei gängigen Anwendern kaum hinterfragt.[303] Doch diese öffentlich zugänglichen Applikationen sind fundamental mit politischen Anliegen verbunden. Die Anerkennung von Staaten beispielsweise, die Bezeichnungen von Orten oder die Markierung von Grenzverläufen wirft immer wieder Fragen auf. Eine Positionierung des Konzerns drängt sich in vielen politischen Situationen auf; so musste etwa über die Beschriftung Taiwans als unabhängiger Staat oder die Markierung der Region Tibet entschieden werden.[304]

Google ging vor einigen Jahren online, jetzt wird der Konzern als «Grossmacht der Kartografie» beschrieben. Google dehnte sein «digitales Imperium» in kürzester Zeit aus. Eine wichtige Rolle dabei spielte die aufkommende Internetkartografie und die damit verbundenen Idee der «Demokratisierung von Karten», die Google gekonnt für seine Absichten einsetzte. Die Bestrebungen von Bewegungen wie der «Radical Cartography» oder der «Critical Cartography», die sich für einen Demokratisierungsprozess der Kartografie und einer Abwendung von Autoritäten einsetzten, wurden von Google geschickt genutzt. Das Unternehmen stellte Kar-

299 Medynska-Gulij (2012). Pragmatische Kartographie in Google Maps API.
300 Vgl. http://googleearthcommunity.proboards.com (Stand: 02.16)
301 Medynska-Gulij (2012). Pragmatische Kartographie in Google Maps API.
302 Farman (2010). Mapping the digital Empire. Google Earth and the process of postmodern cartography.
303 Vgl. Publikationen wie bspw. Kirchner und Bens (2010). Google Maps Webkarten einsetzen und erweitern.
304 Farman (2010). Mapping the digital Empire. Google Earth and the process of postmodern cartography.

tendienste vermeintlich gratis zur Verfügung, wodurch in geraumer Zeit viele User mit den Google-Produkten vertraut oder sogar abhängig von ihnen waren. Derzeit basieren beispielswiese verschiedene Softwareentwicklungen auf Technologien von Google Maps, wodurch sich ganze private und staatliche Betriebe von diesem Konzern abhängig machen. Weiter konnte Google durch personifizierte GIS-Anwendungen und auch den Trend zu partizipatorischen Entwicklungen von Codes ganze Communities für ihre Interessen einsetzen.

Die Frage, welches geografische Gebiet im Bildmittelpunkt abgebildet ist, muss bei einer digitalen Anwendung wie Google Maps anders gestellt werden. Das abgebildete Gebiet auf dem Screen kann vom User interaktiv verschoben werden. Interessant ist jedoch, auf welchen Mittelpunkt Google Maps bei der Startansicht fokussiert und wie die Anwendung den Karteninhalt abbildet. Bei einer regionalen Abbildung richtet sich der Mittelpunkt nach der Basiskarte, die in der Google-Map-API festgelegt wird. Der Aufmerksamkeitspunkt («Focus of Attention») wird in den optischen Zentralpunkt des Karteninhalts gelegt, wodurch dem Kartenlesenden die Orientierung in der regionalen Abbildung erleichtert wird.[305] Zoomt man soweit als möglich aus der Karte heraus, um eine Weltansicht zu erhalten, wird der horizontale Bildmittelpunkt durch den Äquator bestimmt und der vertikale Bildmittelpunkt durch den Standort des Benutzers definiert.

Die Merkator-Projektion respektive die in Google-Maps verwendete Web-Mercator-Projektion verstärkt die eurozentrische Weltanschauung. Obwohl im Gegensatz zur statischen Merkator-Weltkarte in der interaktiven Google-Maps Weltkarte das geografische Zentrum entlang dem Äquator verschoben wird, bleibt die Perspektive auf die Welt eurozentrisch. Die Verzerrungseigenschaften der Web-Merkator-Projektion passen sich nicht an das neue geografische Zentrum an. So bleibt also beispielsweise bei Usern aus den USA die Weltkarte auf die Vereinigten Staaten zentriert, die enormen Verzerrungen in Alaska bleiben jedoch gleich.

> «[Yet] The wimple fact that Europe is at the centre of the world on this projection, and that the area of the land masses are so distorted that two-thirds of the earth's surface appears to lie in high latitudes, must have contributed much to a European sense of superiority. Indeed, insofar as the ‹white colonialist states› appear on the map relatively larger than they are while ‹the colonies› inhabited by coloured peoples are shown ‹too small› suggests how it can be read and acted upon as a geopolitical prophency (vlt. prophecy?).»[306]

Google Maps übergeht also einen in der Wissenschaft oft besprochenen Diskurs, wobei der Eurozentrismus im Zusammenhang mit der Mercatorprojektion oft kritisch diskutiert wurde. Anstatt dass Google Alternativen diesbezüglich ins Feld führt, werden die Google-Maps-Nutzenden dahingehend konditioniert, dass die eurozentrische Perspektive als Standard betrachtet wird und eine kritische Hinterfragung ausbleibt. Google-Maps Karten sind für gewöhnlich nach Norden ausgerichtet. Einzig die nutzerorientierten Karten richten sich nach dem Standpunkt des Kartenlesenden.

---

305 Medynska-Gulij (2012). Pragmatische Kartographie in Google Maps API.

306 Harley (1989). Maps, Knowledge, and Power. S. 290

Die Google-Maps Weltkarte beruht auf der gängigen, gegenwärtigen Raumkonstruktion, welche auf einer mathematischen Grundlage begründet und den Raum durch ein Koordinatennetz abbildet. Wir betrachten aus Vogelperspektive eine Weltkarte, die systematisch auf zwei Dimensionen reduziert wurde. Obwohl die Raumkonstruktion rein mathematisch Hergeleitet ist, eröffnet die Google-Maps Weltkarte einen Raum, der auf seine sozialen, politischen und kulturellen Aspekte hin gelesen werden kann. Obwohl die Google-Maps Weltkarte vorwiegend darauf abzielt, die geophysische Orientierung zu gewährleisten, eröffnet sie alternative Räume, welche mit zur dargestellten Raumkonstruktion gehören.

Google Maps ist ein prädestiniertes Beispiel, um die Frage der Objektivität in Karten zu besprechen. Erreichte man doch in den achtziger Jahren eine kritische Hinterfragung von Weltkarten und diskutierte damit verbunden die Beziehung zwischen Realität und ihrer Repräsentation, scheint diese Frage durch Google Maps kaum mehr aufgeworfen zu werden. Google scheint durch die Präzisierung bei der Erfassung der Erdoberfläche (z. B. Google Street View etc.) eine vermeintlich realitätsnahere Darstellung zu erreichen. Die Erdoberfläche sowie alle dargestellten Objekte sind georeferenziert und die Erdoberfläche sogar partiell fotografisch erfasst, was den Eindruck vom Abbild der Wirklichkeit bestärkt. Die digitale Applikation wird so häufig verwendet, dass sich dieses Weltbild schon längst in unser Gedächtnis eingebrannt hat. Die Suggerierung einer bestimmten Weltanschauung durch etwa die verwendete Projektion oder durch die Standardisierung einer bestimmten Darstellungsweise wird verhältnismässig leise besprochen. Technische Komponenten scheinen viel höhere Aufmerksamkeit zu erlangen als Anliegen sozio-kultureller Natur.

1.4.4 Die Darstellungskonventionen der Gegenwart tabellarisch

In der folgenden Tabelle wird die gegenwärtige Weltanschauung stichwortartig aufgelistet. Diese tabellarische Auflistung konnte nur durch eine starke Pauschalisierung der Konventionen erreicht werden. Daher erhebt diese Matrix keinen Anspruch auf Allgemeingültigkeit, d.h. nicht jede gegenwärtige Weltkarte wurde durch dieselbe Weltanschauung geprägt. Mit dieser Auflistung soll lediglich eine Tendenz aufgezeigt werden.

PROJEKTION paradigmatischer Begriff	**PROJEKTION** Beschreibung ideologische Projektion	**GEOPOLITIK**	**MITTELPUNKT, AUSRICHTUNG** ideologisch	**RAUM-ANSCHAUUNG** ideologisch	**SUBJEKTIVITÄT** ideologisch
GEGENWART allgemein					
Naturwissenschaftliche Weltanschauung	Vermeintliche Objektivierung durch naturwissenschaftliche Regeln — Darstellungskonventionen, Standardisierungen, Codes — Radical Geography, Cricital Cartography, Counter-Mapping, Women in Cartography — Neue Technologien	Eurozentrismus — Raumaneignung, Raumüberwachung — Kalter Krieg — Karten und Propaganda	Mittelpunkt: Entlang dem Äquators Europa China, Amerika — Fokus auf Industriestaaten — Ausrichtung: Nord-Süd	Relativitätstheorie — Beschreibung des Blickfeldes durch euklidischen Raum, Koordinatensystem — «spatial turn»	Karten als Wirklichkeitskonstruktion — Karten & Macht — Westliche Anschauungen — Etablierung der Kartografie in Naturwissenschaften — Kartografie für die Öffentlichkeit
GEGENWART Google-Maps					
Naturwissenschaftliche, ökonomische Weltanschauung	Eroberung des «digitalen Empire» — vermeintliche Demokratisierung durch «Google Communities» — Implementierung von Google Maps in verschiedene Websites — Etablierung der Web-Mercator-Projektion	Industrienationen — Karte wird auf User angepasst	Mittelpunkt: Entlang des Äquators, Europa, China, Amerika — Fokus auf Industriestaaten — Ausrichtung: Nord-Süd	Raumkonstruktion mittels Koordinatennetz — unbeabsichtigte Eröffnung alternativer Räume	Kaum Hinterfragung nach Objektivität — Technik ist prioritär — Georeferenz suggeriert Objektivität

1.5 Zusammenfassung «Weltkarten und Weltanschauungen»

In der folgenden Tabelle werden die ideologischen Ausrichtungen der Geschichte hinsichtlich der oben besprochenen Aspekte stichwortartig aufgelistet. Es ist klar, dass diese stichwortartige Darstellung der Weltanschauungen nur durch eine starke Pauschalisierung erreicht werden konnte. Daher erhebt diese Matrix keinen Anspruch auf eine Allgemeingültigkeit, sondern zeichnet lediglich eine Tendenz ab. Mit dieser pauschalen Auflistung wird eine Rekonstruktion der paradigmatischen Ansichten angestrebt, die unsere heutige Weltanschauung massgeblich beeinflussen. Weitere Darlegungen und Vergleiche dazu sind unterhalb der Tabelle ausgeführt.

PROJEKTION paradigmatischer Begriff	**PROJEKTION** Beschreibung ideologische Projektion	**GEOPOLITIK**	**MITTELPUNKT, AUSRICHTUNG** ideologisch	**RAUM-ANSCHAUUNG** ideologisch	**SUBJEKTIVITÄT** ideologisch
ANTIKE allgemein					
Naturphilosophische Weltanschauung (Die Natur in ihrer Gesamtheit ist Gegenstand der Wissenschaft)	Wissensaneignung basierend auf Mythen, Erfahrung und rationalen Erklärungsmodellen — Vom Mythos zum Logos — Vollkommenheit Gottes — Wenige grundlegende Prinzipien	Machtzentrum Alexandria — Alexanderreich — Wenige Geopolitische Angaben in Weltkarten	Mittelpunkt: Alexandria und Mittelmeerraum — Ausrichtung: vorwiegend Nord-Süd	Raum als System von Relationen — Keine Abbildung von «Nichtkörpern» respektive blinden Flecken — Aneinanderfügen von Inhalten in einem begrenzten Raum	Griechisch: Behauptung von Wissenschaft, Mythos und Theorie — Römisch: Behauptung durch Militärmacht
ANTIKE Ptolemäische Weltkarte					
Hinwendung zu wissenschaftlichem Denken Hinwendung zu wissenschaftlicher Weltanschauung (Die Natur ist vorwiegend über mathematische Aspekte erklärt)	Mythos ist widerspiegelt — Vollkommenheit Gottes — Wenige grundlegende Prinzipien — Rationales Denken — Numerische Natur, mathematische Betrachtung — Ptolemäisches Weltbild	Keine geopolitische oder kulturgeschichtliche Informationen in der Weltkarte	Mittelpunkt: Alexandria — Ausrichtung: Nord-Süd	Abbildung der bekannten Welt — Aneinanderfügen von Inhalten über 180°	Mathematische Abbildung — Harmonisches Gesamtbild — Auswahl des abgebildeten Gebietes

MITTELALTER allgemein					
Theologische Weltanschauung	Eine allgemeingültige christliche Wahrheit — Erklärungen begründen auf wörtlichen oder metaphorischen Interpretationen der Bibel, mathematische und physische Gesetze sind von geringer Bedeutung — Das Wirken Gottes konnte anhand bestimmter Phänomene erkannt werden	Verknüpfung der christlichen Ethik, der weltlichen Gebote, der politischen Ordnung und der Jenseitserwartung — Darstellung biblischer Ursprünge, der römischen Vergangenheit	Mittelpunkt: Vorwiegend Jerusalem — Ausrichtung: Vorwiegend Osten	Raum und Raumtiefe waren kein bewusstes Phänomen, das in Darstellungen übersetzt wurde — Körper werden zur Fläche — Darstellung ermöglicht ein räumliches und zeitliches Nebeneinander — Thematische, zeitliche und räumliche Verstehensebenen gleichzeitig	Keine allgemeingültige Weltanschauung — Breiter Interpretationsspielraum für Kartenersteller — Mappaemundi werden für Inhalte der christlichen Lehre instrumentalisiert

MITTELALTER Ebstorfer Weltkarte					
Theologische Weltanschauung	Eine allgemeingültige christliche Wahrheit — Christus umfasst die Mappamundi, der als Sohn Gottes die Schöpfung der Welt versinnbildlicht	Hervorhebung von Orten mit politischer resp. religiöser oder mythischer Bedeutung	Ideell: Jerusalem — Ausrichtung: Osten	Biblische Motive sind flächig dargestellt	Darstellung von göttlichen Wundern — Körper Christi widerspiegelt Konzept von Makro- Mikrokosmos

RENAISSANCE allgemein					
Wissenschaftliche Weltanschauung	Säkularisierung, Renaissance-Humanismus, Reformation — Vom geo- zum heliozentrischen Weltbild — Ziel der Wissenschaft war es, die Ursachen von beobachteten Phänomenen zu ergründen	Zeit der Entdeckungen, Renaissance-Humanismus — Seefahrernationen Spanien Portugal — Entdeckung Amerika — Eurozentrismus — Vertrag von Tordesillas	Mittelpunkt: Mittelpunkt in Europa — Ausrichtung: Nord-Süd	Entstehung der Perspektive — Unendlichkeit des Raumes — Rationalisierung des Raumes	vermeintliche Objektivierung durch Vereinheitlichung der Perspektive — Wissenschaft: Mathematik & Astronomie als höchste aller Künste — Kunst wird zur Wissenschaft

RENAISSANCE Waldseemüller Weltkarte					
Wissenschaftliche Weltanschauung	360°-Projektion, die Welt als Ganzes — Bezeichnung Americas, vierter Kontinent — Bezug ptolemäische Geographie — Verbreitung der Karte durch Druckverfahren	Entdeckung Neue Welt — Legitimation America	Mittelpunkt: Ideell Europa — Ausrichtung: Nord-Süd	Entstehung der Perspektive — Grundlage ptolemäische Kartografie	Subjektivierung durch Vereinheitlichung der Perspektive — Hinwendung zur Mathematik

GEGENWART allgemein					
Naturwissenschaftliche Weltanschauung	Vermeintliche Objektivierung durch naturwissenschaftliche Regeln — Darstellungskonventionen, Standardisierungen, Codes — Radical Geography, Cricital Cartography, Counter-Mapping, Women in Cartography — Neue Technologien	Eurozentrismus — Raumaneignung, Raumüberwachung — Kalter Krieg — Karten und Propaganda	Mittelpunkt: Entlang des Äquators Europa, China, Amerika — Fokus auf Industriestaaten — Ausrichtung: Nord-Süd	Relativitätstheorie — Beschreibung des Blickfeldes durch euklidischen Raum, Koordinatensystem — «spatial turn»	Karten als Wirklichkeitskonstruktion — Karten & Macht — Westliche Anschauungen — Etablierung Kartografie in Naturwissenschaften — Kartografie für die Öffentlichkeit
GEGENWART Google-Maps					
Naturwissenschaftliche, ökonomische Weltanschauung	Eroberung des «digitalen Empire» — vermeintliche Demokratisierung durch «Google Communities» — Implementierung von Google Maps in verschiedene Websites — Etablierung der Web-Mercator-Projektion	Industrienationen — Karte wird auf User angepasst	Mittelpunkt: Entlang des Äquators, Europa, China, Amerika — Fokus auf Industriestaaten — Ausrichtung: Nord-Süd	Raumkonstruktion mittels Koordinatennetz — unbeabsichtigte Eröffnung alternativer Räume	Kaum Hinterfragung nach Objektivität — Technik ist prioritär — Georeferenz suggeriert Objektivität

Welcher paradigmatische *Begriff* ist für die Projektion der Weltanschauung beschreibend?

Antike: Die antike Weltanschauung gründete auf einer Naturphilosophie, wobei die Natur in ihrer Gesamtheit Gegenstand dieser Wissenschaft war. Wissen wurde damals über rationale Erklärungsmodelle sowie über Mythen und Erfahrungswissen angeeignet. Der Trend hin zur rationalen Erfassung von Phänomenen zeichnete sich erst nach und nach ab. Es war das Ziel, die Welt aufgrund unveränderlicher Prinzipien zu erklären und universelle Erklärungsmodelle auszuarbeiten. Im Laufe der Antike vollzog sich der Übergang vom Mythos zum Logos, der in der Darstellungsweise verschiedener Weltkarten nachvollziehbar ist. Die ptolemäische Weltkarte ist exemplarisch für die Hinwendung zu einer systematischen Darstellung, die auf geometrischen Aspekten beruht. **Mittelalter:** Das Mittelalter wendet sich hin zu einer theologischen Weltanschauung, die der weltlichen Herrschaft des Christentums unterliegt. Es war beabsichtigt, verschiedene Meinungen griechischer Philosophen durch eine allgemeingültige Meinung – eine christliche Wahrheit – zu ersetzten, respektive sie unter dem christlichen Dogma zu begreifen. Grundsätzlich findet eine Abkehr naturphilosophischer Argumentation zur Erklärung geophysischer Phänomene statt. Das vorhandene Wissen im Mittelalter wurde auf das Wirken Gottes und dessen Phänomene zurückgeführt und somit durch die Brille einer theologischen Weltanschauung begriffen. Diese Absicht ist in der Ebstorfer Weltkarte klar abzulesen. Im Spätmittelalter zeigten sich durch den Einfluss verschiedener theoretischer Werke Widersprüche zur theologischen Weltanschauung, die wegbereitend für den Umbruch zur Renaissance sein sollten. **Renaissance:** Die Renaissance unterliegt einer Rückbesinnung zur antiken Denktradition, woraus sich eine Hinwendung zu einer wissenschaftlichen Erkenntnismethode ergibt, die nicht mehr ausschliesslich darauf abzielt, Voraussagen hinsichtlich der Natur zu treffen, sondern nach den Ursachen zu suchen und diese zu erklären. Die Waldseemüller Weltkarte zeigt anhand ihres Kartenbildes die Hinwendung zu einem wissenschaftlichen Denken auf. **Gegenwart:** Die gegenwärtige Weltanschauung schliesst an die Denkart der Renaissance an, fokussiert jedoch noch spezifischer auf die Erforschung von Naturgesetzen, die vorwiegend anhand naturwissenschaftlicher Prinzipien begründet werden. Die Naturwissenschaften sind Erkenntnisquellen eines rationalen Weltbildes, allegorischen, mythischen oder subjektiven Aspekten wird kaum Aufmerksamkeit zugesprochen. Diese naturwissenschaftlich dominierten Ansichten zeichnen sich auch in der Kartografie ab: die Abbildung der Geografie ist meist auf eine akkurate Darstellung der Geophysik reduziert, also wird oft auf rein physikalische Tatsachen reduziert. Die Frage nach der soziokulturellen Dimension in Karten wird zwar besprochen, ihre Bedeutung ist aber nicht gleich profund in unserer Weltanschauung verankert.

Inwiefern ist eine *Projektion* respektive die Weltanschauung in Weltkarten erkennbar?

Antike: Die antike Kartografie zielte darauf ab, mit den Mitteln philosophischer Besinnung das Ganze der Zusammenhänge der Erde beziehungsweise der Landschaft zu erfassen. Weltkarten produzierte man nicht primär für einen praktischen Nutzen, sondern man beabsichtigte vielmehr bestimmte Erkenntnisse anhand geografischer Aspekte zu erreichen, um die damalige Weltanschauung zu vervollständigen. Man verfolgte den Entwurf eines geografischen Weltbildes mittels systematischer Überlegungen. Dafür suchte man nach Zusammenhängen und Bedingungen, wonach die antike Weltanschauung durch mathematische Gesetzmässigkeiten erklärt werden konnten. Die Antike mündete mit der ptolemäischen Weltkarte in dieser mathematischen Geografie, welche wegbereitend für die Geografie der Renaissance sein sollte. **Mittelalter:** Während sich die antiken Weltkarten respektive die theoretischen Schriften auf mathematischen Prinzipien beziehen, zielen *Mappaemundi* darauf ab, die bewohnte Welt, den Platzes des Heilsgeschehens und des Wirkens Gottes an seinem auserwählten Volk abzubilden. Mittelalterliche Weltkarten richten sich nach den Worten der Bibel, worauf sich ein Grossteil der dargestellten Information bezieht. *Mappaemundi* sind Bildträger für die ikonografische Vermittlung einer christlichen Weltanschauung. Die Darstellungen stehen im Einklang mit dem Glauben an die Erlösung, die Auferstehung und die Himmelfahrt Christi. In der Ebstorfer Weltkarte wird diese christliche Botschaft anhand verschiedener Erzählebenen und Symbole offensichtlich (Jerusalem in der Bildmitte, Christus umfasst das Kartenbild etc.). Die *Mappaemundi* verfolgen nicht primär den Zweck Orientierung zu bieten, vielmehr sind sie Träger der Visualisierung der christlichen Hegemonie und Weltanschauung. **Renaissance:** Mit der Verknüpfung von altem Wissen und neuen Erkenntnissen gelingt es Renaissance-Weltkarten, eine wissenschaftliche Weltanschauung zu vermitteln. Diese wissenschaftliche Weltanschauung wurde in Übereinstimmung mit dem damaligen Renaissance-Humanismus in Weltkarten abgebildet. Weltkarten dienten jedoch nicht ausschliesslich als theoretisch-wissenschaftliches Erklärungsmodell der Erde, sondern wurden in der Praxis – z. B. für See-, Handels-, oder Entdeckungsreisen – angewendet. Durch die Säkularisierung wurde die Abkehr von der Visualisierung des christlichen Glaubens in Weltkarten erreicht, das Göttliche wird nun durch die Ganzheitlichkeit oder mathematische Perfektion in Weltkarten ausgedrückt. Diese Vollkommenheit und Harmonie der Mathematik wird in Renaissance-Weltkarten formal mit Hilfe einer Projektion dargestellt. Der Umbruch von der theologischen Weltanschauung hin zu einer wissenschaftlichen Weltanschauung geschieht also nicht dadurch, dass grundsätzlich mit jeder paradigmatischen Ausrichtung gebrochen wird; die Ideologie findet nur in neuen Formen ihren Ausdruck. **Gegenwart:** Die naturwissenschaftliche Forschung ermöglicht die mathematisch korrekte Darstellung der Erdoberfläche und evoziert damit eine naturwissenschaftlich geprägte Weltanschauung. Die Realität wird vermeintlich durch naturwissenschaftliche Aspekte möglichst genau beschrieben, allegorischen oder erzählerischen Aspekten wird kaum Aufmerksamkeit geschenkt. Kartografische Darstellungen beruhen auf Regeln, die ein möglichst «korrektes» Abbild der Erdoberfläche ermöglichen. Daraus wird die Qualität der Karte als «besser» oder «schlechter» befunden, je «naturgetreuer» und je nachdem wie «objektiv» die physische Erdoberfläche abgebildet ist. Die geometrische Projektion trägt dabei nicht nur als eine geometrische Grundlage zu Weltkarten bei, sondern ist Verursacherin einer entsprechenden Weltanschauung. Obwohl diese mathematische Sprache der Weltkarten kontrovers diskutiert wird, sind uns solche Darstellungen vertraut. Die genaue Erdvermessung und deren Abbildung wird also über ethnische, politische, religiöse oder soziale Aspekte gestellt.

Inwiefern ist die *Geopolitik* bestimmend für die Weltanschauung?

Antike: In der Antike ist die Geopolitik geprägt durch das griechische und später das römische Imperium und die Feldzüge Alexanders des Grossen. Weltkarten waren eng mit der Expansion von Herrschaft und Macht verbunden. Vormachtstellungen waren jedoch nicht per se darstellerisch hervorgehoben, sie waren der systematischen Darstellung der Geografie untergeordnet. Die Manifestierung einer politischen Machtposition zeigte sich nicht nur über territorialen Besitz, sondern auch über das Wissen und neue Erkenntnisse der Geophysik der Erde galten als politische Stärke. **Mittelalter:** Im Mittelalter hingegen waren Politik und Religion eng miteinander verbunden, das Christentum bestimmte die politische Ordnung. Karten war nicht mehr vorwiegend die Aufgabe zugeschrieben, geografische Erkenntnisse möglichst akkurat darzustellen. Vielmehr zielten sie darauf ab, politisch-weltanschauliche Aussagen mit christlicher Ideologie zu vermitteln. Die geistliche Besitzergreifung und die damit verbundene politische Vormachtstellung standen in *Mappaemundi* im Vordergrund. Diese Hegemoniebestrebung zeigt sich unter anderem deutlich an der Zentrierung auf die Heilige Stadt Jerusalem. **Renaissance:** Die Geopolitik der Renaissance ist geprägt durch das «Zeitalter der Entdeckungen» respektive das «Zeitalter der europäischen Expansion», wobei sich Spanien und Portugal als vorherrschende Seefahrtnationen profilierten. Grundsätzlich führten das neue Identitätsbewusstsein der europäischen Nationalstaaten und der aufkommende imperiale Besitzanspruch zu einem entsprechenden Konkurrenzverhältnis der Staaten untereinander. Weltkarten wurden bewusst zur Manifestierung der politischen Position von Nationalstaaten eingesetzt. Durch diese Geopolitik wurde eine eurozentrische Weltanschauung erreicht (vgl. z. B. Merkator-Weltkarte). Weiter führten der ganzheitliche Blick auf die Welt, der Kolonialismus und die Entdeckung neuer Gebiete zu einer globalen Neupositionierung von politischen

Machtzentren. Die Waldseemüller Weltkarte beispielsweise zeugt mit der Darstellung des neuen Kontinenten «America» von der Expansion der Welt, ihrer neu entdeckten Gebiete und der daraus resultierenden neuen Geopolitik. **Gegenwart:** Wie in vorangehenden Epochen beabsichtigt die Geopolitik, die Machtposition eines Staates zu maximieren und seine globale Dominanz zu bestärken. Karten werden dabei gegenwärtig zur Visualisierung von Macht bewusst eingesetzt. Die in der Renaissance begründete eurozentrische Weltanschauung hielt sich bis in die heutige Zeit aufrecht. Bestärkt wird sie einerseits durch die Festlegung des Nullmeridians durch Greenwich, wobei eine bipolare Ansicht der Welt (Ost-West Blöcke) entstand und weiter durch den Kalten Krieg, wobei das Weltbild mit Europa als Weltmittelpunkt gefestigt wurde. Geopolitische Interessen wurden oft bewusst in Subtexten von sogenannten «Suggestivkarten» unterschwellig vermittelt. Weiter bezieht man sich im Gegensatz zu den vorangegangenen Epochen heutzutage auf eine neue Form der Raumaneignung, die durch das «digital Empire» beschrieben wird und die Inbesitznahme des digitalen Imperiums betrifft. Politische Machtpositionen manifestieren sich nicht mehr per se durch territorialen Besitz. Damit verbunden erweiterte sich der gegenwärtige geopolitische Wettbewerb neben der Raumaneignung durch die Raumüberwachung.

Inwiefern ist der *ideologische Mittelpunkt und die Ausrichtung* repräsentativ für die Weltanschauung?

Antike: In der griechisch-hellenistischen Antike sind zwei Weltzentren vorherrschend. Das eine liegt in Delphi, dem «Nabel der antiken» Welt, von wo aus die ganze mythologische Geschichte her gedacht ist und sich die Ränder und Grenzen der Ökumene definierten. Als weiteres ideologisches Zentrum sticht Alexandria als Macht- und Wissenszentrum hervor. Die Bibliothek von Alexandria war ein Wissensschatz, der universelles Wissen miteinander verknüpfte und Gelehrte miteinander vereinte. Auffallend ist, dass die Mythologie (Delphi), sowie die Vereinigung von Wissen (Alexandria) Ausdruck von symbolischem Kapital waren, womit sich diese Orte als Weltzentrum profilieren konnten. Delphi und Alexandria waren für die antike Weltanschauung und Wertvorstellungen prägend. Grundsätzlich kann man das ideologische Zentrum der Antike im östlichen Mittelmeerraum verorten. Antike Weltkarten sind nach Norden ausgerichtet. **Mittelalter:** Im Mittelalter lag der ideologische Mittelpunkt auf der heiligen Stadt Jerusalem, die als symbolträchtiges Weltzentrum zu verstehen ist. Die Heilige Stadt war der Ort Christi, seiner Auferstehung, Treffpunkt der Apostel und Ausgangspunkt, um die christliche Botschaft in die Welt hinauszutragen. Von da ausgehend, wurde neben biblischem auch das enzyklopädische Wissen in der Welt verbreitet. Jerusalem war Weltmittelpunkt der Ökumene, wobei sich dieser Mittelpunkt auf die Menschheit und nicht auf die geografische Situation bezieht. In vielen *Mappaemundi* ist Jerusalem als Machtzentrum hervorgehoben, wie etwa in der Ebstorfer Weltkarte, wo sich Jerusalem im Mittelpunkt befindet. Die meisten *Mappaemundi* richteten sich nach Osten aus, wo das irdische Paradies als real existierender Ort dargestellt wurde. **Renaissance:** In der Renaissance kommt der ideelle Mittelpunkt mehr und mehr Richtung Europa zu liegen, wo sich ein neues geopolitisches Machtzentrum herausbildete. Die Weltanschauung und ihr ideologisches Zentrum mussten in der «Zeit der Entdeckungen» und mit dem Fund der «Neuen Welt» überdacht werden. Die ideologische Orientierung wandte sich ab von dem christlichen Hegemonialzentrum hin zu Nationalstaaten der europäischen Seefahrtnationen, wodurch Europa zum Weltzentrum wurde. Die eurozentrische Perspektive beginnt sich zu manifestieren. Renaissance-Weltkarten richten sich wieder nach Norden aus. **Gegenwart:** Die gegenwärtige Zentrierung schliesst eng an der Tradition der Renaissance an. Die horizontale Bildmitte ist meist durch den Äquator bestimmt. Die vertikale Bildmitte wird entlang dem Äquator oft verschoben, wodurch meist Europa oder Nordamerika als Weltzentrum abgebildet wird. Ausdruck für die eurozentrische Vormachtstellung ist der Nullmeridian, der an einer internationale Konferenz 1884 in Washington D. C bestimmt wurde und durch Greenwich führt. Seither wird die Welt von Greenwich aus vermessen. Grundsätzlich liegt unsere Vorstellung des ideellen Zentrums oberhalb des Äquators. Weltkarten richten sich meist nach Nord-Süd aus. Die Ausrichtung ist von einer kulturellen Tradition diktiert, die in der Renaissance von der griechischen Antike und dem Einfluss der ptolemäischen Weltkarte übernommen wurde.

Inwiefern geht die *Raumanschauung* mit der Weltanschauung einher?

Antike: Die antike Vorstellung und Wahrnehmung von Raum ist anhand antiker visueller Darstellungen erkennbar. Durch eine «perspektivische Näherungskonstruktion» konnte schon damals eine illusionistische Bildwirkung erzeugt werden. Darstellerische Mittel wie perspektivische Verkürzungen, Licht und Schatten etc. erzeugten eine Raumtiefe, wodurch Utopien und Phantasieräume geschaffen wurden. Diese Raumtiefe wurde aber noch nicht per se mit einer perspektivischen Konstruktion im Sinne einer Projektion erreicht. Die perspektivischen Verzerrungen antiker Weltkarten sind lediglich einer «Näherungskonstruktion» unterworfen und nicht auf einen einzigen Berührungspunkt hin konstruiert. Die ptolemäische Weltkarte ist Vorreiterin für ein Raumverständnis, wonach Raumtiefe auf einen Fluchtpunkt hin konstruiert und verstanden werden konnte. **Mittelalter:** Die mittelalterliche Raumanschauung ist aus heutiger Perspektive schwer nachvollziehbar, da sie auf anderen, uns fremden Grundprinzipien beruht. Im Mittelalter nimmt man Raum und Raumtiefe nicht mehr als bewusstes Phänomen wahr, das in Darstellungen übersetzt wurde. Man zielte primär darauf ab, die Abbildung von Erzählungen, wie etwa des heiligen Geschehens oder von Mythen zu verfolgen, nicht etwa die Darstellung der räumlichen Realität zu erreichen. Das Mittelalter richtet den Fokus auf die Darstellung eines räumlichen und zeitlichen Nebeneinanders, wodurch sich Räume für nicht dargestellte Geschichten eröffnen. **Renaissance:** Das Raumverständnis der Renaissance wendet sich klar von mittelalterlichen Darstellungsprinzipien ab und knüpft an der antiken Raumvorstellung an. Einhergehend mit der neuen wissenschaftlichen Weltanschauung entwickelte sich die Raumwahrnehmung hin zu einem messbaren, auf wissenschaftlichen Prinzipien beruhenden Raum. Mit der Entwicklung der Perspektive wurde die Unendlichkeit des Raumes entdeckt, die als Visualisierung der Unendlichkeit Gottes angesehen wurde. Diese veränderte Wahrnehmung des Raumes ist mit dem Übergang der *Mappaemundi* zu den perspektivisch konstruierten Renaissance-Weltkarten nachvollziehbar. **Gegenwart:** Die gegenwärtige unmittelbare Raumanschauung basiert auf dem euklidischen Raum, wobei wir uns im Bewusstsein sind, dass eine vierte Dimension – die Zeit – besteht. Wir beschreiben unseren Raum durch ein *kartesisches Koordinatensystem*. Weiter sind wir nach dem «spatial turn» mehr und mehr auf kulturelle, soziale und politische Räume sensibilisiert.

Inwiefern ist die *subjektive, ideologische Perspektive* in einer Weltanschauung erkennbar?

Antike: Auch antike Weltkarten waren nicht wertfrei, über sie wurde oftmals die politische und territoriale Expansion illustriert. Macht drückte sich damals jedoch nicht nur über militärische Stärke, sondern auch über geografisches, wissenschaftliches und mythologisches Wissen aus. Diesen Werten wurde in der Antike Relevanz zugesprochen und dementsprechend wurden sie in Weltkarten respektive theoretischen Schriften hervorgehoben. **Mittelalter:** In mittelalterlichen Weltkarten war viel Raum für subjektive Interpretationen vorhanden. Die *Mappaemundi* zielten darauf ab, eine von Gott umfasste Welt abzubilden, die hierarchisch und systematisch gegliedert dargestellt wurde. In diesem Rahmen stand den Kartenerstellern allerdings ein breiter Interpretationsspielraum für die Ausgestaltung der christlichen Heilsgeschichte zur Verfügung. Die darstellerischen Standardisierungen waren im Mittelalter demnach viel geringer, wodurch individuelle Ansichten über *Mappaemundi* vermittelt wurden. Dies ist an der Ausgestaltung und den thematischen Schwerpunkten der verschiedenen mittelalterlichen Weltkarten gut ablesbar. **Renaissance:** In der Renaissance stellt sich die Frage nach der Subjektivität in Weltkarten im Zusammenhang mit der Entwicklung der Perspektive nochmals neu. Mit der mathematischen Grundlage von Weltkarten wurde zwar eine Objektivierung der Konstruktion erreicht, dadurch aber auch eine enorme Subjektivierung der Perspektive auf die Welt erzwungen. Bildnerische Darstellungen sowie Weltkarten wurden seither aus einem subjektiven Standpunkt konstruiert. Die neue wissenschaftliche Hierarchisierung der Disziplinen bestärkt die Tendenz einer vermeintlichen Objektivierung, die meist durch mathematische Prinzipien erreicht wurde. Dabei räumte man der Mathematik entsprechend einen hohen Stellenwert unter den wissenschaftlichen Disziplinen ein. Durch diese Rationalisierung der Darstellung wird «eine Objektivierung des Subjektiven» erzielt. **Gegenwart:** Hinsichtlich der Objektivität von gegenwärtigen Weltkarten sind in den letzten Dekaden intensive Diskurse geführt worden. Es ist klar, das neben der Bestrebung, die Erdoberfläche möglich adäquat abzubilden, eine Weltkarte immer mit einer subjektiven Weltanschauung verbunden ist. Es sind Strategien entwickelt worden, um den Zusammenhang zwischen Realität und ihrer Repräsentation neu zu denken. Nichtsdestotrotz unterliegen wir bei der Betrachtung von Weltkarten der gegenwärtigen naturwissenschaftlichen Weltanschauung, wobei wir Weltkarten eng mit dem Begriff eines Abbilds der Wirklichkeit verbinden. Diese Vorstellung ist ein Erbe der Renaissance, wobei wir uns durch die Konstruktion mittels Perspektive und der immer genaueren vermessungstechnischen Möglichkeiten im Glauben befinden, die Erdoberfläche wahrheitsgetreu abzubilden. Dies hat zur Folge, dass wir die Betrachtung der Welt auf einige wenige Standpunkte reduzieren. Diese Tendenz wird zwar in wissenschaftlichen Fachkreisen dementiert, ist aber in der Gesellschaft vorherrschend (vgl. Google Maps). Durch die Reduktion der verschiedenen Perspektiven ist die Vielfalt der Darstellungsweisen aufgrund einer vermeintlich objektiven Weltanschauung verlorengegangen. Die Etablierung der Kartografie als naturwissenschaftliche Disziplin hat diese Entwicklung massgeblich bestärkt.

2 Projektion: Weltkarten und ihre Geometrie

Der Begriff der Projektion taucht im Zusammenhang mit Weltkarten mehrfach auf, denkt man beispielsweise an die Robinsonprojektion, die Peters-Projektion etc. In heutigen Weltkarten ist der Begriff der «Projektion» insbesondere bei der Konstruktion von Weltkarten relevant: Die «Projektion» ist das Mittel zur Herleitung von der Kugeloberfläche zur zweidimensionalen Ebene. Diese Verfahren ist ein Teilbereich der Geometrie – der darstellenden Geometrie, wobei dreidimensionale Objekte in einem geometrisch-konstruktiven Prozess in einer zweidimensionalen Bildebene projiziert und dargestellt werden.[307] Für diesen mathematischen Prozess bedient man sich einer Projektion. Heutzutage besteht eine grosse Vielfalt an Projektionen, die alle ihre eigenen charakteristischen Eigenschaften mit sich bringen. Dabei liegt die Herausforderung darin, die adäquate Projektion für den entsprechenden Verwendungszweck einzusetzen. Die mathematische Transformation von einer Kugeloberfläche in eine zweidimensionale Ebene ist dank gegenwärtigem mathematischem und technischem Wissen keine Herausforderung mehr.

In der Geschichte findet der Projektionsbegriff mehrfach Verwendung. Man denke beispielsweise an die «Ptolemäische Projektion» oder die «Merkatorprojektion». Der Projektionsbegriff taucht in diversen Zeitepochen bezüglich Weltkarten auf und steht dabei in Zusammenhang mit ihrer Konstruktion, oder mehr noch: Projektionen bestimmen jeweils ein Konstruktionsprinzip von Weltkarten und sind somit mitprägend für die darin vorherrschenden Darstellungskonventionen. Dabei unterliegen sie der Sinnzuschreibung der jeweiligen Zeitepoche, wobei mathematisch-geometrischen Aspekten mal mehr oder weniger Relevanz beigemessen wird. Für die Verwendung von Projektionen in Weltkarten drängen sich dabei folgende Fragen auf: Inwiefern ist die Projektion für das konstruktive Darstellungsprinzip in Weltkarten verantwortlich? Inwiefern unterliegt die Projektion geometrischen Bestimmungen? Dabei ist zu beachten, dass nicht jedem Darstellungsprinzip in Weltkarten der Begriff der «Projektion» zugewiesen wird. Im Gegenzug wird der Begriff der «Projektion» für viele verschiedene Darstellungsprinzipien verwendet, die nach unserem Verständnis das Prinzip der «Projektion» nicht verfolgen. Der Bedeutungsgehalt der «Projektion» muss also von Epoche zu Epoche – oder sogar von Weltkarte zu Weltkarte – neu definiert werden.

---

307 Definition, darstellende Geometrie: siehe Glossar.

Im Folgenden werden Projektionen in Weltkarten hinsichtlich ihrer Geometrie in verschiedenen Zeitabschnitten beschrieben. Dabei wird von der Antike übers Mittelalter, die Renaissance bis in die Gegenwart die Verwendung der Projektion in Weltkarten unter verschiedenen Aspekten[308] beschrieben und jeweils anhand eines Beispiels aufgezeigt. Aus dieser Beschreibung werden Darstellungskonventionen hinsichtlich der Aspekte abgeleitet und tabellarisch erfasst. In einem Vergleich werden die Darstellungskonventionen einander gegenübergestellt, wobei folgende Fragen relevant werden:

- Welcher Begriff ist für die Projektion und ihre Darstellungskonventionen beschreibend?
- Inwiefern ist die Projektion charakteristisch für die Darstellungskonventionen?
- Inwiefern ist das Gradnetz bestimmend für die Darstellungskonventionen?
- Inwiefern ist der Wissensstand mit Bezug auf die Geografie ausschlaggebend für Darstellungskonventionen?
- Inwiefern ist der konstruktive Mittelpunkt respektive die Ausrichtung repräsentativ für die Darstellungskonventionen?
- Inwiefern ist die konstruktive Perspektive ausschlaggebend für die Darstellungskonventionen?

Die Zusammenführung der Aspekte und die Beantwortung der oben aufgeführten Fragen werden am Schluss dieses Kapitels beantwortet.[309]

308 Dabei werden folgende Aspekte untersucht: Die Sinneszuschreibung des Projektionsbegriffes, die darstellende Geometrie, das Gradnetz, die Abbildung der Geografie, das im Bildmittelpunkt abgebildete geografische Gebiet, die Ausrichtung sowie die Verwendung einer Perspektive.

309 Vgl. Abschnitt: 2.5 Zusammenfassung «Weltkarten und ihre Geometrie».

2.1 Antike: Systematische Weltkarten

In der Antike (500 v. Chr.–323 n. Chr.) entstanden Weltkarten, deren Darstellungskonventionen die ganze nachkommende Geschichte beeinflussen würden. Diese Darstellungskonventionen sind stark durch die *Projektion* geprägt, welche sich als wegweisend für die formale Struktur antiker Weltkarten zeigen. Schon antike Weltkarten weisen Projektionen auf, die auf systematischen, mathematischen Prinzipien beruhten. Dabei verfolgten sie die Absicht, Ländereien zu vermessen, Reiserouten darzustellen, militärische und religiöse Ereignisse aufzuzeigen, strategische Vorhaben zu planen, politische Propaganda zu verbreiten oder sie wurden für akademische Zwecke eingesetzt.

Zur Kartografie, respektive zur Geografie, entstanden verschiedene Werke antiker Gelehrter. Anaximander von Milet (um 610–546 v. Chr.) wird als einer der ersten erachtet, der eine Weltkarte konstruierte. Ein halbes Jahrhundert später entstand das älteste geografische Werk durch Hekataios von Milet (um 550–490 v. Chr.).[310] Eratosthenes von Kyrene (ca. 273–194 v. Chr.), Marinos von Tyros (um 200 n. Chr.) und natürlich Claudius Ptolemäus (um 100 n. Chr.) sind die antiken Gelehrten, welche Weltkarten auf Grundlage eines systematischen Aufbaus entwickelten. Das einflussreiche Standardwerk, die *Geographika* des Eratosthenes von Kyrene, zeigt die Darstellung der Geografie und die Verwendung der damaligen Projektionen auf. Die *Geographika* baut auf einer seiner vorangegangenen Schriften Über die Vermessung der Erde auf und gliedert sich in drei Bücher. Das dritte Buch der *Geographika* führt zur Beschreibung der «Karte der Ökumene», die hinsichtlich der «Projektion» ein wichtiges Zeugnis der antiken Geografie darstellt.[311] Bezeichnend für die *Geographika* ist, dass die Grundzüge der Geografie vorwiegend auf systematischen und mathematischen Grundsätzen aufbauen. Strabon von Amaseia (63 v. Chr.–23 n. Chr.) stellte in seinem Werk, der *Geographie*, Eratosthenes in Frage, da dieser die geografischen Informationen aus den Quellen Homers negiere.[312] Meilensteine der Wissenschaftsgeschichte der Antike stammen aus der Feder des Ptolemäus: die *Almagest* und das *Handbuch der Geografie* führen das antike Wissen verschiedener Gelehrter zusammen und setzen damit einen geografischen Standard für die damalige Zeit. Ptolemäus' Vorstellungen über die Geografie der Welt sind in der *Geographie* festgehalten. In einem ersten Teil umfasst das Werk einen Ortskatalog, in dem 8000 damals bekannte Orte erfasst sind. In einem zweiten Teil tritt die *Geografie* auf die Kartenkonstruktion respektive -gestaltung ein, wo auch die ptolemäische Projektion dargelegt wird. Ptolemäus' Werk ist stark durch die geografischen Schriften Marinos beeinflusst. Grundsätzlich sind die theoretischen Grundlagen geografischer Werke der Antike besonders bedeutsam, da sie entgegen dem Kartenmaterial erhalten sind und überliefert werden konnten.

310 Vgl. Greek Mapping Traditions. S. 8–9. Riffenburgh und Royal Geographical Society (Great Britain) (2011). The men who mapped the world the treasures of cartography.

311 Soler Gil (2014). Philosophie der Kosmologie. Eine kurze Einleitung. S. 263

312 Strabon verfolgte mit der Rezeption von Werken seiner Vorgänger (vorwiegend Eratosthenes, Hipparchos, Artemidoros, Polybios und Poseidonios) ein neues methodisches Vorgehen, das sich schliesslich im Hellenismus etablierte. Strabon richtete dabei systematische und reflektierte Kritik an vorhandene Schriften und Karten, woraus schliesslich sein Werk – die *Geographie* – hervorging. Engels (2013). Kulturgeographie im Hellenismus: Die Rezeption des Eratosthenes und Poseidonios durch Strabon in den Geographika. S. 89

2.1.1 Systematik der antiken darstellenden Geometrie

Bezieht man den Projektionsbegriff auf die Antike, wird klar, dass die «Projektion» dazu da war, die bekannte Welt einzuteilen und systematisch festzuhalten. Für Ptolemäus war die Projektion sogar Ausdruck der systematischen Herleitung der Transformation von Kugeloberfläche zu Fläche. Bei anderen antiken Gelehrten wird die «Projektion» als Mittel der darstellenden Geometrie oder als eine Art Grundraster für eine möglichst genaue Wiedergabe der Erdgeographie eingesetzt.

Die Darstellung der Kugeloberfläche in einer Ebene hat schon die antiken Gelehrten beschäftigt. Die Projektionen der Entwürfe verschiedener antiker Gelehrter unterschieden sich in einigen Ausprägungen voneinander, häufig entstanden jedoch rechteckige Projektionen mit geradlinigen Meridianen und Breitenkreisen.[313] Eratosthenes entwickelte eine der ersten antiken Projektionen, die einen wissenschaftlichen Ansatz aufweisen, um die verschiedenen damals bekannten Erdteile darzustellen. Er versuchte, seine Geografie und somit auch seine Umsetzung einer Projektion auf eine wissenschaftliche Basis zu stellen, woraus ein rechteckiger Entwurf entstand, der die Proportionen auf einer zweidimensionalen Fläche einzuhalten versuchte.[314] Seine Projektion gründet nicht auf der Beschreibung der Erde, sondern beabsichtigt das Messen, Einteilen und Lokalisieren der Geografie.[315] Die Proportionen der Projektion leitete er von der Vermessung der Ökumene ab, wobei er von den Grundlagen gelehrter Vorgänger ausging. Obwohl er viele Informationen übernahm, errechnete er die Ost-West Ausdehnung der Ökumene beispielsweise selber. Diese Berechnungen beruhen aber nicht etwa auf astronomisch-geographischer Grundlage, sondern sind das Ergebnis der Addition von bekannten Einzelstrecken aus Reiseberichten.[316] Da Eratosthenes die Kenntnis der Grösse der Ökumene sowie des Globus hatte, stellte er Vermutungen zu der Verortung der Ökumene auf der Erdkugel an. Auch Ptolemäus verfolgte die systematische Konstruktion seiner Projektion, wobei die Proportionen der Erdgeographie möglichst adäquat dargestellt werden sollten. Auch Marinos beschäftigte sich mit dem Entwurf einer Projektion, woraus eine Art Zylinderprojektion resultierte, die er jedoch nie fertig ausarbeitete. Entgegen Eratosthenes' und Marinos' orthogonaler Zylinderprojektion, die starke Verzerrungen im Norden und Süden aufwies, entwarf Ptolemäus eine Projektion, deren Formgebung einer Kegelprojektion ähnelt und die Distanzverhältnisse der damals bekannten Ökumene adäquater als jemals zuvor darstellt. Diese ptolemäische Projektion ermöglichte eine akkuratere Darstellung der Breiten- und Längenabstandsverhältnisse, wobei die Proportionen der Erdoberfläche so gut als möglich wiedergegeben wurden. Für Ptolemäus galt die Projektion als Fundament für Kartendarstellungen, anhand derer sich einige Fixpunkte darstellen lassen.[317] Ptolemäus richtete einige Kritik an die Entwürfe seiner Vorgänger; so äusserte er sich gegenüber der Projektion von Marinos, dass seine Repräsentation ungeeignet sei, da sich die Distanzen nicht proportional zueinander verhalten würden oder seine Karte der bewohnten Welt irreführend wäre, da die unerfahrenen Leute den Gesamtüberblick verlören.[318] Das «stereografische Konstruktions-

---

313 Geus (2011). Eratosthenes von Kyrene. Studien zur hellenistischen Kultur- und Wissenschaftsgeschichte. S. 179ff

314 Dilke (1987). Cartography in the Ancient World: A Conclusion. S. 277

315 Dilke (1987). The Culmination of Greek Cartography in Ptolemy. S. 261–288

316 Geus (2011). Eratosthenes von Kyrene. Studien zur hellenistischen Kultur- und Wissenschaftsgeschichte. S. 271

317 Ebd. S. 64ff

318 Dilke (1987). Cartography in the Ancient World: A Conclusion. S. 179

verfahren», das von Hipparch um 100 v. Chr. dargelegt worden war, wurde beim Konstruieren von Weltkarten in der Antike noch nicht angewendet.

Diese systematische Abbildung der Erdoberfläche wird in besonderer Weise durch die Erscheinung des Gradnetzes[319] bezeugt. Eratosthenes hat als erster Nord-Süd-Linien mit Ost-West-Linien kombiniert[320] und so eine Art Grundraster oder sogar ein Gradnetz geschaffen, das aus gerade dargestellten Längen- und Breitengraden besteht, wobei die Längengrade senkrecht zu den Breitengraden stehen. Die Längen- und Breitenlinien bauten jedoch auf «beliebigen» Linien auf und waren demnach nicht nach einem logischen Verfahren wie z. B. einer Projektion hergeleitet. Der Schnittpunkt dieser ersten gekreuzten Linien befindet sich in Rhodos. Diese Schnittstelle Rhodos war Referenzpunkt für den Entwurf weiterer Rasterlinien, woraus sich nach und nach ein Gradnetz respektive eine Projektion entwickelte. Anhand Eratosthenes' Gradnetz konnten nun geografische Eckpunkte festgemacht werden, die das Zeichnen einer Welt- respektive Ökumenekarte ermöglichte und somit auch eine Weltkarte aufgrund eines zugrundeliegenden Gradnetzes entworfen wurde.

Die Antike legte die Beschreibung der Geografie unterschiedlich aus; zum einen wurde die Geografie der «Welt» auf die ganze Erde im Sinne des geometrischen Körpers – des Globus – bezogen, andererseits mit der bewohnten Welt – also der Ökumene – gleichgesetzt.[321] Hinsichtlich der Form und Grösse der Erde lagen verschiedene Ideen vor, so z. B. von einer flachen Scheibe (Herodot), einem konkaven Kreis (Anaxagoras und Anaximander) oder einer Kugel (Pythagoras und Parmenides). Eratosthenes beispielsweise war sich zwar der Kugelgestalt der Erde bewusst, war jedoch mit seiner Weltkarte nur bestrebt, die Ökumene darzustellen, nicht aber die gesamte Geographie der Welt. Seine Weltkarte leitete er zwar vom gesammten Globus ab, stellte jedoch nur einen Teilbereich, die Ökumene dar. Nach seiner Vorstellung bildete er dabei nur die bekannte Welt als Insel auf offenem Weltmeer ab.[322] Die antike Vorstellung der Geografie der Ökumene reichte im Osten vom Kaukasus, im Westen von den Pyrenäen und von den nördlichen Ufergebieten bis zu den äthiopischen Hochländern im Süden. Die damals bekannten Gebiete umfassten damals nur etwa das Alexanderreich östlich vom heutigen Iran/Indien bis hin im Süden nach Ägypten und nach Nordgriechenland.[323]

In der Antike war die Lokalisierung der Längen- und Breitengrade eine Herausforderung. Die geografische Breite wurde mittels Gnomon (dem «Schattenstab») gemessen, während die geografischen Längen durch Beobachtungen der Mondfinsternis erfasst wurden. Grundsätzlich erreichte man mit solchen Messungen eine hohe Präzision für die Lokalisierung von Ortschaften, nur einige Städte wurden durch Fehlmessungen mit grosser Abweichung zur eigentlichen Lage verortet.[324] Die Verortung von Ortschaften wurde durch die Projektion ermöglicht, so wie das Einteilen der Ökumene in verschiedene Einheiten. Anhand

319 Definition Gradnetz: siehe Glossar.

320 Berggren und Jones (2000). Ptolemy's Geography. S. 275

321 Dueck und Brodersen (2013). Geographie in der antiken Welt. S. 84

322 Stückelberger (2012). Erfassung und Darstellung des geographischen Raumes bei Ptolemaios. S. 270

323 Dueck und Brodersen (2013). Geographie in der antiken Welt. S. 87

324 Stückelberger (2012). Erfassung und Darstellung des geographischen Raumes bei Ptolemaios. S. 67ff. Den Städten Karthago, Byzanz und Babylon konnte eine hohe Abweichung der eigentlichen Koordinaten nachgewiesen werden.

der Projektion bestimmte man die Lage der Ortschaften, die durch ein Koordinatensystem beschrieben und wieder gefunden werden konnten.

Der konstruktive Mittelpunkt der Projektion des Eratosthenes liegt in Rhodos, der Schnittstelle des Hauptmeridians und -breitengrads. Der Hauptmeridian führt durch die Städte Alexandria sowie Rhodos, wobei sich dieser bedeutsamste Meridian fern der vertikalen Bildmitte befindet. Die Lage des Hauptmeridians ist besonders augenfällig, denn hätte Eratosthenes die Projektion der «Karte der Ökumene» aufgrund eines mathematischen Prinzips aufgebaut, wäre es unverständlich, dass er den konstruktiven Ausgangspunkt an beliebiger Position in der Karte gesetzt hätte. Die Positionierung des konstruktiven Mittelpunktes ist also durch den subjektiven Einfluss seiner geografischen Referenzpunkte[325] gegeben und nicht durch die mathematische Konstruktion einer Projektion bestimmt. Trotz der angestrebten systematischen Darlegung der Ökumene, weist die Darstellung der geografischen Situation wenig Korrelation mit einer mathematisch-konstruierten Projektion auf. Bei der ptolemäischen Projektion korrespondiert das geografische Zentrum der Projektion mit dem geografischen Zentrum der Weltkarte viel genauer. Das geografische Zentrum im Bildmittelpunkt (ohne Kartenrahmen, nur Weltkartendarstellung) liegt etwas oberhalb des Schnittpunktes zwischen Hauptmeridian und Äquator. Bei beiden Projektionen ist das geografische Zentrum im Bildmittelpunkt in Vorderasien bestimmt. Grundsätzlich gibt es keine allgemeinen Aussagen zur Ausrichtung von antiken Weltkarten. Die archetypischen Weltkarten sind jedoch wie die meisten antiken Weltkarten nach Norden ausgerichtet.[326]

Die Anwendung der Perspektive in der antiken Kartografie verhält sich analog zur damaligen Raumkonstruktionen der bildenden Künste. In der Antike geht man bei der Kartenkonstruktion respektive der Bildkonstruktion eher von einer «Näherungskonstruktion» aus, wobei die Fluchtlinien nicht in einem einzigen Fluchtpunkt respektive Berührungspunkt zusammenlaufen, sondern auf ein Projektionszentrum abzielen.[327] Das heisst, in diesem Projektionszentrum laufen die Fluchtlinien nicht streng konkurrierend in einem Punkt zusammen, sondern sie treffen sich in mehreren Punkten. Hinsichtlich der antiken Bildkonstruktion erbrachte Panofsky den Nachweis, dass sich die Tiefenlinien in mehreren verschiedenen Punkten anstatt nur in einem Fluchtpunkt treffen und bezeichnete diesen Bildaufbau als Näherungskonstruktion.[328] Dasselbe Prinzip kann auch in der antiken Kartografie beobachtet werden, wobei bestimmte geografische Lagen als Referenzpunkte für die Konstruktion der Weltkarte fixiert wurden, diese jedoch keinesfalls mit einem einzigen Berührungspunkt eines projektiven Verfahrens verglichen werden können. Diese Referenzpunkte zeigen sich beispielsweise bei Eratosthenes sowie bei der ptolemäischen Weltkarte in den Schnittpunkten bestimmter Längen- und Breitengrade.

---

325 Eratosthenes bereiste nur zwei Städte, wobei eine davon Rhodos war. Vgl. Roller (2010). Die Lage des Hauptmeridians lässt sich dadurch erklären, dass Alexandria für das antike Wissenszentrum als bedeutungstragend galt und Rhodos einerseits für Eratosthenes' Reiseerfahrung aber auch als strategischer Knotenpunkt eine wichtige geografische Rolle einnahm. Geus (2011). Eratosthenes von Kyrene. Studien zur hellenistischen Kultur- und Wissenschaftsgeschichte. S. 17

326 Dilke (1987). Cartography in the Ancient World: A Conclusion. S. 76

327 Eratosthenes und Roller (2010). Eratosthenes' Geography. S. 265ff

328 Panofsky weist nach, dass die Verlängerungen der Tiefenlinien nicht streng konkurrierend in einem Punkt zusammenlaufen, sondern sich paarweise in mehreren Punkten, die alle auf einer gemeinsamen Achse liegen, treffen. Er beschreibt weiter, dass so der Eindruck einer Art Fischgräte entstehe. Panofsky (1927). Die Perspektive als «Symbolische Form». S. 267

2.1.2 Ptolemäische Weltkarte

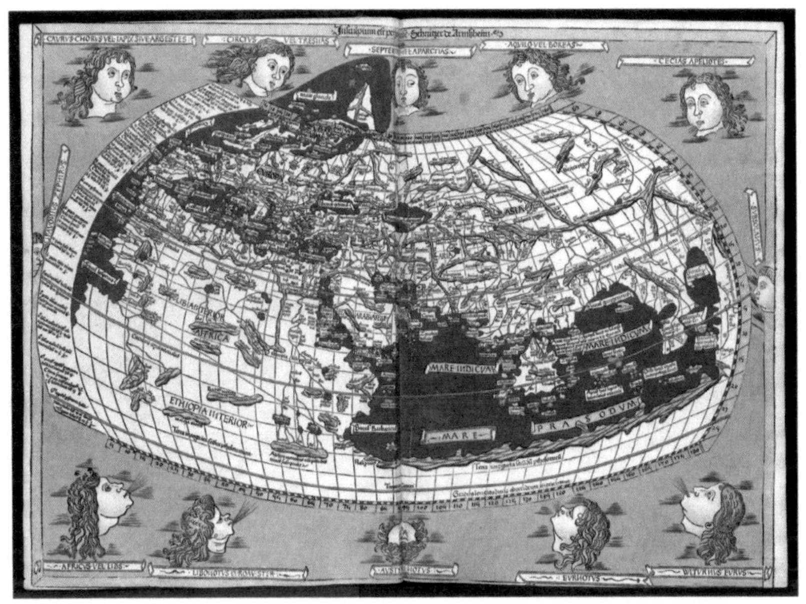

PLATE 6. Map of the world in Ptolemy's second projection (Ulm edition of 1482)

Abb. 11: Ptolemäische Weltkarte. In: Berggren und Jones (2000, Appendix)

Im Folgenden wird ein vertiefter Blick auf die ptolemäische Weltkarte und deren Projektion geworfen, wobei sie hinsichtlich ihrer geometrischen Darstellungskonventionen betrachtet wird. Hier wird die ptolemäische Projektion gewählt, da sie als durchschlagkräftigste Abbildung der Antike gilt, anhand derer die Zusammenführung des antiken Wissens aufgezeigt wird. Mit Ptolemäus' *Geografie* ist ein Standardwerk der antiken Kartografie gesetzt worden, welche die darstellende Geometrie in Weltkarten der Nachwelt – insbesondere der Renaissance – nachhaltig prägte. Es sind uns allerdings keine originalen, antiken Weltkarten überliefert, weshalb es sich bei den heutigen Visualisierungen um Rekonstruktionen handelt, die anhand der ptolemäischen Handbüchern vorgenommen wurden. So auch bei der ptolemäischen Weltkarte (VGL. ABB. 11). Dank Ptolemäus' *Geographia* lag der Nachwelt eine Beschreibung vor, wie die Weltkarte zu rekonstruieren ist. Ob in der Antike wirklich eine Weltkarte existierte oder ob lediglich theoretische Schriften vorlagen, ist nicht nachweisbar. Für die Manifestierung von Darstellungskonventionen und für die Geschichte der Kartografie ist Claudio Ptolemäus (um 100–170 n. Chr.) einer der einflussreichsten Kartografen. Man geht davon aus, dass Ptolemäus in Griechenland geboren und schliesslich im hellenistischen Forschungs- und Wirkungsort Alexandria gelebt und gearbeitet habe, wo schon Eratosthenes und Hipparch ihre wissenschaftlichen Beobachtungen gemacht hatten und wo durch stabile politische Verhältnisse für die Wissenschaft günstige Voraussetzungen herrschten.[329]

329 Ebd. S. 9

Genauere Informationen zur ptolemäischen Weltkarte zur Überlieferung und zum historischen Kontext ist im 1. Kapitel: Weltkarten und Weltanschauungen, im Abschnitt: 1.1.2. Die ptolemäische Weltkarte zu finden.

2.1.3 Systematik der ptolemäischen Projektion

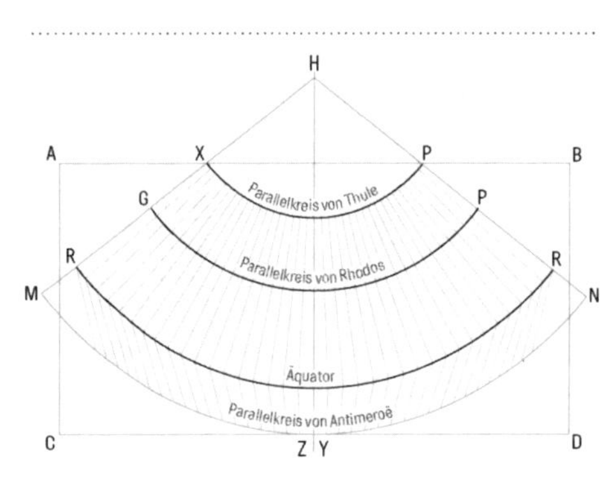

Abb. 12: JMS: Erste ptolemäische Projektion. Nach: Stückelberger und Ptolemaeus (2006, S. 122-123)

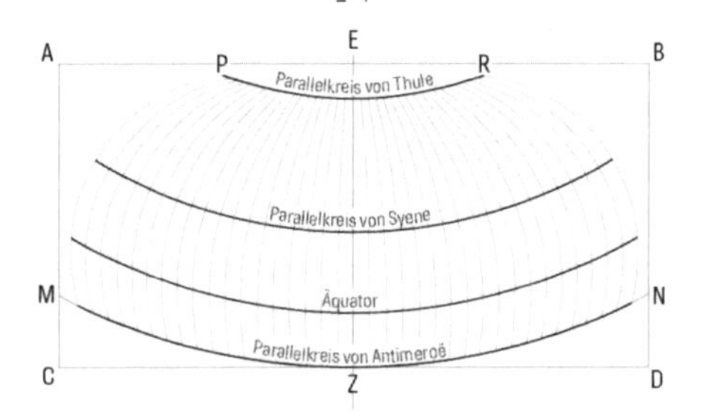

Abb. 13: JMS: Zweite Ptolemäische Projektion. Nach: Stückelberger und Ptolemaeus (2006, S.134-135)

Für die Konstruktion von Weltkarten wurde von Ptolemäus ein neues Prinzip der darstellenden Geometrie entworfen. Dieses Prinzip verfolgt die Darstellung von Teilen der Kugeloberfläche auf eine zweidimensionale Ebene, wobei neue Projektionen[330] als Basis zur Konstruktion der Abbildung dienten. Ptolemäus entwarf zwei Versionen dieser Abbildung: Eine erste, deren Meridiane durch gerade Linien dargestellt sind (VGL. ABB. 12) und eine zweite Abbildung, deren Meridiane durch gekrümmte Linien abgebildet werden (VGL. ABB. 13).[331] Ptolemäus liefert in seinem Werk der Geographie eine genaue Anleitung, wie die Weltkarten zu konstruieren sind. Die Zeichenfläche war durch ein klar ersichtliches Koordinatensystem vermessen und eingeteilt. Im Folgenden soll auf die Anleitung zum Erstellen von Weltkarten genauer eingegangen werden:

Ptolemäus beschreibt, dass in einem ersten Schritt die Tafelfläche[332] ABCD aufgerissen werden soll. Durch das Halbieren der Strecke AB soll eine Mittellinie (Nullmeridian) erstellt werden, die im Scheitelpunkt des «Strahlenbüschels» mündet, woraus der Grundriss der Weltkarte konstruiert wird. Danach folgen etliche Beschreibungen, wie die einzelnen Linien unterteilt werden, woraus die Parallelkreise und die entsprechenden Proportionen des Grundrasters respektive Koordinatensys-

330 Stückelberger, A. (2012) und andere Autoren gehen bei Ptolemäus' Einteilung von einer «neuen Projektionsmethode» aus. Er erwähnt das Grundraster gar als «Kegelprojektion» obwohl in kartografischem Sinne nicht von einer Projektion und auch nicht von einer Kegelprojektion die Rede sein kann. Stückelberger verweist dazu auf Hopfner, der Ptolemäus' Grundraster als «Strahlenbüschel und eine Schar konzentrischer Kreise, deren Mittelpunkt im Scheitel des Büschels liegt», beschreibt. Vgl. Stückelberger und Ptolemaeus (2006). Klaudios Ptolemaios: Handbuch der Geographie: Griechisch. Im Folgenden wird diese vermeintliche Projektion als «Grundraster» bezeichnet.

331 Hopfner (1938). Die beiden Kegelprojektionen I, II des Ptolemaiso. S. 70–72

332 Die Tafelfläche ist vergleichbar mit einer Zeichenebene ABCD, die ungefähr das Verhältnis 2:1 aufweisen soll.

tems entstehen. Um die Kugelform der Erde über die Projektion zu implizieren, sollen die Meridiane gekrümmt dargestellt werden (VGL. ABB. 13):

«Noch ähnlicher und proportionsgetreuer gegenüber der Kugel könnten wir die Darstellung der Oikumene auf einer Tafelfläche bewerkstelligen, wenn wir auf ihr auch die Meridianlinien entsprechend dem Aussehen der Meridianlinien auf der Kugel gekrümmt gestalten [...].» Und weiter: «Dass mit dieser Methode der Kartendarstellung eine grössere Ähnlichkeit mit der Globusoberfläche erreicht wird als mit der früheren, ist offensichtlich.» Und: «Die übrigen Meridiane [entgegen dem Mittelmeridian] zu beiden Seiten dagegen erscheinen einwärts gekrümmt, und zwar je weiter vom Mittelmeridian entfernt, desto mehr. Dieser Eindruck wird auch hier bei dieser Kartendarstellung gewahrt durch die entsprechend angepassten Krümmungen.[333]

Wendet man das von Ptolemäus beschriebene Verfahren an, dann zeichnet man die äussersten Meridiane als Bogenstücke mit einer Neigung von 23 5⁄6°. Diese mittels der zweiten Projektion aufgezeigte Methode wird von Ptolemäus gegenüber der ersten Projektion als überlegen beschrieben. Er schätzt die Ausführung der Konstruktion jedoch als weniger leicht ein.

Für die Konstruktion der ptolemäischen Weltkarte ist das Gradnetz respektive die Projektion zum einen ein wichtiges Mittel zur Konstruktion der Weltkarten, zum anderen jedoch auch als geografische Lagereferenz zum Einzeichnen der Geophysik. Dieses Gradnetz wird über die Visualisierung eines Koordinatennetzes manifestiert, das auf einem Ortskatalog basiert, der von Ptolemäus zusammengeführt und in der *Geographia* erfasst wurde. In diesem Katalog wurde jeder Ort mit Längen- und Breitenangaben genau verzeichnet.[334] Um Längen- und Breitengeraden darzustellen, liefert Ptolemäus klare Anweisungen:

«Angesichts dieser Sachlage empfiehlt es sich wohl, die Linien, welche Meridiane darstellen, als Geraden zu zeichnen, diejenigen aber, welche Parallelkreise darstellen, als Kreisbogen, die um ein und dasselbe Zentrum gezeichnet sind. Von diesem Zentrum aus, das den Nordpol darstellen soll, muss man die Meridiane als Geraden zeichnen, damit vor allem eine Ähnlichkeit mit der Kugeloberfläche bezüglich Lageverhältnis und optischem Eindruck gewahrt wird: So bleiben nämlich die Meridiane senkrecht zu den Parallelkreisen und laufen zudem im gemeinsamen Nord-Pol zusammen.»[335]

Die zweite ptolemäische Projektion beabsichtigte, im Gegensatz zur ersten ptolemäischen Projektion, durch die Krümmung der Meridiane eine realistischere Darstellung der Erde zu erreichen. Durch diese Krümmung soll die Gestalt der Erdkugel miteinbezogen werden und die Proportionen der Kugel sollen besser wiedergegeben werden.

333 Stückelberger (2012). Erfassung und Darstellung des geographischen Raumes bei Ptolemaios. S 125 und S. 131
334 Stückelberger und Ptolemaeus (2006). Klaudios Ptolemaios: Handbuch der Geographie: Griechisch. S. 14
335 Ptolemäus schildert, wie Längen- und Breitengrade gezeichnet werden müssen. 21. Kapitel: Richtlinien für die Erstellung einer planimetrischen Darstellung der Ökumene. Ebd. S. 111–113

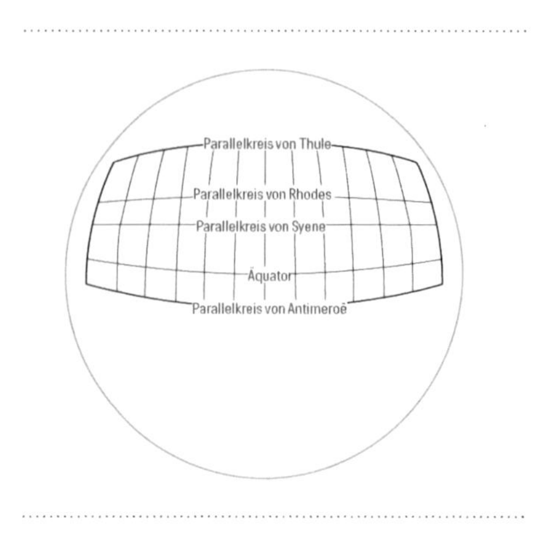

Abb. 14: Graticule of the Projection in Ptolemy's picture of the ringed globe. In: Berggren und Jones (2000, S. 39)

Ptolemäus war sich der Kugelgestalt der Erde bewusst. Er beabsichtigte jedoch, nur einen Teil der Erde abzubilden, was seiner Projektion zu entnehmen ist, da ihre Längenausdehnung genau auf 180° anstatt auf 360° bemessen ist (VGL. ABB. 14). Er zielte darauf ab, eine «planimetrische Darstellung der Ökumene unter Wahrung der Proportionen auf der Kugeloberfläche»[336] zu erreichen. D.h. anders als bei projektiven geometrischen Verfahren, wo von der ganzen Kugeloberfläche ausgegangen wird, ist für Ptolemäus die Gesamtheit der Erde zwar relevant, jedoch nur zur Berechnung der Proportionen der Ökumene und zu ihrer Verortung auf der Kugeloberfläche, nicht aber zur Darstellung einer vollumfänglichen Weltkarte. Ptolemäus konnte die Platzierung der Ökumene auf der Erdsphäre ziemlich genau definieren.[337] Die Kenntnisse über die Geografie setzten sich einerseits aus Reiseberichterstattungen, andererseits aus der Erdvermessungen und astronomischen Komponenten zusammen. Die geometrische Vermessung zeigt die verschiedenen Lagebeziehungen zwischen den Ortschaften auf, die astronomischen Vermessungen sind durch Beobachtungen und Messungen des Himmels mittels Schattenstab erfasst worden.[338]

Der Mittelpunkt der ptolemäische Projektion liegt auf dem gerade dargestellten Längen- respektive Breitengrad, also dem mittleren Meridian und den Äquator. Dieser Mittelpunkt ist ein wichtiger Referenzpunkt für die geografische Lagebestimmung vieler Orte. So schreibt Ptolemäus:

> Den Parallelkreis durch Rhodos aber, auf welchem die meisten Längendistanzuntersuchungen gemacht worden sind, wird man im selben Verhältnis zum Meridian einteilen [...][339]

Die Darstellung des geografischen Zentrums zeigt auf, dass der geografischen Mitte eine bestimmte sozio-kulturelle oder auch politische Bedeutung beigemessen wird. Die Blickachse respektive der Mittelpunkt der Projektion ist in der ptolemäischen Projektion jedoch nicht im Bildmittelpunkt des Formates abgebildet. Der Mittelpunkt der Projektion liegt in der vertikalen, jedoch unterhalb der horizontalen Bildmitte. Der nördlichen Hemisphäre wird mehr Platz eingeräumt, da sich der Grossteil der damals bekannten Welt vorwiegend auf der Nordhemisphäre

336 Ebd.

337 Geus (2011). Eratosthenes von Kyrene. Studien zur hellenistischen Kultur- und Wissenschaftsgeschichte. S. 21ff

338 Vgl. 2. Kapitel: Unerlässliche Grundlagen der Geographie. Stückelberger und Ptolemaeus (2006). Klaudios Ptolemaios: Handbuch der Geographie: Griechisch. S. 57

339 Vgl. 24. Kapitel. Methode zur planimetrischen Darstellung der Oikumene unter Wahrung der Proportionen auf der Kugeloberfläche. Ebd. S. 119–135

befindet. Betrachtet man den Bildmittelpunkt des Formates, dann wird in etwa der Schnittpunkt zwischen dem mittleren Meridian und dem Parallelkreis von Syene abgebildet. Die ptolemäische Weltkarte ist wie die meisten antiken Weltkarten nach Norden ausgerichtet.

Die Perspektive fand in der ptolemäischen Projektion Anwendung: die Mittelachse ist definiert, der Äquator ist als Berührungskreis festgelegt. Der Fluchtpunkt liegt also auf der Schnittachse Äquator/Mittelmeridian.

2.1.4 Antike Darstellungskonventionen tabellarisch

In der folgenden Tabelle werden die antiken Weltkarten und ihre Darstellungskonventionen hinsichtlich einiger eben besprochener Aspekte stichwortartig aufgelistet. Es ist klar, dass diese stichwortartige Darstellung der Konventionen nur durch eine starke Pauschalisierung erreicht werden konnte. Daher erhebt diese Matrix keinen Anspruch auf die Charakterisierung jeder Weltkarte in der entsprechenden Epoche, sondern zeichnet lediglich eine Tendenz ab.

PROJEKTION paradigmatischer Begriff	**PROJEKTION** Beschreibung geometrische Projektion	**GRADNETZ**	**GEOGRAFIE**	**MITTELPUNKT, AUSRICHTUNG** konstruktiv	**RAUM-KONSTRUKTION** Perspektive konstruktiv
ANTIKE allgemein					
Hinwendung zur systematischen Darstellung Systematische Einteilung der Erdoberfläche	Vereinzelte systematisch-konstruierte Projektionen — Rechteckige Projektionen mit geradlinigem Gitternetz und ptolemäischer Projektion	Erste sichtbare Gradnetze — Konstruktion aufgrund einiger geografischer Fixpunkte	Vorstellung der Ökumene: O: Kaukasus W: Pyrenäen N: nördliche Ufergebiete S: äthiopische Hochländer	Mittelpunkt: Vorderasien — Ausrichtung: Nord-Süd	Näherungskonstruktion
ANTIKE Ptolemäische Weltkarte					
Systematische Darstellung Insgesamt drei konstruierte Ptolemäischen-Projektionen	Projektion gründet auf einem konstruktiven Verfahren — Entwicklung verschiedener Projektionsentwürfe mit entsprechender Konstruktionsanleitung	Sichtbares Gradnetz — Systematisches, symmetrisches Gradnetz	Ökumene mit Längenausdehnung von 180°, 63° nördliche Breite, 16° südliche Breite	Mittelpunkt: Vorderasien — Ausrichtung: Nord-Süd	Perspektivische Abbildung

2.2 Mittelalter: Schematische Weltkarten

Mit dem Beginn des Mittelalters wurde mit der Kartentradition der klassischen Antike weitgehend gebrochen. Die mittelalterlichen Weltkarten, die sogenannten *Mappaemundi*, brachten völlig neue Darstellungskonventionen mit sich: die Konstruktion verfolgte nicht mehr die mathematisch korrekte Transformation der irdischen Sphäre in eine zweidimensionale Fläche. Die Darstellungskonventionen sind nicht mehr durch eine Projektion im Sinne einer mathematischen Grundlage oder eines Koordinatensystems bestimmt. Vielmehr liegt den *Mappaemundi* ein schematisches Raster zugrunde, anhand dessen eine formale Bildaufteilung erfolgte. Die Darstellungsprinzipien der *Mappaemundi* beabsichtigten nicht die akkurate geometrische Abbildung der Erde, sie sahen vielmehr vor, ein christliches Weltbild darzustellen.[340]

Sie waren repräsentativ für die mittelalterliche Christenheit in theologischer, philosophischer und geografischer Hinsicht. Entgegen den heutigen Karten hatten die *Mappaemundi* nicht hauptsächlich die Funktion, Orientierung im Raum zu bieten. Diese Karten überliefern Wissen, vermitteln Geschichten, Legenden und Traditionen und dies in symbolischer, bildhafter Sprache. Sie sind daher nicht auf die praktische Verwendung in der Praxis ausgerichtet, sie dienen vielmehr der allgemeinen Bildung. In dieser Rolle sind die *Mappaemundi* der ikonografischen Bildsprache unterworfen und dabei für die Vermittlung der Vergänglichkeit des irdischen Lebens und der Weisheit Gottes zuständig.

Im frühen Mittelalter (um 380–430 n. Chr.) entstand der «zonale Kartentyp», der vom römischen Gelehrten Macrobius Ambrosius Theodosius (um 385–430 n. Chr.) in einer seiner Handschriften festgehalten wurde. Dieser Kartentyp ist gefolgt von den «T-O Karten», die in den *Etymologiae* des Isidor von Sevilla (um 560 n. Chr.–636 n. Chr.) im Kapitel *de natura rerum* dargestellt sind.[341] Dieses T-O Schema und die *Etymologiae* im allgemeinen waren Grundlagewerke für viele *Mappaemundi*. In der 1262 entworfenen Psalterkarte ist das T-O Schema klar erkennbar. Seinen Höhepunkt fand der T-O Kartentyp in den in der zweiten Hälfte des 13. Jahrhunderts entstandenen Grosskarten von Hereford und Ebstorf.

Im Mittelalter galten zwei Kartentypen als wegweisend: Die *Mappaemundi* sowie die *Portolankarten*. Die *Mappaemundi* grenzen sich formal und funktional stark von anderen damaligen Karten wie etwa den *Portolankarten* und regionalen Abbildungen ab; obwohl viele *Mappaemundi* sowie *Portolankarten* vom Mittelmeerraum ausgehend die Welt kartierten, verfolgten sie einen völlig anderen Zweck. *Portolankarten* bilden Handelsrouten und Seewege im Mittelmeerraum ab, die *Mappaemundi* illustrieren die damals bekannte Welt im Sinne einer christlichen Weltdarstellung. Woodware schreibt, dass *Portolankarten* ausgehend vom Mittelmeer von «innen nach aussen» konstruiert werden, während die *Mappaemundi* eine definierte Menge an Informationen in einer Darstellung zu fassen versuchen.[342] Die vorliegende Arbeit fokussiert auf Weltkarten, Portolankarten sind nicht Gegenstand dieser Untersuchung.

---

340 Edson, Savage-Smith und Brincken (2005). Der mittelalterliche Kosmos: Karten der christlichen und islamischen Welt.

341 Die T-O Weltkarten sowie die Klimakarten waren in der Antike entstanden. Zusammen mit der Karte von Agrippa fanden sie jedoch erst im Mittelalter breite Anwendung. Vgl. Dilke (1987). Cartography in the Ancient World: A Conclusion. S. 278

342 Woodward (1987). Medieval Mappaemundi. S. 292

Wenn man die darstellende Geometrie und ihre Darstellungskonventionen verstehen möchte, muss an dieser Stelle ein in der Geschichtsschreibung entstandener Irrglaube dementiert werden:[343] Man postulierte, dass die Mappamundi die Darstellung einer Erdscheibe sei und implizierte damit, dass die Form der Erde einer mittelalterlichen Vorstellung nach eine Scheibe wäre. Darüber hinaus wurde behauptet, dass das Wissen um die Kugelgestalt der Erde im Mittelalter verloren ging. Die Forschung der letzten Jahre widerlegt diese Behauptung vehement.[344] Der Scheibengestalt der Erde wurde unter anderem entgegengehalten, dass es sich bei der Darstellungsweise der *Mappaemundi* um eine mittelalterliche Projektionsform handelte, die den wesentlichen Teil der Erde darstellen sollte und daher keine Ansprüche an das «tatsächliche» Aussehen der Kontinente stellte.[345] Der Irrglaube, wonach die Erde eine Scheibe sei, ist eher auf die fehlerhafte Rezeption der Moderne zurückzuführen, als auf eine damals vorherrschende Überzeugung.

2.2.1 Schemata der mittelalterlichen darstellenden Geometrie

Betrachtet man die Projektion in mittelalterlichen Weltkarten, ist keine geometrische Projektion visuell – beispielsweise durch ein Gradnetz – erkennbar. Die mittelalterliche Projektion ist nicht im Sinne einer geometrischen Darstellung, sondern einer schematischen Einteilung oder eines konstruktiven Darstellungsprinzips zu begreifen und wird entgegen der Bedeutung der heutigen Projektion nicht mathematisch hergeleitet. Daher wird nachkommend eher von einem Grundraster/-schema oder Darstellungsprinzip gesprochen, als von einer Projektion.

Wo in ptolemäischen Weltkarten die Projektion zum einen als Konstruktion des Raumes, zum anderen aber auch als Mittel zur Orientierung beim Lesen von Weltkarten eingesetzt wurde, wird in *Mappaemundi* keine Projektion mehr abgebildet.[346] Es sind jedoch verschiedenen Grundschemata zu erkennen, anhand deren die *Mappaemundi* klassifiziert werden.[347] Die «Zonenkarte» zeigt durch eine horizontale Unterteilung der Karte die verschiedenen Klimazonen der Welt auf. In der Zonenkarte wird neben der Nordhemisphäre auch die Südhemisphäre abgebildet. Die «viergeteilte Karte» ist nach Osten ausgerichtet und vereinigt die «dreiteilige Karte» mit einer unbewohnten Hemisphäre, den Antipoden. Dieser vierte Teil deutet auf die Landmasse hin, die sich auf der gegenüberliegenden Seite der Ökumene befinden sollte. Die «transitionale Weltkarte» tritt eher gegen Ende des

343 Vgl. Die Moderne und ihre Erfindung der Erdscheibe. S. 98–107. Lehmann schildert die fehlerhafte Meinungsbildung und streicht dabei Antoine Jean Letronne (1787–1848) und Washington Irving (1783–1853) heraus. In: Ebd.

344 Simek führ drei Gründe an, wieso die Neuzeit dem Mittelalter den Glauben an die «Erde als Scheibe» unterstellte: 1. Die Aussagen einiger spätantiker Kirchenväter, die sich aus religiösen Gründen gegen die heidnische-antike Auffassung von der Kugelgestalt wandten. 2. Das neuzeitliche Missverständnis bei der Betrachtung der mittelalterlichen Antipodenfrage. 3. Die irreführende Scheiben- oder Rad-Form der mittelalterlichen Weltkarten, welche wohl der Hauptgrund für die Scheibentheorie war. S. 52 Lehmann, Ringmann und Waldseemüller (2010). Die Cosmographiae Introductio Matthias Ringmanns und die Weltkarte Martin Waldseemüllers aus dem Jahre 1507 ein Meilenstein frühneuzeitlicher Kartographie.

345 Simek (1992). Erde und Kosmos im Mittelalter das Weltbild vor Kolumbus. S. 53

346 Ebd. S. 78

347 Arentzen unterscheidet bei seiner Klassifizierung zwischen «Ökumenischen Karten» und «Weltkarten». Das Klassifikationsschema von Woodware teilt die Mappaemundi in vier Kategorien ein: die «Tripartite», «Quadripartite», «Zonal» und «Transitional». Vgl. dazu Cattaneo (2011). Fra Mauro's mappa mundi and fifteenth-century Venice. und Arentzen (1984). Imago mundi cartographica Studien zur Bildlichkeit mittelalterlicher Welt- und Oekumenekarten unter besonderer Berücksichtigung des Zusammenwirkens von Text und Bild. S. 294–299

Mittelalters auf, wobei sich das Grundschema durch die Portolankarten und unter dem Einfluss der ptolemäischen Darstellungen erschliesst. Das am meist verbreitete Grundschema im Mittelalter ist die «dreigeteilte Weltkarte», die hier etwas detaillierter beschrieben werden soll. Bei diesen *Mappaemundi* ist das Grundschema zur Darstellung der bewohnten Welt – der Ökumene – das T-O Schema. Dabei stellt man sich den Buchstaben «T» im Buchstaben «O» abgebildet vor. Das «T» strukturiert die Ökumene in eine dreiteilige Welt, nach den Kontinenten Asien, Afrika und Europa. Asien nimmt dabei die obere Hälfte ein, die Kontinente Europa und Afrika teilen sich die untere Hälfte. Der Buchstabe «T» steht für die Flüsse Don, als das Mittelmeer zwischen Asien und Europa und dem Nil, zwischen Asien und Afrika sowie dem westlichen Mittelmeer zwischen Europa und Afrika (VGL. ABB. 16).[348] Bezieht man diese formale Grundstruktur auf das damalige Dogma der christlichen Lehre, symbolisiert das «T» das Kreuz Christi. Diese formale Dreiteilung entspricht den Söhnen Noahs, wobei jedem ein Kontinent zugesprochen wurde. Sem, dem ältesten Sohn wurde Asien zugeteilt, Ham entspricht Afrika und Japhet, der jüngste bekam Europa. Das «O» umgibt die Ökumene als Weltozean, der die damals bekannte Welt in einer kreisförmigen Fläche darstellt.

Ein weiteres vermeintliches Grundschema wurde 2002 neu entdeckt und aufgezeigt (ABB. 17 & 18). Dieses Schema basiert auf einer elementar-geometrischen Grundlage, wonach die *Mappaemundi* ein systematisches Ordnungsprinzip verfolgen. Das Schema beruht auf einfachen geometrischen Prinzipien und ist bestrebt, die Erde in einer systematischen Art und Weise darzustellen.[349] Die Leitidee ist dabei, einen gänzlich neuen Aspekt des mittelalterlichen Raumverständnisses aufzuzeigen: Die *Mappaemundi* stehen demnach repräsentativ für eine geordnete Weltsicht, die auf elementar-geometrischer Grundlage die Prinzipien der Abbildung der Erde mit den Prämissen der Schöpfung in Beziehung setzen. Das Konstruktionsprinzip basiert auf den Referenzorten Karthago, Konstantinopel, Alexandria und Jerusalem, woraus durch die Verbindungslinien Karthago-Alexandria und Konstantinopel-Jerusalem ein Basisdreieck (gleichseitiges Dreieck) konstruiert werden kann. Um den Mittelpunkt des Basisdreiecks werden verschiedene konzentrische Kreise geschlagen, und zudem gehen 24 Strahlen in gleichen Abständen davon ab.[350] Diese darstellende Geometrie basiert also auf den einfachen Formen aus Kreisen und Strahlen, die von einem gemeinsamen Mittelpunkt ausgehen.[351] Anhand dieser Grundstruktur soll die Karte weiter ergänzt worden sein, womit ein «persön-

348 Woodward (1987). Medieval Mappaemundi. S. 54ff

349 Englisch geht davon aus, dass die mittelalterlichen Weltkarten einem systematischen, rationalen Konstruktionsprinzip unterliegen, wobei sich der Ordnungsanspruch durch die «Form und Zahl» manifestiere. Durch dieses Konstruktionsprinzip wird entgegen der vorherrschenden Meinung die Position vertreten, dass die *Mappaemundi* nicht nur auf schematischen Darstellungen aufbauen, sondern es werde aufgrund einer geometrischen Konstruktion die göttliche Ordnung repräsentiert. Es würde eine innere Struktur der Weltkarte vorherrschen, die die Erde als «ordentlichen» Teil der göttlichen Schöpfung legitimiere.

350 Anhand einer klaren Anleitung erklärt Englisch, wie das Grundgerüst zu konstruieren ist: Ein Achsenkreuz wird eingezeichnet, ein Kreis wird um dessen Mittelpunkt konstruiert, der Radius wird auf dem Kreisbogen abgetragen, ein gleichschenkliges Dreieck wird konstruiert, die vom Mittelpunkt ausgehenden Strahlen werden eingezeichnet, die Bildfläche kann durch weitere konzentrische Kreise ergänzt werden. (Schema S. 131) Englisch (2002). Ordo orbis terrae die Weltsicht in den Mappae mundi des frühen und hohen Mittelalters. S. 142–145

351 Die geometrischen Formen (Kreis, Dreieck etc.) gehören im Kontext der mittelalterlichen Symbolik zu Sinnbildern für den dreieinigen Gott, den auferstandenen Christus und die Perfektion der Schöpfung. Die Grundformen der Grundstruktur war also nicht nur als Konstruktionsgrundlage von Bedeutung, sondern widerspiegelten damit gleichzeitig symbolische Motive.

licher Faktor» im Sinne einer persönlichen Ausgestaltung der Weltkarte erreicht werden konnte. Diese individuelle Ausgestaltung wird als Erklärung für die starke Variationsbreite der *Mappaemundi* geltend gemacht, wodurch die darstellende Geometrie entgegen antiker oder auch gegenwärtiger Weltkarten nicht auf den ersten Blick wahrgenommen wird.

In mittelalterlichen Weltkarten sind weder Längen- noch Breitengrade sichtbar. Diese Absenz eines Gradnetzes und damit eines ersichtlichen Koordinatensystems weist schon darauf hin, dass die Relevanz der geometrischen Konstruktion in *Mappaemundi* nicht mehr besonders gross war. Die formale Einteilung der *Mappaemundi* wurde vielmehr durch eine schematische Einteilung vorgenommen. Bei mittelalterlichen Weltkarten wird das Kartenbild nicht in erster Linie durch eine klare Vermessung geprägt, wodurch die Abbildung eines Koordinatennetzes hinfällig wird. Diese Vernachlässigung des Gradnetzes ist nicht auf eine Naivität der Abbildung zurückzuführen, sondern auf die Absicht, die Welt so zu beschreiben, dass sie durch ein einfaches Grundschema im Gedächtnis des Betrachters haftet.[352] Die Ortschaften wurden bei der bildnerischen Ausarbeitung der Weltkarten anhand dieses Grundschemas eingepasst und nicht nach einem Koordinatenprinzip verortet.[353]

Nur vereinzelt ist von einem Koordinatennetz respektive Gradnetz und der damit verbundenen Relevanz der Geometrie in *Mappaemundi* die Rede: Nach dem Erklärungsmodell von Englisch[354] bauen die *Mappaemundi* auf konstruktiven Prinzipien auf, wobei deren Struktur als Gitternetz verstanden werden kann.[355] Das heisst, während wir aus der Perspektive der modernen Geographie von einem Gradnetz ausgehen, das rechtwinklig angeordnet ist, bezieht sich das mittelalterliche Gitternetzt auf einen gemeinsamen Mittelpunkt, dessen Strahlen in gleichem Abstand davon abgehen.[356] Englisch geht sogar noch weiter und bezeichnet das Grundschema als Koordinatennetz, das grundsätzlich jeder *Mappamundi* zugrunde liegen würde,[357] wobei zwar das Kartenbild der Weltkarte variiert, nicht aber das zugrundeliegende Koordinatennetz. Die Variation des Kartenbildes sind nur systemimmanente Modifikationen, wobei sich die Gestalt immer auf das Grundschema bezieht, das sich an fixen Referenzpunkten orientieren würde.

Der primär abgebildete Gegenstand von mittelalterlichen Weltkarten ist die damals bekannte, bewohnte Welt, die Ökumene – daher werden mittelalterliche Weltkarten auch als Ökumenenkarten bezeichnet. Dieses geografische Gebiet der Ökumenenkarte umfasst meist die drei Kontinente der klassischen alten Welt, also Asien, Europa und Afrika, wobei diese Erdteile durch das Mittelmeer und die Flüsse Don und Nil unterteilt sind. Die Öikumenenkarte projiziert die Geschichten der

352 Cattaneo schreibt weiter, dass die «Frau-Mauro»-Karte auch durch die kreisförmige Aussenform eine «schematische Darstellungsweise» verfolge. Vgl. Englisch (2002). Ordo orbis terrae die Weltsicht in den Mappae mundi des frühen und hohen Mittelalters. S. 83

353 Cattaneo (2011). Fra Mauro's mappa mundi and fifteenth-century Venice. S. 318ff

354 Vgl. oberer Abschnitt.

355 Woodward (1987). Medieval Mappaemundi. S. 139

356 Vgl. das von Englisch vorgeschlagene Konstruktionsprinzip, das oben beschrieben wird.

357 Englisch zeigt das von ihr entwickelte Konstruktionsprinzip an der «Vatikanischen Isidorkarte» auf und projiziert es anschliessend in einer Fallstudie auf 22 verschiedene Mappaemundi, wo sie Abweichungen des Grundrasters als beabsichtigte Intentionen beschreibt.

bewohnten Welt sowie die Geografie der Ökumene in eine Bildfläche. Durch diese synoptische Darstellung von Geografie und Geschichte wird der Zeitfaktor übergangen. Die Ökumenenkarte hat die Aufgabe, Geschichten verschiedener Zeiten darzustellen sowie die Geografie der bewohnten Welt zu illustrieren.[358]

In *Mappaemundi* war die Frage nach der Verortung der Ökumene auf dem Globus nicht von Relevanz. Die Ökumenenkarten gingen von einer fixen Bildfläche aus, wodurch neuentdeckte Gebiete in diesen Raum eingepasst wurden.[359] Man ging vielmehr von einem Grundschema aus, nach dem die bekannte Welt gegliedert und dargestellt wurde. Der unbekannte Teil der Erde war für die christliche Welt nicht von Bedeutung und wurde daher nicht berücksichtigt. Das Grundschema der *Mappaemundi* ist durch eine feste Rahmung abgegrenzt, wodurch der Raum im Bild klar gekennzeichnet ist.[360] Die Kartenfläche ist entgegen der Antike ein Bildausschnitt der Geografie (z. B. Ökumene), sondern eine begrenzte Fläche, die mit geografischer Information versehen werden kann und vom Weltozean umgeben wird. So sind der Kosmos und die irdische Welt formal ganz klar voneinander getrennt dargestellt. Der kreisförmige Umriss der *Mappaemundi* erinnert an die damals bekannte Kugelform der Erde.

Der geometrische Mittelpunkt der meisten Weltkarten fällt mit dem Schnittpunkt des T-Balken und des T-Schaftes zusammen. Meist wurde genau da Jerusalem im Zentrum der Hegemonialmacht platziert. Spätestens seit dem siebten Jahrhundert gilt Jerusalem nicht nur als religiöses, sondern wird mehr und mehr als Zentrum der bewohnten Erde verstanden.[361] In den Schriften der Kreuzfahrer und Pilger wird Jerusalem als Nabel der Welt mehrfach beschrieben. Lediglich in einigen bestimmten Weltkarten weicht das Zentrum leicht von Jerusalem ab (vgl. z. B. vatikanische Isidorkarte, Fra-Mauro-Weltkarte). Die meisten mittelalterlichen Weltkarten sind nach dem Ort des Sonnenaufgangs, also nach Osten ausgerichtet (vgl. z. B. Psalterkarte, Hereford-Weltkarte, Ebstorfer Weltkarte).[362] Nach der biblischen Lehre liegt im Osten das Paradies und Christus fuhr gegen Osten in den Himmel, wonach auch die Weltkarten ausgerichtet wurden. Die Mappaemundi sind jedoch nicht konsequent geostet, als Ausnahmen gelten z. B. die Vatikanische Isidorkarte sowie die Fra-Mauro-Weltkarte (nach Süden ausgerichtet).[363]

Im Mittelalter kommt es zu einer Zersetzung der antiken perspektivischen Idee, bei der von einer neuen zusammenhängenden Räumlichkeit ausgegangen wird.[364] Die kompositorische Logik geht vielmehr von einem Über- und Nebenein-

---

358 Englisch (2002). Ordo orbis terrae die Weltsicht in den Mappae mundi des frühen und hohen Mittelalters. S. 96

359 Brincken (2008). Die Rahmung der "Welt" auf mittelalterlichen Karten. S. 95

360 Von den Brincken beschreibt anhand einiger Beispiele, inwiefern «Ausbruchsversuche aus der Rahmung» stattgefunden haben. «Die grosse Vatikanische Isidor-Karte» beispielsweise erweitert die beschränkte Fläche der Ökumene durch eine ovale Umrandung, welche die abgewandte Kugelseite abbildet. Oder auch die «Die hemisphärische Karte Lamberts von Saint-Omer», der die beiden Kugelseiten in einer runden Bildfläche vereinigte, wobei er links die bekannte Ökumente darstellte und rechts die uns abgewandte Seite der Kugel. Vgl.: Ebd. S. 112–116

361 Vgl. Kapitel: Die Reise zum Mittelpunkt der Erde: Jerusalem oder der Nabel der Welt. S. 95–104. Ebd.

362 Simek (1992). Erde und Kosmos im Mittelalter das Weltbild vor Kolumbus. S. 224–225

363 Van der Brinken listet tabellarisch verschiedene mittelalterliche Weltkarten auf und zeigt auf, wie Jerusalem dargestellt ist, und ob sich Jerusalem im Bildmittelpunkt befindet. Brincken (2008/1999). Jerusalem on medieval mappaemundi: A site both historical and eschatological. S. 702

364 Brincken (2008). Die Rahmung der «Welt» auf mittelalterlichen Karten. S. 272ff

2.2.3 Schema der Ebstorfer Projektion

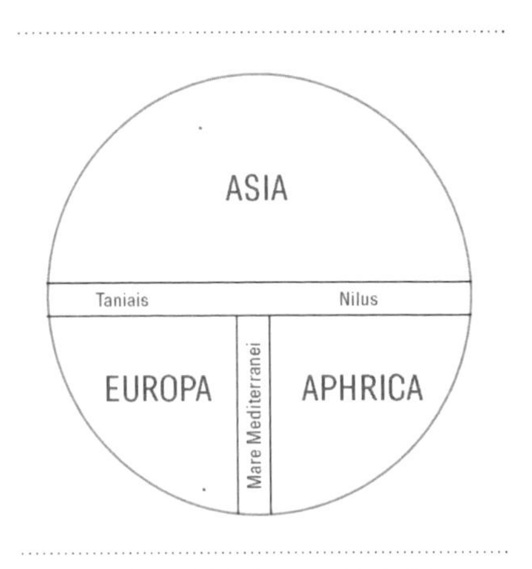

Abb. 16: JMS. T-O-Schema. Nach: Edson, Savage-Smith und Brincken (2005, S. 54)

Die darstellende Geometrie der Ebstorfer Weltkarte referenziert sehr stark auf das T-O Schema, was in einer Aussenlegende der Weltkarte folgendermassen beschrieben wird:

«Der Erdkreis ist in drei Teile unterteilt, nämlich in Asien, Europa und Afrika. Asien allein umfasst die Hälfte der Erde. Europa und Afrika zusammen nehmen die andere Hälfte ein, das Mittelländische Meer teilt sie.»[370]

Das «T» steht für die Gewässer Don, Nil und das Mittelmeer (VGL. ABB. 16), das O beschreibt den kreisrunden Umriss der Karte. Das T-O-Schema ist vorwiegend durch die Anordnung von geophysischen Elementen, wie etwa durch die Gewässer oder die Kontinente, erkennbar. Weitere kartografische Schemata – wie etwa die Zonen- oder Klimakarte – wurden nicht berücksichtigt.[371]

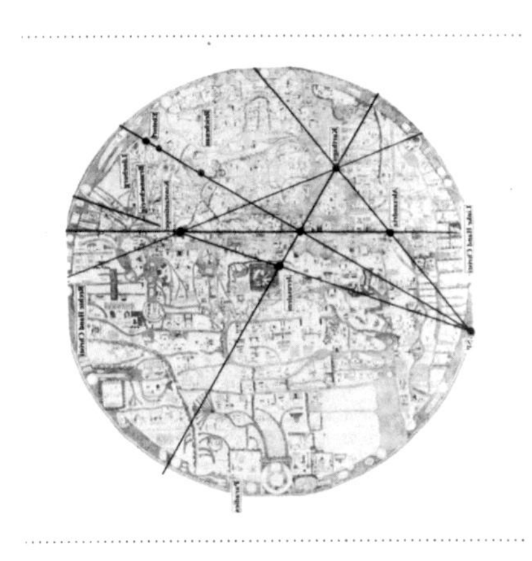

Abb. 17: Basisdreieck in Ebstorfer Weltkarte. Englisch (2002, S.654)

Nach dem Darstellungsprinzip von Englisch verfolgt auch die Ebstorfer Weltkarte das nach Zahl und Mass geordnete Erdbild, welches nach den Prämissen des Rasters der systematischen Erdabbildung erstellt worden ist.[372, 373] Ihr dargelegtes Grundraster verhält sich in der Ebstorfer Weltkarte nach demselben Prinzip wie in der Vatikanischen Isidorkarte, nur sei aufgrund des Grossformates die Weltkarte durch mehrere Zentrumskreise ergänzt worden (VGL. ABB. 17).

Kugler kritisiert die Anwendung dieser «Basiskonstruktion» bezüglich einiger Punkte. Die «Basiskonstruktion» weise ein unspezifisches Dreieck mit den Winkeln 31°, 41° und 108° auf. Kugler kritisiert, dass die Basisorte (Karthago, Alexandria, Jerusalem und Konstantinopel) nach einer solchen Konstruktion eingezeichnet worden wären (VGL. ABB. 18). Es werden auch andere Gegenargumente hinsichtlich einer strukturell-geometrischen Basis-

370 Kugler (2007). Die Ebstorfer Weltkarte: Untersuchungen und Kommentar. S. 15
371 Ebd. S. 65
372 Vgl. Abschnitt: 2.2.1. Schemata der mittelalterlichen darstellenden Geometrie.
373 Wilke (2001). Die Ebstorfer Weltkarte. S. 479ff

konstruktion laut.[374] Es wird hinterfragt, inwiefern das zur «Basiskonstruktion» gehörende Kreisbogensystem zum Orbiskreis steht und warum der unsichtbare Kreismittelpunkt ausgerechnet auf den Peleponnes zu liegen komme. Weiter seien die «Basisorte» auf der Ebstorfer Weltkarte nicht punktförmig, sondern durch relativ grosse Zeichnungen markiert und lassen daher für die Berührungspunkte (für die Konstruktion des Basisdreiecks) relativ viel Spielraum. Von diesem Spielraum müsse gerade in der Ebstorfer Weltkarte auch Gebrauch gemacht werden, da sich sonst kein «Basisdreieck» hätte konstruieren lassen.

Das Grundraster respektive Grundschema ist in der Ebstorfer Weltkarte nicht etwa durch Konstruktionslinien ersichtlich, wie wir es in gegenwärtigen Weltkarten durch das Gradnetz gewohnt sind. Das Kartenschema ist lediglich über das Kartenbild erkennbar. Kugler beschreibt weiter, dass bei der Anlage des Kartenbildes zunächst etliche Hilfslinien über die Pergamentfläche gezogen wurden, wobei die Himmelsrichtungen sowie die Umrisslinien der Kontinente und der Meere festgelegt worden sind.[375, 376]

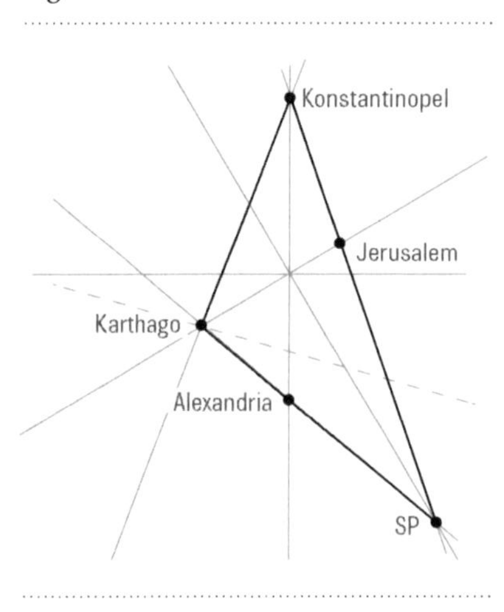

Abb. 18: JMS. Basisdreieck von Englisch, Nach: Englisch (2002, S.480)

Wie in den meisten *Mappaemundi* liegt der geometrische Mittelpunkt der Ebstorfer Weltkarte in Jerusalem.[377] Dieser Mittelpunkt ist in der Ebstorfer Weltkarte auf den ersten Blick ersichtlich und nicht nur durch die genaue Positionierung in der Bildmitte, sondern auch durch die signifikante Symbolik besonders augenfällig. Die Auferstehung Christi ist inmitten quadratisch geschlossener Stadtmauern abgebildet. Diese Fläche hebt sich durch ihre Farbgebung klar vom Grundton der Karte ab, womit das christliche Hegemonialzentrum herausgestrichen wird. Durch diese prominente Darstellung Jerusalems wird die Vorrangstellung gegenüber jedem anderen Ort auf der Weltscheibe klar ausgezeichnet. Christus entsteigt seinem Sarg, wobei sein Kopf nach Süden und seine Flüsse nach Norden weisen.[378] Der Sarkophag ist umgeben von zwei Wächtern und verschiedenen Legenden, welche die abgebildete Auferstehung Christis beschreiben.

Die Ebstorfer Weltkarte unterliegt hinsichtlich der Ausrichtung den Konventionen des Hochmittelalters. Die Karte ist geostet.

374 Hegenboss-Dürkop (1991). Jerusalem – Das Zentrum der Ebstorf-Karte. S. 28

375 Englisch (2002). Ordo orbis terrae die Weltsicht in den Mappae mundi des frühen und hohen Mittelalters. S. 16.

376 Kugler beschreibt weiter, wie genau das Grundschema konstruiert wurde: In einem ersten Schritt wird das Achsenkreuz eingezeichnet, dann die Aussenränder Ost, West, Nord und Süd markiert, deren Schnittpunkt den Kartenmittelpunkt (Jerusalem) bildet. Weiter wurden um diesen Mittelpunkt zwei Kreisbogen geschlagen, aus denen sich das Band für den sich rings um die Erde erstreckenden Ozean ergibt. Kugler (2007). Die Ebstorfer Weltkarte: Untersuchungen und Kommentar.

377 Von den Brincken vergleicht die Position von Jerusalem in verschiedenen Mappaemundi und hält tabellarisch fest, mit welchem Symbol Jerusalem dargestellt wird. Vlg. Ebd. S. 701–703

378 Brincken (2008/1999). Jerusalem on medieval mappaemundi: A site both historical and eschatological. S. 205–222

2.2.4 Mittelalterliche Darstellungskonventionen tabellarisch

In der folgenden Tabelle werden die *Mappaemundi* und ihre Darstellungskonventionen hinsichtlich einiger eben besprochenen Aspekte stichwortartig aufgelistet. Es ist klar, dass diese stichwortartige Darstellung der Konventionen nur durch eine starke Pauschalisierung erreicht werden konnte. Daher erhebt diese Matrix keinen Anspruch auf die Charakterisierung jeder Weltkarte in der entsprechenden Epoche, sondern zeichnet lediglich eine Tendenz ab.

PROJEKTION paradigmatischer Begriff	**PROJEKTION** Beschreibung geometrische Projektion	**GRADNETZ**	**GEOGRAFIE**	**MITTELPUNKT, AUSRICHTUNG** konstruktiv	**RAUM-KONSTRUKTION** Perspektive konstruktiv
MITTELALTER allgemein					
Schematische Darstellung	Verschiedene Schemata zur Gliederung der Bildproportion: Zonenkarten: (Macrobius) T-O-Schema: (Isidor von Sevilla) «Transitionale Weltkarte» Viergeteilte Weltkarte	Kein Gradnetz sichtbar	Ökumene — Drei Kontinente der klassischen Welt: Asien, Europa, Afrika	Mittelpunkt: Vorwiegend Jerusalem — Ausrichtung: Meist nach Osten	Über- und Nebeneinander, keine Anwendung der Perspektive
MITTELALTER Ebstorfer Weltkarte					
Schematische Darstellung	Gliederung durch T-O-Schema	Kein Gradnetz sichtbar	Ökumene	Mittelpunkt: Jerusalem — Ausrichtung: Osten	Über- und Nebeneinander, keine Anwendung der Perspektive

2.3 Renaissance: Mathematische Weltkarten

In der kartografischen Renaissance (ab ca. 1470) werden die Darstellungskonventionen in Weltkarten mehr und mehr von *Projektionen* in heutigem Sinn bestimmt. Darstellungsprinzipien der mittelalterlichen allegorischen *Mappaemundi* werden verdrängt, metrische Weltkarten nehmen stattdessen ihren Platz ein, und greifen auf Darstellungskonventionen der Antike zurück. Die Rezeption der antiken Geografie in der Renaissance geschieht hauptsächlich hinsichtlich mathematischer Aspekte, die Weltkarten zugrunde liegen. Dies führt zu mathematischen Darstellungsmodi, die in heutigem Sinne Projektionen entsprechen, die mittels Grundraster respektive einem Koordinatensystem visualisiert werden und die Weltkarte in verschiedene Einheiten unterteilen.[379] In der Renaissance hat sich der Begriff der «mathematischen Kartografie», der auch die Projektionslehre umfasst, parallel zur Etablierung der Mathematik entwickelt. Der Bedarf an Projektionen, die auf einer mathematischen Grundlage aufbauen, ist drastisch gestiegen. Dabei werden zwei Absichten verfolgt: zum einen benutzte man eine *Projektion* um den Globus auf einer zweidimensionalen Ebene abzubilden, zum anderen wurden *Projektionen* für bestimmte Informationsabbildungen entworfen, wie z. B. die Merkatorprojektion für die Schifffahrt.[380]

Die Fra-Mauro-Weltkarte aus dem Jahre 1459 gilt als eine der letzten *Mappaemundi*, bei der sich die Abkehr der mittelalterlichen Konventionen hinsichtlich einiger Aspekte deutlich abzeichnet, so z. B. ist die Weltkarte nicht mehr gegen Osten sondern gegen Süden ausgerichtet.[381] Durch die Wiederaufnahme der antiken Literatur wurde die ptolemäische Geographie in der zweiten Hälfte des fünfzehnten Jahrhunderts ein Standardwerk der Renaissance. Davon beeinflusst waren Ringmann und Waldseemüller, die 1507 mit der *Cosmographiae Introductio* und der dazugehörigen Weltkarte die ptolemäische Lehre erweiterten. Gerardus Mercators (1512–1594) Werk umfasst verschiedene Globen, Karten und Atlanten,[382] die immensen Einfluss auf die Nachwelt hatten. 1569 produzierte Merkator eine Weltkarte mit einer neuen Projektion – der Merkatorprojektion, die bis heute einige Weltkarten bestimmt. Weiter entwarf er Doppelte-Hemisphäre-Weltkarten sowie verschiedene regionale Karten. Der 1570 von Abraham Ortelius (1527–1598) veröffentlichten Atlas wurde zum Standardwerk der Renaissance und vielfach kopiert, wodurch er eine immense Verbreitung erfuhr.[383]

2.3.1 Mathematik der darstellenden Geometrie der Renaissance

In der Renaissance wurde den Projektionen den Sinn zugeschrieben, der ihnen bis heute geblieben ist. Die Projektion ist eine mathematisch definierbare Regel, welche die Transformation von der dreidimensionalen Kugeloberfläche in eine zweidimensionale Fläche ermöglicht. Dabei werden Referenzpunkte auf der Kugeloberfläche in Beziehung zu einem Gradnetz gebracht und in einer Ebene abgebildet.

---

379 Vgl. «The Study of the ‹mathematical› Problems in the Geography». Kugler (2007). Die Ebstorfer Weltkarte: Untersuchungen und Kommentar. S. 336–33

380 Dalché (1987). The Reception of Ptolemy's Geography. S. 3ff

381 Schneider (2012). Die Macht der Karten eine Geschichte der Kartographie vom Mittelalter bis heute. S. 15–16

382 Mercator prägte den Begriff «Atlas» durch sein Werk: Atlas sive Cosmographicae Meditationes de Fabrica Mundi et Fabricati Figura (Atlas oder kosmografische Meditationen über die Schöpfung der Welt und die Form der Schöpfung), das sein Sohn Rumbold einige Jahre nach Mercators Tod publizierte. Dieser Atlas ist nun bekannt als Mercator Atlas. Snyder (1993). Flattening the Earth: Two Thousand Years of Map Projections. S. 126–129

383 Short (2003). The world through maps a history of cartography. S. 122–125

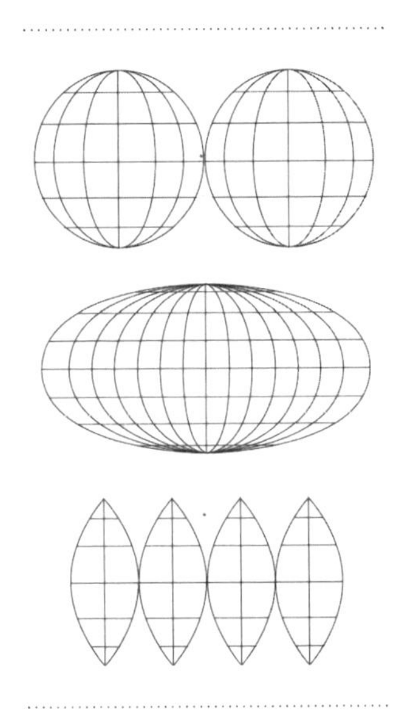

Abb. 19: Three Ways of expanding the World. Snyder (1987, S. 366)

Die Renaissance-Kartografie wird aus der heutigen Perspektive als die Zeit des grossen Fortschritts erachtet, der sich u. a. durch die Präzisierung der Lokalisierung von Ortschaften, der Vermessung der Geophysik und der Beschreibung von Naturgegebenheiten abzeichnet.[384] Bei der Entwicklung der Kartografie der Renaissance spielt die Wiedergeburt der Raumwahrnehmung der Antike eine wichtige Rolle. Dabei ist die Rezeption dieser Schriften und somit auch der ptolemäischen darstellenden Geometrie prägend für die Weltkarten der frühen Neuzeit.[385] Nach einem Millennium, in dem die Projektionen in Vergessenheit gerieten, beruhte die darstellende Geometrie der Renaissance wieder auf der antiken isotropen und homogenen Raumwahrnehmung, die auf einem Gradnetz respektive Koordinatensystem gründet. Die Erscheinung der Welt änderte sich mit der Entwicklung von Projektionen, zumal die Zeit der Entdeckung einige neue Anforderungen an Weltkarten stellte: 1. Die Weltkarten sollte die wachsende Grösse der Erdgeographie fassen können, 2. sollten sie eine hohe geografische Präzision aufweisen und 3. für bestimmte Anwendungszwecke einsetzbar sein, wie z. B. für die Seefahrt.[386]

Die Abbildung der darstellenden Geometrie mittels Projektion gewann an enormer Bedeutung, wonach sich verschiedene Projektionen entwickelten, die sich folgendermassen gliedern lassen:

Drei Projektionstypen sind bezeichnend für diese Epoche: 1. Die Welt war in zwei Hemisphären abgebildet, 2. Die Welt war geometrisch in eine zusammenhängende geometrische Figur projiziert, oder 3. Die Welt ist in verschiedenen keilförmigen Teilen dargestellt (VGL. ABB. 19). Im Gegensatz zu den antiken Weltkarten versuchten die Renaissance-Weltkarten, die ganze Welt und nicht nur die Ökumene abzubilden. Obwohl die Projektion der Renaissance der ptolemäischen antiken Projektion vom Prinzip her sehr nahe kommt, sind bedeutsame Unterschiede auszumachen. Vergleicht man beispielsweise eine in der Renaissance gängige doppelte Hemisphäre-Weltkarte mit der ptolemäischen Projektion, wird klar, dass die ptolemäische Weltkarte von einem Ausgangspunkt die damals bekannte Welt mithilfe einer Projektion zu erfassen versucht. Die Projektion der doppelten Hemisphäre-Weltkarte hingegen stellte eine schematische Grundlage dar, anhand derer die ganzheitliche Erdgeographie dargestellt werden kann. Diese beiden Darstellungsprinzipien sind grundsätzlich anderer Natur; die eine verortet verschiedene geografische Orte, woraus ein Ganzes entsteht, erfasst das Ganze und lokalisiert darin die verschiedenen Orte – sie schliesst vom Allgemeinen auf das Besondere.

384 Akerman (2007). Maps – finding our place in the world. S. 6ff

385 Woodward (1987). Cartography and the Renaissance: Continuity and Change.

386 Vgl. Kapitel: Cosmographies and the Development of Projections. S. 30–31. Riffenburgh und Royal Geographical Society (Great Britain) (2011). The men who mapped the world the treasures of cartography.

Dic Gruppe des Projektionstypus 1. umfasst beispielsweise die einflussreiche Mercatorprojektion, die in der Renaissance weite Verbreitung erlangte. Sie ist eine einflussreiche Projektion, deren Darstellungskonventionen unsere Vorstellung von Grösse, Lage und Form der Welt bis in die heutige Zeit prägte.[387] Die von Mercator entwickelte darstellende Geometrie ist für die Seefahrt entwickelt worden, wobei sie die Navigation und Positionsbestimmung auf hoher See ermöglichte. Die Mercatorprojektion ist eine winkeltreue Zylinderprojektion, Längen- und Breitengrade sind als gerade Linien abgebildet. Die Flächentreue ist keineswegs gewährleistet, der Faktor der Skalierung ändert sich von Punkt zu Punkt. Dies führt zu enormen Verzerrungen der Randregionen.[388]

Entgegen dem dreizehnten und vierzehnten Jahrhundert, wo die Darstellung des Gradnetzes in terrestrischen Weltkarten ganz ausblieb, wurde in der Renaissance mit der Wiederentdeckung der ptolemäischen Schriften das Gradnetz in Karten wieder angewendet.[389] Weltkarten liegen geometrisch konstruierte *Projektionen* zugrunde, die durch das Gradnetz respektive durch Längen- und Breitengrade die Bildebene in verschiedene Einheiten unterteilen. Grundsätzlich war ein vermehrtes Interesse an der Mathematisierung der Weltkarten entstanden, die durch das Gradnetz visuell zum Ausdruck gebracht wurde. In der Kartografie sowie in den bildenden Künsten erreicht die vermehrte Anwendung eines Gradnetzes respektive Grundrasters eine Raumwahrnehmung, nach der der Raum geometrisch und homogen eingeteilt wurde.[390] Das Gradnetz der damals neuen Merkatorprojektion beispielsweise zeichnet sich dadurch aus, dass die Meridiane die Breitenlinien immer in demselben Winkel schneiden, wodurch die Orientierung auf hoher See gewährleistet werden konnte. Auch die Mehrheit der Karten in Orteliu's *Theatrum* sind mit Längen- und Bereitenlinien versehen.[391]

Das geografische Wissen erweiterte sich mit der Entdeckung *Americas* schlagartig. Mit der Vermessung der Erde stieg das Bewusstsein über die «Terra Incognita».[392] Man unterteilte die Erde in verschiedene Teile: die «alte Welt», also die damals bekannte Welt, und die «neue Welt», womit vorwiegend der vierte Kontinent *America* gemeint ist. Es war der Genuese Christoph Columbus, der den vermeintlichen westlichen Seeweg nach Indien festhielt, der sich später als neuer Kontinent Amerika herausstellte. Sein italienischer Landsmann Amerigo Vespucci berichtete nach seiner dritten transatlantischen Reise in dem sogenannten Mundus-Novus-Brief von der entdeckten Neuen Welt.[393] Die Geografie wurde stetig genauer vermessen, der leere Raum wollte beherrscht werden. Die Vermessung und Beschreibung der Geografie war eine notwendige Voraussetzung für die portugiesischen und spanischen Expeditionen, die Schifffahrt und die Ausweitung des Seehandels.[394]

387 Snyder und Voxland (1989). An album of map projections. S. 10
388 Stirnemann (2011). Projektion – die Grundlage zur Darstellung der Erdoberfläche S. 16
389 Woodward (1987). Cartography and the Renaissance: Continuity and Change. S. 12ff
390 Ebd. S. 336
391 Dalché (1987). The Reception of Ptolemy's Geography. S. 122–125
392 Short (2003). The world through maps a history of cartography. S. 6
393 Woodward (1987). Cartography and the Renaissance: Continuity and Change. S. 14–18
394 Lehmann, Ringmann und Waldseemüller (2010). Die Cosmographiae Introductio Matthias Ringmanns und die Weltkarte Martin Waldseemüllers aus dem Jahre 1507 ein Meilenstein frühneuzeitlicher Kartographie. S. 69

Um die Erde vollständig abzubilden, strebte die Renaissance nach der Visualisierung der ganzen Welt, nicht nur einem Gebietsausschnitt, z. B. der Ökumene. Die neuen Projektionen für Weltkarten umfassen nun die ganze Geografie. Die antike ptolemäische Projektion wurde so modifiziert, dass unter anderem die 180°-Darstellung auf eine 360°-Darstellung angepasst und mit entsprechenden Breiten- und Längengraden ergänzt wurde.[395] Die Weltkarten der Moderne fokussieren klar auf das Abbild des ganzen Globus, der als einheitlicher und organisierter Raum dargestellt wird. Die neue darstellende Geometrie der Renaissance impliziert die Gesamtheit der Erdoberfläche. Durch Längen- und Breitengrade wird die Endlichkeit der Fläche genau beschrieben. Im Gegensatz zum Mittelalter, wo sich die Weltkarten durch das Hinzufügen verschiedener Ortschaften formal stetig änderten, ging man in der Renaissance von einer Gesamtheit aus, wobei neue Ortschaften an der geografisch korrekten Lage eingefügt werden konnten. Seit daher ist die Platzierung der Ortschaften nicht mehr durch ihre soziokulturelle Bedeutung, sondern durch ihre geografische Lage bestimmt, die durch das Grundraster erkennbar wird.

Die Frage nach dem im Bildmittelpunkt abgebildeten geografischen Gebiet in Renaissance-Weltkarten ist nicht eindeutig zu beantworten:[396] bei den verschiedenen Projektionsarten zeigen sich verschiedene geografische Gebiete im Bildmittelpunkt ab. In «Doppelten-Hemisphären-Weltkarten» beispielsweise ist die horizontale Mitte durch den Äquator bestimmt, der vertikale Mittelpunkt liegt jedoch zwischen der «alten» und der «neuen Welt» (sprich irgendwo im Atlantik). Ist die Welt jedoch in einer zusammenhängenden, geometrischen Projektion abgebildet, wird der Nordhalbkugel meist mehr Platz eingeräumt, wonach der geografische Bildmittelpunkt unterhalb der horizontalen Bildmitte abgebildet wird (vgl. Waldseemüller Weltkarte). Die Zentrierung der Weltkarten orientierte sich stark an der antiken Geographie. Mit der Rezeption der antiken Schriften lebten in der Renaissance viele antike bildkompositorische Eigenschaften wieder auf. Der geografische Ausgangspunkt lag auf Vorderasien, woraus sich die formale Struktur der Projektionen weiterentwickelte. Die Waldseemüller Weltkarte zeigt diese Weiterentwicklung beispielhaft auf: Die vertikale Ausdehnung der Projektion, sprich von 180° auf 360° geschah symmetrisch (also auf der Ost- und Westseite je 90°), so dass sich das geografische Zentrum kaum in der vertikalen Bildmitte verschiebt. Die Nord-Süd-Ausdehnung der Projektion, wird von 63°N zu 90°N und von 16°S zu 40°S erweitert, also eine nördliche Ergänzung von 27° und eine südlichen Ergänzung von 24°. Die Nord-Süd-Ausdehnung wird entgegen der Längenausdehnung jedoch formal nicht gleich symmetrisch vorgenommen, die Nord-Hemisphäre wird in der Waldseemüller Weltkarte wesentlich prominenter dargestellt. Grundsätzlich zeichnen sich Konventionen der darstellenden Geometrie hinsichtlich des Bildmittelpunktes dadurch ab, dass mehr und mehr eine Zuwendung zu einer eurozentrischen Perspektive stattfand. Weiter ist die Bestimmung des im Bildmittelpunkt dargestellten geografischen Gebietes Ausgangspunkt zur Vermessung und Entdeckung der Geografie. Die Ausrichtung standardisiert sich nach Nord-Süd.

395 Zurawski (2014). Raum – Weltbild – Kontrolle Raumvorstellungen als Grundlage gesellschaftlicher Ordnung und ihrer Überwachung. S. 369

396 Vereinzelt treten in der Renaissance auch polständige Weltkarten auf (meist in Doppelten-Hemisphären-Weltkarten), die hinsichtlich des im Bildmittelpunkt abgebildeten Gebiets an dieser Stelle nicht berücksichtigt werden.

Die Erfindung der Zentralperspektive in der Frührenaissance galt als bedeutsamer Umbruch. Die Entdeckung der Zentralperspektive kann bereits als Wiederentdeckung auf das Spätmittelalter zurückgeführt werden. In der Frührenaissance führte die florentinische Malerei mit Giotto im 13. Jahrhundert eine Wende der Malpraxis ein, wobei vorerst von einer intuitiven Perspektive die Rede war. Giotto bezog architektonische Prinzipien auf die Darstellung von Figuren, indem er diese kastenartig umfasste. So setzte er seinen ganzen Bildraum aus Raumkästen zusammen, die jedoch noch keine Kontinuität bildeten.[397] Ambrogio und Pietro Lorenzetti gingen noch einen Schritt weiter: sie führten die Raumkontinuität und den einheitlichen Fluchtpunkt in Teilebenen von Gemälden ein.[398] Das Gemälde konnte also multiple Perspektiven beinhalten; es konnte beispielsweise eine Fluchtpunktperspektive am Boden angewendet werden, während im oberen Bildteil verschiedene Orthogonalen auf eine Fluchtachse zuliefen (Parallelprojektion). Diese sienesische Malerei knüpft an die «Näherungskonstruktion» der Antike an. Gleichzeitig ist sie sinnbildlich für den Übergang vom Mittelalter zur Renaissance, da sich die mittelalterliche multiperspektivische Malerei hin zu einer perspektivischen Konstruktion mit nur einem Fluchtpunkt hinbewegt. Cennino Cennini hielt die visuelle Raumwahrnehmung auf der Bildebene und die damit verbundenen Ansätze zur Perspektive als erster in seinem Libro dell'arte fest. In der Renaissance galten Filippo Brunelleschi (1377–1446) und Leon Battista Alberti (1404–1472) als Entdecker der Zentralperspektive, das heisst der linearen geometrischen Projektion des dreidimensionalen Raumes auf die zweidimensionale Bildebene. Auf Brunelleschi wird der «spezielle Fall einer Projektion» zurückgeführt, wobei es ihm gelang diese neuen Konstruktionsprinzipien anzuwenden.[399] Schriftlich festgehalten wurden die neuen Konstruktionsprinzipien von Leone Battista Alberti in seiner Schrift Della Pittura im Jahre 1435. Nach Brunelleschi und auch Alberti war das Bild ein Schnitt durch eine Sehpyramide, dessen Sehstrahlen im Auge konvergieren.

Analog zum Aufkommen der Perspektive in den bildenden Künsten entwickelte sich die Projektion als ein mathematisch exaktes planiperspektivisches Verfahren zur Darstellung von Weltkarten. Wo in den Bildenden Künsten die Fluchtpunktperspektive einige Darstellungskonventionen zu bestimmen beginnt, wird in der Kartografie die Projektion als Mittel zur Darstellung von Weltkarten eingesetzt, wonach die Weltkarten nach projektiv-geometrischen Verfahren konstruiert werden.[400]

> «Die Projektion von Orten im dreidimensionalen Raum auf die zweidimensionale Bildebene wurde auch in der Kartographie angewandt. Das antike Vorbild war die Geographia von Ptolemäus. Die Schrift wurde um 1400 in Konstantinopel gefunden und nach Florenz gebracht, zwischen 1406 und 1409 ins Lateinische übersetzt und über Westeuropa verbreitet. Florenz entwickelte sich in der Folge zu einem Zentrum der Kartographie.»[401]

---

397 Dubois (2010). Zentralperspektive in der florentinischen Kunstpraxis des 15. Jahrhunderts. S. 13

398 Ein frühes Beispiel Lorenzettis ist das Gemälde Präsentation Christi im Tempel (1342) oder auch der Verkündigung (1344)

399 Bering und Rooch (2008). Raum: Gestaltung, Wahrnehmung, Wirklichkeitskonstruktion. S. 281

400 Snyder (1987). Map Projections in the Renaissance. S. 279–287

401 Dubois (2010). Zentralperspektive in der florentinischen Kunstpraxis des 15. Jahrhunderts. S. 19

Der Fluchtpunkt ist in Weltkarten mit dem Berührungspunkt respektive der Berührungslinie also vergleichbar. Das Koordinatensystem unterstützt die Einteilung der Kartenebene, anhand dessen die Globusoberfläche und entsprechend einzelne geophysische Elemente verortet werden können. Mit der Entwicklung der mathematischen Projektion – und analog der Entwicklung der Perspektive in den Bildenden Künsten – ist die Darstellung von Raum endgültig rationalisiert worden.

2.3.2 Waldseemüller Weltkarte

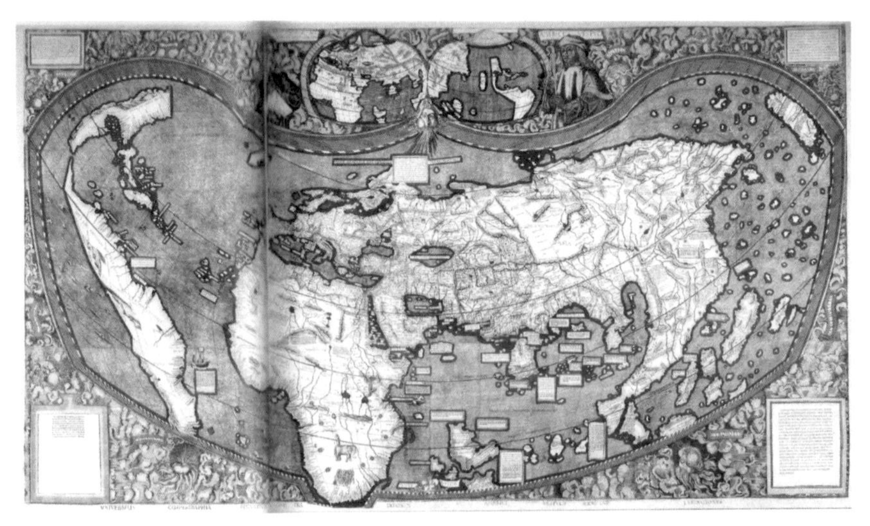

Abb. 20: Waldseemüller Weltkarte. In: Schneider (2012, S. 34-35)

Im Anschluss an die oben geschilderten allgemeinen Ausführungen zur darstellenden Geometrie in der Renaissance, soll nun auf die darstellende Geometrie der Waldseemüller Weltkarte als Beispiel genauer eingegangen werden (VGL. ABB. 20). In der Neuzeit sind einige Weltkarten – analog zu den Projektionstypen – entstanden, anhand deren sich Darstellungskonventionen ablesen lassen, die sich mittels verschiedener Beispiele aufzeigen liessen. Zum Beispiel anhand einer doppelten Hemisphären-Weltkarte aus Mercators Atlas, einer Typus Orbis Terrarum (Abraham Ortelius' Weltkarte), welche die Welt in einer zusammenhängenden geometrischen Figur darstellt oder an der Waldsemüller-Segmentkarte, welche die Welt in verschiedenen keilförmigen Teilen abbildet. Der Fokus wird hier auf die Waldseemüller Weltkarte (1507) gelenkt, da über die darstellende Geometrie verschiedene Aspekte der Renaissance aufzeigt werden können. Die Waldseemüller Weltkarte gilt als kartografisches Zeugnis der neuen Welt, da sie als erste Karte den neu entdeckten Kontinent Amerika – den vierten Kontinent – einzeichnete. Diese räumliche Ausdehnung ist klar über die Darstellung der Projektion erkennbar und soll nachkommend aufgezeigt werden.

Genauere Informationen zur Waldseemüller Weltkarte, zur ihrer Überlieferung und zum historischen Kontext ist im 2. Kapitel: Weltkarten und Weltanschauungen, im Abschnitt: 1.3.2. Die Waldseemüller Weltkarte zu finden.

2.3.3 Mathematik der Waldseemüller Projektion

Diese Karte beruht auf der darstellenden Geometrie von Ptolemäus und zeugt daher vom wiederkehrenden Einfluss der antiken Geographie in der Frühen Neuzeit. Die der Waldseemüller Weltkarte zugrunde liegende Projektion ist eine modifizierte Form der zweiten ptolemäischen Projektion (VGL. ABB. 21). Ein erster entscheidender Unterschied zum Entwurf des Ptolemäus besteht lediglich in der Ausdehnung des dargestellten Bereiches.[402] Waldseemüller hat die ptolemäische Projektion bis auf 90° nördlicher Breite (63° bei Ptolemäus) und ca. 40° südlicher Breite (ca. 16° bei Ptolemäus) erweitert, wodurch die kugelförmige Erde noch besser wiedergegeben wird. In einem zweiten Schritt wird die Längenausdehnung auf 360° ausgedehnt (nur 180° bei Ptolemäus), wobei die ganze Kugeloberfläche an einem Stück dargestellt wird. Diese Modifikation ist von besonderer Relevanz, denn zum einen kann innerhalb der Weltkarte eine Gegenüberstellung der Alten sowie der Neuen Welt geschehen. Dem neu entdeckten Kontinent *America* wird ein klarer Platz auf der Bildebene zugewiesen, der sich bis in die heutigen europäischen Weltkarten gehalten hat. Zum anderen geht Waldseemüller von der ganzen Kugeloberfläche aus, die in einer Ansicht dargestellt wird. Der Gedanke der Projektion, also der Abbildung der Kugeloberfläche in einer Ebene, wird konsequent verfolgt.

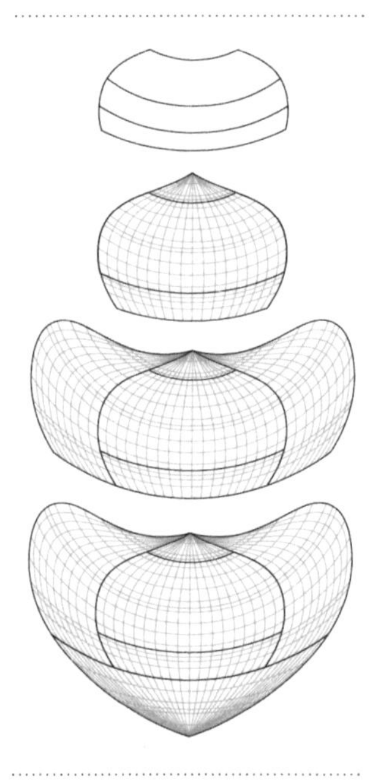

Abb. 21: Three Ways of expanding the World. Snyder (1987, S. 366)

Grundsätzlich repräsentieren Waldseemüller und Ringmann das Gradnetz der zweiten ptolemäischen Projektion. Das Gradnetz ist jedoch nicht nur durch die Längenausdehnung auf 360° und die Nord-Süd-Ausdehnung erweitert. Waldseemüllers Längen- und Breitengrade sind in regelmässigen Abständen dargestellt, während in der ptolemäischen Projektion die Breitengrade mehr und mehr gedrängt abgebildet sind, je weiter sie vom Äquator entfernt sind.[403]

Die Entdeckung der «Neuen Welt» ist in der Waldseemüller Weltkarte von besonderer Bedeutung, denn zum einen wird der neue Kontinent zum ersten mal nachweislich mit «America» beschriftet – die Waldseemüller Weltkarte gab Amerika also seinen Namen –, zum anderen vereinigt die Weltkarte die aus der Antike überkommene formale Bildkompositionen (ptolemäische Projektion) mit der neuen geografischen Ausgangslage, indem sie die ptolemäische Projektion modifiziert. Durch die Ausdehnung der Erdgeographie und der Anpassung der Län-

402 Lehmann, Ringmann und Waldseemüller (2010). Die Cosmographiae Introductio Matthias Ringmanns und die Weltkarte Martin Waldseemüllers aus dem Jahre 1507 ein Meilenstein frühneuzeitlicher Kartographie. S. 110–112

403 Vgl. Kapitel «The Theory of Parallels on the Earth»: S. 89–91. Ebd.

genausdehnung der Projektion konnten neue Gebiete kartografisch festgehalten werden, was in der Waldseemüller Weltkarte durch «America» beispielhaft exemplifiziert wird. Es war die erste Weltkarte, in der Amerika von Wasser umgeben dargestellt wird und die westliche Hemisphäre in etwa nach der heutigen Vorstellung dargestellt wird.[404]

Der Mittelpunkt der Weltkarte von Waldseemüller liegt gleich wie bei der ptolemäische Projektion auf dem gerade dargestellten, mittleren Meridian, der durch Vorderasien führt. Dabei ist – wie auch bei Ptolemäus – zu beachten, dass nur der vertikale Mittelpunkt der Projektion, nicht aber der horizontale Mittelpunkt der Projektion mit dem Bildmittelpunkt korrespondiert, d.h die geografische Bildmitte der Projektion liegt unterhalb der horizontalen Bildmitte des Bildformates. Das im Bildmittelpunkt abgebildete Gebiet ist der Arabische Golf.[405] Die Nord-Hemisphäre ist flächenmässig grosszügiger dargestellt. Die Waldseemüller Weltkarte repräsentiert die Konvention, der die meisten Weltkarten der Neuzeit unterliegen. Sie ist nach Norden ausgerichtet.

404 Waldseemüller und Hessler (2008). The naming of America Martin Waldseemüller's 1507 world map and the «Cosmographiae introductio». S. 139

405 Lester (2010). Der vierte Kontinent : wie eine Karte die Welt veränderte. S. 66–69

2.3.4 Darstellungskonventionen der Renaissance tabellarisch

In der folgenden Tabelle werden die Renaissance-Weltkarten und ihre Darstellungskonventionen hinsichtlich einiger eben besprochenen Aspekte stichwortartig aufgelistet. Diese tabellarische, stichwortartige Auflistung konnte nur durch eine starke Pauschalisierung der Konventionen erreicht werden. Daher erhebt diese Matrix keinen Anspruch auf Allgemeingültigkeit, d.h. die Charakterisierung trifft nicht auf jede Weltkarte in der entsprechenden Epoche zu, sondern zeichnet lediglich eine Tendenz ab.

<table>
<tr><th>PROJEKTION
paradigmatischer Begriff</th><th>PROJEKTION
Beschreibung geometrische Projektion</th><th>GRADNETZ</th><th>GEOGRAFIE</th><th>MITTELPUNKT, AUSRICHTUNG
konstruktiv</th><th>RAUM-KONSTRUKTION
Perspektive konstruktiv</th></tr>
<tr><td colspan="6">RENAISSANCE allgemein</td></tr>
<tr><td>Mathematische Darstellung</td><td>Bildproportionen in Weltkarten sind durch Projektionen bestimmt
—
Drei bezeichnende Projektionstypen:
1. Die Weltkarten in Zwei-Hemisphären-Weltkarte
2. Die Welt in einer geometrischen Form
3. Die Welt in verschiedenen keilförmigen Teilen</td><td>Gradnetz sichtbar</td><td>Vorwiegend Alte Welt</td><td>Mittelpunkt: Horizontale Bildmitte:
Äquator, (oder Äquator unterhalb horizontale Bildmitte)
Vertikale Bildmitte: um Europa
—
Ausrichtung: Nord-Süd</td><td>Analog zur Entwicklung der Perspektive, Entwicklung verschiedener Projektionen
—
Flucht-punkt/Berührungslinie</td></tr>
<tr><td colspan="6">RENAISSANCE Waldseemüller Weltkarte</td></tr>
<tr><td>Mathematische Darstellung</td><td>Anwendung einer geometrischen Projektion
3. Die Welt in einer geometrischen Form</td><td>Gradnetz sichtbar</td><td>Alte Welt und Neue Welt: America</td><td>Mittelpunkt: Vorderasien, Arabischer Golf
—
Ausrichtung: Nord-Süd</td><td>Weiterentwicklung der ptolemäischen Projektion
—
Anwendung von Berührungslinie</td></tr>
</table>

2.4 Gegenwart: Generierte Weltkarten

Ohne dass wir es bewusst bemerken, unterliegen auch die heutigen Weltkarten bestimmten Darstellungskonventionen, die nicht zuletzt durch die zugrunde liegenden Projektionen bestimmt sind. Die gegenwärtigen Weltkarten verfolgen die Darstellungstradition der Renaissance; Weltkarten werden mittels Projektionen mathematisch korrekt abgebildet, wofür eine breite Vielfalt an verschiedenen Projektionen zur Verfügung steht. Wo früher die Herausforderung darin lag, die bekannte Geografie mittels einer mathematischen Lösung möglichst akkurat abzubilden, stellt sich heute eher die Frage, welche Darstellung dem gewünschten Verwendungszweck entspricht und was abgebildet werden soll. Der Verwendungszweck von Weltkarten hat sich durch die technologische Entwicklung stark von analogen hin zu digitalen Anwendungen entwickelt. Ein Beispiel dafür sind Web-Mapping-Services, wobei durch das Zusammenführen von verschiedenen Datenbanken kartografische Produkte erstellt werden: Karten werden generiert. Die Art und Weise von Weltkartendarstellungen wird jedoch nicht durch technisches oder mathematisches Wissen entschieden, sondern durch Darstellungskonventionen, die unsere Wahlfreiheit unbewusst einschränken. Der Anwendungsbereich heutiger Weltkarten hat sich enorm erweitert, Weltkarten werden in unterschiedlichsten Bereichen verwendet. Grundsätzlich orientieren uns Weltkarten über die Geografie der Welt, wobei die Erdoberfläche mittels ganz unterschiedlicher thematischer Layer dargestellt werden kann. Durch die Satellitenvermessung ist die Geografie detailreich erfasst und die Erdoberfläche kann in vielfältiger Weise mathematisch korrekt abgebildet werden. Thematische Karten verbinden die Basiskarte mit bestimmten Informationen, d.h. geografischen Referenzpunkten werden Informationen (wie z.B. statistische Werte)[406] zugewiesen, die anhand des kartografischen Basismaterials dargestellt werden.[407] Dabei werden verschiedene Kartenthemen anhand verschiedener Kartentypen dargestellt (z.B. Basiskarten, Geländekarten, etc., siehe Kartentyp).[408] Seit den 1970er Jahren wurde mit der Entwicklung der *Geografischen Informationssysteme (GIS)* die Grundlage geschaffen, wobei aus digital gespeicherten Daten Karten erstellt werden können. Das GIS, GIS-Apps und dergleichen, brachten eine Abkehr der bisherigen kartografischen Traditionen: sie ermöglichen es, Weltkarten generativ live zu erstellen, und sind allverfügbar.[409] Ein GIS ist ein Datenbanksystem, das raumbezogene und geografische Informationen erfasst, speichert und verwaltet und solche und weitere Daten nach bestimmten Parametern darstellen kann.[410] Weiter verhalten sich gegenwärtige Karten nicht

---

406 Die Möglichkeiten der Verbindung von grafischen Darstellungen und der Abbildung von verschiedenen Informationen werden von Bertin systematisch dargelegt. Dabei zeigt er anhand von Karten auf, wie das Kartenmaterial (Bildfläche, Variablen der zweiten Dimension) mit weiteren Informationen (z.B. weiterer Komponenten, Variable der dritten Dimension) aufgebaut werden kann. Bertin (1967). Sémiologie graphique les diagrammes - les réseaux - les cartes.

407 Cauvin, Escobar und Serradj (2010). Thematic cartography.

408 Definition Basiskarte und Kartentyp: siehe Glossar.

409 Schramm führt an, dass das GIS Einfachheit, Zugänglichkeit und Unmittelbarkeit ermöglichte, wodurch sich die Verteilung des Wissens änderte. Durch das Aufkommen der Computerkartografie ist es Laien möglich, Karte zu generieren. Vgl. Abschnitt: Geographische Informationssysteme. S. 453–455. Schramm (2012). Kartenwissen und digitale Kartographie. Technischer Wandel und Transformation des Wissens im 20. Jahrhundert.

410 Hedwig (2012). Die Performanz der digitalen Karte. S. 464

mehr nur statisch, sondern sind interaktiv und ins Web eingebunden.[411, 412] Durch die vielfältige Anwendung von kartografischem Material ist das Erstellen von Karten nicht mehr ausschliesslich Kartografen vorbehalten. So entstehen beispielsweise in der Visuellen Kommunikation Informationsvisualisierungen oft anhand von Weltkarten.[413, 414]

2.4.1 Das Generative der gegenwärtigen darstellenden Geometrie

LAGE DER ABBILDUNG

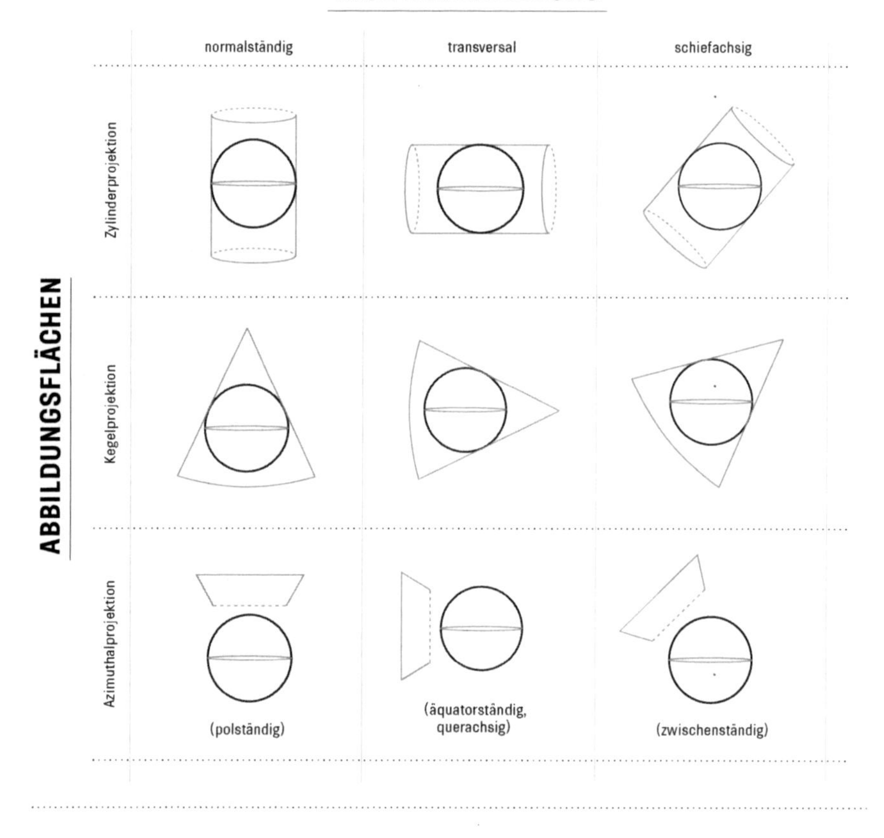

Abb. 22. JMS. Lage der Abbildung. Nach: Hake und Grünreich (1994, S. 56)

411 Gartner (2009). Web Mapping 2.0
412 Krygier und Wood (2010). Making Maps: A visual Guide to Map Design for GIS
413 Vgl. Kapitel «Location» S. 97–208. In: Rendgen und Wiedemann (2012). Information graphics.
414 Rendgen und Wiedemann (2014). Understanding the world. The atlas of infographics.

PROJEKTIONSARTEN

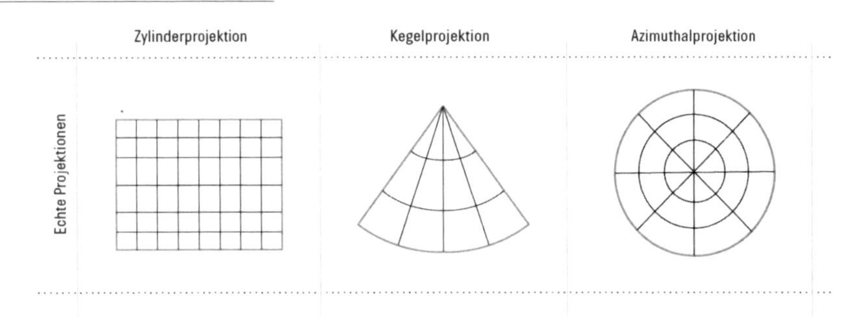

Abb. 23: JMS. Beispiele von Projektionsarten und deren Umrissformen. Nach: Canters und Decleir (1989, S. 29)

Die Bedeutung der Projektion hat sich während der Renaissance sinngemäss nicht mehr beachtlich geändert. Das gegenwärtige Lexikon der Kartographie Beschreibt den Begriff folgendermassen: «Darstellung des geografischen Koordinatennetzes der Erde oder eines Teils davon in der Abbildungsfläche (Karte) durch eine geometrische Projektion.»[415] In der Literatur wird häufig die Bezeichnung Kartenprojektion grundsätzlich für alle Arten von Kartennetzen verwendet. Die kritiklose Verwendung des Wortes Kartenprojektion sollte vermieden werden, da die meisten Kartennetzentwürfe keine Projektionen im geometrischen Sinne sind.

Die planimetrische Konstruktion von Weltkarten mittels Projektionen ist heute weder mathematisch noch technisch eine Herausforderung. In kartografischen Standardwerken[416] werden Projektionen, ihre Herleitung, ihr Verwendungszweck und ihre charakteristischen Eigenschaften beschrieben. Zylinder-, Kugel- oder Azimutalprojektion und deren mathematische Regeln sowie die entsprechenden Verzerrungseigenschaften wie Längen-, Flächen-, oder Winkelverzerrungen sind dargestellt und als Grundlagenmaterial der Projektionslehre für die Festsetzung von Konventionen massgebend verantwortlich (vgl. auch Übersichtsposter des U.S Department, Geological Survey[417]) (VGL. ABB. 23). Bei konventionellen Weltkartendarstellungen sind verschiedene «Abbildungslagen»[418] anerkannt (VGL. ABB. 22).

Durch die Anbindung von Datenbanken[419] können beliebige Projektionen in Softwareprogramme implementiert werden, oder mittels entsprechender Soft-

415 Bollmann und Koch (2002). Lexikon der Kartographie und Geomatik in zwei Bänden. S. 443

416 Vgl. Maling, Robinson, Synder: Maling (1973). Coordinate systems and map projections. Robinson (1995). Snyder (1987). Map projections a working manual. Snyder (1993). Flattening the Earth: Two Thousand Years of Map Projections.

417 Vgl. URL: http://egsc.usgs.gov/isb//pubs/MapProjections/projections.html. Stand: 05. 15

418 Bei «Abbildungslagen» spricht man von äquatorständigen, transversalen, querachsigen oder zwischenständigen, horizontalen und schiefachsigen Lagen. Dadurch wird das im Bildmittelpunkt abgebildete geografische Gebiet bestimmt. Wird die Abbildungslage einer Projektion verändert, spricht man jedoch meist von einer «neuen» Projektion, die das im Bildmittelpunkt abgebildete geografische Gebiet genau definiert.

419 Vgl. z. B. D3.js: D3.js is a JavaScript library for manipulating documents based on data. D3 helps you bring data to life using HTML, SVG, and CSS. D3's emphasis on web standards gives you the full capabilities of modern browsers without tying yourself to a proprietary framework, combining powerful visualization [...] http://d3js.org/. Stand: 04. 15.

wareprogramme (z. B. Flexprojector,[420] Geocart 3, G.Projector[421] etc.) lassen sich Projektionen für den eigenen Verwendungszweck modifizieren. Seit 2011 können mittels «Flex-Projector» Projektionen verschieden modifiziert werden. Die seit 2012 veröffentlichte Software «Adaptive Composite Map Projection»[422] optimiert die Projektionen nach den verwendeten Parametern (Zoomfaktor, Breitengrad etc.) gleich automatisch.[423]

Grundsätzlich steht der heutigen Kartografie eine grosse Vielfalt an Projektionen zur Verfügung, die je nach Verwendungszweck auch eingesetzt werden.[424] Nichtsdestotrotz entstanden in der Geschichte hinsichtlich Projektionen bestimmte Standardisierungen, durch die wir die Erdoberfläche wiedererkennen, ohne dass wir unsere Sehgewohnheiten verlassen müssen.[425] So wurde beispielsweise am fünften Internationalen Geografischen Kongress (IGC) 1891 in Bern ein erster Standardisierungsvorschlag für eine «International Map of the World»[426] ins Leben gerufen.[427] Obwohl damals Einigkeit über die Notwendigkeit einer Standardisierung herrschte, war man ratlos, wie ein Konsens über bestimmte Spezifikationen gefunden werden könnte. 1909 konnte an der IGC in London eine Standardisierung erreicht werden, die unter anderem auf einer Empfehlung der Projektion basiert: Die «International Map of the World» soll auf einer polykonischen Projektion in einem Massstab von 1:1 000 000 basieren. Der Nullmeridian wurde auf Greenwich festgelegt und Meter wurde als Einheit der Vermessung bestimmt.[428] Das «International Map of the World»-Projekt überlebte als internationales Forschungsprojekt für ein Dreivierteljahrhundert, konnte schliesslich aber den neuen Technologien und Nutzerbedürfnissen nicht mehr standhalten. Als eine der bekanntesten Projektionen wird die Merkatorprojektion immer wieder erwähnt und ist mit der oft genutzten Web Mercator Projection gegenwärtig wieder hochaktuell.[429] Die Eigenschaften der Merkatorprojektion (wovon sich die Web Mercator Projection kaum unterscheidet) werden hier kurz dargelegt: Die Merkatorprojektion ist eine winkeltreue Zylinderprojektion. Längen- und Breitengrade sind als gerade Linien abgebildet, wobei die Flächentreue keineswegs gewährleistet ist.[430] Sie weist enorme Verzerrungen an den Randregionen auf, wodurch sie sich nicht für Weltkartendarstellung eignet.[431] Die Landmasse ist je nach Region stark verzogen – so erscheint beispielsweise Grönland, das einem Achtel der Fläche von Südamerika entsprechen würde, viel zu gross. Dazu verläuft der Äquator in Weltkartendarstellungen durch die untere

420 Snyder und Voxland (1989). An album of map projections.

421 Vgl. G.Projector. URL http://www.giss.nasa.gov/tools/gprojector/. Stand: 04. 15

422 Mehr Informationen unter: www.cartography.oregonstate.edu/demos/AdaptiveCompositeMapProjections/ (Stand: 06. 15)

423 Jenny (2012). Adaptive Composite Map Projections.

424 Dabei wird z. B. die Robinsonprojektion als geeignete Projektion für Weltkarten hervorgehoben, sie sei jedoch nicht anwendbar in digitalen Tools. Vgl. Chang (2012). Introduction to geographic information systems. S. 29

425 Wagner beschreibt Satellitenbilder der NASA, wobei er aufzeigt, inwiefern diese unsere Darstellungskonventionen in Frage stellen. Hedwig (2012). Die Performanz der digitalen Karte. S. 468

426 Die Motivation für die «International Map of the World» wurde aufgrund der damaligen voranschreitenden Globalisierung sowie dem damit verbundenen Handel und dem weltweiten Transport vorangetrieben. Die damaligen Karten waren kaum aufeinander abgestimmt und uneinheitlich. Pearson (2015). International Map of the World.

427 Ebd.

428 Ebd.

429 Battersby (2014). Implications of Web Mercator and its use on online mapping.

430 Stirnemann (2011). Projektion – die Grundlage zur Darstellung der Erdoberfläche S. 15–17

431 Black (1997). Maps and history: constructing images of the past. S. 30

Bildhälfte, worauf der nördlichen Hemisphäre mehr Platz eingeräumt wird, d. h. Nordeuropa wird sehr prominent dargestellt.[432] Die Merkatorprojektion ist stark kritisiert, und deshalb wird die Merkator-Karte seit einigen Jahrzehnten durch alternative Projektionen ersetzt. Es wurde viel Kritik an der Merkatorprojektion geäussert, zumal viele geeignetere Projektionen zur Darstellung der Welt publiziert und zwischenzeitlich genutzt wurden. Schon in der Renaissance führten Verzerrungen der Randregionen der Merkatorprojektion zu irrtümlichen Konzeptfehlern, im speziellen, wenn diese Projektion als wichtigste Basis der Weltkarte angesehen wurde. So richtete Robinson mit seinem Aufsatz Rectangular Worldmaps – No Kritik am Einsatz der Merkatorprojektion zur Darstellung von Weltkarten.[433] Der immense Einfluss der Merkatorprojektion auf unsere Vorstellung der Welt konnte anhand verschiedener Mentalen Weltkarten von Studenten verschiedener Länder der Welt aufgezeigt werden. Aus dieser Studie wurde gefolgert, dass die Merkatorprojektion und der damit verbundene Eurozentrismus unsere Idee der Grössenverhältnisse enorm beeinflussen:

> «The mental maps indicate that we live in a Eurocentric World. Not only do these Maps tend to be centred on Europe, but the size of Europe was exaggerated an much greater detail was included for it. This is hardly surprising. The concept of world maps first originated in Europe. The most popular of the world maps used to date, the Mercator projection, tends to exaggerate the size of Europe. Furthermore, in much of the world, the textbooks containing geographic information originate in Europe.»[434]

In einer späteren Untersuchung wurde zwar dementiert, dass die Merkatorprojektion einen solch grossen Einfluss auf unsere kognitive Weltkarte habe, da die Studierenden beim Erstellen ihrer Mentalen Weltkarte gedanklich nicht nur auf eine Karte Referenz nahmen, sondern die Mentale Weltkarte aus verschiedenen Quellen (Globen, Weltkarten mit unterschiedlichen Projektionen) zusammensetzten.[435] Nichtsdestotrotz basierte die Studie auf einer These, wobei die Merkatorprojektion sogar als Vergleichsgrösse herbeigezogen wurde und ihr Einfluss auf Weltkartendarstellungen folgendermassen beschrieben wurde:

> «According to critical claims over the past several decades, the most dramatic such influence–some would say insidious–has been that of the Mercator projection. The Mercator projection has been recalled by many as the projection of the world maps hanging on classroom walls, deemed a ‹master image› and listed as a likely influence in distorting the shape of global-scale cognitive map. This very over- and misused projection during much of the twentieth century radically exaggerates the areas of polar landmasses relative to tropical and subtropical lands and would have a noticeable and distinct influence on the measured shape of cognitive maps–if internalized in an unmodified form.»[436]

432 Die Studie zeigt auf, inwiefern der nördlichen Hemisphäre tendenziell mehr Platz in Weltkarten zugewiesen wird. Unpublizierte Studie in Arbeit: Stirnemann, Fabrikant und Klingemann (2016). Katalogisierung und Typisierung von Weltkarten: Eine visuelle Analyse von Weltkarten in Schul- und Nationalatlanten.

433 Robinson (1990)

434 Saarinen, Parton und Billberg (1996). Relative Size of Continents on World Sketch Maps. S. 46

435 Battersby und Montello (2009). S. 289

436 Ebd. S. 288

Trotz aller Kritik ist die von Gerhard Merkator 1594 entworfene winkeltreue Zylinderprojektion bis heute eine der meist verwendeten Projektionen.

Eine weitere Projektion, die in den letzten Jahren zu Reden gab, ist die Petersprojektion. Der von Arno Peters 1967 veröffentlichte Peters-Projektion liegt ebenfalls eine Zylinderprojektion zugrunde. Die Peters-Projektion ist eine Modifikation der Gall-Projektion, welche die traditionelle Mercator-Ansicht vermittelt.[437] Der Entwerfer dieser Projektion, Arno Peters, beschrieb seinen Entwurf als ein «objektives, exaktes [...] Weltbild der Erde»,[438] das die Dritte Welt gerechter darstellen würde, wonach internationale Organisationen wie beispielsweise UNICEF und UNESCO die Projektion verwendeten. Die Peters-Projektion entpuppte sich aber bald als grosser Schwindel, den Peters mit populistischen Aussagen rhetorisch geschickt herbeigeführt hatte.[439]

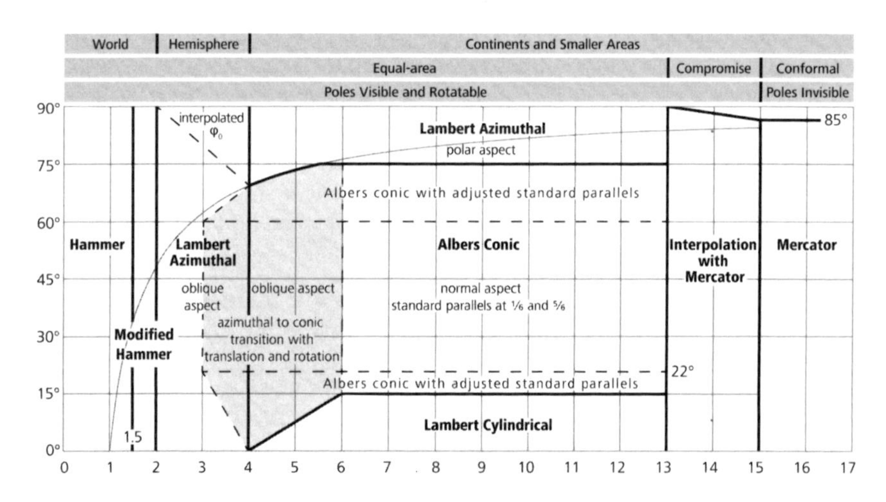

Abb. 24: Die zur Verfügung stehende Auswahl an Projektionen für querformatige Darstellungen. Der Zoomfaktor ist anhand der x-Achse aufgezeigt, die y-Achse bezieht sich auf die Breitengrade vom Äquator bis 90° N. Für die Südhalbkugel muss das Diagramm gespiegelt werden. Jenny (2012, S. 2580)

Aufgrund der immensen Auswirkungen der Merkatorprojektion auf unsere Darstellungskonventionen, wird nun heute die *WebMercatorProjektion* stellvertretend für die Merkatorprojektion in digitalen Anwendungen eingesetzt. Dabei wird sie in verschiedenen Lehrbüchern als selbstverständlicher Standard beim Einsatz in Web-Applikationen erklärt, u.a. da ihre Kompatibilität mit den Google-Anwendungen und Microsoft Virtual Earth gewährleistet ist.[440] Die unvorteilhafte kartografische Darstellung wird dabei ignoriert. Abhilfe für dieses Problem der Projektionen in Web-Mapping-Services schafft das 2012 veröffentlichte Tool «Adaptive

437 Black (1997). Maps and Politics. S. 35
438 Peters (1983). Die neue Kartografie.
439 DGfK (1985). Ideologie statt Kartographie: Die Warheit über die "Peters-Weltkarte".
440 Chang (2012). S. 31

Composite Map Projections».[441] Diese Anwendung ist eine kluge Alternative zur ungerechtfertigten Verwendung der *Web Mercator Projection* in Web-Mapping-Services, so dass auch die ganze Weltdarstellung nicht durch unvorteilhafte Verzerrungseigenschaften dargestellt wird (VGL. ABB. 24). Die *Composite Map Projections* kombinieren in einem interaktiven Ablauf verschiedene empfohlene Projektionen aufgrund entsprechender Parameter, d.h. die *Composite Map Projection* wechseln die Projektionen in einem Morph, wobei sie an den jeweiligen Zoomfaktor und die entsprechende geographische Lage der dargestellten Region angepasst werden.

Gegenwärtig wird der Raum durch Koordinaten, respektive der kartografische Raum durch Kugelkoordinaten erfasst. Dieses Koordinatensystem ist an die Symmetrie des Raumes, also der Kugel angepasst. Durch die Kenntnis des Erdumfangs sind die Koordinaten zur Vermessung der Erdoberfläche anhand klarer Fixpunkte definiert (entgegen dem Universum): Der Äquator trennt den Globus in die nördliche sowie in die südliche Hemisphäre, er gilt als natürlich bestimmter Ausgangspunkt zur Bestimmung von Breitengraden. Durch die Vereinbarung des Nullmeridians durch Greenwich (ebenfalls Grosskreis) ist der Ausgangspunkt zur Bestimmung der Längengrade gegeben. Durch den Schnittpunkt des Äquators und des Nullmeridians ergibt sich der Ausgangspunkt für unser Vermessungssystem. Dieses Koordinatennetz dient zur Vermessung der Erdoberfläche und wird mittels Projektion dargestellt und auf der Karte gut erkennbar. Anhand der Repräsentation des Gradnetzes können Rückschlüsse auf die Projektion und deren Eigenschaften gezogen werden. In heutigen Karten wird das Gradnetz meist durch feine Linien dargestellt, wodurch sich die Lage eines Ortes genau bestimmen lässt. Weiter lässt sich anhand des Gradnetzes mit seinen Längen- und Breitengraden die dazugehörige Projektion klassifikatorisch verorten, wofür verschiedene Klassifikationsschemata entwickelt wurden (VGL. ABB. 25).[442] In den USA sind Standardisierungen von Koordinatensystemen bekannt: The Universal Transverse Mercator (UTM) grid system, the Universal Polar Stereographic (UPS) grid system, and the State Plane Coordinate (SPC) system.[443]

441 Jenny (2012)

442 Maling (1992). Coordinate systems and map projections. S. 142

443 Chang (2012). S. 31

GRADNETZE

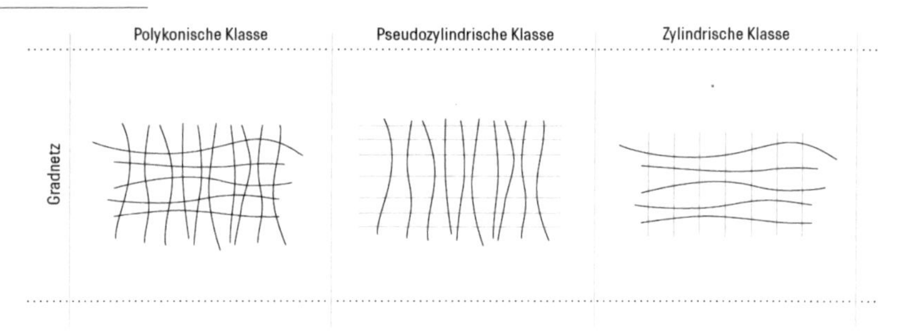

Abb. 25: JMS. Illustration. Beispiele von Gradnetzten in verschiedenen Klassen.
Nach: Hake und Grünreich (1994, S. 28). Nachgezeichnet von JMS

- Polykonische Klasse: Die Längengrade und Breitengrade sind gekrümmt.
- Pseudozylindrische Klasse: Die Längengrade sind parallele Geraden zum Äquator, die Breitengrade sind gekrümmt.
- Zylindrische Klasse: Die Längengrade und Breitengrade sind gradlinig. Diese Klasse umfasst alle Zylinderprojektionen.

Die Geografie ist spätestens seit der Erfassung der Erdoberfläche durch Erdsatelliten sehr genau vermessen. Selbst die Landesvermessung bedient sich satellitengestützter Messungen (Global Positioning System – GPS). Die Satellitenvermessung ist seit den 1960er Jahren in Entwicklung. Heutzutage wird mittels GPS die Erdoberfläche in einer sehr hohen Genauigkeit erfasst, weisse Flecken sind kaum noch vorhanden. Dabei stellt sich nicht mehr nur die Frage nach der Geophysik, selbst Geoobjekte können über Karten ausfindig gemacht werden. Sucht man eine genaue Adresse, ein Restaurant oder eine Tankstelle, kann man dies über Karten ausfindig machen. Beliebige Fragestellungen mit räumlichem Bezug können über digitales Kartenmaterial beantwortet werden. Es ist also nicht mehr rein die Geophysik, die über Weltkarten erschlossen werden soll, sondern jegliche Objekte sind georeferenziert und kartiert.

Die Erdoberfläche kann des weiteren mittels Luftbild- und Satellitenaufnahmen dargestellt werden, wobei die Luftbilder (also Rasterdaten) ergänzend über eine Vektorkarte gelegt werden. Die Luftaufnahmen werden geografisch verortet und anhand von Höhenmodellen neu berechnet.[444] Aus diesem Prozess resultieren Orthofotos, die in einem aufwändigen Verfahren entzerrt (respektive verzerrt) und einer Bildbearbeitung unterzogen werden.[445]

Betrachtet man die Kugeloberfläche als rein geometrischen Körper, kann ihr kein Bildmittelpunkt zugewiesen werden. Betrachtet man die Kugel als Globus und somit die Erdoberfläche, ist die Perspektive, aus der sie betrachtet wird nicht

444 Kirchner und Bens (2010). Google Maps Webkarten einsetzen und erweitern. S. 26

445 Orthofoto: ist in der Fotogrammetrie ein durch Differentialentzerrung bzw. digitale Entzerrung gewonnenes analoges (fotografisches) bzw. digitales entzerrtes Bild, das in guter Näherung einer Orthogonalprojektion des abgebildeten Teils der Erdoberfläche entspricht. Bollmann (2001). Lexikon der Kartographie und Geomatik in zwei Bänden. S. 201

eindeutig. Bezieht man sich auf die Lage der Erde im Universum, ist die Ekliptik[446] sowie der Äquator hinsichtlich eines geografischen Zentrums auf der Erdoberfläche von geophysischer Bedeutung. Die Bestimmung des Nullmeridians durch Greenwich ist jedoch eine rein kulturelle Bestimmung und nicht entstanden aufgrund einer geophysischen Herleitung. Das im Mittelpunkt abgebildete Gebiet ist demnach nicht nur durch geophysische Gegebenheiten bestimmt, sondern vorwiegend durch die gegenwärtigen Konventionen: In einer Studie kann aufgezeigt werden, dass Weltkarten in Schul- und Nationalatlanten der letzten 50 Jahre durch bestimmte Darstellungskonventionen hinsichtlich des im Bildmittelpunkt abgebildeten geografischen Zentrums eine bestimmte Tendenz aufweisen. Dabei werden die Schul- und Nationalatlanten aufgrund verschiedener Aspekten untersucht (wie etwa die Vollständigkeit der Abbildung, die Form und Lage des Äquators, das im Bildmittelpunkt abgebildete Zentrum, etc). Anhand dieser Untersuchung kann eine Typisierung der Weltkarten erreicht werden, wonach Aussagen zu Konventionen in Weltkarten hinsichtlich der Zentrierung und den damit verbundenen Bildproportionen gemacht werden können.[447] Obwohl die technischen Möglichkeiten für eine flexible Abbildung des geografischen Zentrums im Bildmittelpunkt gegeben wären, findet man neben einigen Einzeldarstellungen (wie z. B. polständige Abbildungen) nur sporadisch solche Darstellungsprinzipien. In den 1940er Jahren legte Fuller mit der Dymaxion-Weltkarte ein design-wissenschaftliches Darstellungsprinzip zur Abbildung von Weltkarten vor.[448] Die Mittelpunktsverschiebung ist dabei flexibel, allerdings wird diese nur für die Dymaxionsgeometrie beschrieben und lässt sich nicht auf andere Projektionen beziehen. In einer weiteren Studie wurde die Mittelpunktsverschiebung anhand der Briesemeister-Equal-Area Projektion und einer Azimuthal-Equidistant-Projektion in einem kartografischen Fachmagazin aufgezeigt.[449] Die Software «G.Projector» stellt verschiedene Projektionen zur Verfügung, wobei das geografische Zentrum horizontal entlang dem Äquators verschoben werden kann. Eine beliebige Wahl des geografischen Zentrums ist jedoch nur bei der Software Geocart[450] möglich. Die gegenwärtigen gedruckten[451] und digitalen Weltkarten[452] sind mehrheitlich nach Nord-Süd ausgerichtet. Diese Tendenz wird durch das Web-Mapping und den Einsatz der *Web-Mercator*-Projektion bestärkt, da Norden in jedem Punkt der Karte oben liegt, d.h. die Ausrichtung bleibt konstant.[453] In einigen prominenten Beispielen des letzten Jahrhunderts tauchen jedoch einige Ausnahmen hinsichtlich der Nord-Süd-Ausrichtung auf: Das Darstellungsprinzip der Dymaxionsprojektion ermöglicht eine flexible Ausrichtung, hat sich aber nicht als Darstellungsprinzip manifestieren können. Die im Jahre 1973 erschienene *McArthur's Universal Corrective Map of the World* ist eine nach Süden ausgerichtete Zylinderprojektion. Sie zeigt die konventionelle Weltkarte auf dem Kopf stehend, wodurch Australien eine prominentere Position im Format zu-

446 Definition Ekliptik: siehe Glossar.
447 Siehe Studie im Anhang: Typisierung von Weltkarten.
448 Edmondson und Fuller (1987). A Fuller explanation the synergetic geometry of R. Buckminster Fuller.
449 Monmonier (1991). Centering a Map on the Point of Interest.
450 Mehr Informationen unter: www.mapthematics.com (Stand: 06. 15)
451 Vgl. Studie im Anhang: Typisierung von Weltkarten. Abschnitt: Visuelle Analyse.
452 Bei der gängigen Geo-Software sind Weltkarten nach Nord-Süd ausgerichtet. Vgl. G.Projector, Google Maps, Flex-Projector, Interaktiver Schweizerischer Weltatlas etc.
453 Battersby (2014). Implications of Web Mercator and its use on online mapping. S. 89

kommt.[454] Die Weltkarte war wahrscheinlich deshalb ein so grosser Erfolg, da sie die Konventionen der Nord-Süd Ausrichtung mit ihrer Süd-Nord-Ausrichtung in Frage stellte. Ein weiteres Beispiel aus dem Jahr 1972 bezeugt, inwiefern wird der Konvention der Nord-Süd-Ausrichtung unterliegen: am 7. Dezember 1972 ging das Foto der Apollo-17-Rakete um die Welt. Abgebildet war die Blue Marble – der Blaue Planet, der ohne die Sichel der Nachtzonen abgebildet wurde. Der kreisrunde Körper zeigt das Blau der Meere und darauf das wirbelförmige Weiss der Wolken über Afrika und der Antarktis.[455] Die Aufnahme entstand kopfüber, der Nordpol kam unten und der Südpol oben im Format zu liegen. Um die Orientierung jedoch zu gewährleisten, wurde die Aufnahme um 180° gedreht, damit die Aufnahme für den Betrachter nicht zu augenfremd wurde.

Obwohl die Ausrichtung der derzeitigen Web-Maps grundsätzlich nach Norden standardisiert ist, sind weitere zwei verschiedene Ausrichtungs-Typen gängig: die automatische und die Nutzer-kontrollierte Ausrichtung der Karte.[456] Die automatische Ausrichtung der Karten wird nicht durch den User bestimmt, sondern die Karte richtet sich je nach Position des Gerätes entsprechend aus. Dabei wird allerdings empfohlen, dass die Ausgangsposition eine nach Norden ausgerichtete Karte sein solle, da sich die Konventionen durch das Web-Mapping nicht geändert hätten und die Mehrheit der Menschen vermuten würden, dass sich Norden oben befinde.[457]

Die Tendenz der Rationalisierung des Raumes, ist mit der Entstehung der Perspektive seit der Renaissance erhalten geblieben. Noch immer bezieht sich unsere heutige Konstruktion der Perspektive auf die Erklärungen Leone Battista Albertis in Della Pittura aus dem Jahre 1435. Die Methode, einen Körper auf einer zweidimensionalen Bildfläche abzubilden, hat sich seither nicht revolutionär geändert. Wir gehen von unserer Seherfahrung aus, bei der die tatsächlich in die Bildtiefe laufenden Parallelen in einem weit entfernten Punkt – dem Fluchtpunkt – zu konvergieren scheinen.[458] Für unseren Seheindruck laufen die Ränder einer schnurgeraden Allee zusammen, obwohl sie in Wirklichkeit parallel zueinander stehen. Die mathematische Konstruktion dieses projektiven Verfahrens ist derzeit keine Herausforderung mehr. Vielmehr stellen sich gegenwärtig Fragen, die sich auf die perspektivischen Ansichten des Individuums beziehen, die beim Betrachten respektive Erstellen von Bildern eingenommen werden. Ein Bild wird durch einen individuellen Sehraum konstruiert. Eine perspektivische Darstellung wird also immer auf eine Sichtweise eines Individuums zurückgeworfen.

Solche Fragen der Perspektive treibt auch die Kartografie um. Das 1972 veröffentlichte Bild der «Blue Marble» – des blauen Planeten – veranschaulicht eine völlig neue Perspektive auf die Welt. Dieses Foto zwingt den Rezipienten, den Blick von ausserhalb der Erdoberfläche einzunehmen. Der Blick wird von «oben» res-

454 Der australische Autor Stuart McArthur beabsichtigte durch die Drehung der Ausrichtung eine gerechtere Weltansicht für Australien zu erreichen. Neben der Änderung der Ausrichtung verläuft auch nicht der Nullmeridian durch den vertikalen Bildmittelpunkt, sondern Australien liegt in der vertikalen Bildmitte der Abbildung.

455 Bredekamp (2011). Blue Marble. Der Blaue Planet. S. 367–375

456 Vgl. Map Rotation Interfaces. S. 41. Muehlenhaus (2014). Web cartography map design for interactive and mobile devices.

457 Ebd. S. 41

458 «Per fenestram» – Räume wie durch ein Fenster gesehen. In: Bering und Rooch (2008). Raum: Gestaltung, Wahrnehmung, Wirklichkeitskonstruktion. S. 284

pektive von ausserhalb unserer irdischen Sphäre auf die Erde gerichtet. Diese extraterrestrische Perspektive verkörperte die Umpolung der Blickrichtung, wobei die Rede ist von dem «markantesten Ereignis in der Geschichte der Weltbilder».[459] Betrachtet man die Erdkugel aus dem Universum, ist der Raum nicht mehr durch die Ordnung der irdischen Koordinaten, sondern durch geografische Referenzpunkte (wie bspw. durch den Äquator) bestimmt.[460] Der Raum ist unendlich nach allen Seiten, ein oben und unten ist nicht zu definieren.

Die Perspektive in Weltkarten wird – wie schon in der Renaissance – durch die Verwendung einer Projektion mathematisch korrekt hergeleitet. Der eingenommene Standpunkt (Blickpunkt) hat sich seit der Renaissance nicht gross weiterentwickelt, obwohl sich solche ungewohnten Perspektiven anhand verschiedener gegenwärtiger Beispiele erleben lassen (wie z. B. Google Earth). Die Adaption der verschiedenen Perspektiven auf die Darstellung von Weltkarten geschah kaum.

2.4.2 Die Google-Maps Weltkarte

Abb. 26: Bildschirmfoto von Google Maps. Screenshot (Stand: 06. 14)

Im Anschluss an die Ausführungen zu den gegenwärtigen Konventionen, soll nun anhand von Google Maps die darstellende Geometrie genauer betrachtet werden. Natürlich ist es noch zu früh, Google Maps abschliessend in der Geschichte der Kartografie einzuordnen und zu beurteilen. Hier eignet sich Google Maps als exemplarisches Beispiel für gegenwärtige Weltkartenabbildungen aufgrund folgender Punkte:

---

459 Bredekamp (2011). Blue Marble. Der Blaue Planet. S. 372

460 Betrachtet man die Erde innerhalb unserer Galaxie, wäre es eine Idee, die Sonne als Mittelpunkt des Raumes zu betrachten und die Ekliptik als «neuen Äquator», also als eine Ebene der Referenz zu begreifen.

1. Google Maps bildet nicht ausschliesslich Weltkarten ab, sondern auch regionale Abbildungen. Die ganze Welt wird nur abgebildet, wenn man ganz aus der Karte herauszoomt (VGL. ABB. 26). Da Google Maps jedoch die ganze Geografie umfasst und darzustellen vermag, vermittelt die Anwendung ein Gesamtbild der Erde. Weiter zeugt die Anwendung von einer Variationsbreite von möglichen geografischen Gebietsausschnitten, die auf interaktive Weise generiert werden können. Diese Interaktivität der Anwendung zeugt von der Aktualität von Google Maps und ihrer multimedialen Verwendung.

2. Google Maps ermöglicht Kartennutzenden das Generieren von Karten, ohne dass sie sich fachspezifische, kartografische Software anschaffen müssen. Das Tool ist frei zugänglich und erlaubt, Karten aus Datensätzen für den persönlichen Verwendungszweck zu generieren.[461] Die Anwendung ist also nicht nur Fachpersonal – also Kartografen – vorbehalten. Google Maps repräsentiert die neue Tendenz zur «Demokratisierung der Kartografie», die sich durch ihre Digitalisierung ergeben hat. Die Anwendung ist mit Google Earth die weltweit beliebteste geospatiale Software.

3. Google Maps ist ein exemplarisches Beispiel für die Visualisierung von raumbezogenen Daten mittels GIS, das den persönlichen und sozialen Gebrauch von kartografischen-Tools aufzeigt.[462] Google Maps exemplifiziert die Einbindung von fotorealistischen Abbildern der Erde, also von Satelliten- und Luftaufnahmen. Diese Ausgangslage wird oft als Grundlagenkarte für die Visualisierung in verschiedenen Web-Anwendungen implementiert. Dadurch können verschiedene kompatible Datenlayer zusammengeführt werden (Mashups[463]).

4. Google Maps basiert auf der *Web-Mercator-Projektion*, deren Verwendung zum Standard in interaktiven Anwendungen geworden ist und an dieser Stelle kritisch hinterfragt werden soll.

Genauere Informationen zur Google-Maps Weltkarte zur ihrer Überlieferung und zum historischen Kontext ist im 2. Kapitel: Weltkarten und Weltanschauungen, im Abschnitt: 1.4.2. Die Google-Maps Weltkarte zu finden.

461 Günzel und Historisch-kulturwissenschaftliches Forschungszentrum (Mainz; Trier) (2012). KartenWissen: Territoriale Räume zwischen Bild und Diagramm. S. 455

462 Hedwig (2012). Die Performanz der digitalen Karte. S. 472

463 Mashups: bezeichnet das Zusammenführen verschiedener bereits bestehender Datensätze, woraus sich neue Inhalte erstellen lassen.

2.4.3 Das Generative der Google-Maps Projektion

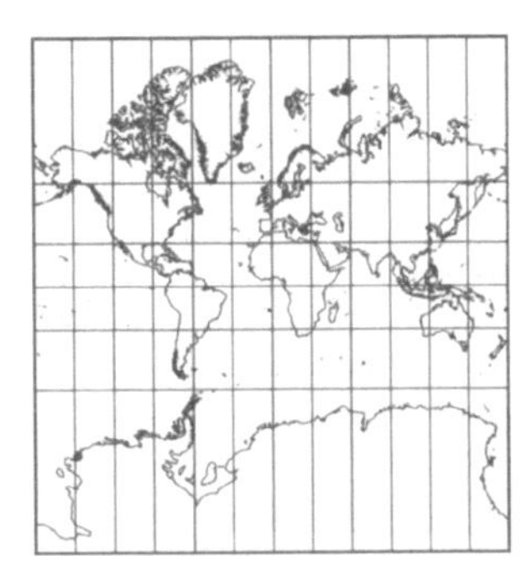

Abb. 27: Hier ist die Web-Mercator und die Merkatorprojektion überlagert, wobei in diesem Massstab die Formen identisch erscheinen. Battersby (2014, S. 3)

Google Maps beruht auf der Web-Mercator-Projektion, deren darstellende Geometrie sich nur durch feine mathematische Unterschiede von der Merkatorprojektion unterscheidet, die von Auge kaum wahrnehmbar sind (VGL. ABB. 27).[464] Die heute im Web meist verwendete Projektion orientiert sich also erstaunlich genau an der vor ca. 500 Jahren entwickelten Merkator-Projektion. Die modifizierte Merkatorprojektion – also *Web Mercator* – ist gegenwärtig in Web-Applikationen der neu gesetzte Standard. Die Web-Mercator-Projektion schliesst jedoch an den kritischen Diskurs der Merkatorprojektion an: Trotz der vielen zweckwidrigen Verwendungszwecke bleibt die Mercatorprojektion eine der bedeutsamsten Projektionen der historischen Entwicklung der Kartenprojektionen.[465] Die Web-Mercator-Projektion hat neben einigen technischen Vorteilen die Eigenschaft, dass sie bei jeder Bildverschiebung und bei jedem Zoom in jeder Region, an jedem Ort und in jedem Zoomfaktor anwendbar ist.

Hinterfragt man den Einsatz der Web-Mercator-Projektion jedoch vom Standpunkt der kognitiven, pädagogischen oder der gestalterischen Perspektive, wird sie, wie die «normale» Merkatorprojektion, aus denselben Gründen aufs schärfste kritisiert (vgl. oben Merkatorkritik). Daher erstaunt auch, dass man in Google Maps sowie in vielen anderen digitalen Anwendungen nicht auf die ganze Vielfalt der Projektionen zurückgreift, sondern die winkeltreue Abbildung bevorzugt, da sie die Formgebung der Landmasse beim Heranzoomen wiedergeben kann. Weiter wird die Web-Mercator-Projektion verwendet, da die Herleitung der Projektion auf einer Kugel und nicht auf einem Sphäroid beruht, wodurch die Berechnungen vereinfacht werden.[466] Durch die Verwendung der Web-Mercator-Projektion in Google Maps (und auch in Google Earth) durch Google Inc. hat sich diese Projektion als Standard-Projektion in Web-Applikationen festgesetzt. Dieser Standard wird mehrfach beschrieben, so etwa in einem «Standardization Document» der National Geospatial- Agency (NGA).[467] Darin wird dargelegt, dass die meisten Internet-

464 Battersby zeigt auf, inwiefern sich die Web Mercator von der Merkatorprojektion unterscheidet. Vgl. Battersby (2014). Implications of Web Mercator and its use on online mapping. S. 86–88

465 Snyder (1993). Flattening the Earth: Two Thousand Years of Map Projections. S. 60

466 Die Berechnung komplizierter Algorithmen führt aus technischen Gründen in interaktiven Anwendungen zu Performance-Problemen.

467 Die NGA ist ein Department unter dem Verteidigungsministerium der USA und beschreibt sich selbst wie folgt: «The National Geospatial-Intelligence Agency (NGA) delivers world-class geospatial intelligence that provides a decisive advantage to policymakers, warfighters, intelligence professionals and first responders. […] NGA is the lead federal agency for GEOINT and manages a global consortium of more than 400 commercial and government relationships. The director of NGA serves as the functional manager for GEOINT, the head of the National System for Geospatial Intelligence (NSG) and the coordinator of the global Allied System for Geospatial Intelligence (ASG). In its multiple roles, NGA receives guidance and oversight from DOD, the Director of National Intelligence (DNI) and Congress.» URL: https://www.nga.mil/About/Pages/Default.aspx (Stand: 07. 2015)

anwendungen, d.h. kommerzielle sowie OpenSource-Anwendungen, die Web-Mercator-Projektion verwenden.[468] Dass eine staatliche Behörden der USA eine solche Empfehlung ausspricht ist doch erstaunlich, zumal sich verschiedene Fachexperten gegen die Verwendung der Merkator-Projektion respektive jetzt der Web-Mercator-Projektion ausgesprochen haben. Die technologische Errungenschaft des privaten Konzerns Google scheint mehr Einfluss auf staatliche Richtlinien zu haben als Empfehlungen von Expertenkommissionen, wie z. B. der National Geographic Society oder der International Cartographic Association. Daher sind auch keine kritischen Anmerkungen zur Web-Mercator-Projektion in der Empfehlung aufzufinden, die Beschreibung bezieht sich eher auf eine Standardisierungsbestimmung technischer Grundlagen, welche einerseits die Web-Mercator-Projektion mathematisch beschreibt, andererseits die Kompatibilität der Web-Mercator-Projektion hinsichtlich verschiedener Web-Anwendungen aufzeigt. So basiert die Web-Mercator-Projektion beispielsweise auf dem WGS 84, dem World Geodetic System 1984, auf dem auch das GPS (Global Positioning System) aufbaut. Dieses System ermöglicht eine einheitliche Positionierung auf der Erdoberfläche.[469] Google Maps und somit auch ihre darstellende Geometrie – Web-Mercator – wird also von vielen digitalen Anwendungen als Grundlage genutzt, die durch thematische Layer ergänzt werden und somit Informationen zusammenführen und darstellen können.

Das Gradnetzt in Google Maps ist in nur partiell sichtbar (z. B. durch den Äquator), es ist aber klar, dass die Erdoberfläche nach dem Koordinatensystem eingeteilt ist. So ist auch jeder Punkt den man auf Google Maps anwählt durch Koordinaten beschrieben. Dabei werden die Koordinaten analog zu einem Rastersystem durch den x- und y-Achsenwert beschrieben. Dabei wird ausgehend vom Äquator alles unterhalb des Äquators mit einer negativen Nummer respektive oberhalb des Äquators mit einer positiven Nummer beschrieben. Als Pendant zum Äquator gilt der Nullmeridian als Ausgangspunkt zur Vermessung, wobei alles ostwärts des Nullmeridians mit einer positiven Nummer und alles westwärts mit einer negativen Nummer beschrieben wird.[470]

Trotz der technischen Errungenschaften ist es der Merkatorprojektion nicht möglich, die vollständige Geografie darzustellen. Genau genommen ist die Merkatorweltkarte keine Weltkarte, da sie nie die ganze Erdoberfläche abbildet: die Pole können nicht vollständig dargestellt werden, da die Projektion bis ins Unendliche reicht und sich die Pole daher ins Unendliche erstrecken.[471] Google ist jedoch im Besitz der Daten, mittels derer die darstellbare Geophysik akkurat abgebildet werden kann. Mehr noch, Google Maps bietet verschiedene Ansichten der Geophysik an. Für die Ansicht der Erdoberfläche stehen beispielsweise Luft- und Satellitenaufnahmen zur Verfügung, wofür Orthofotos eingesetzt werden.[472] Ihre Genauigkeit und Aktualität sind jedoch sehr unterschiedlich; vorwiegend können Industriestaaten durch Luft- und Satellitenaufnahmen auf dem aktuellen Stand dargestellt

468 (NGA) (2014). Implementation Practice. Web Mercator Map Projection. (Stand: 10. 2015)
469 Svennerberg (2010). Beginning Google maps API 3. S. 4
470 Ebd. S. 4–5
471 Black (1997). Maps and Politics. S. 30
472 Kirchner und Bens (2010). Google Maps Webkarten einsetzen und erweitern. S. 26–27

werden. Weiter sind sogar Streetview-Ansichten möglich, und die letzten weissen Flecken, nämlich das Innere von Flughäfen und Einkaufszentren, ist mit dem neuen Dienst von Google, den «Indoor Maps», auch erkundet.[473]

Grundsätzlich ist zu beachten, dass sich der Mittelpunkt – wie bei jeder kartografischen digitalen Applikation – je nach Zoomfaktor ändert. Betrachtet man in Google Maps eine Weltkarte, wird der Mittelpunkt der Karte meist nach dem Standort des Users ausgerichtet: der User wird über seine IP-Adresse lokalisiert, wonach die Weltkarte auf seinen Standort zentriert wird. Das heisst, ruft man «maps.google.ch» auf, ist die Karte auf die Schweiz ausgerichtet, ruft ein Franzose «maps.google.fr» auf, ist Google Maps auf Frankreich zentriert. Diese Zentrierung geschieht nur über entsprechende Bildausschnitte. Das konstruktive Zentrum der Google-Maps Weltkarte (also wenn man soweit als möglich aus der Karte herauszoomt), welches von der Projektion verursacht wird, orientiert sich an der Berührungslinie «Äquator». Demzufolge ist es beispielsweise nicht möglich, die Antarktis flächentreu und nicht am unteren Bildrand zu betrachten. Die Google-Maps Karte ist grundsätzlich nach Norden ausgerichtet. Nutzt man die Anwendung auf mobilen Geräten wie beispielsweise auf dem Mobiltelefon, kann von einer Nutzer-kontrollierten Ausrichtung Gebrauch gemacht werden. Diese Funktion wird beispielsweise beim Verfolgen einer vorgegebenen Route verwendet.

473 Schneider (2015). Das Kartenhaus: Wie Google innerhalb von nur zehn Jahren zur Grossmacht der Kartographie aufstieg. S. 15

2.4.4 Darstellungskonventionen der Gegenwart tabellarisch

In der folgenden Tabelle werden die gegenwärtigen Weltkarten und ihre Darstellungskonventionen hinsichtlich einiger eben besprochenen Aspekte stichwortartig aufgelistet. Es ist klar, dass diese stichwortartige Darstellung der Konventionen nur durch eine starke Pauschalisierung erreicht werden konnte. Daher erhebt diese Matrix keinen Anspruch auf die Charakterisierung jeder Weltkarte in der entsprechenden Epoche, sondern zeichnet lediglich eine Tendenz ab.

PROJEKTION paradigmatischer Begriff	**PROJEKTION** Beschreibung geometrische Projektion	**GRADNETZ**	**GEOGRAFIE**	**MITTELPUNKT, AUSRICHTUNG** konstruktiv	**RAUM-KONSTRUKTION** Perspektive konstruktiv
GEGENWART allgemein					
Generierte Darstellung	Viele verschiedene Projektionen vorhanden — Unterteilt in drei Projektionstypen: 1. Zylinderprojektion 2. Kegelprojektion 3. Azimutalprojektion — Verschiedene Abbildungslagen — Projektionen unterliegen bestimmten soziokulturell geprägten Standardisierungen	Gradnetz sichtbar (Koordinatennetz) — Gradnetz schafft Fixpunkte zur Vermessung der Erde	Erdoberfläche ist vollständig vermessen (GPS) — Luft- und Satellitenbilder	Mittelpunkt: Meist am Äquator (obwohl verschiedene Zentren in Projektionen bekannt) manchmal polständig) — Ausrichtung: Nord-Süd	Analog zur perspektivischen Konstruktion, konstruiertes perspektivisches Verfahren: Projektion (und auch Modifikationen: Kartennetzentwürfe)
GEGENWART Google Maps					
Generierte Darstellung	Web-Mercator-Projektion basiert auf einer Zylinderprojektion — Web-Merkator-Projektion definiert horizontale Bildmitte und somit die Abbildungslage	Bestimmte Referenzlinien (Breitengrad) sichtbar: Äquator	Erdoberfläche ist vollständig vermessen (GPS) — Luft- und Satellitenbilder	Mittelpunkt: Horizontal Äquator Vertikal: User-orientiert — Ausrichtung: Nord-Süd	Perspektivische Konstruktion durch Projektion

2.5 Zusammenfassung «Weltkarten und ihre Geometrie»

In der folgenden Tabelle werden die Darstellungskonventionen über die Geschichte hinsichtlich der oben besprochenen Aspekte stichwortartig aufgelistet. Es ist klar, dass diese stichwortartige Darstellung der Konventionen nur durch eine starke Pauschalisierung erreicht werden konnte. Daher erhebt diese Matrix keinen Anspruch auf eine Allgemeingültigkeit von Weltkarten in der entsprechenden Epoche, sondern zeichnet lediglich eine Tendenz ab. Mit dieser pauschalen Auflistung wird eine Rekonstruktion der Darstellungskonventionen angestrebt, die unsere heutige Darstellungsweise massgeblich beeinflussen. Weitere Darlegungen und Vergleiche dazu sind unterhalb der Tabelle ausgeführt.

PROJEKTION paradigmatischer Begriff	**PROJEKTION** Beschreibung geometrische Projektion	**GRADNETZ**	**GEOGRAFIE**	**MITTELPUNKT, AUSRICHTUNG** konstruktiv	**RAUM-KONSTRUKTION** Perspektive konstruktiv
ANTIKE allgemein					
Hinwendung zur systematischen Darstellung Systematische Einteilung der Erdoberfläche	Vereinzelte systematisch-konstruierte Projektionen Rechteckige Projektionen mit geradlinigem Gitternetz und ptolemäischer Projektion	Erste sichtbare Gradnetze Konstruktion aufgrund einiger geografischer Fixpunkte	Vorstellung der Ökumene: O: Kaukasus W: Pyrenäen N: nördliche Ufergebiete S: äthiopische Hochländer	Mittelpunkt: Vorderasien Ausrichtung: Nord-Süd	Näherungskonstruktion
ANTIKE Ptolemäische Weltkarte					
Systematische Darstellung Insgesamt drei konstruierte Ptolemäischen-Projektionen	Projektion gründet auf einem konstruktiven Verfahren Entwicklung verschiedener Projektionsentwürfe mit entsprechender Konstruktionsanleitung	Sichtbares Gradnetz Systematisches, symmetrisches Gradnetz	Ökumene mit Längenausdehnung von 180°, 63° nördliche Breite, 16° südliche Breite	Mittelpunkt: Vorderasien Ausrichtung: Nord-Süd	Perspektivische Abbildung
MITTELALTER allgemein					
Schematische Darstellung	Verschiedene Schemata zur Gliederung der Bildproportion: Zonenkarten: (Macrobius) T-O-Schema: (Isidor von Sevilla) «Transitionale Weltkarte» Viergeteilte Weltkarte	Kein Gradnetz sichtbar	Ökumene Drei Kontinente der klassischen Welt: Asien, Europa, Afrika	Mittelpunkt: Vorwiegend Jerusalem Ausrichtung: Meist nach Osten	Über- und Nebeneinander, keine Anwendung der Perspektive
MITTELALTER Ebstorfer Weltkarte					
Schematische Darstellung	Gliederung durch T-O-Schema	Kein Gradnetz sichtbar	Ökumene	Mittelpunkt: Jerusalem Ausrichtung: Osten	Über- und Nebeneinander, keine Anwendung der Perspektive

RENAISSANCE allgemein					
Mathematische Darstellung	Bildproportionen in Weltkarten sind durch Projektionen bestimmt — Drei bezeichnende Projektionstypen: 1. Die Weltkarten in Zwei-Hemisphären-Weltkarte 2. Die Welt in einer geometrischen Form 3. Die Welt in verschiedenen keilförmigen Teilen	Gradnetz sichtbar	Vorwiegend Alte Welt	Mittelpunkt: Horizontale Bildmitte: Äquator, (oder Äquator unterhalb horizontale Bildmitte) Vertikale Bildmitte: um Europa — Ausrichtung: Nord-Süd	Analog zur Entwicklung der Perspektive, Entwicklung verschiedener Projektionen — Flucht-punkt/Berührungslinie
RENAISSANCE Waldseemüller Weltkarte					
Mathematische Darstellung	Anwendung einer geometrischen Projektion 3. Die Welt in einer geometrischen Form	Gradnetz sichtbar	Alte Welt und Neue Welt: America	Mittelpunkt: Vorderasien, Arabischer Golf — Ausrichtung: Nord-Süd	Perspektivische Abbildung
GEGENWART allgemein					
Generierte Darstellung	Viele verschiedene Projektionen vorhanden — Unterteilt in drei Projektionstypen: 1. Zylinderprojektion 2. Kegelprojektion 3. Azimutalprojektion — Verschiedene Abbildungslagen — Projektionen unterliegen bestimmten soziokulturell geprägten Standardisierungen	Gradnetz sichtbar (Koordinatennetz) — Gradnetz schafft Fixpunkte zur Vermessung der Erde	Erdoberfläche ist vollständig vermessen (GPS) — Luft- und Satellitenbilder	Mittelpunkt: Meist am Äquator (obwohl verschiedene Zentren in Projektionen bekannt) manchmal polständig) — Ausrichtung: Nord-Süd	Analog zur perspektivischen Konstruktion, konstruiertes perspektivisches Verfahren: Projektion (und auch Modifikationen: Kartennetzentwürfe)
GEGENWART Google Maps					
Generierte Darstellung	Web-Mercator-Projektion basiert auf einer Zylinderprojektion — Web-Merkator-Projektion definiert horizontale Bildmitte und somit die Abbildungslage	Bestimmte Referenzlinien (Breitengrad) sichtbar: Äquator	Erdoberfläche ist vollständig vermessen (GPS) — Luft- und Satellitenbilder	Mittelpunkt: Horizontal Äquator Vertikal: User-orientiert — Ausrichtung: Nord-Süd	Perspektivische Konstruktion durch Projektion

Welcher paradigmatische *Begriff* ist für die Projektion und ihre Darstellungskonventionen beschreibend?

Antike: Im Laufe der Antike zeichnet sich die Tendenz hin zu einem systematischen Erfassen und systematischen Darstellen der Welt ab. Diese Tendenz ist Verbunden mit einer Hinwendung zu einer systematischen Denkweise, wobei sich die geometrische Projektion gegen Ende der Antike dementsprechend entwickelte. Ptolemäus zeigt die systematische Darstellungsweise beispielhaft mit der nach ihm benannten Projektion und deren Begleitschrift *Geographia* auf: er strebte die systematische Herleitung von der Kugeloberfläche in die zweidimensionale Karte an, wodurch sich die neue darstellerische Konventionen etablierten. Obwohl das damalige Wissen noch nicht auf rein mathematischen Fakten beruhte und die technischen Möglichkeiten beschränkt waren, steckte hinter antiken Projektionen eine Systematik, die auf Messen, Einteilen und Lokalisieren beruhte. Es ist jedoch an dieser Stelle zu bemerken, dass hinsichtlich der Systematisierung hauptsächlich antike Weltkarten überliefert wurden, die im Zusammenhang mit einer theoretischen Schrift stehen. Es sind uns also keine visuellen Artefakte und deren entsprechenden Projektionen bis in die heutige Zeit überliefert. Das heisst, die Behauptung einer Hinwendung zu einer Systematisierung ist dadurch zu begründen, dass wir uns aus unserer Perspektive vorwiegend auf die Weltkarten beziehen, die sich einer Systematisierung zuwenden. Denn die Rezeption dieser Weltkarten ist aus unserer Denktradition verständlich. **Mittelalter:** Das Mittelalter wendet sich von der systematischen Projektion hin zu einer schematischen Darstellung. Wo in der Antike geometrische Aspekte das Kartenbild gliederten, basiert die formale mittelalterliche Bildaufteilung auf einer Schematisierung, welche die Ökumene und ihre Geophysik entsprechend gliedert. Die *Mappaemundi* verfolgten nicht primär den Anspruch, eine Orientierung im Raum zu gewährleisten. Sie zielten mehr darauf ab, das Christentum in theologischer, philosophischer und geografischer Hinsicht prägnant darzustellen, wobei die Schematisierung des Kartenbildes diese Absicht unterstützte. Die dafür verwendeten Schemata ermöglichen in erster Linie das anachronistische und synoptische Darstellen von biblischen Geschichten und mythologischen Legenden, die in Verbindung mit dem nach Gottes Ordnung geschaffenem Lebensraum stehen. Dabei bauen sie auf Elementen der mittelalterlichen Symbolik auf, deren Grundformen auf (auch geometrischen Grundformen) Kreis, Dreieck und Kreuz beruhen. Die Grundschemata der *Mappaemundi* widerspiegeln symbolisch das christliche Dogma (z. B. das «T» eines T-O-Schemas das Kreuz Christi) und bleiben den Betrachtenden im Gedächtnis haften. **Renaissance:** Die Renaissance bezieht sich auf die Denktradition der antiken Systematik und entwickelt sich hin zu mathematisch dominierten Darstellungsprinzipien. Die kartografischen Abbildungen basieren entgegen den mittelalterlichen allegorischen *Mappaemundi* mehr und mehr auf metrischen Grundlagen. Es zeichnet sich eine zunehmende Mathematisierung der Darstellung und der Wissensvermittlung ab, welche sich klar von der mittelalterlichen, allegorischen Erzählung der Geografie abwandte. Die Renaissance-Kartografie baut ihre Weltkarten auf mathematischen Aspekten auf, wobei sie durch Koordinatennetz und Grundraster unterteilt werden. Mit dieser Entwicklung entsteht der Begriff der «mathematischen Kartografie», der auch die Projektionslehre umfasst. Diese Hinwendung zu Erklärungsversuchen, die auf der Mathematik gründen, sind stark durch die Rezeption der antiken Geografie – wie z. B. der ptolemäischen *Geographia* – geprägt. **Gegenwart:** Die in der Renaissance erworbenen mathematischen Prinzipien bestimmen noch heute die Darstellung von Weltkarten. Das Einsatzgebiet erweiterte sich jedoch enorm – von den klassischen Print-Medien, hin zu digitalen Anwendungen. Weltkarten stellen sich heute in einem generativen Prozess aus verschiedenen Datenbanken zusammen, wobei sie für Web-Services und verschiedene digitale Geräte zugänglich gemacht werden. Die Herausforderung liegt derzeit darin, die passenden Datensätze miteinander zu verknüpfen, um damit eine informative Weltkarte zu generieren. Google Maps ist beispielhaft für die Verwendung einer gegenwärtigen Weltkarte: die Weltkarte ist auf verschiedenen digitalen Geräten aufrufbar, ihre Visualisierung basiert auf der Zusammenführung verschiedener Datensätze. Die Projektion ist zu einem selbstverständlichen Bestandteil der Weltkarte geworden. Obwohl theoretisch etliche Möglichkeiten zum Generieren von Weltkarten offen stünden, wird das digitale Entwerfen von Weltkarten von bestimmten technischen Möglichkeiten dominiert, welche eine Standardisierung (wie etwa die oft verwendete Web-Mercator-Projektion) der Weltkarten herbeiführen.

Inwiefern ist die geometrische *Projektion* charakteristisch für die Darstellungskonventionen?

Antike: Grundsätzlich gibt es in der Antike nicht eine stereotypische Projektion, die stellvertretend für diesen Zeitraum stehen würde und für die Darstellungskonventionen einschlägig bestimmend wäre. Es ist jedoch die Tendenz abzulesen, dass die Projektion hin zu einer zunehmenden Systematisierung der Konstruktion von Weltkarten führte. Eine neue Bedeutung für die Konstruktion von Weltkarten kam erst der ptolemäischen Projektion zu, wobei sie erstmals als Konstruktionsgrundlage zur Darstellung der Globusoberfläche verstanden wurde. Diese Projektion verfolgte die Absicht, die Konstruktion von Weltkarten zu erleichtern. Das Werk *Geographia* von Ptolemäus beschreibt handbuchartig, wie die ptolemäische Projektion zu konstruieren ist, damit sie schliesslich als Grundlage für eine Weltkarte verwendet werden konnte. *Mittelalter:* Im Mittelalter ist es adäquater von Schemen denn von Projektionen zu sprechen. Es sind verschiedene solcher Schemen in mittelalterlichen Weltkarten erkennbar und verantwortlich für deren formale Struktur. Die Bildaufteilung ist also eher durch ein Grundraster, -schema oder -prinzip strukturiert, denn durch eine Projektion gegliedert, die auf geometrischen Aspekten beruht. Einige dieser Schemata sind in *Mappaemundi* vorherrschend: die «Zonenkarte», die «viergeteilte Karte», die «transitionale Weltkarte» und die «dreigeteilte Weltkarte». Die letztgenannte ist auch als «T-O-Schema» bekannt und teilt die Ökumene durch die drei Gewässer Nil, Don und das Mittelmeer in die drei Kontinente Asien, Afrika und Europa. Die Ebstorfer Weltkarte zeigt dieses Schema beispielhaft auf. So wie Englisch nachweist, kann aus den formalen Strukturen der *Mappaemundi* ein durchdachtes Konstruktionsprinzip abgeleitet werden, das auf viele *Mappaemundi* anwendbar ist. Es wird hier aber bestritten, ob solch komplexe Konstruktionsprinzipien von mittelalterlichen Gelehrten intendiert waren oder ob wir mit unserem gegenwärtigen Verständnis und unseren Rezeptionsfähigkeiten unverdrossen nach geometrischen Systemen suchen und dann schliesslich auch fündig werden. Die Annahme, dass *Mappaemundi* auf schematischen Darstellungsprinzipien beruhen, die sich formal erkennbar abzeichnen, scheint plausibler. **Renaissance:** In der Renaissance entwickelt sich die Projektion hin zu einer mathematisch definierten Regel, welche die Transformation von der Globusoberfläche in die Weltkarte beschreibt. Sie ermöglicht die Abbildung der Kugeloberfläche anhand bestimmten Referenzpunkte, die mittels Gradnetz in der Weltkarte verortet werden. Die Projektion ist ab der Renaissance die Grundlage zur Konstruktion von Weltkarten. Aus diesen neuen Konstruktionsgrundlagen für Weltkarten gingen Kartierungsmöglichkeiten hervor, wonach neu entdeckte Gebiete in die Darstellung integriert werden konnten. Dieses neue Konstruktionsverfahren zielte darauf ab, die vollständige Globusoberfläche mathematisch korrekt darzustellen, um anhand dieser Grundlage die Geografie zu erfassen. Die Weltkarten sollten den ganzen Erdglobus abbilden (360° Längenausdehnung), eine hohe mathematische Präzision aufweisen und für bestimmte Anwendungszwecke eingebunden werden. Diese Absichten sind am Beispiel der Waldseemüller Weltkarte mitzuverfolgen, in der die Neue Welt «America» geografisch verortet und dargestellt wird. Die Erde ist nach einem mathematischen Raster eingeteilt und dargestellt. Entdeckte Gebiete, wie etwa die *Neue Welt*, werden innerhalb dieses Rasters verortet und festgehalten. Allegorische Aspekte beeinflussten die Konstruktion von Weltkarten nicht mehr. In der Renaissance entwickelte sich eine grosse Vielfalt an verschiedenen Projektionen, die in verschiedene Projektionstypen gegliedert werden können. Dieses Aufkommen verschiedener Projektionen und der Wandel der darstellenden Geometrie in der Renaissance zeugen von grundlegend neuen Konstruktionsprinzipien, die zu Konventionen führten. Denn obwohl die Vielfalt der Projektionen in der Renaissance rasant zunahm, standardisierten sich die Weltkarten hinsichtlich einiger Konstruktionsprinzipien. Die Projektion bestimmt die Platzierung der Geografie im Format; das heisst, dass sich die Antarktis mehrheitlich am unteren und die Arktis am oberen Bildrand befindet. **Gegenwart:** Der Einsatz und die Bedeutung von Projektionen schliessen an der Tradition der Renaissance an. Das gegenwärtige *Lexikon der Kartografie* beschreibt die Projektion als Darstellung des geografischen Koordinatennetzes der Erde oder eines Teils davon in der Abbildungsfläche (Karte) durch eine geometrische Projektion. Gemeint ist damit der Algorithmus, der bei der Transformation von Kugeloberfläche in zweidimensionale Ebene eingesetzt wird. Die Darstellungskonventionen heutiger Weltkarten sind stark bestimmt durch die ihnen zugrunde liegende Projektion. Dabei wird trotz der grossen Vielfalt von Projektionen sehr oft auf dieselben Projektionen zurückgegriffen, welche schliesslich die vorherrschenden Darstellungskonventionen durch ihre Verzerrungseigenschaften bestärken. So zeugt z. B. die Merkatorprojektion – aber auch die *Web-Merkator-Projektion* – von enormen Verzerrungen in den Randregionen, wonach der Irrglaube von völlig falschen Flächenverhältnissen manifestiert wird. Darüber hinaus ist zu beachten, dass nicht nur Verzerrungseigenschaften von Projektionen Darstellungskonventionen verursachen, sondern dazu, dass die Verzerrungen immer dieselben Regionen betreffen. Diese Auswirkung kommt daher, dass mit den Eigenschaften der Projektion auch gleich ihre Zentrierung definiert wird. Das heisst, der mathematische Algorithmus einer Projektion wird in Zusammenhang gestellt mit einer geografischen Lagebestimmung, obwohl bei der Transformation von Kugeloberfläche zu Weltkarte kein mathematisch sinnvoller Zusammenhang auszumachen ist.

Inwiefern ist das *Gradnetz* bestimmend für die Darstellungskonventionen?

Antike: Das Gradnetz gibt sich in einigen antiken Weltkarten als eine Art Grundraster sichtbar zu erkennen. Eratosthenes kombinierte zum ersten mal eine

Nord-Süd-Linie mit einer Ost-West-Linie, womit er als Begründer des Gradnetzes gilt. Diese Linien sind jedoch noch nicht mit einer Projektion im Sinne einer Herleitung von Kugeloberfläche in die Ebene zu verstehen. Diese ersten Ansätze eines Gradnetzes unterteilten die Erdoberfläche in verschiedene Einheiten, wobei die Schnittpunkte der Längen- und Breitengrade als Referenzpunkte zur Orientierung für das Darstellen der Erdoberfläche dienten. Erst bei Ptolemäus ist das Gradnetz repräsentativ für die Projektion, wobei es einerseits als wichtiges Instrument zur Konstruktion von Weltkarten und andererseits als identitätsstiftend für Weltkarten geworden ist. **Mittelalter:** In *Mappaemundi* ist kein Grundraster oder Gradnetz zu erkennen, da dieses im Kartenbild der *Mappaemundi* keine grosse Relevanz einnimmt. Es ist weder eine schematische linienhafte Grundstruktur oder ein Gitternetz eingezeichnet noch sind geometrische Verbindungslinien oder gleichschenklige Konstruktionsdreiecke ersichtlich. Diese Absenz des Gradnetzes weist darauf hin, dass der Vermessung oder der geometrischen Ordnung in *Mappaemundi* keine Bedeutung zugesprochen wurde und sie somit auch nicht prägnant für das Kartenbild war. Die Schemata, die den *Mappaemundi* zugrunde liegen und anstatt einer Projektion Bildproportionen verantworten, zeichnen sich durch geophysische Elemente ab (wie etwa die Gewässer Don, Mittelmeer, Nil oder bestimmte Städte, die als Fixpunkte dienen). **Renaissance:** Das Gradnetz ist in der Renaissance Ausdruck für die mathematische Darstellungsart mittels Projektion und der damit verbundenen Art, Weltkarten zu konstruieren. Das Gradnetz unterteilt die Erdoberfläche nach geometrischen Prinzipien durch Längen- und Breitengraden in verschiedene Einheiten. Dabei ist das Gradnetz als Koordinatennetz respektive als das Grundraster erkennbar und wird mittels Projektion hergeleitet, wobei es entgegen mittelalterlichen Darstellungen durch das Koordinatennetz und seine feinen Linien gut sichtbar ist. Diese gitterhafte Grundstruktur wird auf der Bildebene dargestellt, wonach die Geografie verortet wird. **Gegenwart:** Das Gradnetz ist in heutigen Weltkarten Ausdruck für die Projektion, die Weltkarten zugrunde liegt. Dabei ist es nicht zwingendermassen ersichtlich, es ist aber fixer Bestandteil einer Weltkarte. Es ist klar, dass jeder mathematisch-korrekten Weltkarte auf einer Projektion basiert, die sich meist durch ein Gradnetz – oder zumindest durch die Koordinatenwerte am Kartenrand – zu erkennen gibt. Das Gradnetz wiederspiegelt die Koordinaten, durch welche der Raum gegliedert und erfasst wird. Es ist auf den festgelegten irdischen Koordinaten aufgebaut, wobei das geografische Wissen in eine klare Ordnung gebracht wird. Es ist also jeder Punkt der Erdoberfläche durch Koordinaten definiert und anhand des Gradnetzes in der Weltkarte auffindbar. Es entsteht eine symmetrische Gliederung, wodurch sich beispielsweise eine nördliche- sowie eine südliche Hemisphäre teilen und sich durch den Nullmeridian eine vertikale Vermessungslinie ergibt.

Inwiefern ist der Wissenstand um die *Geografie* ausschlaggebend für Darstellungskonventionen?

Antike: In der Vorstellung der Antike reichte die Erdgeographie der Ökumene im Osten vom Kaukasus, im Westen von den Pyrenäen und von den nördlichen Ufergebieten bis zu den äthiopischen Hochländern im Süden. Diese Vorstellung bedingte das dargestellte Gebiet der Ökumene. Die eigentlich bekannten Gebiete reichten etwa im Alexanderreich östlich vom heutigen Iran bzw. Indien bis hin im Süden nach Ägypten und nach Nordgriechenland. Das Bewusstsein der Kugelgestalt war zwar vorhanden, jedoch fokussierte man bei der Weltkartendarstellung lediglich auf die Ökumene; für unentdeckte Gebiete wurde keine Bildfläche freigehalten. Diese Fokussierung wird deutlich, wenn man auf die Nummerierung der Längen- und Breitengerade der ptolemäischen Projektion achtet: Der Nullpunkt der horizontalen Vermessung liegt nicht etwa auf der Y-Achse im vertikalen Zentrum (wobei der Raum nach Ost und West gleichermassen hätte ausgedehnt werden können), sondern ganz am linken Bildrand. Von da aus wird die nummerische Strukturierung der Welt in den Osten fortgeführt. Am Beispiel der Projektion von Eratosthenes verhält sich auch die X-Achse dementsprechend, wobei sich der Nullpunkt am unteren Bildrand befindet und dies nur eine Raumausdehnung nach Norden zulässt. Antike geografische Erkundungen fokussierte dementsprechend eher – den Feldzügen Alexander des Grossen entsprechend – entlang des Festlands in Richtung Asien, als über den Atlantik richtung Osten. **Mittelalter:** Die Kugelgestalt der Erde war im Mittelalter bekannt, das Wissen um die Geografie umfasste Europa, Nordafrika und Teile Asiens. Die Grösse der Welt war durch die feste Rahmung der *Mappaemundi* beschränkt und vom Weltozean umgeben. Neu entdeckte Gebiete mussten in diesen Bereich eingepasst werden. Grundsätzlich war es das Ziel, die Ökumene abzubilden, wobei man von einer Halbkugelansicht ausging. Ausschliesslich das Schema der «viergeteilten Weltkarte» bildete in einem Teil die Antipoden ab. Die Absicht, die ganze Geografie möglichst adäquat wiederzugeben oder Distanzen perfekt zu vermessen und darzustellen, wurde in *Mappaemundi* nicht verfolgt. **Renaissance:** Die Renaissance verfolgte erstmals die Darstellung der ganzen Geografie. Im Gegensatz zum Mittelalter und zur Antike, als der Fokus auf der Abbildung der Ökumene lag und neu entdeckte Gebiete in diese Fläche eingepasst wurden, ging man in Renaissance-Darstellungen nicht von der bekannten Welt aus: man versuchte die ganze Erdoberfläche zu erfassen. Dies hatte zur Folge, dass für unbekannte, nicht erforschte Gebiete darstellerische Lösungen gefunden werden mussten. Die darstellende Geometrie passte sich nicht mehr dem geografischen Raum an, den man abzubilden beabsichtigte, sondern die Grösse und Form der Darstellung definierten sich durch die Projektion. Die neuen Darstellungsverfahren mittels mathematischer Projektion liessen demnach Platz für unerforschte Gebiete frei, weisse Flecken wurden ins Kartenbild integriert. Die Waldseemüller Weltkarte beispielsweise, war eine der ersten Karten, die den Kontinent Amerika abbildete. Diese Weltkarte erlangt heutzutage unter anderem wegen der Benennung des neu entdeckten Kontinents *America* viel Aufmerksamkeit und gilt als Zeugnis der Entdeckung der «Neuen Welt». Weltkarten waren nun Mittel geworden, den leeren und unermesslichen Raum zu beherrschen, wodurch die Erdvermessung und -entdeckung an Bedeutung gewann. **Gegenwart:** Heutzutage ist die Geografie weitgehend erkundet. Revolutionär dabei war das ab den 1960er Jahren entwickelte GPS System (Global Positioning System), wodurch die Erdoberfläche mittels Satelliten ziemlich genau vermessen wird. Während in der «Zeit der Entdeckungen» die Herausforderung in der Kartierung neu entdeckter Gebiete lag, sind heute die weissen Flecken verschwunden. Darüber hinaus können beliebige Orte oder auch Bewegungen räumlich verortet werden. Das heisst, es ist nicht mehr nur per se die Geophysik der Erdoberfläche erfasst, sondern unzählige Objekte sind georeferenziert und werden kartiert. Selbst User verschiedener Mobile-Devices können in Echtzeit ihren Standort ausfindig machen, sich selbst in einer Karte darstellen oder getrackt werden.

Inwiefern ist der *konstruktive Mittelpunkt respektive die Ausrichtung* repräsentativ für Darstellungskonventionen?

Antike: Der Mittelpunkt der Weltkarte des Eratosthenes sowie der ptolemäischen Weltkarte liegen im Raum Vorderasien. Interessant dabei ist, das die vertikale Konstruktionslinie der eratosthenischen Weltkarte nicht in der Bildmitte zu liegen kommt. In der ptolemäischen Weltkarte liegt der mittlere Meridian (nicht Nullmeridian!) im vertikalen Zentrum. Die horizontale Bildmitte ist durch den Äquator konstruktiv erkennbar, liegt jedoch nicht in der horizontalen Bildmitte, da nicht die ganze Welt, sondern nur die Ökumene dargestellt ist. **Mittelalter:** Der Mittelpunkt des Kartenbildes der *Mappaemundi* korrespondiert mit dem Kreismittelpunkt und ist meist durch ein bedeutungsträchtiges Symbol gekennzeichnet (vgl. Jerusalem in der Ebstorfer Weltkarte,). Die Ausrichtungen der mittelalterlichen Weltkarten sind nicht eindeutig, die Mehrheit der mittelalterlichen Weltkarten ist jedoch nach Osten ausgerichtet (z. B. die Fra-Mauro-Weltkarte nach Süden, die Ebstorfer Weltkarte nach Osten etc.). **Renaissance:** Durch das Aufkommen der verschiedenen Projektionen fällt die Zentrierung der Weltkarten verschieden aus. Tendenziell zeichnet sich jedoch ab, dass der Äquator die horizontale Bildmitte beschreibt und die vertikale Bildmitte sich rund um Europa definiert (z. B. in den doppelten Hemisphären-Weltkarten der Atlantik, in der Waldseemüller Weltkarte Vorderasien etc.). **Gegenwart:** Der konstruktive Mittelpunkt der gegenwärtigen Weltkarten ist mehrheitlich durch die Projektion definiert. Meist liegt dabei der horizontale Bildmittelpunkt auf dem Grosskreis Äquator. Es sind allerdings verschiedene weitere Lagen (z. B. polständige Abbildungen) bekannt und werden angewendet. Es ist jedoch erstaunlich, dass das im Bildmittelpunkt abgebildete geografische Gebiet meist durch die Projektion definiert und nicht beliebig bestimmt werden kann. Das heisst, es sind zwar schieflagige Abbildungen bekannt, doch diese lassen sich nicht auf eine beliebige Projektion beziehen. Zwar sind in den letzten Jahren vermehrt Weltkarten mit unkonventionellem Mittelpunkt verwendet worden, diese konnten die bestehenden Darstellungskonventionen jedoch nicht revolutionieren. Auffallend ist, dass die Frage nach dem im Bildmittelpunkt abgebildeten Zentrum mit der Standardisierung im Web und der dort verwendeten *WebMercatorProjection* kaum noch thematisiert wird. Gegenvorschläge erlangen wenig Aufmerksamkeit (vgl. etwa Adaptive Composite Map Projections, Dymaxion Worldmap). Eine neue Tendenz hinsichtlich des Mittelpunktes ist in digitalen Produkten zu beobachten: Karten werden automatisch auf den entsprechenden Bildmittelpunkt zentriert. Dabei bleibt jedoch das konstruktive Zentrum der Projektion gleich, der Mittelpunkt ändert sich nur durch den neu gewählten Bildausschnitt. Am Beispiel von Google Maps sind die gegenwärtigen Tendenzen bezüglich dem geografischen Gebiet, das im Bildmittelpunkt zu liegen kommt, nachzuverfolgen. Bezüglich der Ausrichtung von Weltkarten ist die Nord-Süd-Ausrichtung der gegenwärtige Standard, wobei einige Gegenbeispiele der letzten Jahre diese Konvention hinterfragt haben (vgl. etwa MacArthur Upside-Down Worldmap, Dymaxion World Map). Eine Neuerung hat sich in digitalen Anwendungen eröffnet, wobei sich die Karten je nach Verwendungszweck (z. B. zu Navigationszwecken) User-orientiert verhalten. Das heisst, die Karte richtet sich nach den Bedürfnissen des Nutzenden aus. Sucht man beispielsweise mittels Google Maps einen Ort und möchte dahin navigiert werden, richtet sich die Karte immer nach dem entsprechenden Zielort aus.

Inwiefern ist die *konstruktive Perspektive* ausschlaggebend für die Darstellungskonventionen?

Antike: Die Anwendung einer Perspektive in antiken, kartografischen Projektionen verhält sich analog zu den Darstellungsprinzipien in den Bildenden Künsten. Bei der antiken Bildkonstruktion geht man von einer «Näherungskonstruktion» aus, wobei sich die Fluchtlinien nicht in einem einzigen Fluchtpunkt, sondern in verschiedenen Referenzpunkten treffen. Bei der Konstruktion von Projektionen verhält sich die Anwendung der Perspektive ähnlich: obwohl das Bewusstsein der Kugelgestalt vorhanden war und die Projektion eine bestimmte Systematik verfolgte, verstand man die Projektion noch wie heute als Instrument zur Herleitung von Kugeloberfläche zur Weltkarte. Dies hat zur Folge, dass die Konstruktion nicht zwingendermassen auf nur einen Fluchtpunkt abzielte, sondern sich auf einige verschiedene geografische Referenzpunkte stützte. Die ptolemäische Projektion hingegen zielt auf einen Fluchtpunkt ab. **Mittelalter:** Auch die perspektivischen Umsetzungen der mittelalterlichen Kartografie verhalten sich analog zu den damaligen Darstellungsprinzipien in den Bildenden Künsten. Es wurde keine Perspektive mittels eines konstruktiven Verfahrens erzeugt (wie z. B. die Fluchtpunktperspektive); Dimensionen entstanden lediglich durch das Neben- und Übereinanderlagern von verschiedenen Elementen. So auch in den mittelalterlichen *Mappaemundi*. Es wurde keine Projektion eingesetzt, woraus eine konstruierte perspektivische Darstellung resultieren würde (wie z. B. in der Renaissance), es wurde lediglich durch das Aneinander- und Nebeneinanderreihen von geografischen Ortschaften Raum erzeugt. Die Idee einer mittelalterlichen «Basiskonstruktion», wonach den *Mappaemundi* eine geometrische Grundkonstruktion (Basisdreieck) zugrunde läge, wird als unwahrscheinlich erachtet. Die «Basiskonstruktion» schliesst keineswegs an die allgemeinen Darstellungskonventionen im Mittelalter an. Dieses dargelegte Prinzip verfolgt keineswegs die gängige mittelalterliche bildkompositorische Umsetzung, die zu dieser Zeit vorherrschte. **Renaissance:** Die Verwendung der mathematisch hergeleiteten Projektion verhält sich analog zur Entwicklung der Perspektive in den bildenden Künsten. Diese Perspektive bildete sich in der Frührenaissance in Italien heraus: Giotto war einer der ersten, der eine bildkompositorische Raumkontinuität erlangte. Die sienesische Malerei (Lorenzetti) steht für die multiperspektivischen Darstellungen. Der Florentiner Brunelleschi entdeckte schliesslich die mathematisch konstruierbare Perspektive. Dieses Verfahren wurde anschliessend von Leon Battista Alberti festgehalten. Analog verhält sich die Konstruktion der Projektion in der Kartografie: Während in den bildenden Künsten die Bildkonstruktion mittels Fluchtpunktperspektive entwickelt wird, werden in der Kartografie Weltkarten mit einem Berührungspunkt respektive einer Berührungslinie konstruiert. Das heisst, was in den Bildenden Künsten der Fluchtpunkt ist, ist in Weltkarten der Berührungspunkt oder die Berührungslinie – also der Punkt respektive die Linie, wo die Projektionsebene die Kugeloberfläche in einem projektiven Verfahren berührt. In der Kartografie standardisierte sich durch diese neue Bildkonstruktion die Perspektive, also der Blick auf die Welt. Die Karten sind vorwiegend aus einer Vogelperspektive dargestellt. **Gegenwart:** Die heutige Konstruktion von Raum hat die Prinzipien der perspektivischen Darstellungen übernommen, die sich in der Renaissance entwickelt haben. Wir konstruieren den Raum aus einem Standpunkt, aus einer Perspektive auf einen Fluchtpunkt zu. Verlaufen also in der Realität zwei Geraden parallel nebeneinander, laufen sie in unserer Bildkonstruktion aufeinander zu und erzeugen damit eine Perspektive. Bei dieser perspektivischen Darstellung handelt es sich immer um einen Ausschnitt aus der Realität, wobei der Raum um den Bildausschnitt unendlich ist. Die kartografischen Abbildungen sind durch die Konstruktion mittels Projektion ähnlich aufgebaut. An die Tradition der Renaissance anknüpfend, wird der Fluchtpunkt in perspektivischen Darstellungen, in Weltkarten zum Berührungspunkt respektive zur Berührungslinie. Im Unterschied zu perspektivischen Darstellungen ist der dargestellte Raum bei Weltkarten auf die Kugeloberfläche beschränkt. Die Frage des Standpunktes, also von welcher räumlichen Position eine Darstellung abgebildet wird, ist jedoch in kartografischen sowie in allgemein bildnerischen Konstruktionen immer beliebig. Die Perspektive ist also immer abhängig von einer Entscheidung und daher immer subjektiv. Auffallend dabei ist, dass der eingenommene Standpunkt bei der Darstellung von Weltkarten kaum variiert, die Welt wird meist aus derselben Perspektive dargestellt.

II. Teil: Dekonstruktion

3 Dekonstruktion von Projektionen

Die Dekonstruktion gilt als postmoderne Bewegung, die sich ab den 1960er Jahren entwickelte. In diesem Teil wird sie als Instrument verwendet, um versteckte Bedeutungen in konventionellen Weltkarten aufzudecken. Der Begriff der Dekonstruktion geht vorwiegend auf Derridas «Philosophie der Dekonstruktion» zurück. Die Dekonstruktion ist eine kritische Hinterfragung von Texten. Dabei bedeutet es, einen Text zu dekonstruieren, bestimmte Inhalte herauszuheben, wobei aufgezeigt werden kann, dass der Text nie genau das meint, was er besagt.[474] Derrida konzipiert die Dekonstruktion als die Aufgabe, die Begriffe und die Werte, die sich im Laufe der Geschichte durchgesetzt und sedimentiert haben, ins Gedächtnis zurückzurufen und sie auf das Dogmatische hin zu überprüfen und zwar im Zeichen der an das «vielfältig Besondere» («singularités») gerichteten Gerechtigkeit.[475] Die Dekonstruktion stellt jede Form der Identität oder der Totalität in Frage, die unkonventionelle Alternativen gewaltsam unterdrückt. Derrida zielt darauf ab, die abendländische «logozentrische» Vernunft und ihren vollkommenen, unmittelbaren Zugang zum Wissen und zur Wahrheit herauszufordern. Die Frage danach, was die Dekonstruktion genau ist, lässt sich nicht einschlägig beantworten, da eine Vielzahl von verschiedenen Antworten angeboten werden kann. Allen diesen Antworten ist aber gemein, dass keine definitiv oder erschöpfend sein kann.[476]

Der Begriff der Dekonstruktion wird von Derrida als Analyseverfahren von Texten beschrieben, wobei verborgene, vergessene oder verdrängte Bedeutungszusammenhänge ans Licht gebracht werden. Dabei soll der «Zustand der Unentschiedenheit und der polyperspektivischen Offenheit erscheinen und der systematischen Endgültigkeit beziehungsweise Eindeutigkeit des Standpunktes gegenüber Abstand wahren.»[477] Am Ursprung der Idee der Dekonstruktion steht die Annahme der Vieldeutigkeit des Bedeutens, das ein «Sagen-Wollen», ein Meinen oder Besagen umfasst und somit über die Festschreibung des Sinns hinausgeht.[478] Die Dekonstruktion verfolgt im wesentlichen zwei Ziele: Als erstes beabsichtigt sie die Rekonstruktion der begriffsgeschichtlichen Zugehörigkeiten und Verbindlichkeiten. Danach soll eine Loslösung von genau diesen Verbindlichkeiten stattfinden, wonach ein Potenzial für neue Aussageverkettungen geschaffen wird. Die Dekonstruktion fokussiert nicht auf die Begriffe an sich, sondern mehr auf deren Verknüp-

---

474 Norris und Benjamin (1990). Was ist Dekonstruktion? S. 7

475 Ritter und Kranz (1971). Historisches Wörterbuch der Philosophie. Bd. 11, S. 568

476 Norris und Benjamin (1990). Was ist Dekonstruktion? S. 33

477 Wetzel (2010). Derrida. S. 14

478 Ebd.

fungen und die damit verbundene begriffliche Ordnung respektive die nicht-begriffliche Ordnung, die es zu artikulieren, umzukehren und zu verschieben gilt.[479] Die Dekonstruktion gilt also als Aufarbeitung des historischen Zusammenhangs der Begriffe. Sie konfrontiert den gängigen Status quo, indem sie die verwerfenden, systematisierenden, hierarchisierenden Unterscheidungen in Frage stellt.

In diesem Kapitel wird zunächst in das Konzept der Dekonstruktion eingeführt, wobei es anschliessend auf die Kartografie und dementsprechend auf Weltkarten bezogen wird. Dabei werden konventionelle Weltkarten dekonstruiert, woraus alternative, unkonventionelle Weltkarten resultieren. Diese Dekonstruktion geschieht mittels einer Software, dem worldmapgenerator.com, dessen Anwendungsmöglichkeiten in einem zweiten Schritt erläutert werden. In einem dritten Schritt wird der Kern des Prinzips zum Generieren von unkonventionellen Weltkarten genauer vorgestellt. Dieses Prinzip ist dann auch die Grundlage, auf dem die alternativen Weltkarten basieren. Zum Schluss wird eine Zusammenführung der Rekonstruktion (vgl. Kapitel 2 und 3) mit der Dekonstruktion von Projektionen vorgenommen, wobei die konventionellen Weltkarten durch unkonventionelle Weltkarten kontrastiert und hinterfragt werden. Daraus entstehen acht Thesen, die mehrheitlich durch projekteigenes Kartenmaterial begleitet werden, das mittels worldmapgenerator.com erstellt wurde. Die Thesen resultieren in einer Schlussfolgerung, die zur Diskussion anregen soll. Dabei sind folgende acht Thesen aus der Zusammenführung der Rekonstruktion erreicht worden:

1. Weltkarten unterliegen Projektionen (Wirklichkeit)

2. Projektionen unterliegen Denk- und Darstellungsstilen (Schematisierung)

3. Projektionen sind vielfältig (Vielfalt)

4. Zum Erfolg einer Projektion (Stilformen-Codes)

5. Die geometrische Projektion bestimmt die Zentrierung sowie die Darstellung von Gradnetz und Geografie (Symmetrie)

6. Projektionen bestimmen die Geopolitik und vice versa (Geopolitik)

7. Projektionen bestimmen die konstruktive und ideologische Perspektive (Standpunkt)

8. Projektionen verantworten die Formgebung der Geophysik und die Zuweisung des entsprechenden Bedeutungsgehalts (Symbolische Formen)

479 Ebd. S. 23

3.1 Dekonstruierte Welten: Dekonstruktion und Weltkarten

Derrida ist die federführende Persönlichkeit der «Philosophie der Dekonstruktion». Seine Ideen wurden von verschiedenen Philosophen sowie Kartografen (vgl. Harley) übernommen, weiterentwickelt und in verschiedene Felder überführt. In der Kartografie wird die rhetorische und textliche Dimension als soziale Konstruktion gelesen. Nach Jacques Derridas Überlegungen kann das Model von Texten auf andere Typen von Texten angewendet werden, die nicht zwingendermassen literarisch sein müssen.

Der Kartograf Harley (1932–1991) adaptierte das Konzept der Dekonstruktion auf die Kartografie. Er war ein prominenter Vertreter der postmodernen Bewegung und Verfechter der «Critical Cartography». Harley erachtet die Kartografie als «offenes System» und erweitert die traditionellen kartografischen Ansätze durch alternative theoretische Rahmenbedingungen anderer Disziplinen. Dabei erkennt er die kartografischen Funktionen in der Karte als eine Art Sprache (nicht «gesprochene Sprache», sondern «kartografische Sprache»). Er beschreibt Karten als «Maps as cultural texts», wobei ihre Textualität akzeptiert werden solle, die uns eine Vielzahl verschiedener alternativer Lese- und Bedeutungsmöglichkeiten eröffnet.[480] Das führte zum Verständnis der Karten als «Texte» anstatt als «Abbilder der Realität», wonach Karten als «kulturelle Texte» aufgefasst werden konnten.[481] Die Dekonstruktion im Kontext der Kartografie konnte so hinsichtlich drei verschiedener Diskurslinien aufgefasst werden: (1) Der kartografische Diskurs wird unter dem Fokus von Foucaults Ideen und dem spielerischen Umgang mit Regeln und ihrer diskursiven Entstehung untersucht. (2) Er untersucht hinsichtlich Derridas Positionen die Textualität von Karten und ihre rhetorische Dimension. (3) Es wird gefragt, inwiefern Karten die Gesellschaft als eine Art «power-knowledge» beeinflussen.[482] Er beschäftigt sich mit Fragen nach der Art und Weise der Regeln, welche die Kartografiegeschichte beeinflusst haben. Durch die Aufarbeitung der Kartografiegeschichte lieferte er neue Sichtweisen auf das durch Karten erzeugte Wissen. Ausschlaggebend dafür war der Aufsatz «Deconstructing the Map»,[483] in dem er die unbestreitbare, wissenschaftliche und objektive Form der Karte als «Produktion von Wissen» hinterfragte.[484] Diese unkritische Position würde uns – ganz im Sinne Derridas durch traditionelle Bedeutungszuschreibungen – durch historische Legenden übermittelt. Das Wissen, das also über Karten vermittelt wird, sei eine über die Geschichte respektive durch ihre Interpretation entstandene Konstruktion.

Die Dekonstruktion zielt in der Kartografie also darauf ab, versteckte Bedeutungen, Absichten und Subtexte der Karte zu deuten, die nicht immer leicht erkennbar sind. Karten erzeugen eine Weltanschauung und prägen die subjektive Vorstellung von Räumlichkeit und sozio-kulturellen Faktoren – auch dann wenn die Karte vordergründig nur beabsichtig, die Geophysik darzustellen. Die Dekonstruktion gilt als Technik, womit die soziale Konstruktion von Wirklichkeit in Karten aufgezeigt wird und ihre politische und soziale Dimension aufgedeckt und bewusst gemacht

480 Harley (1989). Deconstructing the map.

481 Azocar und Buchroithner (2014). Paradigms in cartography an epistemological review of the 20th and 21st centuries. S. 76

482 Ebd. S. 74–80

483 Harley (1989). Deconstructing the map.

484 Crampton (2011). Reflection Essay: Deconstructing the Map.

werden kann. Diese postmoderne Technik ermöglicht den Forschenden, versteckte Bedeutungen und Absichten ans Licht zu bringen. Die Dekonstruktion verfolgt es, das Regelwerk in Frage zu stellen, welches die Entwicklung der Kartografie bis anhin bestimmt.[485]

485 Die verschiedenen Regelwerke bestimmte Harley wie folgt: 1. Durch die Definition wissenschaftlicher Epistemologie, 2. Den «Ethno-Zentrismus» und die Regeln der «sozialen Ordnung» und 3. Der Regeln der Hierarchie von Raum oder Gebieten. Azocar und Buchroithner (2014). Paradigms in cartography an epistemological review of the 20th and 21st centuries. S. 75.

3.2 Worldmapgenerator: Eine Software zum Generieren unkonventioneller Weltkarten

Um die Dekonstruktion von konventionellen Weltkarten zu erreichen, wurde eine Software namens Worldmapgenerator.com [486] entwickelt, die es ermöglicht, unkonventionelle Weltkarten zu generieren. Die Software beruht auf einem projektspezifischen Regelwerk, woraus alternative Weltkarten hervorgehen. Die unkonventionellen Weltkarten brechen mit einigen vorherrschenden Konventionen in Weltkarten und hinterfragen somit die gegenwärtigen darstellerischen Standardisierungen. Die Weltkarten resultieren als visuelle Ergebnisse theoretischer Überlegungen.

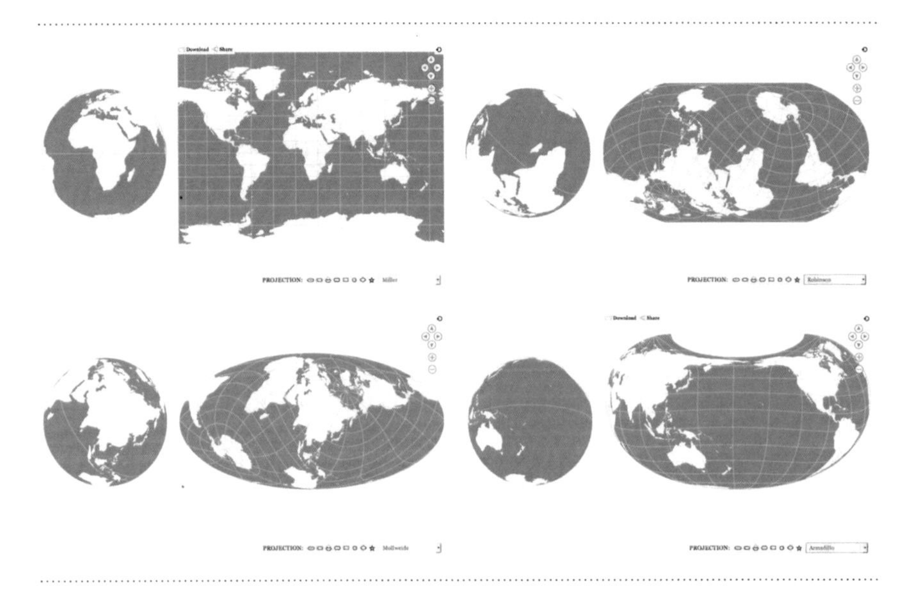

Abb. 28: JMS: Verschiedene Screenshots von Worldmapgenerator.com: Vier verschiedene Ansichten des interaktiven «Kugel-Flächenmodell» mit verschiedenen Zentrierungen und geometrischen Projektionen: (v. l. oben n. r. unten) Millerprojektion, Robinsonprojektion, Mollweideprojektion, Armadillo-Projektion.

Die Software ist öffentlich zugänglich und ermöglicht es auch «Nicht-Kartografen» ihre eigene Weltkarte zu generieren. Dabei sieht die Konzeption der Software vor, den kartografischen Sachverhalt nicht nur an entsprechende Fachpersonen zu richten, sondern einem breiten Publikum verständlich darzulegen. Über das interaktive Kernstück – das «Kugel-Flächenmodell» – wird Verständnis für den mathematischen Prozess von Kugeloberfläche zu Weltkarte geschaffen (VGL. ABB. 28). Dieses interaktive Modell lässt den Benutzer die Transformation der Globusoberfläche in die zweidimensionale Weltkarte in Echtzeit mitverfolgen. Das im Bildmittelpunkt abgebildete geografische Gebiet lässt sich anhand der Kugel sowie anhand der Karte verschieben, wobei der Bildhauptpunkt[487] entsprechend synchron

486 Der worldmapgenerator.com ist im Rahmen eines HKB-Forschungsprojektes entstanden (12011VPT_HKB). Eine erste Version wurde im Sommer 2013 online geschaltet. Die neuste Version der Software ist zugänglich unter www.worldmapgenerator.com (Stand: 02.16) Stirnemann (2013). Worldmapgenerator.

487 Unter dem Bildhauptpunkt wird der Fusspunkt des Lotes vom Projektionszentrum auf die Bildebene – in diesem Falle einer Weltkarte – verstanden.

angezeigt wird. Die Interaktivität macht die Transformation von Kugeloberfläche zu Weltkarte intuitiv verständlich und schafft einen spielerischen Zugang zum kartografischen Thema. Das Tool zeigt anhand der unkonventionellen Weltkarten die Vielfalt der konstruktiven und gestalterischen Möglichkeiten von Weltkarten auf und eröffnet dem User die Möglichkeit, seine subjektive Weltkarte zu erstellen.

Um die Auswirkungen der Transformation von Kugeloberfläche zur Ebene aufzuzeigen, wird das Prinzip in drei Anwendungen (Da Vinci, Journalist, Tourist) in verschiedene Kommunikationskontexte gestellt (VGL. ABB. 29).[488, 489]

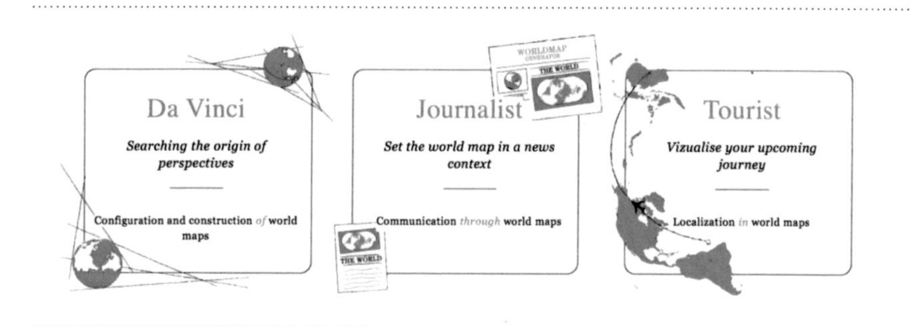

Abb. 29: JMS: Screenshot Worldmapgenerator.com: Die drei Anwendungen Da Vinci, Journalist, Tourist auf der Startseite der Website.

Die Anwendung **Da Vinci** ermöglicht neben dem Konstruieren von Weltkarten mittels «Kugel-Flächenmodell», das Gestalten von unkonventionellen Weltkarten. Farben, Muster und Linienstärken können auf verschiedene Geo-Features wie Land- und Wassermasse, Ländergrenzen, Gradnetz und einzelne Länder etc. bezogen werden. Die Gestaltung der Weltkarten kann durch die freie Wahl der Gestaltungsparameter auch gestalterisch ganz unkonventionell ausfallen (VGL. ABB. 30, A–C).

Die Anwendung **Journalist** setzt die unkonventionellen Weltkarten in den Kommunikationskontext von Kurznachrichten. Dabei werden Weltkarten für Nachrichten respektive anhand deren RSS Feed generiert. Die Konstruktion sowie die Gestaltung der Weltkarten entstehen durch einen generativen Ablauf, indem Variablen der Konstruktion und Gestaltung miteinander kombiniert werden, woraus die entsprechende Weltkarte entsteht. In konstruktiver Hinsicht wird das im Bildmittelpunkt abgebildete Zentrum der Weltkarte dem Ort des Geschehens der Nachricht anpasst. Ist also beispielsweise die Schlagzeile «With new climate draft, a deal creeps closer in Paris»[490] zu lesen, zentriert die Weltkarte in einem automatisierten Prozess auf Paris. In gestalterischer Hinsicht ergibt sich die Weltkarte aus der Kombination einer vordefinierten Menge an Gestaltungsvariablen, wobei eine Vielfalt von Variablenkombinationen zu vielen verschiedenen Weltkartendesigns führen kann.

Die Anwendung **Tourist** ermöglicht die Darstellung und das Messen von Distanzen rund um den Erdglobus. Dabei können Strecken zwischen verschiedenen

488 Stirnemann (2014). Multiple Alternativen zur Konstruktion und Gestaltung von Weltkarten.

489 Unveröffentlichtes, akzeptiertes Paper: Stirnemann (2016). Multiple Perspctives in Design: World Maps and their Perspectives.

490 Reuters Schlagzeile vom Mittwoch, den 9. Dezember 2015.

Destinationen eingezeichnet werden. Die Anwendung zeigt auf, inwiefern die eingezeichnete Strecke der Verzerrungseigenschaften der Weltkarte unterliegt. Durch das Anpassen der Zentrierung und das Umprojizieren der Weltkarte verändert sich die Länge der eingezeichneten Strecke, nicht aber ihre effektive Distanz. Reist man also beispielsweise von Taipei nach Zürich, von Zürich nach Montréal, von Montréal nach Buenos Aires und von Buenos Aires nach Taipei beträgt die Distanz der Strecke insgesamt 43528 km (VGL. ABB. 30, D–F). Diese Visualisierungen zeigen deutlich auf, dass die Distanz der Strecke effektiv dieselbe bleibt, je nach Zentrierung ihre Formgebung jedoch ganz anders ausfällt.

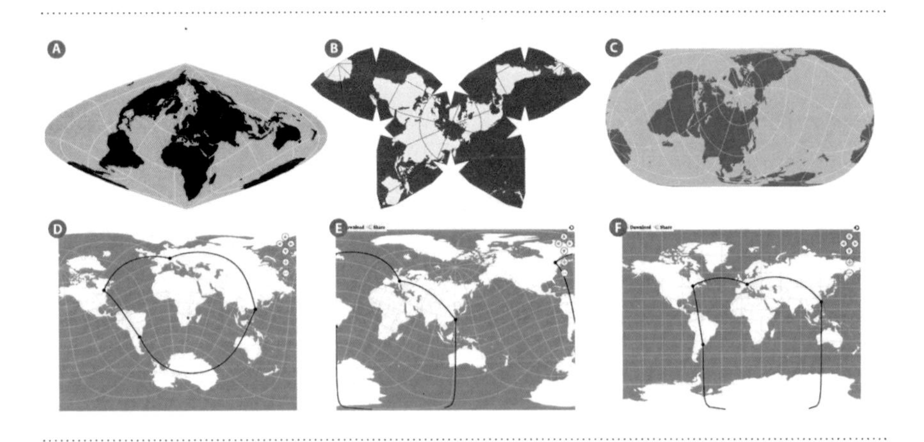

Abb. 30: JMS: A–C: Da Vinci: Weltkarten mit verschiedenen Projektionen und gestalterischen Variablen: A. Sinusoidal-Projektion B. Waterman-Projektion C: Eckert-IV-Projektion, D–F: Tourist: Dargestellte Strecke: Taipei - Zürich, Zürich - Montréal, Montréal - Buenos Aires, Buenos Aires - Taipei. D: Weltkarte auf Afrika zentriert E: Weltkarte auf Taipei zentriert, F: Weltkarte auf Zürich zentriert.

Der Worldmapgenerator zielt nicht darauf ab, exemplarische Einzelfälle von unkonventionellen Weltkarten darzulegen. Das Tool stützt sich auf ein Prinzip, das die Möglichkeit schafft, eine unendliche Anzahl an unkonventionellen Weltkarten hervorzubringen. Dieses Prinzip basiert auf einem Regelwerk, das sich nur hinsichtlich bestimmter Aspekte von der konventionellen Art und Weise Weltkarten zu generieren unterscheidet. Die Dekonstruktion der konventionellen Weltkarten geschieht also nicht, indem jede Regel der Transformation von Kugeloberfläche zu Weltkarte ausser Acht gelassen wird, sondern lediglich indem bestimmte Regeln anders angewendet und somit Konventionen gezielt gebrochen werden. Das heisst, dass die unkonventionellen Weltkarten hier als Gegenvorschlag zu den konventionellen Weltkarten angeführt werden, um im Sinne einer Dekonstruktion versteckte Bedeutungen und Absichten der konventionellen Weltkarten ans Licht zu bringen. Die Herleitung der unkonventionellen Weltkarten beruht also auf derselben Logik, wie die der konventionellen Weltkarte. Die Dekonstruktion der konventionellen Weltkarten geschieht schliesslich durch ihre eigenen Regeln, die lediglich partiell eine andere Anwendung finden. Dadurch wird mit den unkonventionellen Weltkarten eine plausible Alternative ins Feld geführt.

3.3 Multiple Alternativen: Ein Prinzip, um Weltkarten zu dekonstruieren

Die unkonventionellen Weltkarten beruhen auf einem Prinzip, das die derzeitigen Standardisierungen hinsichtlich der Konstruktion von Weltkarten hinterfragt und somit neue Bildproportionen in Weltkarten hervorruft. Bisher kamen meist geometrische Projektionen zum Einsatz, welche durch historisch gewachsene Konventionen bestimmt waren. Dabei definiert die Projektion das im Bildmittelpunkt abgebildete Gebiet, wobei meist der Äquator im horizontalen Bildzentrum zu liegen kommt. Dies hat zur Folge, dass sich die Verzerrungen immer an denselben geografischen Gebieten auswirken und die Bildproportionen dementsprechend eintönig bestimmen. Die Projektion definiert oft den Äquator in der horizontalen Bildmitte, eine Zentrierung auf ein alternatives geografisches Zentrum wird meist ausser Acht gelassen.

Die unkonventionellen Weltkarten gehen aus einem Prozess hervor, der hier in drei Schritten erklärt wird:

1. Bei der Herleitung einer Weltkarte wird die Kugeloberfläche in einer zweidimensionalen Weltkarte abgebildet. Diese Transformation von Globusoberfläche zur Weltkarte ist demselben mathematischen Prozess unterworfen wie die Transformation von Kugeloberfläche in zweidimensionale Ebene (VGL. ABB. 31). Da eine Kugeloberfläche nicht eins zu eins in einer Fläche abgebildet werden kann, entstehen Verzerrungen.

1. VON KUGELOBERFLÄCHE IN DIE EBENE (PROJEKTION: MILLER)

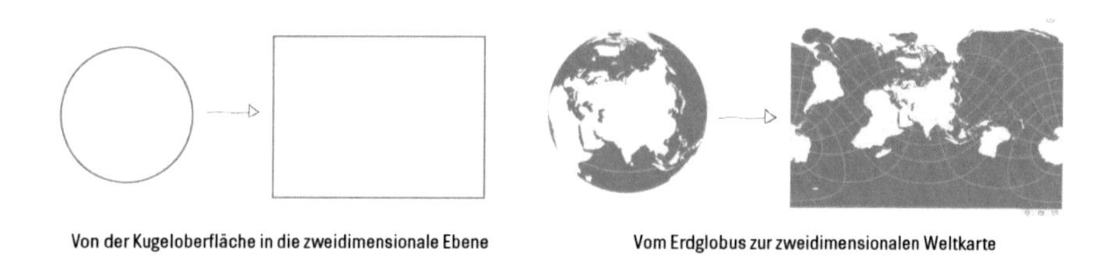

Abb. 31: JMS: 1. Schritt: Transformation von Kugeloberfläche zur Fläche: Von Kugeloberfläche in die Ebene, von Globusoberfläche zur Karte.

2. Für die abstrakte Transformation von Kugeloberfläche in eine zweidimensionale Ebene wird ein Algorithmus verwendet, was analog in einem kartografischen Verfahren von Globusoberfläche zu Weltkarte einer Projektion entspricht. Diese Transformation beruht auf Grund der verwendeten Projektion auf einem Regelwerk, das bestimmten Konventionen unterliegt: so definiert die eingesetzte Projektion das im Bildmittelpunkt abgebildete geografische Gebiet sowie die Charakteristik der Verzerrungseigenschaften, welche mit der Zentrierung zusammen die Bildproportionen einer Weltkarte verantworten. Bei dieser Transformation mittels Projektion unterliegt die Weltkarte immer Verzerrungen, denn eine verzerrungsfreie Abbildung der Kugeloberfläche in eine Weltkarte

ist unmöglich. Denken wir an eine konventionelle Weltkarte, die nach Norden ausgerichtet ist und deren oberer respektive unterer Rand durch Nord- respektive Südpol festgelegt ist, dann stellen wir fest, dass die Arktis sowie auch die Antarktis enormen Verzerrungen unterliegen. So erscheint uns beispielsweise die Antarktis als langgezogener Streifen am unteren Bildrand und auch Grönland etwa verlässt Form- und Flächentreue. Weltkarten besitzen also ihre eigene Charakteristik, welche durch die Projektion und ihre Verzerrungseigenschaften bestimmt sind. Derzeit liegt eine breite Vielfalt von Projektionen vor, wobei diese in winkel-, flächen-, abstandstreue Projektionen und vermittelnde Kartennetzentwürfe unterschieden werden (VGL. ABB. 32). Diese verschiedenen Projektionsarten unterscheiden sich dann auch in ihrer Formgebung; so sind einige Weltkarten viereckig, rund, gewölbt oder gar sternförmig.[491] Die Wahl der Projektion sowie des im Bildmittelpunkt abgebildeten geografischen Zentrums sind für die Formgebung der Erdoberfläche verantwortlich.

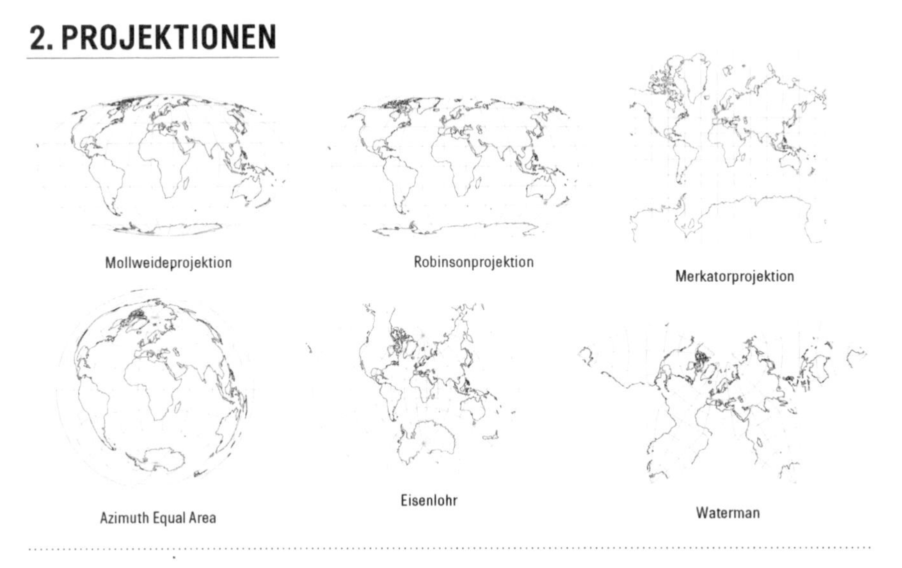

Abb. 32: JMS: 2. Schritt: Anwendung einer Projektion:
Einige Beispiele von geometrischen Projektionen aus einer breiten Vielfalt.

3. Die Dekonstruktion der konventionellen Weltkarten wird dahingehend vorgenommen, dass eine durch die Projektion bestimmte Regel modifiziert wird: Das im Bildmittelpunkt abgebildete geografische Gebiet kann unabhängig von der Projektion gewählt werden. Das heisst, das Prinzip zum Generieren von unkonventionellen Weltkarten orientiert sich an den bestehenden Algorithmen von Projektionen, es wird lediglich die Zentrierung auf das im Bildmittelpunkt abgebildete Gebiet überdacht. Dies geschieht durch die flexible Positionierung

491 Vergleiche dazu zum Beispiel: viereckig: Miller- oder Merkatorprojektion, rund: Azimutalprojektionen, gewölbt: Eckert- oder Robinsonprojektion, sternförmig: Watermanprojektion. Diese und weitere Projektionen können unter www.worldmapgenerator.com frei gewählt werden.

des Grosskreises.[492] Das heisst: während bei konventionellen Weltkarten der Grosskeiss-Äquator meist in der horizontalen Bildmitte zu liegen kommt, kann in unkonventionellen Weltkarten der Grosskreis in eine beliebige Position gebracht werden (VGL. ABB. 33). Dabei unterliegen die unkonventionellen Weltkarten den Verzerrungen in gleichem Ausmass; sie betreffen lediglich ein «anderes» geografisches Gebiet. Bei dieser Konstruktion von unkonventionellen Weltkarten bleibt die mathematische Transformation von Kugeloberfläche zu zweidimensionaler Ebene gleich, das heisst das Regelwerk der konventionellen Herleitung bleibt; es wird lediglich die Konvention der Zentrierung überdacht.

3. VON KONVENTIONELLEN ZU UNKONVENTIONELLEN WELTKARTEN (PROJEKTION: QUADRATISCHE PLATTKARTE)

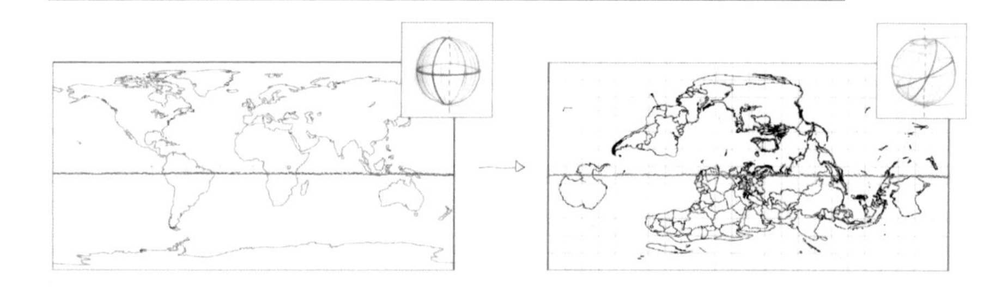

Abb. 33: JMS: 3. Schritt: Verschiebung des Grosskreis-Äquators.
Links: Quadratische Plattkarte mit dem Äquator in der horizontalen Bildmitte.
Rechts: Quadratische Plattkarte mit einem beliebigen Grosskreis in der horizontalen Bildmitte.

492 Ein Grosskreis ist der grösstmögliche Kreis auf der Kugeloberfläche. Der Äquator ist ein Grosskreis und die Meridiane sind Grosskreise. Theoretisch gibt es unendlich viele Grosskreise, die um den Erdball gelegt werden können.

3.4 Fazit: Von der Rekonstruktion zur Dekonstruktion, von der Konvention zur Alternative

Um die hier beabsichtigte Dekonstruktion vorzunehmen, wird auf die vorangestellte Rekonstruktion[493] zurückgegriffen. Diese Rekonstruktion zeigt eine Herleitung von Darstellungskonventionen in Weltkarten von der Antike bis in die Gegenwart auf. Das heisst, um die Vieldeutigkeit der Bedeutung einer Weltkarte begreifbar darzulegen, wird vorab[494] durch die Rekonstruktion die historische Festschreibung dieser Bedeutung aufgezeigt, um diese anschliessend in der Dekonstruktion zu zerlegen. Dabei gibt die Rekonstruktion Antworten auf die gestellten Forschungsfragen:

1. Inwiefern ist die *Projektion* im Sinne der darstellenden Geometrie verantwortlich für Darstellungskonventionen in Weltkarten?

2. Inwiefern ist die *Projektion* im Sinne einer Weltanschauung verantwortlich für Darstellungskonventionen in Weltkarten?

Wenn im Folgenden von einer *konventionellen Weltkarte* die Rede ist, bezieht sich diese Aussage auf eine Norm, die in der Rekonstruktion anhand von historisch gewachsenen Konventionen hergeleitet wurde. Derzeit basiert das Erstellen von Weltkarten mittels Projektion auf einem Regelwerk, das bestimmten Konventionen unterliegt.

In der hier vorgenommenen Dekonstruktion geschieht eine Loslösung von traditionell verhafteten visuellen Verbindlichkeiten, wobei über das neuartige visuelle Material ein Potenzial für neue Aussageverkettungen geschaffen wird. Die Dekonstruktion zielt hier also ganz im Sinne Derridas darauf ab, durch das Prinzip zum Generieren unkonventioneller Weltkarten, die historisch gewachsenen Zusammenhänge zu artikulieren, umzukehren und zu verschieben. Durch die Modifikation des Regelwerkes zum Erstellen von Weltkarten wird der historisch gewachsene Status quo verworfen und ein Gegenvorschlag – die unkonventionellen Weltkarten – ins Feld geführt. Die Dekonstruktion beantwortet damit folgende Forschungsfrage:

3. Wie können vorherrschende Konventionen in Weltkarten hinsichtlich *Projektion* dekonstruiert werden?

Die Dekonstruktion wird aufgrund des oben dargelegten Prinzips – dem Worldmapgenerator – vollzogen, wobei die daraus resultierenden, unkonventionellen Weltkarten hinsichtlich verschiedener Aspekte interpretiert werden. Dabei wird ein Perspektivenwechsel erzeugt, wonach der Fokus nicht mehr auf die vorherrschenden prioritären Funktionen einer konventionellen Weltkarte gerichtet ist, sondern über diese hinaus verborgene Aspekte in Weltkarten herausstellt. Das heisst, dass die gängigen Funktionen einer Weltkarte – wie Orientierung bieten, das korrektes Abbild der Geophysik repräsentieren und so weiter – hier nicht im Mittelpunkt des

493 *Rekonstruktion* ist in den vergangenen zwei Kapiteln dargelegt.

494 Siehe I. Teil: Rekonstruktion und II. Teil: Dekonstruktion.

Interessens stehen. Vielmehr zielt die Dekonstruktion darauf ab, die konventionelle Weltkarte anhand von Gegenbeispielen zu kontrastieren, ihre paradigmatischen Aussagen kritisch zu hinterfragen und eine breite Vielfalt an unkonventionellen Weltkarten ins Feld zu führen. Diese Dekonstruktion und die damit verbundenen Absichten geschehen in Anlehnung an Harleys Konzept von «Deconstructing the Map»:

> «It demands a search for metaphor and rhetoric in maps where previously scholars had found only measurement and topography. [...] [The] deconstruction goes further to bring the issue of how the map represents place into much sharper focus. Deconstruction urges us to read between the lines of the map [...] and through its tropes to discover the silences and contradictions that challenge the apparent honesty of the image.»[495]

Durch die Dekonstruktion steht der Allgemeinheitsanspruch von konventionellen Weltkarten in Frage, nicht beachteten Alternativen wird eine Plattform geboten. Die Dekonstruktion wird als Instrument eingesetzt, um bewusste Kritik an normativen Gesichtspunkten auszuüben. Es wird klar, inwiefern Weltkarten und ihre konstruktiven sowie ideologischen Projektionen Darstellungskonventionen verantworten.

Die Dekonstruktion mündet in acht Thesen, die bestimmte, bisher marginalisierte Inhalte aufgreifen und interpretieren. Dabei geschieht die Dekonstruktion der konstruktiven und ideologischen Projektionen in Weltkarten unter einigen Gesichtspunkten. Diese Gesichtspunkte führen die in der Rekonstruktion untersuchten Aspekte, wie etwa der Aspekt der Geopolitik, Zentrierung, Perspektive etc., zusammen und münden schliesslich in acht Thesen. Diese Thesen greifen die aus der Rekonstruktion gefolgerten Schlüsse auf und vereinigen die untersuchten Aspekte in einer Synthese. Dabei wird die Aufrechterhaltung der einzelnen Aspekte bewusst nicht angestrebt, da durch deren Zusammenführung verborgene, vergessene und verdrängte Bedeutungszusammenhänge erreicht werden können.

Jede der acht Thesen ist folgendermassen aufgebaut:

1) **Allgemeine Konventionen:** Es wird thematisch in die These eingeführt, wobei in gebotener Kürze thematisch mit der beabsichtigten Diskussion bekannt gemacht wird. Durch Grundgedanken von einschlägigen Theorien werden für die These relevante Konventionen aufgezeigt. Dabei wird die These auf andere Werke bezogen, wie beispielsweise auf Paul Feyerabends Werke *Wissenschaft als Kunst* sowie *Wider den Methodenzwang* oder auch Panofskys Aufsatz *Die Perspektive als Symbolische Form.*

2) **Kartografische Konventionen:** In einem zweiten Schritt wird vom Allgemeinen auf das kartografische Thema fokussiert, wobei die derzeitige kartografische Situation und die damit verbundenen Konventionen in Weltkarten dargelegt

495 Harley (1989). Deconstructing the map.

werden. Dabei werden beispielsweise Parallelen zu Harleys Aufsatz *Deconstructing the Map* geschaffen.

3) **Von der Konvention zur Dekonstruktion:** Zum Schluss wird die These mittels unkonventioneller Weltkarten untermauert. Die Dekonstruktion von Konventionen wird anhand von projekteigenem Bildmaterial aufgezeigt, wobei die unkonventionellen Weltkarten Bedeutungszusammenhänge unter bestimmten Gesichtspunkten neu definieren. Dieser Abschnitt soll denn auch als Schlussfolgerung gelten und durch den Standpunktwechsel dazu anregen, die Aussage von Weltkarten aus alternativen Perspektiven zu diskutieren.

1. Weltkarten unterliegen Projektionen (Wirklichkeit)

Bei der Darstellung einer Weltkarte handelt es sich um die Darstellung einer Weltanschauung, wobei man davon ausgeht, es handle sich um die «Wahrheit» oder «Wirklichkeit».[496] Diese Wirklichkeitskonstruktion ist reines Menschenwerk.

Allgemeine Konventionen: Unsere Idee der Welt ist immer eine subjektive, eine durch sozio-kulturelle Faktoren geprägte Projektion, die unsere individuelle «Wirklichkeit» beschreibt. Dabei sind wir unserer Gesamtheit subjektiver Empfindungen unterworfen, welche die Wahrnehmung der Welt zu einem Ganzen zusammenbringt.[497] Der Zugang zur sogenannten «Wahrheit» oder «Wirklichkeit» bleibt uns dabei verschlossen, sie bleibt immer eine Produktion unserer vermeintlich objektiven Realität. Die «Wirklichkeit» ist immer ein Menschenwerk von einem bestimmten Standpunkt aus, das sich durch den Akt des Urteilens und aus damit verbundenen Handlungen konstituiert.[498] Bei jeder Konstruktion einer «Wirklichkeit» bestimmt der subjektive Standpunkt die Ausrichtung, die sich nach Stilen, Traditionen, Ordnungsprinzipien richtet, die verschiedene Kunstformen, Denkformen, Rationalitätsformen usw. hervorrufen. Gegenwärtig unterliegen wir der Tendenz, unsere «Wirklichkeit» aus dem Standpunkt der modernen Naturwissenschaften aus zu konstruieren, wobei alternative Wirklichkeitsauffassungen kaum Aufmerksamkeit erreichen und wenig Interesse generieren.

> «Der Umstand, dass heute nur eine Naturansicht vorzuherrschen scheint, darf nicht zu der Annahme verführen, dass wir am Ende nun doch ‹die› Wirklichkeit erreicht haben. Es bedeutet nur, dass andere Wirklichkeitsformen vorüber gehend keine Abnehmer, Freunde, Verteidiger haben, und zwar nicht darum, weil sie nichts zu bieten haben, sondern weil man sie entweder nicht kennt oder an ihren Produkten kein Interesse hat.»[499]

Wir sollten uns also bewusst sein, dass wir nicht bei der Wahrheit angelangt sind, sondern nur unter den Rahmenbedingungen unserer Weltanschauung einer Wirklichkeitsauffassung folgen. Diese Idee der Wirklichkeit sollten wir kritisch hinterfragen und ihr nicht vorbehaltslos unseren vollen Glauben schenken. Ansonsten bezieht sich unser Glaube ausschliesslich auf eine paradigmatisch vorherrschende Weltanschauung, die alternative Denk- und Darstellungsformen missachtet. Dabei laufen wir Gefahr, dass wir uns auf unsere projizierte Wahrheit stützen und uns der Bezug zur Welt entgleitet.

---

496 Feyerabends Schlussfolgerung (drittens): «Sowohl Künstler als auch Wissenschaftler haben bei der Ausarbeitung eines Stils oft den Hintergedanken, es handle sich um die Darstellung ‹der› Wahrheit oder ‹der› Wirklichkeit.» Feyerabend (1984). Wissenschaft als Kunst. S. 76

497 Ritter und Kranz (1971). Historisches Wörterbuch der Philosophie. Vgl. Weltanschauung. Bd. 12, S. 453

498 Feyerabend (1984). Wissenschaft als Kunst. S. 40

499 Ebd. S. 43–44

> «Es liegt auf der Hand, dass jede Verbindung zur Welt verlorengegangen war und dass die erzielte Stabilität, der Anschein absoluter Wahrheit, der sich im Denken wie in der Wahrnehmung äusserte, nichts anderes war als das Ergebnis eines absoluten Konformismus.»[500]

Wir glauben, uns in Sicherheit zu wähnen, wenn wir ausschliesslich einem Modell, einer Interpretation oder eben einer Projektion folgen und andere Weltanschauungen ausschliessen. Wir richten unsere Projektionen möglichst hindernislos nach unserer paradigmatischen Situation aus. Dabei sollte uns bewusst bleiben, dass die Erschaffung von Projektionen auf reinem Menschenwerk basiert. Sie ist ein sozialer Akt und hängt von historisch gewachsenen Konventionen und der daraus resultierenden vorherrschenden Weltanschauung ab.

> «Die Wahl eines Stils, einer Wirklichkeit, einer Wahrheitsform, Realitäts- und Rationalitätskriterien eingeschlossen, ist die Wahl von Menschenwerk. Sie ist ein sozialer Akt, sie hängt ab von der historischen Situation, sie ist gelegentlich ein relativ bewusster Vorgang – man überlegt sich verschiedene Möglichkeiten und entschliesst sich dann für eine –, sie ist viel öfter direktes Handeln aufgrund starker Intuitionen. «Objektiv» ist sie nur in dem durch die historische Situation vorgegebenen Sinn [...]».[501]

Kartografische Konventionen: Dementsprechend verhält es sich bei kartografischen Darstellungen: Weltkarten sind keine blossen Abbildungen der Wirklichkeit, sie visualisieren lediglich eine Wirklichkeitsauffassung. Die Kartografie der Postmoderne hat aufgezeigt, dass wir die normativen, naturwissenschaftlichen Modelle verlassen sollten, um neuen Ideen Platz zu machen. Dadurch geschieht die Hinterfragung des vermeintlichen Zusammenhangs zwischen der Wirklichkeit und der kartografischen Repräsentation.[502] Die Realität ist eine einzige Projektion einer subjektiven Idee, wonach der Raum kartografiert wird. Die eigene Wirklichkeit ist also ein konstruktives Erzeugnis, das ein subjektives Modell des wahrgenommenen Raumes hervorbringt.[503] Trotz dem Wissen um diese Subjektivität in Weltkarten beziehen wir uns auf einen Standard, nach dem unsere Auffassung der Welt dominiert und konditioniert ist. Derzeit wird dieser Standard durch wissenschaftliches und technologisches Wissen erzeugt, anhand dessen wir uns unsere Vorstellung der Wirklichkeit konstruieren:

> «That maps can produce a truly ‹scientific› image of the world, in which factual information is represented without favour, is a view well embedded in our cultural mythology. To acknowledge that all cartography is ‹an intricate, controlled fiction› does not prevent our retaining a distinction between those presentations of map content which are deliberately induced by cartographic artifice and those in which the structuring content of the image is unexamined.»[504]

500 Feyerabend (1986). Wider den Methodenzwang. S. 53
501 Vgl. Feyerabends Schlussfolgerung (achtens):. Feyerabend (1984). Wissenschaft als Kunst. S. 78
502 Harley (1989). Deconstructing the map.
503 Daum (2012). Subjektive Kartographien – Dekonstruktion und Konstruktion.
504 Harley (1989). Maps, Knowledge, and Power. S. 287

Eine Karte unterliegt nicht nur einer ideologischen Projektion im Sinne einer Weltanschauung, auch die geometrische Projektion ist bestimmend für das Kartenbild. Besonders bei kleinmassstäbigen Karten – wie etwa Weltkarten – wirkt sich die geometrische Projektion enorm auf die formal-ästhetische Ausprägung der Weltkarte aus. Jede geometrische Projektion hat ihre charakteristischen Eigenschaften, welche das Kartenbild der Weltkarte prägen. Die geometrische Projektion impliziert über das Kartenbild eine vorherrschende ideologische Projektion. Wir sind also durch die geometrische Projektion auf ein Weltbild festgelegt, das unsere ideologische Projektion – unsere Weltanschauung – massgeblich mitbestimmt und vice versa. Diese Weltanschauungen resultieren nicht aus Entscheidungen, die bewusst getroffen werden, sondern meist aus einem direkten, spontanen Handeln aufgrund starker Intuition.[505]

Von der Konvention zur Dekonstruktion:

ABBILDER DER WIRKLICHKEIT (PROJEKTION: ECKERT IV)

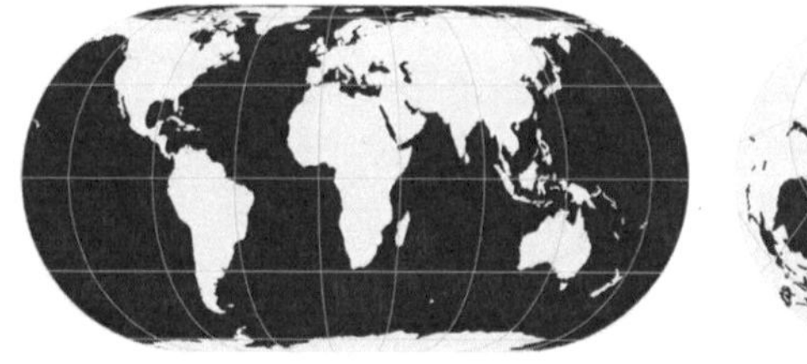

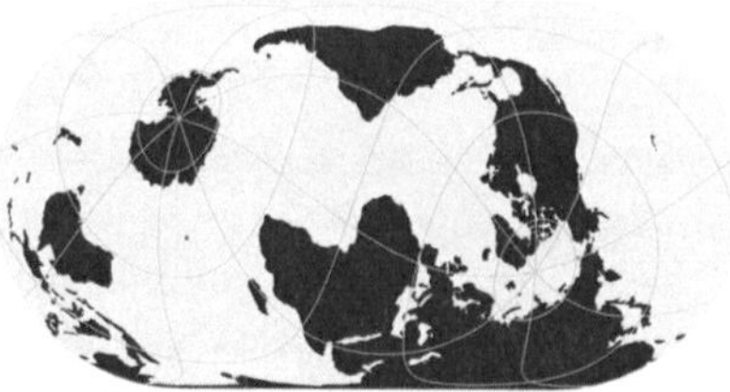

Abb. 34: JMS: Verschiedene Abbilder der Wirklichkeit. (Projektion: Eckert IV)

Durch die Dekonstruktion wird eine Auseinandersetzung mit dem Abbild der vermeintlichen Wirklichkeit provoziert, der gegenwärtige Standard wird in Frage gestellt (VGL. ABB. 34). Durch die unkonventionellen Weltkarten wird ein Umdenken dahingehend veranlasst, dass wir Weltkarten nicht als unbestreitbare kartografische Fakten ansehen, die uns ein Weltmodell vorlegen, sondern das wir sie als Ausdruck einer Weltanschauung verstehen und die darin verborgene kulturelle Perspektive erkennen. Die Weltkarten als objektive, neutrale wissenschaftliche Produkte stehen durch die unkonventionellen Weltkarten in der Kritik. Es wird klar, dass eine Projektion eine Wirklichkeitskonstruktion bedeutet, die auf ein reines Menschenwerk zurückzuführen ist. Durch das aktive Umprojizieren der Welt wird uns klar, dass eine Weltanschauung und die damit verbundene Idee der Welt lediglich auf einen sozialen Akt zurückzuführen ist und als historisch gewachsenes Phänomen betrachtet werden muss.

Durch Dekonstruktion können alternative Weltkarten generiert werden, ohne das konventionelle Regelwerk zu verlassen. Das heisst, um das Abbild einer Wirk-

505 Feyerabend (1984). Wissenschaft als Kunst. S. 78

lichkeitsidee zu hinterfragen, muss die Akkuratesse der geophysischen Gegebenheiten nicht ausgeschlossen sein. Die Darstellung der Erdoberfläche weist also dieselbe mathematische Präzision auf – bei konventionellen sowie bei unkonventionellen Weltkarten. Durch die unkonventionellen Weltkarten werden wir dazu aufgefordert, die normativen Modelle zu verlassen. Obwohl das Prinzip zum Generieren von Weltkarten auf mathematischen Regeln gründet, wird durch die alternative, ungewohnte Formgebung der Erdoberfläche die beständige, naturwissenschaftliche Autorität zerrüttet. Es wird klar, dass durch eine möglichst mathematisch akkurate Darstellung keine wertfreie Transkription der Umwelt erreicht werden kann. **Die Dekonstruktion legt einen Gegenvorschlag zu einem vermeintlich objektiven Abbild der Wirklichkeit vor und macht bewusst, dass unsere Idee der Wirklichkeit einer subjektiven Auffassung – und somit einer Weltanschauung – unterliegt. Diese Weltanschauung ist das Produkt eines reinen Menschenwerks.**

2. Projektionen unterliegen Denk- und Darstellungsstilen (Schematisierung)

Die verschiedenen Darstellungsstile von Weltkarten in der Geschichte beweisen: Vorherrschende Weltanschauungen sind mit künstlerischen respektive kartografischen Denkstilen eng verbunden und drücken sich durch den Darstellungsstil aus.[506]

Allgemeine Konventionen: Seit jeher ist ein Denk- und Darstellungsstil mit einer vorherrschenden Weltanschauung verbunden. Vom antiken aristotelischen über den theologisch-mittelalterlichen zum wissenschaftlichen Denkstil der Renaissance bis hin zur gegenwärtigen naturwissenschaftlichen Auffassung der Welt, geht jeder Umbruch von ideologischen Werten mit dem Wechsel entsprechender Denk- und Darstellungsstilen einher. Unser gegenwärtiger Denkstil knüpft an die Denktradition der Renaissance an. Aus diesem Denkstil ergibt sich eine Konstruktion der Wirklichkeit, wobei bestimmten Aspekten mehr Priorität eingeräumt wird und andere ausser Acht gelassen werden. Diese Aspekte sind es dann auch, die unseren Denk- und Darstellungsstil bestimmen, wobei sich derzeit eine Tendenz zu einer Schematisierung abzeichnet, die stark naturwissenschaftlichen Kriterien unterworfen ist und alternative Aspekte ausschliesst:

> «[...] die farbenprächtige und vielgestaltige Welt des gewöhnlichen Bewusstseins wird ersetzt durch eine grobe Schematisierung, in der es weder Farben noch Gerüche, noch Gefühle, noch selbst den gewohnten Zeitablauf gibt – und diese Karikatur gilt nun als die Wirklichkeit.»[507]

Unsere Wirklichkeitskonstruktion ist also stark geprägt durch die gegenwärtige Weltanschauung, die uns den Zugang zum Verständnis meist nur aufgrund immer derselben, eintönigen Aspekte gewährt. Diese Aspekte sind von naturwissenschaftlichen Kriterien dominiert.

Kartografische Konventionen: In kartografischen Darstellungen ist diese Tendenz zur Schematisierung unseres Denk- und Darstellungsstils gut erkennbar. Die verschiedenen Weltkarten aus der Geschichte zeigen auf, dass kein Darstellungsstil zur absoluten «Wahrheit» oder «Wirklichkeit» führt, sondern nur eine Wirklichkeitsauffassung durch einen bestimmten Visualisierungsstil evoziert wird.[508] Mit dem gegenwärtigen Darstellungsstil ist ein Wahrheitsanspruch an kartografische Darstellungen gebunden, der auf systematischen Beobachtungen und Messungen gründet:

---

506 Vgl. Feyerabends Schlussfolgerung (viertens): «[Dieser Hintergedanke führt nicht über die Auffassung Riegls hinaus, er ist ein Teil des von Riegl recht unbestimmt gelassenen Kunstwollens und zeigt nur,] dass künstlerische Stile mit Denkstilen eng verbunden sind: wir haben ein Gemälde oder eine Statue oder eine Tragödie eingebettet in ein [...] Wortgebilde.» Ebd. S. 77

507 Ebd. S. 42

508 Harley (1989). Deconstructing the map. S. 71

> «[...] [objects in the world] can be expressed in mathematical terms; that systematic observations and measurement offer the only route to cartographic truth; and that this truth can be independently verified.»[509]

Die gegenwärtigen Weltkarten beruhen auf subjektiven Beobachtungen der Natur, woraus verschiedene Abbilder von Wirklichkeiten resultieren. Doch diese kartografischen Darstellungen, die auf einer mathematischen Schematisierung der Geophysik und der genauen Verortung von georeferenzierten Objekten basieren, müssen auf soziale, kulturelle, religiöse und politische Aspekte hin gelesen werden, auch wenn diese erst auf den zweiten Blick erkennbar werden:

> «The published map also has a ‹well-heeled image› and our reading has to go beyond the assessment of geometric accuracy, beyond the fixing of location, and beyond the recognition of topographical patterns and geographies.»[510]

Das Kartenbild ist gerade durch die geometrische Projektion, das den meisten Karten zugrunde liegt, enorm den Regeln und der Ordnung der Geometrie unterworfen, welche den Darstellungsstil entsprechend bestimmt. Dieser geometrischen Darstellungsweise wird oft mehr Aufmerksamkeit zugesprochen als der sozio-kulturellen Dimension in Karten, welche die gesellschaftlichen Normen und Werte festsetzt:

> «Modern western culture has established a direct association between real-world phenomena and their cartographic representations and has then privileged those representations with a correctness derived from the act of observation rather than from the social and cultural conditions within which the representations are grounded.»[511]

---

509 Ebd. S. 58

510 Ebd. S. 59

511 Edney (1993). Cartography Without "Progress": Reinterpreting the Nature and Historical Development of Mapmaking. S. 55

Von der Konvention zur Dekonstruktion:

DENK- UND DARSTELLUNGSSTIL (PROJEKTION: MILLER)

Abb. 35: JMS: Die Schematisierung unseres Denkstils wird in Weltkarten durch den gegenwärtigen Darstellungsstil widergespiegelt. Dabei ist das Gradnetz ein wichtiges visuelles Element, das die Welt in verschiedene Einheiten gliedert. (Projektion: Miller)

Die Schematisierung des Bewusstseins hat zur Folge, dass wir Darstellungsstile entwickeln, die vorwiegend auf der Vollkommenheit der reinen Mathematik beruhen respektive darauf abzielen, naturwissenschaftliche empirische Beobachtungen und Messungen möglichst glaubhaft darzustellen (VGL. ABB. 35). Das heisst, zur Darstellung eines Weltbildes bedienen wir uns vielfach mathematischer Mittel und überdenken ihren Anspruch an einen allgemeinen Wahrheitsanspruch kaum. Die hier ins Feld geführten alternativen Weltkarten basieren auf denselben mathematischen Regeln wie die konventionellen Weltkarten auch. Die Dekonstruktion findet nur dahingehend statt, dass im Transformationsprozess eine Regel alternativ angewendet wird: Das im Bildmittelpunkt abgebildete Zentrum wird aus dem Fokus gerückt. Die visuellen Ergebnisse zeigen durch die Modifikation der Zentrierung enorme formal-ästhetische Veränderungen auf. Die Formgebung der Weltkarten verhält sich unkonventionell. Dadurch wird die Schematisierung der Welt durch ihre eigenen mathematischen Mittel hinterfragt. **Die Dekonstruktion macht bewusst, dass unser Denk- und Darstellungsstil vorwiegend auf naturwissenschaftlichen Aspekten beruht und unser Abbild der Welt einer dementsprechenden Ordnung unterworfen ist. Die unkonventionellen Weltkarten verlassen zwar diese geometrische Grundlage nicht, veranschaulichen aber, dass dieser Denk- und Darstellungsstil kein eindeutiges, unbestreitbares Resultat hervorbringt und immer eine soziale Dimension einschliesst.**

3. Projektionen sind vielfältig (Vielfalt)
Die mögliche Vielfalt an verschiedenen Weltkarten macht klar: Wirklichkeit ist durch den Denkstil geprägt. Dieser vorherschende Denkstil einer Weltanschauungen bestimmt das Vorstellungsbild von Wirklichkeit, das sich wiederum in Weltkarten spiegelt.[512]

Allgemeine Konventionen: Die verschiedenen Epochen und die verschiedenen Kulturen zeigen es auf: Es existieren zeitgleich etliche Konstruktionen der Wirklichkeit, die durch zeitliche und kulturelle Faktoren bestimmt sind. Die Geschichte bringt den Nachweis, dass sich jede Epoche sowie jeder Kulturkreis an seiner eigenen Wirklichkeitskonstruktion orientiert. Es geht sogar soweit, dass jedes Individuum aus seiner eigenen subjektiven Erfahrung schöpft und sich seine individuelle Wirklichkeit aus seiner individuellen Perspektive konstruiert:

> «Die Grundzüge des Denkens, Lebens, Weltbewusstseins sind so verschieden wie die Gesichtszüge der einzelnen Menschen; auch in bezug darauf gibt es ‹Rassen› und ‹Völker›, und sie wissen so wenig darum, wie sie bemerken, ob ‹rot› oder ‹gelb› für andre dasselbe oder etwas ganz andres ist [...]».[513]

Die Ausprägungen von Weltanschauungen sind durch verschiedene Einflüsse verursacht, die wiederum auf verschiedenen soziokulturellen Faktoren basieren, die sich aus zufälligen persönlichen und historischen Umständen zusammensetzen. Auch für wissenschaftliche Überzeugungen sind solche Faktoren formgebende Bestandteile, die zu einer bestimmten Zeit angenommen werden.[514] Die Möglichkeiten verschiedener Konstruktionen von Weltanschauungen sind unendlich.

> «Alle Grundworte wie Masse, Substanz, Materie, Ding, Körper, Ausdehnung und die Tausende in den Sprachen anderer Kulturen aufbewahrten Wortzeichen entsprechender Art sind wahllose, vom Schicksal bestimmte Zeichen, welche aus der unendlichen Fülle von Weltmöglichkeiten im Namen der einzelnen Kultur die einzig bedeutende und deshalb notwendige herausheben.»[515]

Diese Unendlichkeit an möglichen Weltanschauungen wird klar, wenn verschiedene Alternativen aufgezeigt werden, die sich gegenseitig kontrastieren. Nach Feyerabend (1986) erkennt man die wichtigsten Eigenschaften einer Theorie nicht durch Analyse, sondern durch Kontrast.[516] Erkenntnis ergibt sich aus unverträglichen Alternativen; jede einzelne Theorie und jedes Märchen, jeder Mythos etc. zwingt die anderen Theorien zur deutlichen Entfaltung. Darauf folgert er, dass nur

512 Vgl. Feyerabends Schlussfolgerung (fünftens): «[Das] zeigt sich an der Vieldeutigkeit des Wortes ‹Wahrheit› oder ‹Wirklichkeit›. Untersucht man nämlich, was ein bestimmter Denkstil unter diesen Dingen verseht, dann trifft man nicht auf etwas, was jenseits des Denkstils liegt, sondern auf seine eigenen grundlegenden Annahmen: Wahrheit ist, was der Denkstil sagt, dass Wahrheit sei.» Feyerabend (1984). Wissenschaft als Kunst. S. 77

513 Spengler (1918). Die Symbolik des Weltbildes und das Raumproblem (1918).

514 Kuhn (1973). Die Struktur wissenschaftlicher Revolutionen. S. 19

515 Spengler (1918). Die Symbolik des Weltbildes und das Raumproblem (1918).

516 Feyerabend (1986). Wider den Methodenzwang. S. 39

durch die Vielfalt verschiedener Ideen Erkenntnis geschaffen werden könne, ohne dass man einem absoluten Konformismus – oder eben Konventionen – verfällt.

> «Theorienvielfalt ist für die Wissenschaft fruchtbar, die Einförmigkeit dagegen lähmt ihre kritische Kraft. Die Einförmigkeit gefährdet die freie Entwicklung des Individuums.»[517]

Welsch (2002) erörtert die «Vielfältigkeit – und ihre Probleme» anhand der Postmoderne und unterscheidet dabei die Postmoderne von der Moderne.[518] Dabei wird klar, dass die Vielfalt gegenüber einem Einheitsstreben unbeherrschbar ist und demnach keinem Herrschaftswunsch nachkommen kann.[519] Der Pluralismus ist diffiziler zu instrumentalisieren als Singularismus, ob architektonisch, soziologisch oder philosophisch. Je weniger Vielfalt wir zulassen und uns einer einzigen Überzeugung hingeben, desto mehr etabliert sich diese eine Weltanschauung. Das heisst, werden unsere Projektionen nicht mit Alternativen kontrastiert, setzten sie sich umso kritikloser fest.

Kartografische Konventionen: Die Kartografie ist sich der möglichen Vielfalt von Weltkarten bewusst. Die Kartografiegeschichte zeigt viele verschiedene Darstellungsstile auf, und auch heute wäre eine Buntheit an Karten vorhanden. Die vielen geometrischen Projektionen unterstützen die Fülle an möglichen Weltkarten und ihren verschiedenen Bildproportionen.

> «[...] [the historical record and the intellectual character of mapmaking] seeks only to broaden our discussion of the nature and history of cartography to encompass the myriad forms in wich maps have been – and in which they continue to be – constructed and used.»[520]

Die vorhandene Diversität an kartografischen Darstellungen wird allerdings kaum ausgeschöpft, im Gegenteil: Wir verwenden meist Kartenmaterial, das immer denselben Konventionen unterliegt. Wir sind durch bestimmte Normen so konditioniert, dass wir nicht in der Lage sind, unkonventionelle Weltkarten zu interpretieren. Daher greifen wir immer wieder auf Kartenmaterial zurück, das mehr oder weniger dieselben Bildproportionen aufweist. Diese Tendenz zur Einförmigkeit wird verstärkt durch marktführende Unternehmen, die kartografische Produkte entwickeln und anbieten. Heutzutage sind viele dieser Kartenprodukte von privaten Grosskonzernen dominiert, die einen kartografischen Standard festlegen und somit eine bestehende Norm bestärken. Sie zielen sogar darauf ab, ihre Kundschaft an ihre Kartenprodukte und damit an die von ihnen festgesetzten Standards zu gewöhnen. Diese erzeugte Abhängigkeit geschieht einerseits über die kartografischen Produkte, andererseits durch die technologische Infrastruktur, welche diese gesetzten Standards bestärken. Diese Einförmigkeit hilft Grosskonzernen –

517 Ebd. S. 39

518 Dabei zeigt Welsch die Vielfalt anhand der postmodernen Architektur auf und bezieht sich dabei unter anderem auf Derridas Beispiel vom Turmbau von Babel, wobei das Scheitern einer alles beherrschenden Einheitssprache gegenüber der Vielfalt der Sprachen gestellt wird.

519 Welsch (2002). Unsere postmoderne Moderne. S. 114–115

520 Edney (1993). Cartography Without "Progress": Reinterpreting the Nature and Historical Development of Mapmaking.

wie etwa Google Maps – ihre dominierende Marktposition aufrechtzuerhalten. Sie sind dementsprechend nicht daran interessiert, eine bunte Auswahl an alternativem Kartenmaterial zu erzeugen – im Gegenteil. Die Einförmigkeit bestärkt ihre marktführende Position, die Einförmigkeit bestärkt ihre Herrschaftswünsche und unverträgliche Alternativen werden ausgeschlossen.

Von der Konvention zur Dekonstruktion:

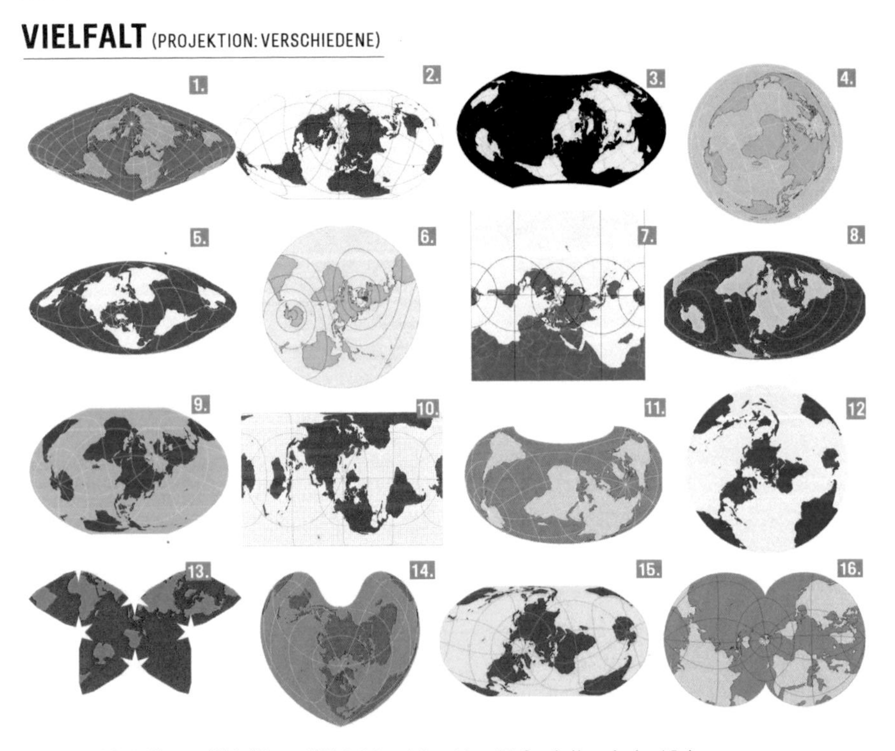

Abb. 36: JMS: Die Vielfalt möglicher Weltkarten. (Projektion: verschiedene)

Das Prinzip zum Generieren von unkonventionellen Weltkarten bringt ein breites Spektrum an verschiedenen Weltkarten hervor (VGL. ABB. 36). Dadurch werden Abbilder der Welt nebeneinander gestellt, die eine breite Fülle an möglichen Weltkarten aufzeigen. Es wird also nicht eine Weltkarte geltend gemacht, welche als Autorität und als bestimmende Norm gelesen wird, sondern es wird eine Buntheit an verschiedenen Wirklichkeitskonstruktionen nebeneinander gestellt, die sich gegenseitig kontrastieren. Die vielen ins Feld geführten Alternativen versinnbildlichen die verschiedenen subjektiven Perspektiven, die bei Vorstellungsbildern der Welt existieren. Es sind denn auch die vielen Alternativen, die dem Konformismus ausweichen und ein «Lesen zwischen den Zeilen» ermöglichen, wodurch sich neue Erkenntnis konstituieren kann. Es entsteht ein Vergleichen verschiedener Weltkarten untereinander, woraus ein Verständnis für verschiedene Wirklichkeitskonstruktionen erwächst, die zeitgleich nebeneinander existieren. Weiter ist die Software worldmapgenerator.com keiner Profitmaximierung ausgesetzt, wonach sie nach wirtschaftlichen Kriterien handeln muss. Es müssen keine Erfolgskriterien durch eine möglichst grosse Konformität erreicht werden, die Applikation zielt auf keinen Herrschaftsanspruch ab. Das heisst, es ist keine Bestrebung im Vordergrund, wonach Kartennutzende auf ein einziges Produkt hin festgelegt werden sollen. **Die Dekonstruktion zeigt das breite Spektrum an verschiedenen Alternativen auf, wonach nicht die Einförmigkeit, sondern die breite Vielfalt zu neuer Erkenntnis führt. Durch die Vielfalt wird dem Konformismus und der Festigung von Konventionen ausgewichen und eine Fülle an gleichzeitig nebeneinander existierenden Wirklichkeitskonstruktionen geltend gemacht.**

4. Zum Erfolg einer Projektion (Stilformen-Codes)

Der Erfolg einer Projektion hängt davon ab, ob sie den erfolgsversprechenden Kriterien entspricht. Diese Erfolgskriterien sind durch die Projektion selbst definiert. Ein paradigmatischer Umbruch bedeutet nicht Fortschritt, sondern blosse Veränderung. [521]

Allgemeine Konventionen: Projektionen gründen auf Vorstellungen, die sich für ein Individuum als bestimmte erfahrbare Wirklichkeit herausstellen. Dieses Bild der Welt ist geformt durch ideologische und darstellerische Projektionen, die Wertmassstäbe festmachen und unsere Ansichten auf das Ganze bestimmen. Die Projektionen charakterisieren sich durch Faktoren, die sich aufgrund bestimmter Normen einer Gesellschaft herausbilden. Für die Prägung einer paradigmatischen Situation einer Gesellschaft werden also bestimmte Wertmassstäbe geltend. Kuhn (1973) beschreibt dieses Herauskristallisieren bestimmter prägender Faktoren für die Bildung einer Überzeugung im Felde der Wissenschaften, wobei diese Überzeugung zu einer vorherrschenden gesellschaftlichen Ideologie beiträgt:

> «Beobachtungen und Erfahrungen können und müssen den Bereich der zulässigen wissenschaftlichen Überzeugungen drastisch einschränken, andernfalls gäbe es keine Wissenschaft. Sie allein können jedoch nicht ein bestimmtes System solcher Überzeugungen festlegen. Ein offenbar willkürliches Element, das sich aus zufälligen persönlichen und historischen Umständen zusammensetzt, ist immer ein formgebender Bestandteil der Überzeugungen, die von einer bestimmten wissenschaftlichen Gemeinschaft in einer bestimmten Zeit angenommen werden.»[522]

Das heisst, die Faktoren, die zu einem bestimmten System von Überzeugungen beitragen, werden willkürlich bestimmt. Analog zur Konstituierung einer wissenschaftlichen Überzeugung schärft sich durch diese Faktoren das Profil einer Weltanschauung. Erst durch das Zusammenwirken von willkürlich gewählten persönlichen und historischen Umständen stellen sich bestimmende Überzeugungen einer Weltanschauung heraus, die für eine Gesellschaft geltend werden. Dabei werden einige Tatsachen als wichtig erachtet, die zur Ideologiebildung beitragen, andere Tatsachen hingegen werden ignoriert:

> «Um als Paradigma angenommen zu werden, muss eine Theorie besser erscheinen als die mit ihr im Wettstreit liegenden, sie braucht aber nicht – und das tut es tatsächlich auch niemals – alle Tatsachen, mit denen sie konfrontiert wird, zu erklären.»[523]

Anstatt Alternativen zu berücksichtigen, beabsichtigt die Gesellschaft respektive die wissenschaftliche Forschung die Erhaltung einer vorherrschenden Projek-

---

521 Vgl. Feyerabends Schlussfolgerung (sechstens): «Der Erflog kann einen Denkstil nur dann auszeichnen, wenn man bereits Kriterien besitzt, die bestimmten, was Erfolg ist. Für den Gnostiker ist die materielle Welt Schein, die Seele wirklich und Erfolg also nur, was der letzten geschieht. Wieder steckt hinter dem Akzeptieren eines Stils nicht etwas ‹Objektives›, sondern ein weiteres Stilelement.» Feyerabend (1984). Wissenschaft als Kunst. S. 78.

522 Kuhn (1973). Die Struktur wissenschaftlicher Revolutionen. S. 19

523 Ebd. S. 32

tion, wobei man sich auf Theorien stützt, welche die von der Projektion bereits vertretenen Phänomene bestätigen und sich somit nach ihr richten. Das heisst, eine Weltanschauung bezieht sich lieber auf Tatsachen, die sich kritiklos in die Struktur der vorherrschenden Weltanschauung einpassen. Feyerabend (1986) beschreibt diese Bestärkung solch vorherrschender Strukturen folgendermassen:

> «Sie [die Konsistenzbedingung[524]] trägt zur Erhaltung des Alten und Gewohnten bei, nicht weil es einen Vorzug besässe – etwa weil es besser durch Beobachtungen gestützt wäre als das neu Aufgekommene oder weil es eleganter wäre –, sondern weil es alt und vertraut ist.»[525]

Nach Feyerabend ist also eine Infragestellung wohletablierter Theorien durch das Einführen von Hypothesen notwendig, welche diesen Theorien widersprechen. Nur so kann man das Alte und Gewohnte anzweifeln und einen Standpunktwechsel evozieren, der den etablierten Status quo in einem neuen Licht erscheinen lässt. Derzeit werden Theorien und ihre Stimmigkeit oft durch die Gewinnung durch Tatsachen im Sinne empirischer Daten bestärkt, wie etwa durch Beobachtungen. Diese Untermauerung einer Theorie mit «Struktur kompatiblen Tatsachen» beschreibt Feyerabend wie folgt:

> «Die richtige Methode besteht [also] in der Konfrontation des orthodoxen Standpunktes mit möglichst vielen relevanten Tatsachen. Der Ausschluss von Alternativen ist dann einfach eine Sache der Bequemlichkeit: ihre Erfindung hilft nicht nur nichts, sondern behindert sogar den Fortschritt, indem sie Zeit und Arbeitskraft beansprucht, die man besser anders einsetzten könnte.»[526]

Projektionen setzen sich also, ob darstellerisch oder ideologisch, nur unter bestimmten Voraussetzungen in einer Gesellschaft durch. Dabei zeichnet sich die Projektion nicht per se durch eine höhere Qualität aus oder grenzt sich gar durch einen Fortschritt von der vorangegangenen ab. Feyerabend zeigt analog zur Geschichte der Kunst auf, dass ideologische oder paradigmatische Wechsel keinen Fortschritt bedeuten, sondern lediglich einen Wechsel von Stilformen anzeigen. Umbrüche erachtet er also nicht als Fortschritt, sondern als blosse Veränderung. Diese Stilformen stehen denn auch gleichwertig nebeneinander, ausser man beurteilt sie vom Standpunkt einer bestimmten Epoche aus, an deren gesellschaftlichen Wertmassstäben man sich orientiert.

---

524 In der Einführung des Kapitels beschreibt Feyerabend den Begriff der Konsistenzbedingungen wie folgt: «In diesem Kapitel lege ich mehr ins einzelne gehende Argumente für die ‹Antiregel› vor, dass man Hypothesen einführen sollte, die wohletablierten Theorien widersprechen. Die Argumente sind indirekt. Sie gehen von einer Kritik der Forderung aus, dass neue Hypothesen mit solchen Theorien logisch verträglich sein müssen. Diese Forderung nenne ich die Konsistenzbedingung.» Feyerabend (1986). Wider den Methodenzwang. S. 39

525 Ebd.

526 Ebd. S. 42

«In der Kunst gib es keinen Fortschritt und keinen Verfall. Es gibt aber verschiedene Stilformen. Jede Stilform ist in sich vollkommen und gehorcht ihren eigenen Gesetzen. Kunst ist die Produktion von Stilformen und die Geschichte der Kunst die Geschichte ihrer Abfolge.»[527]

Unsere gegenwärtige ideologische Projektion bestimmt also die darstellerische Projektion, wonach sie eine bestimmte *Stilform* hervorruft, die uns von unserem Standpunkt aus als die richtige erscheint. Unsere Rezeption ist durch bestimmte Normen so konditioniert, dass wir nicht in der Lage sind, andere Stilformen als gleichwertig zu interpretieren und dementsprechend ebenbürtig zu bewerten.[528]

Kartografische Konventionen: Weltkarten widerspiegeln die paradigmatische Situation einer Gesellschaft und manifestieren durch bestimmte Darstellungskonventionen ihre geltenden Wertmassstäbe. In Karten sind «visuelle Codes» entsprechende Faktoren, welche in einer Karte, also einem grafische System überzeugen. Sie verursachen Darstellungskonventionen, die sich im Kartenbild beispielsweise über Projektion, Farbskala, Symbolisierung, Linienstärken, Typografie und so weiter äussern. Die visuellen Codes sind die Synthese verschiedener Zeichen, welche uns die Beziehung zwischen Inhalt und Ausdruck eines bestimmten semiotischen Umstandes vorschreibt.[529] Die prägenden Faktoren, die uns zu einem Verständnis dieser Codes verhelfen, sind kulturell bestimmt und somit durch die entsprechende Weltanschauung definiert. Analog zu Feyerabends Beschreibung hinsichtlich der «Bestandteile von Überzeugungen» schränken diese Codes den Bereich der zulässigen darstellerischen Möglichkeiten drastisch ein; andernfalls gäbe es kein selbsterklärendes Verständnis, um die Codes zu entziffern. Ein offenbar willkürliches Element, das sich aus zufälligen persönlichen und historischen Umständen zusammensetzt, ist ein formgebender Bestandteil dieses semiotischen Systems. Andererseits ermöglicht dieses System mit seinen Codes ein Kartenbild, das von einer bestimmten Gesellschaft in einer bestimmten Zeit interpretiert werden kann. So konnotieren wir Gewässer beispielsweise automatisch mit der Farbe blau und so weiter.[530] Dabei bestärken Standardisierungsbestrebungen die vorherrschende Ordnungsstruktur des gegenwärtigen verständlichen Kartenbildes, wodurch unsere Rezeptionsfähigkeit dieser Codes konditioniert wird. Weiter manifestieren diese Standardisierungen die gegenwärtige Stilform von Karten, die sich durch Darstellungskonventionen in Weltkarten widerspiegelt. Analog zu Feyerabends Beschrei-

527 Feyerabend (1984). Wissenschaft als Kunst. S. 29

528 Diese historische Herleitung der verschiedenen Stilformen und deren Umbrüche zeigt Feyerabend an der Entwicklung der Perspektive auf. Dass der damals erreichte Umbruch jedoch nicht die vorherrschende Fortschrittsidee bedient, wird von Bering und Roch wie folgt beschrieben: «[Lorenzetti] Hier erlebt die neue Sehweise, die Konzeption nachvollziehbarer Figur-Raum-Verhältnisse und damit die Projektion des sakralen Geschehens in die Gegenwart, einen ersten Höhepunkt nach der Ära Giottos. Es wird deutlich, dass mit dieser Sehweise kein ‹Fortschritt› im positivistischen Sinne gemeint war, sondern die Verbesserung der Überzeugungskraft der Bilder – ganz im Sinne Roger Bacons. Auf diesen Vorstellungen baute Ambrogio Lorenzetti seinen Entwurf der Fresken im Palazzo Pubblico von Siena auf. Die Fähigkeit der tiefenräumlichen Darstellung ist – unter diesem Aspekt betrachtet – kein ‹Fortschritt›, sondern vielmehr eine Übersteigerung mittelalterlichen Denkens.» Bering und Rooch (2008). Raum: Gestaltung, Wahrnehmung, Wirklichkeitskonstruktion. S. 242

529 Vgl. Wood und Fels (1986). Designs on Signs / Myth and Meaning in Maps. S. 54–103

530 Vgl. Kapitel: Projektion: Weltkarten und Weltanschauungen. Abschnitt: 1.4. Gegenwart: Naturwissenschaftliche Weltanschauung.

bung zur Entwicklung von Stilformen in der Kunst verhält sich diese Entwicklung in der Kartografie: Die Stilform, die sich in der gegenwärtigen, konventionellen Weltkarte manifestiert, sollte nicht als weiterentwickeltes Produkt der historischen Weltkarten, wie etwa der Waldseemüller Weltkarte, der Ebstorfer Weltkarte etc. gelesen werden. Auch hier gibt es weder Fortschritt noch Verfall. Vielmehr sollen sich die gegenwärtigen Weltkarten neben historischen Weltkarten einreihen und als qualitativ gleichwertiges Resultat verstanden werden, das auf in sich vollkommenen eigenen Gesetzen beruht. Mittelalterlichen Weltkarten beispielsweise liegen komplexe Codes zugrunde, welche unter anderem die synoptische Darstellung von Zeitebenen ermöglichen, die im Gegensatz zu den gegenwärtigen Weltkarten verschiedene Erzählräume eröffnen:

> «Im Erkennen solcher Bezüge kann der Betrachter eigene Interpretationsansätze aus unterschiedlichen thematischen, zeitlichen und räumlichen Verstehensebenen aktivieren und in einer visuellen Exegese einzelne Elemente der kartographischen Strukturbildung nachvollziehen. Schrift- und Bildzeichen fungieren dabei als Gedächtnisstützen, um kulturelle Erzähl- und Erinnerungsräume zu erschaffen und zu formen. Sie bilden die Basis eines komplexen Geflechts von Ähnlichkeiten, das hilft, räumliches und zeitliches Nebeneinander zu ordnen, die einzelnen Teile miteinander in Beziehung zu setzen sowie die Text- und Bildsignaturen unterschiedlicher Zeitebenen zu verknüpfen.» [531]

Wie dieses Beispiel der visuellen Codes in mittelalterlichen Weltkarten aufzeigt, konnten die damaligen Informationen über die gewählte Stilform so vermittelt werden, dass die Rezipienten die Darstellung adäquat interpretierten. Die angewendete Stilform ist dafür massgeblich verantwortlich. Die Erfolgskriterien, um Inhalte zielführend zu vermitteln, sind durch die paradigmatisch vorherrschenden Kriterien – also durch eine Weltanschauung – bestimmt. War also im Mittelalter die Stilform so angelegt, dass geografische, theologische und politische Erkenntnisse vermittelt und Erzählräume eröffnet wurden, zielt die gegenwärtige Stilform mehr auf das Abbilden der Geophysik nach mathematischen Prinzipien ab, wodurch die geografische Orientierung gewährleistet wird.

Von der Konvention zur Dekonstruktion: Die unkonventionellen Weltkarten dekonstruieren die vorherrschenden visuellen Codes in Weltkarten, wonach uns die Interpretation der Geophysik nicht mehr selbstverständlich erscheint. Durch die Umformung der Erdoberfläche wird uns die Referenz auf die vertrauten visuellen Codes verweigert, wodurch ein wichtiger Bestandteil der spontanen selbsterklärenden Interpretation verunmöglicht wird. Die Geophysik ist nicht mehr allzuleicht zu identifizieren, die Länderformen sind nicht auf den ersten Blick wiedererkennbar und die Formen der Kontinente müssen zuerst neu zugeordnet werden. Die selbstverständliche Orientierung in Weltkarten wird durch die Dekonstruktion angezweifelt. Die unkonventionellen Weltkarten bauen auf einer visuellen Ordnung auf, wodurch historische Zusammenhänge missachtet werden. Das heisst, die Referenz zum gewohnten Weltbild mit seinen uns vertrauten Codes wird nicht aufrecht er-

531 Farinelli (2011). The Power, the Map, and Graphic Semiotics: The Origin. S. 197

halten. Dadurch geschieht die Loslösung von Altem und Bekannten, es etablieren sich neue visuelle Codes, wobei Spielraum für neue Bedeutungszusammenhänge entsteht. Die unkonventionellen Weltkarten richten sich nicht nach den konventionellen Kriterien, wonach Karten derzeit Anerkennung zugesprochen wird. Sie sind nicht danach ausgerichtet, konventionelle Absichten zu verfolgen, wie z. B. Orientierung zu gewährleisten, was am einfachsten über die Interpretation von bekannten konventionellen Codes geschieht. Dies hat zur Folge, dass die unkonventionellen Weltkarten im Hinblick auf die vorherrschenden Erfolgskriterien als erfolgslos erachtet werden, da sie sich nicht an ihnen orientieren und sie dementsprechend nicht erfüllen. Die Dekonstruktion respektive die aus ihr resultierenden Gegenvorschläge präsentieren keine Weiterentwicklung, die sich im Sinne eines Fortschritts bewerten lässt. Die unkonventionellen Weltkarten werden nicht als qualitativ hochwertigeres Produkt erachtet – sie reihen sich gleichwertig neben den gegenwärtigen konventionellen und den historischen Weltkarten ein. **Die Dekonstruktion bringt Weltkarten hervor, durch deren visuelle Erscheinung historische Zusammenhänge missachtet werden und eine Loslösung von altbekannten Strukturen stattfindet. Diese unkonventionellen Weltkarten richten sich nicht nach den vorherrschenden Erfolgskriterien, wobei sie gegenwärtige primäre Funktionen, wie zum Beispiel Orientieren nicht gewährleisten. Die Darstellungen repräsentieren keinen Fortschritt, sie unterbreiten lediglich eine Alternative.**

5. Die geometrische Projektion bestimmt die Zentrierung sowie die Darstellung von Gradnetz und Geografie (Symmetrie)

Die geometrische Projektion definiert die Zentrierung und veranschaulicht über ihre visuelle Erscheinung das Ordnungsprinzip der vorherrschenden ideologischen Projektion. Diese Ordnung unterwirft sich über das Gradnetz Symmetrieprinzipien, wonach wir unsere Geografie strukturieren und uns orientieren.

Allgemeine Konventionen: Seit jeher sind wir bestrebt, den Raum, in dem wir leben, bestimmten Ordnungsprinzipien zu unterwerfen. Wir bemühen uns, dem räumlichen System einen Bezugsrahmen zu geben, also das umgebende Universum von einem Punkt aus zu ordnen. Dieser eine Punkt ist der Ausgangspunkt, von wo aus wir die Welt in konzentrischen Kreisen erfassen. Daher wird dieser Punkt meist zum Ausgangspunkt für das Erfassen von Raum. Dazu orientieren wir uns an Raumdimensionen, die wir durch die Kategorien «vorne-hinten», «rechts-links» und «oben-unten» wahrnehmen. Diese Dimensionen sind Bezugspunkte, anhand derer sich ein Achsenkreuz denken lässt, wonach wir eine Gliederung des Raumes entwerfen können.[532] Diese Gliederung geschieht nach Kategorisierungen und Klassifizierung, wobei wir uns beim Schaffen dieser Ordnung auf Symmetrieprinzipien beziehen. Dabei gilt Symmetrie als ästhetisches Kriterium für die mentale Erfassung der Welt und widerspiegelt eine logische und natürliche Ordnung, die von einem Bildmittelpunkt ausgeht. Um eine Symmetrie zu denken, grenzt man sich automatisch von der Asymmetrie ab und definiert ein Zentrum. Dementsprechend erreicht man eine geografische Strukturierung: die Annahme von «Zentrum und Peripherie», den damit verbundenen räumlichen Grenzen und dementsprechend dem Wissen um die Geografie ist unabdingbar. Diese Strukturierung und die Anwendung von Symmetrieprinzipien kann anhand der Domestizierung der Gesellschaft und deren Kenntnis über die Geografie nachverfolgt werden:

> «Der Rhythmus der regularisierten Kadenzen und Intervalle tritt an die Stelle der chaotischen Rhythmizität der natürlichen Welt und wird zum wichtigsten Element in der menschlichen Sozialisation, ja er wird gar schlechthin zum Bild der sozialen Integration, so dass die triumphierende Gesellschaft am Ende nur noch einen Rahmen kennt: das Koordinatensystem der Städte und Strassen, in dem die Bewegung der Individuen von der Uhrzeit beherrscht wird.»[533]

Das Koordinatensystem wird zu einem Ordnungsprinzip – einer geometrisch konstruierten Weltanschauung – deren Opportunitätskosten die Unterdrückung anderer Dimensionen unseres Daseins sind, wie etwa der Bestimmung und Visualisierung von Koordinaten anhand von Geschichten oder Erfahrungen etc. Wir stützen uns mit der Anwendung des Koordinatensystems und dessen visueller Ausprägung – dem Gradnetz – auf eine mathematische Gliederung der Erdoberfläche:

532 Flusser (1991). Räume.
533 Leroi-Gourhan (1988). Soziale Symbole.

«Koordinaten sind Ausdruck mathematischer Objektivität, ein abstraktes Gebilde, das auf eine an sich ungeordnete Welt projiziert wird. Solche Verfahren sollten vom Gedanken begleitet sein, dass das jeweils gewählte keineswegs das einzige Koordinatensystem ist, das sich über die Welt legen lässt. Derartige künstliche Linien können aber auf davor unbeachtete und unbedachte Verbindungen aufmerksam machen, was ihre Erfinder gar nicht voraussehen konnten.» [534]

Dieses Ordnungsprinzip schafft Orientierung in unserem derzeitigen Erkenntnishorizont, der sich auf die uns bekannte Welt bezieht und sich von einem subjektiven Mittelpunkt aus erschliesst. Derzeit nehmen wir die Welt global und somit als ganzheitlichen Planeten wahr und beziehen uns demnach bei der Anwendung eines Ordnungsprinzips auf die Gesamtheit der Erdoberfläche. Das Gradnetz schafft durch seine symmetrische Unterteilung eine Gliederung des anschaulichen Ganzen, wobei nicht mehr die einzelnen geophysischen Elemente erfasst werden, sondern wonach durch einen bestimmten Rhythmus die umfassende Erde nach uns erkennbaren Mustern dargestellt wird. Die Orientierung anhand einer Symmetrie ist tief historisch in unserer Rezeption verankert. So leitet Alois Riegel (1927) anhand der bildenden Künste die Entwicklung der Symmetrie im Altertum her, wobei er diese in drei Hauptstufen gliedert.[535] Seine Herleitung mündet in der Aussage, dass im Altertum mit der neuerlichen Verflachung in die Ebene auch die Beobachtung der Symmetrie abermals eine strengere wird.

Kartografische Konventionen: In der Kartografie bestimmt die geometrische Projektion das geografische Zentrum, das im Bildmittelpunkt zu liegen kommt. Dabei ist die Projektion über das Gradnetz durch verschiedene Linien im Kartenbild erkennbar. Dieses Gradnetz besteht aus Längen- und Breitenkreisen, wobei sich Längenkreise meist als vertikale Linien und Äquator sowie Breitenkreise sich meist als horizontale Linien über das Kartenbild zu erkennen geben. Das Gradnetz ist etwas höchst Abstraktes – rational symmetrisch konstruiert und es hebt sich dadurch gänzlich von den organischen Formen der Erdoberfläche ab. Obwohl die Geografie von ihrer Formgebung keineswegs einer Symmetrie unterworfen ist, untergliedern wir die Erde mittels Gradnetz in verschiedene Einheiten. Dabei bilden Koordinaten – wie Vektoren in der Geometrie – nichts ab und folgen keiner Realität, sie sind lediglich projizierte, geometrische Vektorpunkte.[536] Das Gradnetz visualisiert die Projektion, die in der Transformation von der Globusoberfläche zur Weltkarte die definierten Koordinaten auf der Erdoberfläche in der zweidimensionalen Ebene abbildet, wobei die geometrische Projektion immer sozio-kulturelle und politische Aussagen macht:

«The geometrical structure of maps – their graphic design in relation to the location on which they are centred or to the projection wich determines their transformrational relationship to the earth – is an element which can magnify the political impact of an image even where no conscious distortion is intended. A universal feature of early world maps, for example, is the way they have been persistently centred on

534 Blom (2012). Koordinaten – Fiktionen für ein Weiterdenken. S. 242

535 Riegel (1927). Die zunehmende Emanzipation des Raumes.

536 Philipp Blom wird von Christian Reder interviewt: Blom (2012). S. 240

the ‹navel of the world›, as this has been perceived by different societies. [...] Greek maps centred on Delphi, [...] Christian world maps in which Jerusalem is placed as the ‹true› center of the world. The effect of such ‹positional enhancing› geometry on the social consciousness of space is difficult to gauge and it would be wrong to suggest that common design features necessarily contributed to identical world views. At the very least, however, such maps tend to focus the viewer's attention upon the center, and thus to promote the development of exclusive, inward-directed worldviews, each with its seperate cult center safely buffered within territories populated only by true believers.»[537]

Die durch die geometrische Projektion verursachte Zentrierung geschieht durch Kriterien, die durch eine ideologische Projektion festgesetzt werden und dementsprechend sind auch die durch die Projektion verursachten Verzerrungen nicht nur als geometrische Auswirkung zu begreifen, sondern auch als ideologische Verzerrungen zu verstehen. Mit der Anwendung geometrischer Projektionen können dementsprechend bestimmte Interessen verfolgt werden:

«Every map projection, [...] is an abstraction in which certain qualities of truthful representation are of necessity sacrificed in order to preserve others more relevant for the particular purpose of the particular map.»[538]

Die Absichten einer ideologischen Projektion bestimmen also auch den konstruktiven Mittelpunkt einer geometrischen Projektion, der als symbolträchtiges Zentrum – wie etwa Delphi, Jerusalem, Spanien/Portugal etc. – in Weltkarten dargestellt wird. Die einzelnen Breiten- und Längenlinien schaffen geografische und politische Bezüge und weisen auf einen Mittelpunkt hin: Der Äquator beispielsweise beschreibt den horizontalen Mittelpunkt zwischen Nord- und Südpol und unterteilt die Erde somit in eine nördliche sowie eine südliche Hemisphäre und gleichzeitig in ein «Oben und Unten». Die Lage des Äquators leitet sich von der Geophysik der Erde ab. Die Bestimmung des Nullmeridians gründet lediglich auf einer Abmachung, welche sich auf das Abkommen der Meridian-Konferenz von 1884 bezieht. Der Nullmeridian ist vermessungstechnisch der vertikale Nullpunkt und trennt die Welt durch eine vertikale Mitte in Ost und West, wobei kulturelle Identitäten – wie etwa die westliche Welt – an eine bestimmte geografische Lage verwiesen werden. Die Positionierung des Nullmeridians basiert auf soziokulturellen Entscheiden, die in der Geschichte wurzeln. Diese Positionierung war vielfach Ausgangspunkt der europäischen Expansion:

«Ein drittel des Nullmeridians führt über Land, von England, Frankreich, Spanien, Algerien, Mali, Burkina Faso, Togo bis Ghana am Golf von Guinea usw. Die Namensgebung der afrikanischen Länder zur Zeit der Beschliessung des Nullmeridians ist bezeichnend für die damalige europäische Expansion: Pfefferküste, Elfenbeinküste, Goldküste, Sklavenküste.»[539]

---

537 Harley (2001). The New Nature of Maps. S. 66

538 Steward (1943). The use and abuse of map projections.

539 Reder (2012). Orientierungslinien durch Raum und Zeit. S. 182

Das Gradnetz gibt uns also bestimmte Referenzlinien vor, welche geografische Bezüge schaffen. Weiter werden Bezüge durch die Bestimmung der Zentrierung geschaffen, welche durch die Formausprägung des Gradnetzes deutlich erkennbar sind (VGL. ABB. 37). Dabei sollte uns bewusst sein, dass die Koordinaten einer Projektion in einer bestimmten Weise als Ordnungsprinzip über die Erdoberfläche geworfen werden und anstelle dessen ein beliebiges Ordnungssystem angewendet werden könnte. Die visuelle Erscheinung der Koordinaten durch das Gradnetz hat die Welt verändert (wie etwa die Navigation, die Kriegsführung etc.). Dabei erzeugte das Gradnetz in verschiedenen historischen Weltkarten oft eine visuell symmetrische Ordnung, an der sich die Menschen orientieren konnten. In der Geschichte wurde die Gliederung des Erdballs oft mit einer Symmetrievorstellung verbunden, wonach verschiedene Gebiete der bewohnten Welt beschrieben wurden, die sich in einem bestimmten geometrischen Verhältnis zueinander positionieren, wobei auch bestimmte Referenzlinien von Bedeutung waren:[540] In der Antike beispielsweise teilt Ptolemäus' Weltkarte die Welt durch Äquator und Meridian durch vier gleich grosse Viertel, wobei die Ökumene in einem dieser Viertel liegt und sich auf der Nordhalbkugel befindet. Der konstruktive Mittelpunkt liegt dabei in Vorderasien, wobei die damaligen Hegemonialzentren Alexandria, Rhodos oder Delphi geografisch etwas davon abweichen. Noch vor Ptolemäus wies die Weltkarte von Erathostenes eine Nord-Süd-Linie auf. Diese gründete nicht auf einer logischen Herleitung im Sinne einer heutigen geometrischen Projektion, sondern setzte geografische Eckpunkte fest und verband diese miteinander. Durch die Schnittstelle des Hauptmeridians und -breitengrads zeichnete sich der konstruktive Mittelpunkt in Rhodos aus. Auch in mittelalterlichen Weltkarten ist die Symmetrie zwar nicht durch ein Gradnetz erkennbar, die Vorstellung einer schematischen, symmetrischen Ordnung zeichnet sich jedoch anhand des Kartenbildes ab: Die Form der Ökumene ist rund oder oval, die gegenüberliegenden Flüsse Donau und Nil sowie das Mittelmeer unterteilen die Ökumene, wobei der Mittelpunkt klar definiert ist durch das Weltzentrum der bewohnten Welt; in vielen Fällen ist Jerusalem im Zentrum des Kartenbildes als Hegemonialmacht platziert.[541] Dieses besagte «T-O-Schema» beruht auf einem symmetrischen Grundaufbau. In der Renaissance ist die Frage nach dem im Mittelpunkt von Weltkarten abgebildeten geografischen Gebiet durch die zunehmende Vielfalt von geometrischen Projektionen nicht eindeutig zu beantworten: Bei den verschiedenen Projektionsarten zeigen sich verschiedene geografische Gebiete im Bildmittelpunkt – meist jedoch vermitteln die Darstellungen die Welt aus einer eurozentrischen Perspektive. Zunehmende Bedeutung erlangten die Symmetrien im Kartenbild in der Renaissance durch die reine mathematische Einteilung der Erdoberfläche (Projektion), wobei sich die Gliederung der Erde nicht mehr nach ethnogeografischen Aspekten richtete. Derzeit hilft uns das Gradnetz, die Geophysik nach einem Ordnungsprinzip zu begreifen, wodurch sich geografische Bezüge schaffen lassen, die unserer Weltanschauung und unseren soziokulturellen Vorstellungen entsprechen.

---

540 Die «Oikumene», mit den drei Kontinenten auf der Nordhalbkugel; die «Antoikoi» (die gegenüber Wohnenden) gegenüber der Oikumente auf der Südhalbkugel; die «Perioikoi» (die herum wohnen) auf der anderen Seite der Nordhalbkugel gegenüber der Oikumene; die «Antipoden» (Gegenfüssler) als Gegenüber der «Periokoi» auf der Südhalbkugel. Diese beispielhafte Schilderung der Symmetrie ist die Idee von Krates von Mallos um 150 v. Chr. Vgl. Dueck und Brodersen (2013). Geographie in der antiken Welt. S. 91.

541 Ebd. S. 88

Weltkarten sind hinsichtlich ihrer Symmetrien, die sich durch die Bestimmung des Mittelpunkts und die damit verbundene Formgebung der Erdoberfläche ergeben, ikonografisch zu analysieren und zu interpretieren. Dabei kann über das Gradnetz auf einige formal-ästhetische Faktoren des Kartenbildes geschlossen werden. Durch die Ikonografie vermitteln uns Karten suggestiv wie die Welt funktioniert.[542]

> «Through iconization, maps give us suggestions on how the world works. They do so on the basis of a hypothesis that favors an uncritical acceptance of its propositions. Ultimately, the message conveyed by maps may well replace reality.»[543]

Von der Konvention zur Dekonstruktion:

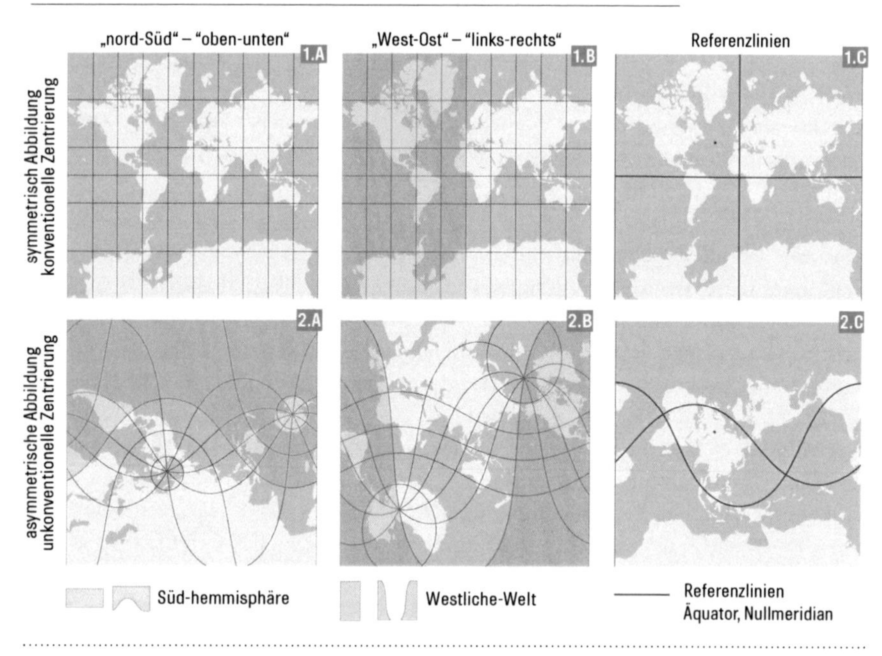

Abb. 37: JMS: Symmetrie und Zentrierung. (Projektion: Merkator)

Die Dekonstruktion geschieht dahingehend, dass einerseits die gewohnte Zentrierung auf Europa verlassen und andererseits die symmetrische Darstellung des Gradnetzes dekonstruiert wird. Durch die Verschiebung des im Bildmittelpunkt abgebildeten Gebiets werden die verschiedenen Gebiete der Erdoberfläche alternativen formalen Positionierungen zugeteilt. Europa rückt aus dem Bildmittelpunkt, wonach wir die Welt entsprechend nicht mehr von unserem gewohnten eurozentrischen Standpunkt aus betrachten, sondern die verschiedenen abgebildeten geografischen Regionen erst erkennen und einordnen müssen. Diese ungewohnte Anord-

542 Casti (2015). Reflexive cartography a new perspective on mapping. S. 28–29
543 Ebd. S. 28–29

nung hat zur Folge, dass wir unsere gängigen Ordnungsstrukturen in Weltkarten verlassen müssen, wobei gängige Bildachsen nicht mehr den Kategorien «Nord-Süd» – «oben-unten» (VGL. ABB. 37, 1A & 2A) oder «Ost-West» – «links-rechts» (VGL. ABB. 37, 2A & 2B) zugewiesen werden kann. Dementsprechend sind auch die konventionellen Konnotationen der geografischen Merkmale mit den formalen Bildpositionen dekonstruiert: Die Entsprechung von «Nord-Südpol» mit «oben-unten», das «Zentrum Europa» mit dem «peripheren Rest der Welt», die «westliche Welt» mit der «linken Bildseite» fällt weg. Darüber hinaus bleibt die Orientierung anhand einiger Leitlinien wie dem Äquator als «horizontaler Bildmitte» oder dem Nullmeridian als «vertikalem Ausgangspunkt» und so weiter, aus (VGL. ABB. 37, 3A & 3B). Das im Bildmittelpunkt abgebildete Gebiet muss nicht per se mit einer symbolischen Bedeutung besetzt sein und in diesem Sinne als «Nabel der Welt» verstanden werden, von wo aus sich eine europäische, anthropozentrische Weltanschauung konstituiert. Weiter bleibt die Symmetrie des Gradnetzes durch die Verschiebung des geografischen Zentrums nicht mehr aufrechterhalten. Dadurch verlassen wir ein weiteres Kriterium unseres Ordnungsprinzips, welches uns Orientierung in Weltkarten bietet. Das heisst, dass sich die unkonventionellen Weltkarten optisch nicht nach der konventionellen Darstellung des Gradnetzes richten, welches uns für gewöhnlich den Bezugsrahmen zum Erfassen der Erdoberfläche schafft. Die Symmetrie wirkt nicht mehr als ästhetisches Kriterium für die mentale Erfassung der Welt und die auf der mathematischen Herleitung basierende Logik und die natürliche Ordnung müssen zuerst überdacht werden. Die Dekonstruktion sieht nicht vor, die Koordinaten an uns fremden Punkten der Erdoberfläche festzumachen, sie zielt lediglich darauf ab, die Symmetrie des Gradnetzes zu dekonstruieren und somit die Erwartung des Betrachtenden an eine konventionelle visuelle Erscheinung zu brechen. Dabei wird unsere historisch gewachsene Gewohnheit, wonach wir uns auf Symmetrien beziehen, durch diese Asymmetrie gestört. **Die Dekonstruktion zeigt auf, inwiefern die geometrische Projektion durch die Zentrierung darstellerische Konventionen hinsichtlich Gradnetz und Geografie bestimmt. Dabei wird klar, dass unsere formal-ästhetischen Ordnungen auf Symmetrieprinzipien beruhen, die sich von einem Mittelpunkt ausgehend aufbauen und zur Orientierung beitragen.**

6. Projektionen bestimmen die Geopolitik und vice versa (Geopolitik)

Die geometrische sowie die ideologische Projektion beeinflusst die Geopolitik und ihre machtpolitischen Strukturen: Hegemonien und deren Ideologien werden durch Projektionen über das Kartenbild vermittelt.

Allgemeine Konventionen: Die Geopolitik ist durch die vorherrschende geometrische sowie die ideologische Projektion stark beeinflusst. Die geometrische Projektion bestimmt das Kartenbild, wodurch bestimmte geopolitische Positionen vorteilhaft dargestellt und machtpolitische Anliegen suggeriert werden. Ideologische Projektionen, sprich Weltanschauungen, bestimmen die Geopolitik indem der machtpolitische Wettbewerb zwischen verschiedenen räumlichen Einheiten durch ihre ideologische Haltung festgelegt wird.[544] Dabei ist die Politik dominiert durch eine Hegemonialmacht, die sich durch ein führendes Gebiet und damit einhergehend einer führenden Form einer Weltanschauung erkennbar macht. Eine geopolitische Vormachtstellung dominiert ein bestimmtes Gebiet, eine soziale Gruppe oder einen Nationalstaat.[545] Der Ausdruck *westlich* oder *eurozentrisch* beschreibt die Geopolitik mit Referenz auf einen bestimmten geografischen Raum, der «Neoliberalismus» hingegen bezieht sich auf eine spezifische ökonomische ideologische Ausrichtung. Die Geopolitik ist immer geleitet von einer Weltanschauung, welche in der heutigen globalisierten Welt die Positionierung einer Hegemonie innerhalb der internationalen Gemeinschaft verantwortet.

Kartografische Konventionen: Karten sind nach wie vor ein wichtiges Medium zur Darstellung der geopolitischen Situation. Sie bringen Raum und politische Anliegen in Beziehung und sind so in der Lage, machtpolitische Anliegen zu suggerieren:

> «The specific functions of maps in the exercise of power also confirm the ubiquity of these political contexts on a continuum of geographical scales. These from global range empire building, to the preservation of the nation state, to the local assertion of individual property rights. In each of these contexts the dimensions of polity and territory were fused in images which – just as surely as legal charters and patents – were part of the intellectual apparatus of power.»[546]

Die Anwendung von Skalierung, konstruktiver Projektion, Symbolisierung oder etwa der Generalisierung beeinflussen machtpolitische bewusst oder unbewusst. Die sogenannten Suggestivkarten erreichen durch das Evozieren bestimmter Emotionen, dass bestimmte Meinungen, Werte und Handlungen Auftrieb erlangen. Karten manipulieren entsprechend und werden zu Propagandazwecken eingesetzt.[547] Dabei wird die Karte immer nach einer politischen Perspektive eines Individuums, eines Staates, eines politisch-wirtschaftlichen Denktrends gestaltet. Die Karte ist dementsprechend immer gemäss den Machtstrukturen des Kartengestaltenden ausgelegt:

---

544 Meyer (2014). Europa zwischen Land und Meer. Geopolitisches Denken und geopolitische Europamodelle nach der «Raumrevolution». S. 43–70

545 Worth (2015). Rethinking hegemony.

546 Harley (1989). Maps, Knowledge, and Power. S. 281–282

547 Pickels (1991). Texts, Hermeneutics and Propaganda Maps.

«Behind the map-maker lies a set of power relations, vreating its own specification. Whether imposed by an individual patron, by state bureaucracy, or the market, these rulers can be reconstructed both from the content of maps and from the mode of cartographic representation. By adapting individual projections, by manipulating scale, by over-enlarging or moving signs of typography, or by using emotive colours, makers of propaganda maps have generally been the advocates of a one-sided view of geopolitical relationships».[548]

Darstellerisch wurde uns die geopolitische Perspektive der Renaissance bis in die heutige Zeit vererbt: Unsere Weltkarten sind oft aus einer eurozentrischen Perspektive dargestellt, wobei neben Europa auch die westlichen Industriestaaten das Kartenbild dominieren. Diese Fokussierung auf Europa geht auf die Renaissance zurück, wo die aufstrebenden Nationalstaaten über Weltkarten ihre politische Vormachtstellung demonstrierten. Weiter trägt die projektive Geometrie vorwiegend durch die Definition des geografischen Zentrums entlang des Äquators, trotz ihrer vermeintlichen Wertneutralität aufgrund ihres naturwissenschaftlichen Charakters, erheblich zu dieser Manipulation bei. Die konstruktive Projektion wird so angewendet, dass sich die Auswirkungen der Form- und Flächentreue mehr oder weniger immer auf dieselben Gebiete niederschlagen.

«The geographical structure of maps – their graphic design in relation to the location on which they are centred or to the projection which determines their transformational relationship to the earth – is an element which can magnify the political impact of an image even where no conscious distortion is intended.» [549]

Die geometrische Projektion bringt durch die Bestimmung der Zentrierung zwangsläufig eine politische Aussage mit sich. Dabei wird oft das Beispiel der Mercatorprojektion angeführt, welche die eurozentrische Weltanschauung über Jahrhunderte bestärkte. Die Verzerrungen in den hohen Breitengraden sowie die Zentrierung auf Europa manifestierten die Vorstellung einer europäischen Überlegenheit.

548 Harley (1989). Maps, Knowledge, and Power. S. 287
549 Ebd. S. 290

Von der Konvention zur Dekonstruktion:

GEOPOLITIK (PROJEKTION: WINKEL TRIPEL)

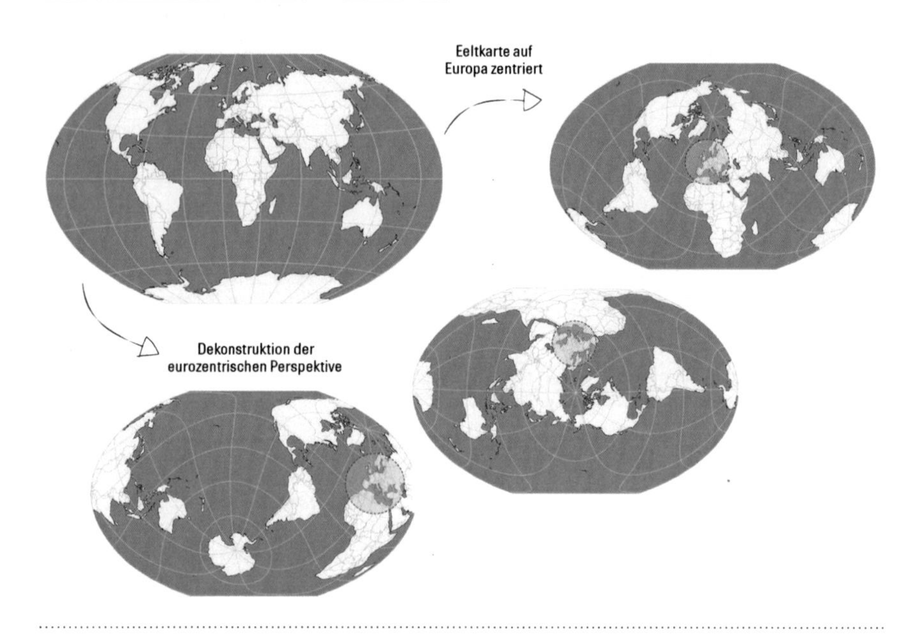

Abb. 38: JMS: Geopolitik. Eurozentrische Weltkarte und entsprechende Gegenbeispiele, in denen Europa marginalisiert dargestellt ist. (Projektion: Winkel Tripel)

Die unkonventionellen Weltkarten zeigen auf, inwiefern das vorherrschende Machtgefüge und der eurozentrische Blick unser Bild der Welt bestimmen. Rückt man die Industriestaaten als Ort der Hegemonialmacht aus dem Fokus, verändert sich mit dem Kartenbild die dargestellte geopolitische Situation erheblich (VGL. ABB. 38). Die eurozentrische Perspektive wird dekonstruiert. Durch die formale Dezentralisierung der Industriestaaten wird ihre machtpolitische geografische Position marginalisiert und somit der Eurozentrismus hinterfragt. Diese Abweichung der eurozentrischen Perspektive stellt neue geografische Zusammenhänge prominent dar, wodurch die globalen Beziehungen unter einem alternativen Fokus beurteilt wird. Die Dekonstruktion zeigt auf, dass Weltkarten eine geopolitische Idee suggerieren, welche durch die Ausprägung von Bildproportionen unterschwellig vermittelt werden. Es geschieht eine Hinterfragung der konstruktiven Projektion, welche für die Formgebung der Geophysik verantwortlich ist und dementsprechend bestimmte Gebiete prioritär abbildet. Durch die alternative Zentrierung der unkonventionellen Weltkarten wird einerseits die konventionelle Positionierung der Hegemonialmächte missachtet und andererseits wirken sich die Verzerrungen alternativ aus, die durch die Konstruktion der Weltkarten mittels geometrischer Projektion entstehen. Das heisst, die politische Aussage ändert sich je nach Form- und Flächentreue, abhängig davon, in welchem geografischen Gebiet sie sich auswirken. Dabei kann politisch marginalisierten Gebieten eine zentralere Rolle zukommen, politisch dominante Gebiete können marginalisiert werden.

Die hier erreichte Dekonstruktion nimmt einige Ideen der *Critical Cartography*, der *Radical Geography* sowie des *Counter-Mappings* auf, indem die etablierte Kartografie einer Kritik unterzogen wird und die technisch orientierten Weltkarten und die damit dargestellten Machtstrukturen theoretisch analysiert werden. Mit der durch die Dekonstruktion erreichten neuen formalen Bildaufteilung von Weltkarten wird die Frage nach dem Wertesystem, nach Ungleichheit, regionaler Armut, der Diskriminierung von Minderheiten etc. neu gestellt. Konzepte wie *Hegemonie*, *Marginalisierung* und die Kontrolle des *Raumes* werden nach einem neuen Kriterium beurteilt. **Die Dekonstruktion zeigt den Einfluss der geometrischen sowie ideologischen Projektion auf das Abbild der Geopolitik und stellt mit den alternativen Weltkarten Gegenvorschläge zur Diskussion. Die unkonventionellen Visualisierungen werfen Fragen nach dem *Eurozentrismus*, nach *Machtstrukturen*, *Hegemonien*, *Marginalisierung* etc. auf und machen klar, dass unser Abbild der Welt geopolitischen Positionen unterliegt.**

7. Projektionen bestimmen die konstruktive und ideologische Perspektive (Standpunkt)

Die vermeintliche Objektivierung durch das konstruktive Verfahren mittels geometrischer Projektion ist immer an eine subjektive Perspektive gekoppelt. Je stringenter das konstruktive Verfahren angewendet wird, desto subjektiver ist der Standpunkt, der dabei eingenommen wird.

Allgemeine Konventionen: Die derzeitige Raumkonstruktion basiert auf der perspektivischen Konstruktion, die vom Individuum abhängig ist und somit aus einer subjektiven Perspektive und von einem individuellen Standpunkt aus konstruiert wird. Durch die konstruktive Projektion sind wir an ein Verfahren gewöhnt, wonach wir den Raum nach geometrischen Prinzipien in einem perspektivischen Prozess in einer Ebene darstellen. Um diese geometrische Konstruktion zu erreichen, muss ein Standpunkt bestimmt werden, von dem aus der Raum wahrgenommen und das Abbild konstruiert wird. Dieser Standpunkt ist für die perspektivische Konstruktion unabdingbar und wird vom Individuum subjektiv gewählt. Das heisst, von welchem Standpunkt die Welt betrachtet wird, unterliegt einer subjektiven Entscheidung – einer subjektiven Perspektive. Mit der Entwicklung der Perspektive hat sich die Bildkonstruktion erst nach und nach auf einen statischen Standpunkt reduziert. Während in der Antike eine Annäherung an die Perspektive geschieht und im Mittelalter keine Perspektive angewendet wird, beharren wir seit der Renaissance bei der Darstellung von Raum auf der perspektivischen Konstruktion. Mit der Anwendung der Perspektive geht die Festigung des Glaubens einer Objektivierung des Sehraumes und dementsprechend ihrer Darstellung einher.

> «Das perspektivische Gerüst wird nicht bloss aus einem geometrischen Verfahren, sondern grundsätzlich aus der perspektivischen Struktur des unmittelbaren ästhetischen Sehraumes – einem subjektiven Standpunkt, entnommen.»[550]

Die Reduktion auf einen Standpunkt ist also nicht bloss ein darstellerisches Verfahren, sondern geschieht schon über den Akt des Sehens. Dabei unterscheidet Panofsky zwischen einer geometrisch exakt-perspektivischen Struktur des Systemraumes *(perspectiva artificialis)*, der eine zentralperspektivische Darstellung zugrunde liegt, und einer psychophysiologischen Raumanschauung *(perspectiva naturalis)*. Dabei weist er der exakt-perspektivischen Struktur den Darstellungsmodus und der psychophysiologischen Raumanschauung den Anschauungsmodus zu.[551] Beide dieser Modi sind jedoch von einem anthropozentrischen Standpunkt her gedacht.

> «[...] die perspektivische Anschauung, ob man sie nun mehr im Sinne der Ration und des Objektivismus, oder mehr im Sinne der Zufälligkeit und des Subjektivismus auswertet und ausdeutet, beruht auf dem Willen, den Bildraum [...] grundsätzlich aus den Elementen und nach dem Schema des empirischen Sehraums aufzubauen: sie mathe-

550 Thaliath (2005). Perspektivierung als Modalität der Symbolisierung: Erwin Panofskys Unternehmung zur Ausweitung und Präzisierung des Symbolisierungsprozesses in der Philosophie der symbolischen Formen von Ernst Cassirer. S. 299

551 Ebd. S. 154–160

matisiert diesen Sehraum, aber es ist eben doch der Sehraum, den sie mathematisiert – sie ist eine Ordnung, aber sie ist eine Ordnung der visuellen Erscheinung.»[552]

Diese Ordnung der visuellen Erscheinung zielt aus heutiger Sicht selbstverständlich auf die Reduktion auf einen einzigen Standpunkt ab. Multiperspektivische Perspektiven, wie sie etwa die der Brüder Lorenzetti im 13./14. Jahrhundert anwendeten, wobei nicht nur ein Fluchtpunkt vorherrscht, sondern neben einem Fluchtpunkt die Abbildung gleichzeitig auf eine Fluchtachse (Parallelprojektion) hin konstruiert wird, entsprechen derzeit nicht unserer Darstellungsart. In gegenwärtigen Darstellungen lässt sich diese Anwendung der subjektiven Perspektive hinsichtlich ihres Grads an Objektivität als unproportionale Gleichung verstehen: Je mehr eine Vereinheitlichung eines Standpunkts stattfindet, aus dem eine Anschauung respektive eine Darstellung geschieht und dementsprechend objektiver die perspektivische Bildkonstruktion umgesetzt werden kann, desto eindeutiger wird auf eine anthropozentrische, vom Subjekt abhängige Perspektive eingegangen, wonach sich die vom Individuum abhängige Subjektivität erhöht. Es zeigt sich also, dass die Entwicklung hin zu einer Anschauungs- und Darstellungsweise, die von einem einzigen Standpunkt ausgeht, nicht nur davon abhängt, ob man die Fähigkeit besitzt, die Perspektive zu konstruieren. Die Reduktion auf einen Standpunkt ist bedingt durch eine Entscheidung, wonach die Welt aus einer subjektiven Perspektive darstellt werden soll. Dadurch ist sie etwa nicht objektiver als alternative darstellerische Konzepte.

> «[...] [Es] ist nun aber die Tatsache bezeichnet, dass die Perspektive, gerade als sie aufgehört hatte, ein technisch-mathematisches Problem zu sein, in um so höherem Masse beginnen musste, ein Künstlerisches Problem zu bilden. [...] sie bringt die künstlerische Erscheinung auf feste, ja mathematisch-exakte Regeln, aber sie macht sie auf der anderen Seite vom Menschen, ja vom Individuum abhängig, indem diese Regeln auf die psychophysischen Bedingungen des Seheindrucks Bezug nehmen, und indem die Art und Weise, in der sie sich auswirken, durch die frei wählbare Lage eines subjektiven ‹Blickpunktes› bestimmt wird. So lässt sich die Geschichte der Perspektive mit gleiche Recht als ein Triumph des distanzierenden und objektivierenden Wirklichkeitssinns, und als ein Triumph des distanzverneinenden menschlichen Machtstrebens, ebensowohl als Befestigung und Systematisierung der Aussenwelt, wie als Erweiterung der Ichsphäre begreifen; sie musste daher das künstlerische Denken immer wieder vor das Problem stellen, in welchem Sinne diese ambivalente Methode benutzt werden solle.»[553]

Kartografische Konventionen: In der Kartografie unterscheidet sich die Frage nach der perspektivischen Projektion von derjenigen nach der künstlerischen Darstellung. Entgegen einer direkten Anschauung geht man in der Kartografie von einer ganzen uniformen Sphäre aus, die bestimmte Masse und Proportionen aufweist. Anstelle der «Ordnung der visuellen Erscheinung», welche durch die unmittelbare Betrachtung aufgrund perspektivischer Kriterien schon über die Anschauung gegliedert wird, geht man bei der Darstellung der Welt eher von einer «Ordnung einer visuellen Weltvorstellung aus», die jedoch nach ähnlichen Denkmustern geomet-

552 Panofsky (1927). Die Perspektive als «Symbolische Form». S. 290
553 Ebd. S. 287

risch strukturiert wird. Dabei wird die Erdoberfläche aus einer Vogelperspektive dargestellt, die vom Standpunkt einer orthogonalen Linie aus, also rechtwinklig zur Erdoberfläche, in verschiedenen Zoomlevels betrachtet werden kann.

> «In this context, it is useful to draw a distinction between views that are made from a single known viewpoint (such as might be achieved by an artist viewing the city from a vantage point outside it and representing it as a camera obscura might) and views that are reconstructed as if from a viewpoint only available to one flying above the scene [...]. The former constructs a mimetically analogous space by direct observation. The latter requires a mathematical construction and an understanding of perspective geometry in which positions on a planimetric map are plotted onto a perspective grid.»[554]

Die geometrische Projektion weist entgegen der künstlerischen perspektivischen Komposition einige Unterschiede auf. Während in bildnerischen Darstellungen von einem Standpunkt ausgegangen wird, verhält sich diese Frage hinsichtlich Projektionen je nach Projektionsart verschieden: Bei Zylinderprojektionen, bei Kegelprojektionen und bei vermittelnden Entwürfen liegt das projektive Zentrum auf einer Berührungslinie, lediglich ausschliesslich bei stereografischen Projektionen ist die Abbildung aus einem Punkt heraus konstruiert. Diese Beurteilung der Perspektive ist jedoch nur auf den konstruktiven Aspekt ausgelegt. Die Zentrierung ist für die ideologische Perspektive ebenfalls ein aussagekräftiges Kriterium; auch wenn sie meist aufgrund projektiver Ursachen nur ein horizontales Zentrum beschreiben, ist es neben der geometrischen Perspektive auch die Zentrierung, welche das Abbild auf das Subjekt zurückwirft. Es wird dann auch vom Subjekt ausgehend die Vorstellung der Welt gedacht.

Von der Konvention zur Dekonstruktion:

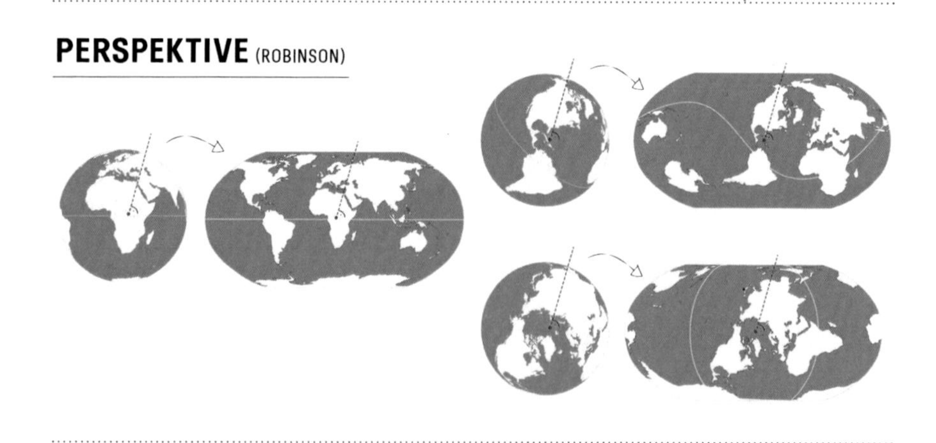

Abb. 39. JMS: Verschiedene Perspektiven auf die Welt. (Projektion: Robinson)

554 Woodward (1987). Cartography and the Renaissance: Continuity and Change. S. 13

Durch die Dekonstruktion und die damit verbundenen Verschiebungen des im Bildmittelpunkt abgebildeten geografischen Zentrums ändert sich die Perspektive, von der aus die Welt betrachtet wird (VGL. ABB. 39). Es wird uns ermöglicht, einen orthogonalen Blick auf einen beliebigen Punkt der Erde zu werfen. Die räumlichen Informationen bleiben bei diesem Perspektivenwechsel die gleichen. Obwohl verschiedene Perspektiven erzeugt werden, können keine multiperspektivischen Darstellungen im Sinne von Lorenzettis Gemälde erreicht werden – also multiple Perspektiven in einer Abbildung. In dieser Dekonstruktion beziehen sich die multiplen Perspektiven auf die Möglichkeit, unendlich viele Weltkarten mit alternativen Perspektiven hervorzubringen. Der interaktive Zugang des *Globus-Kugel-Models* vermittelt spielerisch, dass die eingenommene Perspektive in konventionellen Weltkarten nicht bedingt ist, sondern lediglich eine Entscheidung bedeutet. Das Prinzip zum Generieren unkonventioneller Weltkarten geht dem Perspektivenwechsel auf den Grund: Es zeigt die Subjektivität der verschiedenen Standpunkte auf, je nachdem, von wo aus der Blick auf die Welt stattfindet, und bietet dadurch «Ordnungen von visuellen Weltvorstellungen», die alle auf demselben Prinzip beruhen. Es wird klar, dass die Wahl der angewendeten Perspektive auf die Welt vom menschlichen Individuum abhängt. Diese Sichtweise, die bis heute Weltkarten dominiert, ist ein Erbe des Renaissance-Humanismus, wonach ein anthropozentrisches Weltbild vermittelt wird. Durch die Dekonstruktion und das damit evozierte Bewusstsein multipler subjektiver Perspektiven wird womöglich die immer gleiche angewendete Perspektive überwunden und ein phänomenologischer Zugang zu dieser kartografischen Thematik erreicht. Die Dekonstruktion zielt darauf ab, ein Bewusstsein herbeizuführen, das die vermeintliche Objektivierung von Weltkarten durch die Anwendung einer geometrischen Projektion mit der Erkenntnis koppelt, dass sich dadurch die Subjektivität des individuellen Standpunkts erhöht. Die Darstellung der Welt mittels projektivem Verfahren basiert zwar auf mathematisch-objektiv korrekten Regeln, der Blick auf die Welt wird durch diese Objektivierung jedoch subjektiver. **Durch die Dekonstruktion wird also ein Perspektivenwechsel ermöglicht, wodurch die Welt aus verschiedenen konstruktiven Perspektiven betrachtet werden kann. Dadurch wird die vermeintliche Objektivierung und die damit einhergehende Subjektivierung des Standpunktes kritisch hinterfragt.**

8. Projektionen verantworten die Formgebung der Geophysik und die Zuweisung des entsprechenden Bedeutungsgehalts (Symbolische Formen)

Die geometrische Projektion ist formgebend für die symbolischen Formen in Weltkarten, wobei diesen durch die ideologische Projektion ein Bedeutungsgehalt zugewiesen wird. Dieser Bedeutungsgehalt basiert auf bestimmten Erkenntnisfunktionen wie etwa dem Mythos.

Allgemeine Konventionen: Die Raumanschauung ist ein wesentlicher Bestandteil der Weltauffassung und steht daher immer im Zusammenhang mit einer paradigmatischen Tendenz. Diese Vorstellungsbilder von Raum gehen einher mit der Weltanschauung entsprechender Kulturräume, die durch politische, soziale, religiöse Projektionen unsere Vorstellung bestimmen.

> «[...] Es handelt sich nicht einfach um eine schlicht lokale Vorstellung, sondern um eine Qualifizierung des Räumlichen. Der Mensch zeigt sich auch und gerade hier als ein Lebewesen, das in einem ‹symbolischen› Universum lebt. Je nach dem, wo man sich befindet, hat der Raum andere Eigenschaften, gute wie schlechte. Insbesondere markieren die Ränder oder Randzonen die Grenzen zwischen einer menschlichen bzw. vom Menschen her erfahrbaren Realität und einer ausser- bzw. über (oder eben auch unter-) menschlichen Sphäre.»[555]

Die Raumanschauung gründet also auf einem Ordnungs- und Denksystem, das mit sozio-kulturellen Eigenschaften konnotiert ist. Panofsky bringt in seinem Aufsatz *Die Perspektive als symbolische Form* die Raumanschauung mit bildnerischen Darstellungen in Verbindung. Dabei greift er die Idee der *Philosophie der symbolischen Formen* Erst Cassirers auf und untersucht ihre historische Entfaltung. Nach Panofsky sind die symbolischen Formen durch die geometrische Konstruktion der Perspektive bestimmt, wobei ein Bedeutungsgehalt an ein Zeichen geknüpft wird. Dabei unterscheidet Panofsky zwischen der exakt-perspektivischen Struktur des Systemraumes *(perspectiva artificialis)* und dem psychophysiologischen Raum *(perspectiva naturalis)*, welcher der Raumanschauung gleichgesetzt werden kann.[556] Dabei weist er dem Systemraum den Darstellungsmodus zu, während dem psychophysiologischen Raum ein Anschauungsmodus zukommt. In einem weiteren Schritt schildert er jedoch, dass jede Perspektive des Darstellungsmodus auf der unmittelbaren Anschauung, also der unmittelbaren Raumanschauung, basiert. Das heisst, auch die perspektivische Konstruktion geht schlussendlich auf die Raumanschauung zurück. Panofsky fokussiert auf den «Prozess der Perspektivierung als Systematisierung bzw. anschauliche Symbolisierung des ästhetischen Sehraumes»,[557] der grundsätzlich von einem historischen Raumanschauungspro-

555 Gehrke (2007). Die Raumwahrnehmung im archaischen Griechenland. S. 18

556 Thaliath (2005). Perspektivierung als Modalität der Symbolisierung: Erwin Panofskys Unternehmung zur Ausweitung und Präzisierung des Symbolisierungsprozesses in der Philosophie der symbolischen Formen von Ernst Cassirer. S. 154–160

557 Ebd. S. 293

zess bestimmt ist.[558] Nach Cassirers *Philosophie der Symbolischen Formen* werden die Symbolischen Formen nicht per se auf bildnerische Darstellungen reduziert, sondern sie sind konkrete Gestalten kultureller, historischer und sozial gelebter Weltanschauungen.[559] Die *Symbolischen Formen* gehen auf eine erkenntnis- und kulturtheoretische Idee Cassirers zurück, die er folgendermassen beschreibt:

> «Unter einer ‹symbolischen Form› soll jede Energie des Geistes verstanden werden, durch welche ein geistiger Bedeutungsgehalt an ein konkretes sinnliches Zeichen geknüpft und diesem Zeichen innerlich zugeeignet wird. In diesem Sinne tritt uns die Sprache, tritt uns die mythisch-religiöse Welt und die Kunst als je eine besondere symbolische Form entgegen.»[560]

Cassirer geht davon aus, dass die Realität aus symbolischen Formen konstruiert wird. Unser Bewusstsein begnügt sich nicht damit, den Eindruck des Äusseren zu empfangen, sondern es verknüpft jeden Eindruck mit einer bestimmten Gestalt des Ausdrucks, woraus symbolische Formen resultieren. Dabei kontrastiert die Welt durch selbstgeschaffene Zeichen und Bilder die Idee einer objektiven Wirklichkeit, wobei verschiedene solcher symbolischer Formen gleichwertig nebeneinander stehen können:[561, 562]

> «Cassirers Idee, dass verschiedene symbolische Formen nebeneinander existieren, bedingt zwar keine unbedingte Gleichsetzung dieser Ordnungen, eröffnet aber zugleich auch die Möglichkeit, verschiedene Denkweisen zu analysieren, ohne sie unbedingt in eine Hierarchie zu setzten.»[563]

Diese verschiedenen symbolischen Formen existieren durch vielfältige Denkweisen, welche Vorstellungsbilder des Raumes verursachen. Eine Gesellschaft unterliegt also in Übereinstimmung mit einer Weltanschauung einer Raumwahrnehmung und -konstruktion, wonach sich die Individuen eines bestimmten Kulturkreises richten. Diese Vorstellung von Raum ist von verschiedenen Paradigmen abhängig, wonach gleichzeitig verschiedene kulturelle bedingte räumliche Projektionen nebeneinander existieren:

> «Wenn wir heute vom Raume reden, so denken wir sicherlich alle in annähernd demselben Stil, so wie wir uns derselben Sprachen und Wortzeichen bedienen, mag es sich um den Raum der Mathematik, der Physik, der Malerei oder der Wirklichkeit handeln, obgleich alles Philosophieren, das an Stelle dieser Verwandtschaft der Be-

558 Im Gegensatz zu Cassirers Philosophie der symbolischen Formen (wie etwa Sprache, Mythos, Wissenschaft, Kunst oder Technik) bezieht Panofsky die Ideen nicht auf ein konkretes Handeln, sondern bloss auf die anschaulich-perspektivische Dimensionierung der Erscheinungen im ästhetischen Sehraum. Das heisst, dass die symbolischen Formen auf den Prozess der geometrisch-optischen Perspektivierung und die im unmittelbaren ästhetischen Sehraum gegebenen Erscheinungen zurückgehen. Ebd. S. 294.

559 Ritter und Kranz (1971). Historisches Wörterbuch der Philosophie. Bd. 10, S. 739

560 Cassirer und Lauschke (2009). Schriften zur Philosophie der symbolischen Formen. S. 67

561 Ebd.

562 Vgl. These 4. Zum Erfolg einer Projektion (Stilformen-Codes). Auch Feyerabend plädiert für eine grosse Vielfalt, wobei das Nebeneinander verschiedener Alternativen keiner hierarchisierender Wertung unterworfen werden soll.

563 Gehrig (2011). Mythos und Bedeutsamkeit. Cassirer und Blumberg über den Mythos als symbolische Form. S. 55

deutungsgefühle eine Identität des Verstehens behaupten will (und muss), etwas fragwürdiges bleibt. Aber kein Hellene, kein Ägypter, kein Chinese hätte etwas davon gleichartig nachgefühlt, und kein Kunstwerk oder Gedankensystem hätte ihnen unzweideutig zeigen können, was ‹Raum› für uns bedeutet.»[564]

Cassirer beschreibt den Erkenntnisprozess, wonach die Welt mit konkreten Vorstellungen und Bildern der Welt und eben den entsprechenden symbolischen Formen verbunden wird, wie etwa Sprache, Mythos,[565] Kunst oder Religion durch ein bestimmtes Prinzip, wobei aus verschiedenen Eindrücken ein Gebilde entsteht, das bestimmte Gestaltung mit festen Umrissen und Eigenschaften herauslöst und einer Bedeutung zuordnet:[566]

> «Es handelt sich darum, den symbolischen Ausdruck, d.h. den Ausdruck eines «Geistigen» durch sinnliche «Zeichen» und «Bilder», in seiner weitesten Bedeutung zu nehmen; es handelt sich um die Frage, ob dieser Ausdrucksform bei aller Verschiedenheit ihrer möglichen Anwendungen ein Prinzip zugrunde liegt, das sie als ein in sich geschlossenes und einheitliches Grundverfahren kennzeichnet.»[567]

Dabei kommt dem Mythos als symbolischer Form in Cassirers Philosophie eine besondere Stellung zu, wobei sich ein mythisches Denken oft durch eine historische Entwicklung herausbildet. Panofsky leitet den Erkenntnisprozess anhand der Entwicklung der Perspektive her, wobei er den Prozess der Perspektivierung von der Antike bis zur Renaissance erörtert.[568]

Kartografische Konventionen: Wo in den bildenden Künsten die Perspektive konstruierte Formen hervorbringt, ist es in der Kartografie die geometrische Projektion, die als grundlegendes Prinzip die Formung der Landmasse verantwortet. Dabei wird in einer Weltkarte die Erdoberfläche mit ihren geografischen Einheiten anschaulich dargestellt, wobei den Formen der Erdoberfläche eine Bedeutung zugewiesen wird, die auf historisch etablierten Konventionen beruht. Das heisst, die verschiedenen geografischen und politischen Einheiten der Erdoberfläche werden durch ihre Formgebung etwa mit einem Land oder einem Kontinent konnotiert. Durch diese Sinnzuschreibung werden sie zu symbolischen Formen. Die einzelnen Formen von Ländern oder Kontinenten beispielsweise entsprechen jedoch kaum den wahren Ausdehnungen dieser Einheiten, sondern sind durch die geometrische Projektion und deren Verzerrungen dargestellt: sie verlassen also die Form- und Flächentreue. Die einzelnen geografischen Einheiten sind also nicht in ihrer wahren Grösse repräsentiert, sondern lediglich durch die Erscheinungswei-

564 Spengler (1918). Die Symbolik des Weltbildes und das Raumproblem (1918).

565 Cassirer beschreibt den Mythos folgendermassen: «[denn ebendies] scheint für die Welt des Mythos charakteristisch zu sein, das sie ganz in der Sphäre des Gefühls und des Affekts beschlossen bleibt und dass sie für die analytischen Scheidungen und Trennungen [...] keinen Raum lässt.» Cassirer und Lauschke (2009). Schriften zur Philosophie der symbolischen Formen. S. 10

566 Ebd. S. 10

567 Ebd. S. 67

568 Thaliath (2005). Perspektivierung als Modalität der Symbolisierung: Erwin Panofskys Unternehmung zur Ausweitung und Präzisierung des Symbolisierungsprozesses in der Philosophie der symbolischen Formen von Ernst Cassirer. S. 312–346

se in ihrer Perspektivität.[569] Wir knüpfen den geistigen Bedeutungsgehalt an die entsprechenden geografischen Einheiten, wodurch wir sie als Landmasse deuten können – trotz den Flächenverzerrungen, denen sie unterliegt. So ordnen wir beispielsweise verschiedene Länder bestimmten Formen zu. Die Antarktis beispielsweise, welche in konventionellen Weltkarten enormen Verzerrungen unterliegt, kann nichtsdestotrotz als antarktisches Eis identifiziert werden. Um diese Bedeutung den geografischen Formen zuzuweisen, ist die Vorstellung von Raum in der Kartografie unabdingbar. Die Darstellung einer Weltkarte geht mit einer bestimmten Weltanschauung einher. Bei räumlichen Darstellungen – wie etwa Weltkarten – ist immer eine Vorstellung des Raumes abgebildet. Grundsätzlich ist jedes Abbild ein Beziehungsgeflecht aus Raum und Bild, die Weltkarte jedoch im Besonderen. Die Weltkarte als Bild von der Welt ist dabei sinnbildlich für die Darstellung von Raumvorstellungen.

> «[Es] zeigt sich, dass es nicht lediglich um Räumlich-Lokales oder um Geographisch-Erdkundliches geht und dass das jenseits des Räumlichen liegende Andere im Grunde viel wichtiger ist. Dazu passen weitere Elemente einer mythischen Weltsicht. Der Raum ist im mythischen Horizont nicht abstrakt. Vielmehr handelt es sich – mit der Zeit verhält es sich übrigens ähnlich – um räumliche Elemente, die mit konkreten Vorstellungen und Bildern verbunden sind. Man kann ihn nicht kartieren, ohne im Gewalt anzutun, weil ihm eben kein eindeutiges Raumschema zugrunde liegt. Er ist dann im Epos konsequenterweise [...] ein integraler Teil der Erzählung selbst und in Bezug auf diese sinnvoll. Es handelt sich um ‹erzählte Räumlichkeit›, anders gesagt, die Raumvorstellungen haben einen ‹Handlungscharakter› [...].»[570]

In der Kartografie wird der Mythos mehrfach erwähnt, wobei unterstrichen wird, dass sich der Mythos einer rein rationalen Denkkategorie verweigert. Mythen führen zu versteckten Aussagen, die über das semiologische System in Karten gemacht werden und der Transformation in kartografische Symbole standhalten.

> «The most fundamental cartographic claim is to be a system of facts, and its history has most often been written as the story of ist ability to present those facts with ever increasing accuracy. [...] Nor does the map image escape the grasp of myth. On the contrary, it is more mythic precisely to the degree that it succeeds in persuading us that it is a natural consequence of perceiving the world.»[571]

Entgegen den bildenden Künsten basiert die Ableitung einer kartografischen perspektivischen Konstruktion einer Weltkarte jedoch nicht auf einer unmittelbaren Raumanschauung, sondern vielmehr auf einem Vorstellungsbild der Erde. Die Verbindung der Länderformen mit ihrem Bedeutungsgehalt aufgrund des Mythos ist demnach in Anlehnung an die *Philosophie der Symbolischen Formen* Cassiers zu untersuchen, wobei die Erkenntnisfunktion verschiedenen Handlungen, wie

---

569 Die einzelnen geografischen Einheiten können nach bestimmten Ähnlichkeitskreisen zusammengefasst werden. Dabei müssen die verschiedenen geografischen Einheiten nicht aufgrund eines Ähnlichkeitsgrades zusammengefasst sein, sondern sie sind das Produkt einer bewussten Setzung einer Ähnlichkeit. Vgl. Cassirer und Lauschke (2009). Schriften zur Philosophie der symbolischen Formen. S. 11

570 Gehrke (2007). Die Raumwahrnehmung im archaischen Griechenland. S. 197

571 Wood und Fels Designs on Signs / Myth and Meaning in Maps. (1986)

etwa sprachlichem, mythisch-religiösem Denken oder künstlerischer Anschauung, entspricht und nicht – wie bei Panofsky – auf den unmittelbaren Sehakt einer Anschauung reduziert wird. Die Zuweisung von Bedeutungsgehalt zu den einzelnen Länderformen ist dadurch bedingt, dass die ganze Erdoberfläche nicht als Anschauungsganzes erfasst werden kann, sondern lediglich über eine Vorstellung der Welt erzeugt wird. Das heisst, eine Weltkarte geht nicht mit der Konstituierung von *Symbolischen Formen* durch die Anschauung der direkten physischen wirklichen Welt einher, sondern lässt sich auf einen mythisch bedingten Symbolisierungsprozess zurückführen. Analog zu Panofskys Erörterungen zur Entwicklung der symbolischen Formen hinsichtlich des Prozesses der Perspektivierung, wobei er den Fokus auf die Historizität der Perspektivierung richtet, basiert der kartografische Symbolisierungsprozess auf der Kartografiegeschichte.

Von der Konvention zur Dekonstruktion:

SYMBOLISCHE FORMEN (PROJEKTION: WAGNER IV, MILLER AZIMUTHAL EQUAL AREA)

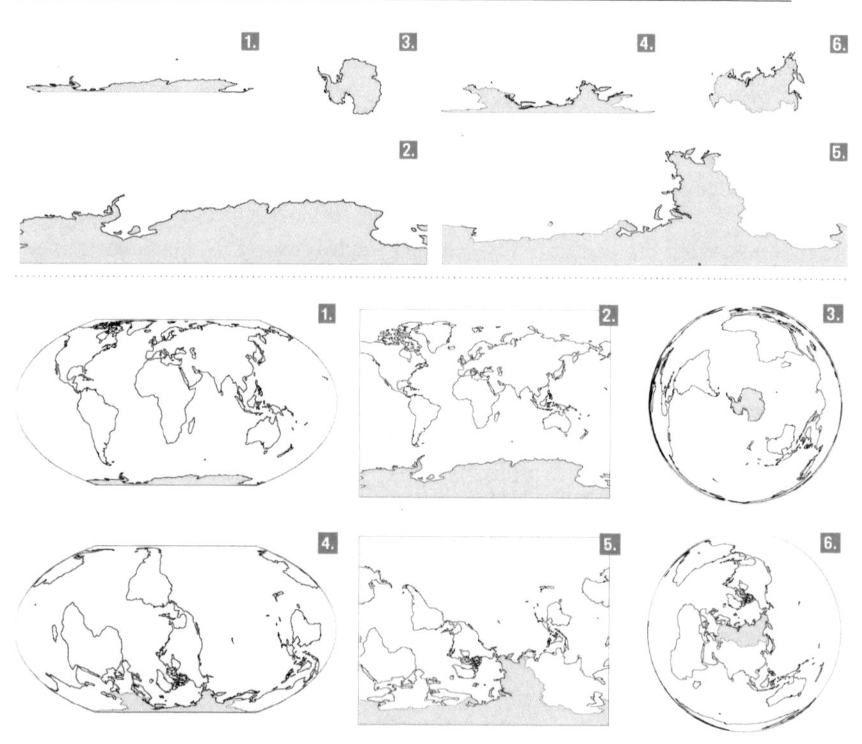

Abb. 40: JMS: Symbolische Formen. Die Antarktis und Russland in verschiedenen Weltkarten mit unterschiedlichen Zentrierungen und geometrischen Projektionen. (Projektionen: Wagner IV, Miller, Azimuthal Equal Area)

Die Dekonstruktion geschieht dahingehend, dass durch die alternative Zentrierung den einzelnen geografischen Einheiten völlig unkonventionelle Länderformen zugewiesen werden. Dabei wird ein Bedeutungsgehalt nicht an eine gewohnte symbolische Form geknüpft. Die geometrische Projektion verursacht durch die unkonventionelle Formgebung der Geophysik eine Entkoppelung des Bedeutungsgehalts an bestimmte symbolische Formen. Diese Entkoppelung bedeutet gleichzeitig die Loslösung eines historischen Symbolisierungsprozesses und die Entmythisierung der vorherrschenden symbolischen Formen. Durch diese Loslösung entsteht Potenzial für neue Verknüpfungen, wonach das Vorstellungsbild der Welt und das damit einhergehende Weltverständnis neu durchdacht und aufgebaut werden kann.

In bisherigen konventionellen Weltkarten geschieht interessanterweise die Zuweisung des Bedeutungsgehalts nicht per se an geophysischen Formen, wie sie in der Natur existieren – also Formen, die eine hohe Form- und Flächentreue aufweisen. Durch die immer gleichen Weltkarten und die damit verbundene Anwendung einer konventionellen geometrischen Projektion weisen wir immer denselben verzerrten geophysischen Formen denselben Bedeutungsgehalt zu. Das heisst, die Verzerrungen wirken sich in konventionellen Weltkarten immer auf dieselben geografischen Regionen aus. So sind durch die Perspektivität der Projektion symbolische Formen entstanden, nach denen sich unser Vorstellungsbild der Erde formt. Die Formgebung der Antarktis beispielsweise ist mit ihrer hohen Abweichung der Formtreue vergleichsweise vertrauter (VGL. ABB. 40, NR. 2) als ein formtreu dargestelltes Russland, das in konventionellen Weltkarten, im Speziellen in Zylinderprojektionen wie etwa der Merkatorprojektion, meist aufgrund der Verzerrungen horizontal langezogen abgebildet wird (VGL. ABB. 40, NR. 6). Paradoxerweise entkoppelt sich also durch die Dekonstruktion nicht die zugewiesene Bedeutung zur adäquaten geophysischen Form, sondern es wird lediglich die Zuweisung einer Bedeutung zu einer symbolischen Form dekonstruiert, die aufgrund einer immer gleichen Anwendung der geometrischen Projektionen eine immer gleiche Konnotationen des Bedeutungsgehalts hervorruft. Das heisst in unkonventionellen Weltkarten geschieht für bestimmte geografische Regionen, trotz ihrer Darstellung mit höherer Form- und Flächentreue, keine dementsprechend adäquatere Zuweisung des Bedeutungsgehalts. So muss also die Abbildung der form- und flächentreuen Antarktis (VGL. ABB. 40, NR. 3) nicht per se rascher als Antarktis erkannt werden als beispielsweise die Abbildung der Antarktis am unteren Bildrand, die enormen Flächenverzerrungen unterliegt. Weiter geschieht eine Loslösung der Bedeutung aufgrund der unkonventionellen Bildproportionen und der damit einhergehend ungewohnten Positionierung im Format. Die Orientierung geografischer Regionen geschieht unterschwellig über die entsprechende Positionierung der Landmasse im Format; unsere eurozentrische Perspektive unseres Kulturkreises erkennt Amerika in der linken, Asien und Australien in der rechten Bildhälfte, Grönland am oberen und die Antarktis am unteren Bildrand. Wird die Zuweisung der Positionierung durch die alternative Zentrierung verlassen, wird die Verknüpfung der symbolischen Formen mit dem Bedeutungsgehalt erschwert. So erinnert beispielsweise Russland (VGL. ABB. 40, NR. 5) am unteren Bildrand enorm an die Antarktis.

Cassirer wirft die Frage auf, ob den symbolischen Formen ein Prinzip zugrunde liegt, das sich als ein in sich geschlossenes und einheitliches Grundverfahren auszeichnet, wonach den Formen ein Bedeutungsgehalt zugewiesen werden kann. Diese Frage kann in kartografischer Hinsicht auf das Prinzip zurückgeführt werden, wonach durch ein bestimmtes Regelwerk die Kugeloberfläche in eine zweidimensionale Weltkarte transformiert wird, nämlich mittels geometrischer Projektion. Die geometrische Projektion ist es denn auch, die das Regelwerk dieser Transformation bestimmt und die Erdoberfläche in Weltkarten meist auf ähnliche Art und Weise abbildet. Werden nun unkonventionelle Weltkarten generiert, bleibt das Prinzip, also das Grundverfahren zur Herleitung beständig, wonach die wiederholte Zuschreibung des Bedeutungsgehalts zu den entsprechenden symbolischen Formen ermöglicht sein sollte. Dabei ist lediglich eine kognitive Leistung erforderlich, die sich nicht auf Altbewährtem ausruht, sondern den Spielraum für die Bildung neuer Bedeutungszusammenhänge ausschöpft. **Durch die Dekonstruktion wird der Bedeutungsgehalt nicht mehr an den konventionellen symbolischen Formen festgemacht. Die unkonventionellen Weltkarten bringen alternative geografische Formen (wie etwa neue Länderformen) mit geografischen Einheiten (wie etwa Ländern), in Verbindung. Durch diese Neuzuweisung entsteht eine Entmythisierung, wobei die Möglichkeit eines neuen Symbolisierungsprozesses geschaffen wird, der die Verknüpfung alternativer identitätsstiftender symbolischer Formen mit geografischen Gebieten ermöglicht.**

4 Zusammenfassung

4.1 Neue Welten: Einsichten

«Über Projektionen» gibt Einsichten in Weltanschauungen und Weltkarten und ihre paradigmatischen Erscheinungen. Durch die Geschichte sind wir mit verschiedenen Weltkarten und entsprechenden Weltanschauungen vertraut und auch gegenwärtig unterliegen wir einer bestimmten Weltanschauung, die sich in Weltkarten wiederspiegelt. «Über Projektionen» kontrastiert die konventionellen durch alternative Weltkarten, legt die breite Vielfalt an möglichen Weltkarten dar und hinterfragt die gegenwärtig vorherrschende Weltanschauung.

Der Begriff der «Projektion» wird dabei hinsichtlich zweierlei Bedeutungen verstanden: Zum einen ist die ideelle Projektion im Sinne einer Weltanschauung dargelegt, wobei sie paradigmatisch vorherrschende Vorstellungsbilder, Wertmassstäbe, Ordnungsprinzipien, Denkweisen, Erklärungsmodelle etc. der Welt beschreibt. Andererseits ist die geometrische Projektion, die Weltkarten zugrunde liegt analysiert worden, wobei klar wird, inwiefern sie eine paradigmatische Darstellungsweise einer modellhaften Repräsentation der Welt verursacht. Jede Abbildung der Welt steht vor dem unmöglichen Vorhaben, die Kugeloberfläche in eine zweidimensionale Ebene zu projizieren. Eine Weltkarte ist also immer eine Entscheidung für eine Darstellungsweise und nie ein objektives Abbild der Geophysik. Der beiden Bedeutungen des Begriffs der «Projektion» – sprich die «Projektion» in ideologischem sowie in geometrisch-konstruktivem Sinne – beziehen sich denn auch aufeinander; So impliziert die geometrische Projektion über das Kartenbild eine ideologische Projektion und die ideologische Projektion verursacht die Anwendung einer entsprechenden geometrisch-konstruktiven Projektion.

Das Buch eröffnet Einsichten in Weltkarten, ihre Darstellungsweisen und den damit verbundenen Weltanschauungen und Denkarten. Es wird klar, dass wir bestimmten Normen unterliegen und Weltkarten keinen Status Quo abbilden, sondern nur eine subjektive Interpretation der Welt zu einem bestimmten Zeitpunkt sind. Dabei gehen Weltkarten mit Weltanschauungen einher und sind ständigen Umbrüchen unterworfen. Vorherrschende Ideologien sind in ständigem Wandel, wonach sich das Vorstellungsbild der Welt konstituiert, das sich in Weltkarten visuell manifestiert. Diese Einsichten sind in diesem Buch durch alternative Weltkarten visuell aufgezeigt: Durch ein Prinzip zum Generieren von unkonventionellen Weltkarten werden Alternativen zur gegenwärtigen Norm unterbreitet. Diese unkonventionellen Weltkarten machen durch die Abbildung der Welt alternative Darstellungsformen visuell erlebbar und kontrastieren gleichzeitig die gegenwärtig vorherrschende Weltanschauung.

4.2 Eröffnete Welten: Errungenschaften

I. Teil: Rekonstruktion – Norm

In einem ersten Teil der «Rekonstruktion» wird klar, dass Projektionen Konventionen unterliegen. Die «Rekonstruktion» macht deutlich, dass in verschiedenen Epochen (Antike, Mittelalter, Renaissance und Gegenwart) die Projektion verschiedene charakteristische Konventionen hervorbringt, die Weltanschauung sowie Darstellungsweisen von Weltkarten verursachen. In der «Rekonstruktion» werden die der Arbeit vorangestellten Forschungsfragen beatwortet, wobei aufgezeigt wird, inwiefern die «Projektion» im Sinne einer Weltanschauung respektive der darstellenden Geometrie verantwortlich für Darstellungskonventionen in Weltkarten ist.

Demzufolge ist eine der wichtigsten Einsichten dieser «Rekonstruktion», dass in einem bestimmten Zeitrahmen Weltanschauungen und Weltkarten vorherrschen, die auf bestimmten ideellen sowie darstellerisch geometrischen «Projektionen» beruhen. Diese «Projektionen» gründen auf Konventionen, die das paradigmatisch vorherrschende Erklärungsmodell der Welt verantworten und die damit verbundene Wirklichkeitskonstruktion und Darstellung der Welt – sprich Weltkarten – prägen. Die Leistung dieses Buches liegt darin, diese Konventionen anhand exemplarisch gewählter Weltkarten[572] aufzuzeigen und hinsichtlich verschiedener Aspekte zu untersuchen. Durch die Auswahl dieser Aspekte wird eine Fokussierung erreicht, wodurch charakteristische Eigenschaften einer Ideologie herausgestrichen werden. Es ist ein Ding der Unmöglichkeit und folglich hier auch nicht beabsichtigt, eine vollumfängliche Darstellung einer Weltanschauung vorzunehmen. Weiter streicht die historische Analyse durch ausgewählte beschreibende Begriffe paradigmatische Ausprägungen hervor.[573] Durch diese Begriffe ist eine Gewichtung bewusst gesetzt worden, die im historischen Kontext sicherlich sinnvoll ist, jedoch auch anders hätte ausfallen können. Diese Begriffe ermöglichten es, bestimmte Ausprägungen prioritär zu thematisieren, die mir als besonders beschreibend für die Epoche erscheinen.

II. Teil: Dekonstruktion – Alternative

In einem zweiten Teil der «Dekonstruktion» gelingt es, einen Gegenvorschlag zu den derzeit vorherrschenden konventionellen Weltkarten zu unterbreitet. Die «Dekonstruktion» führt ein Prinzip zum Generieren von unkonventionellen Weltkarten ein. Damit wird die Forschungsfrage, inwiefern vorherrschende Konventionen in Weltkarten hinsichtlich «Projektionen» dekonstruiert werden können, beantwortet.

Das Ziel der Dekonstruktion, nämlich die Loslösung von den historisch gewachsenen Konventionen um so ein neues Potenzial für Aussageverkettungen zu erreichen, wird hier durch das eigen entwickelte Prinzip zum Generieren von unkonventionellen Weltkarten (worldmapgenerator.com) erreicht. Die Loslösung von

572 Die Auswahl dieser exemplarischen Weltkarten ist in der Einleitung dieses Buches nachzulesen.

573 Vgl. Weltanschauung: Naturphilosophisch (Antike), Theologisch (Mittelalter), Wissenschaftlich (Renaissance), Naturwissenschaftlich (Gegenwart). Geometrie: Systematisch (Antike), Schematisch (Mittelalter), Mathematisch (Renaissance), Generiert (Gegenwart).

historisch gewachsenen Bedeutungszusammenhängen (vgl. beschriebene Konventionen in der Rekonstruktion), geschieht durch die Gegenüberstellung der gewohnten Weltkarten mit den eigens generierten alternativen Weltkarten. Durch visuelles Material – also unkonventionelle Weltkarten – geschieht diese Loslösung von Altem und Gewohntem, wodurch verborgene und vergessene Bedeutungszusammenhänge aufgedeckt werden. Die unkonventionellen Weltkarten evozieren folgende Auswirkungen: sie konfrontieren den gängigen Status Quo, sie zweifeln Standardisierungen und vorherrschende Traditionen an und sie hinterfragen die Prägung von Regeln und Normen. Das vielfältige visuelle Material bietet ein breites Spektrum an verschiedenen Weltkarten an, wonach dem Konformismus von Weltkarten und Weltanschauungen erfolgreich entgegengewirkt wird.

Aus der Dekonstruktion resultieren 8 Thesen, die folgendes aufzeigen: 1) Weltkarten unterliegen Projektionen, die eine Wirklichkeitskonstruktion verantworten. 2) Projektionen werden durch paradigmatische Denk- und Darstellungssilen verursacht, was sich entsprechend in Weltanschauung und Weltkarte wiederspiegelt. 3) Es existiert eine breite Vielfalt an Projektionen – auch solche ausserhalb unserer gewohnten Weltanschuung und unserer Weltkarten. 4) Der Erfolg einer Projektion unterliegt immer bestimmten Kriterien, die sich wiederum der vorherrschenden Ideologie entsprechend konstituieren. 5) Die darstellerische Projektion bestimmt die Zentrierung und die Abbildung von Gradnetz und lässt sich dabei von bestimmten Symmetrien leiten. 6) Schliesslich wird aufgezeigt, inwiefern die Projektion für die Geopolitik bestimmend ist und 7) ist die subjektive Perspektive erläutert, welche die konstruktive und ideologische Perspektive bestimmt. Zum Schluss 8) werden Parallelen zwischen den «Symbolischen Formen», deren Zuweisung von Bedeutungsgehalt und der Formgebung der Geophysik durch die Projektion klar.

Die Thesen sind in der Hoffnung entstanden, Zugang zu verschiedenen Aspekten in Bezug auf Weltkarten zu schaffen. Dabei sind nicht alle Aussagen neue Erkenntnisse, sind jedoch im Zusammenhang mit dem Begriff der «Projektion» und dem visuellen Material neu aufgegriffen und kontextualisiert. Dabei werden die Thesen durch die aus der Dekonstruktion resultierenden Weltkarten gestützt. Diese Thesen werden als Fazit erachtet, wobei sie die in der Rekonstruktion hergeleiteten Konventionen aufgreifen und mit den aus der Dekonstruktion resultierenden Weltkarten zusammenführen. In diesen acht Thesen liegt die Schlussfolgerung und Synthese der verschiedenen untersuchten Aspekte des Buches.

4.3 Ergründung der Welten: Methoden und Struktur

Das methodische Vorgehen sowie die Struktur des Buches sind in der Einleitung genauer beschrieben. Nachkommend wird auf einige Punkte hingewiesen, die teilweise erst mit den neu gewonnenen Erkenntnissen des Untersuchs erkennbar wurden:

- Das Buch lehnt sich methodisch an ein dekonstruktives Vorgehen, wie es von Derrida beschrieben ist. Die Dekonstruktion ist keine klassische wissenschaftliche Methode. Dies wird in dieser vorliegenden Arbeit sehr deutlich: das Vorgehen ist zwar systematisch (vgl. die Rekonstruktion und das Prinzip zum Generieren von unkonventionellen Weltkarten), die Resultate können allerdings

sehr vielfältig ausfallen. Sie sind ganz abhängig von den Bedeutungszusammenhängen, die sich dem Subjekt eröffnen. Dementsprechend sind die unkonventionellen Weltkarten zwar beliebig oft generierbar, das Verfahren, das zu den acht Schlussthesen führte, allerdings nicht reproduzierbar.
Obwohl sich das Buch stark an der Dekonstruktion als Methode orientiert, stützt sich das Vorgehen der Untersuchung nicht stringent auf die Anwendung einer einzigen bestehenden Methode. Der Untersuch strebt ein in sich konsequentes Vorgehen an, dessen Ausprägung sich im Sinne des Forschungsziels entwickelte. Die Grundpfeiler, des von Derrida vorgeschlagenem dekonstruktivem Vorgehen, sind jedoch mehrheitlich eingebunden. So ist die Aufarbeitung der historischen Zusammenhänge in der Geschichte, um die begriffsgeschichtliche Zugehörigkeit und Verbindlichkeiten aufzudecken, in diesem Buch mit der geschichtsinterpretativen «Rekonstruktion» – die der «Dekonstruktion» vorangestellt wird – eingelöst.

- Das Buch zielt auf ein Nebeneinander und eine breite Vielfalt an verschiedenen Weltkarten ab und hat keine Bestrebungen Weltkarten und die daraus ablesbaren Tendenzen zu werten. Dementsprechend verfolgen die eigen generierten Weltkarten keine Idee des Fortschritts, ihre Intension ist es vielmehr, das breite Spektrum an Möglichkeiten aufzuzeigen. Wenn in diesem Buch von Fortschritt oder Errungenschaft die Rede ist, dann bezieht sich das nur innerhalb eines historischen Kontexts, der durch einen bestimmten Zeitrahmen begrenz ist.

- Das Buch erzeugt einen Standpunktwechsel, wobei der Begriff der «Projektion» aus der Perspektive der Kunstgeschichte, der visuellen Kommunikation sowie aus der Kartografie untersucht ist. Durch die Zusammenführung dieser Disziplinen schöpft die vorliegende Arbeit aus dem Potenzial, das durch die Interdisziplinarität des Untersuchs freigesetzt wird. So sind beispielsweise theoretische Gedanken des Wissenschaftstheoretiker Paul Feyerabend genau so wegweisend, wie die kunsthistorischen Ansätze Erwin Panfoskys oder die kartografie-historischen Darlegungen John Brian Harleys.

- Das Buch erzeugt einen weiteren Standpunktwechsel durch die Zusammenführung von theoretischem Wissen und praktischer Umsetzung. Das theoretische Prinzip zum Generieren von unkonventionellen Weltkarten hat sich im selben Zuge mit der praktischen Arbeit aufgebaut (Visualisierung der Weltkarten – Software) und vice versa. Daher soll das Buch in Zusammenhang mit dem worldmapgenerator.com gelesen werden, wobei die Software die theoretischen Darlegungen des Buches durch einen spielerischen praktischen Zugang zur Thematik ergänzt. Wichtig erscheint mir, dass die Arbeit als Synthese von theoretischem und praktischem Wissen und zwischen geschriebenem Wort und dargestellten Welten verstanden werden soll, wobei nicht das Praktische das Theoretische ergänzt, sondern sich Beide gegenseitig bedingen.

- Das Buch hat keinen Anspruch auf eine vollständige Darlegung der Kartografie- und Kunstgeschichte von der Antike bis in die Gegenwart. Die aufgegriffenen exemplarischen Weltkarten sollten als Meilensteine gelesen werden, wobei Ausgangslagen wegweisender Entwicklungen in der Geschichte aufgegriffen werden. Die gewählten Weltkarten bieten eine visuelle Grundlage zur Darstellung bestimmter Gesichtspunkte in der Geschichte.

- Das Buch ist zwischen 2014 – 2016 entstanden und aus meiner westlichen Perspektive geschrieben. Dementsprechend unterliegt die Denkweise einer entsprechenden Weltanschauung. Daraus folgt, dass beispielsweise die Rekonstruktion auf einer abstrakten Spekulation aus der Gegenwart beruht und aus einer westlichen, eurozentrischen Perspektive geschah. Die Erkenntnisse dieses Buches beziehen sich dementsprechend auf diesen Kulturraum.

- Das Buch ist darauf bedacht, dass die Methodendiskussion nicht den Inhalt dominiert. Das methodische Vorgehen sowie die Struktur des Buches sind in der Einleitung sowie in den jeweiligen Einleitungen der Kapitel kurz beschrieben, spielen jedoch im Haupttext keine Rolle.

- Das Buch und die praktische Arbeit beabsichtigen in erster Linie eine philosophisch-historische Untersuchung von Weltkarten und Weltanschauungen. Eine konkrete (kommerzielle) Anwendung der unkonventionellen Weltkarten, wie sie Forschungen der angewandten Wissenschaften teilweise vorsehen, steht nicht als primäre Absicht im Vordergrund. Das Bestreben der praktischen Arbeit liegt vielmehr darin, die theoretische Auseinandersetzung mit gestalterischem Wissen zu bestärken und den Denkprozess durch die nötige Kreativität positiv zu beeinflussen.

4.4 Unbekannte Welten: Ausblick

Mit Blick auf die aus der Dekonstruktion resultierenden unkonventionellen Weltkarten kann ein Ausblick an verschiedenen Aspekten anknüpfen. Dabei ist es denkbar, folgende Forschungsdesiderate zukünftig zu untersuchen:

- Lohnenswert ist es, die Darstellung der Vielfalt von möglichen Weltkarten aufzuzeigen und erfahrbar zu machen. Derzeit ist der Zugang zu Weltkarten mit beliebiger Projektion und Zentrierung nur erschwert vorhanden. Die eigens entwickelte Software (worldmapgenerator.com) bietet Optionen zum Generieren solch unkonventioneller Weltkarten an, diese sind jedoch nicht ausgereizt. Als Ergänzung der schon vorhandenen Software, kann eine Weiterentwicklung der Software das breite Spektrum an Weltkarten aufzeigen und gestalterisch und technisch versiertere Weltkarten zur Verfügung stellen.

- Bisherige Untersuchungen zielten auf die Darstellung der Welt mit einer alternativen Zentrierung in Kombination mit einer beliebigen Projektion ab, ohne den Einbezug eines konkreten Kartenthemas. In einem weiteren Schritt kann die Darstellung eines Kartenthemas (Tagesneuigkeiten, Infografiken, etc.) mittels unkonventioneller Weltkarten untersucht werden, mit der Erwartung, dass sich durch die Einbindung von Kartenthemen neues Potenzial zur Visualisierung von Kartenthemen frei setzt. Der Einsatz der unkonventionellen Weltkarten kann beispielsweise in der Visuellen Kommunikation in Bezug auf «Informationsvermittlung, -grafik» weiter untersucht werden.

- Die gegenwärtige naturwissenschaftliche Weltanschauung kann verstärkt durch mittelalterliche Weltanschauungen kontrastiert werden. Dabei müssen unter Anderem mittelalterliche Autoren wie Thomas von Aquin, Roger Bacon und Niklaus von Kues und im Allgemeinen die Werke vom Philosophiehistoriker Kurt Flasch genauer studiert werden. Diese Hinterfragung kann einhergehen mit der Entwicklung von visuellem Material – also neuen Weltkarten, die bestimmte für das Mittelalter darstellerische Aspekte integrieren, wie etwa: Multiperspektivität (vgl. Brunelleschi), Erzeugung von Raum durch Über- und Nebeneinander von Elementen, zeitliches Nebeneinander anstatt Abbildung einer Idee von Welt in einem bestimmten Zeitpunkt, etc.. Eine solche Weiterentwicklung kann ebenso weitere Aspekte des gegenwärtigen Trends hinterfragen, wie etwa den «Logozentrismus» oder die vorherrschende «Technokratie», welche die gegenwärtige Weltanschauung massiv beeinflussen.

- Mit Blick auf das weitreichende Forschungsfeld der «Maps and Narratives» ist zu prüfen, wie die unkonventionellen Weltkarten in Verbindung mit Narrativen auftreten können. Es soll untersucht werden, inwiefern die unkonventionellen Weltkarten für «Story Maps», «fiktive Kartographie», «narrative Atlanten» oder «raumbezogenes Geschichtenerzählen» eine Rolle spielen und inwiefern diese Darstellung der Welt die Narrative ergänzen oder beeinflussen. Forschungen in diese Richtung anhand von konventionellen Weltkarten sind bisher vorwiegend von Sébastien Caquard und Barbara Piatti geleistet worden, sind aber nicht in Verbindung mit den hier dargelegten unkonventionellen Weltkarten gebracht worden.

- Ein weiterer zu verfolgender Ansatz ist die Betrachtung der unkonventionellen Weltkarten im Feld der «Kunst und Kartografie». Gerade die Kunst hat die Mittel, die konventionellen Weltdarstellungen auf intuitive Art und Weise zu hinterfragen und somit implizit auf Konventionen hinzuweisen. Die vorhandenen visuellen Grundlagen eignen sich, um die Thematik nicht über theoretische Ausführungen verständlich zu unterbreiten, sondern mittels künstlerischer Umsetzung Gefühlserlebnisse zu wecken, welche kritische Gedanken hinsichtlich Weltanschauungen evozieren. Beispiele solcher Art (ohne unkonventionelle Zentrierung) sind von Mona Hatoum umgesetzt worden. Weiter macht die «Commission on Art and Cartography» Bestrebungen die beiden Felder «Kunst und Kartografie» zusammen zu führen.

Anhang

Literaturverzeichnis

(NGA), N. G.-I. A. (2014). Implementation Practice. Web Mercator Map Projection: http://www.nga.mil/ProductsServices/Pages/PublicProducts.aspx.

Abdalla, A. (2013). «Personal GIS – Ein Tool zur Verarbeitung unserer persönlichen Daten.» In: Kartografische Nachrichten 63(2): S. 86–88.

Akerman, J. R. (2007). Maps – finding our place in the world. Chicago, Ill., University of Chicago Press.

Arentzen, J.-G. (1984). Imago mundi cartographica Studien zur Bildlichkeit mittelalterlicher Welt- und Oekumenekarten unter besonderer Berücksichtigung des Zusammenwirkens von Text und Bild. München, Fink.

Aristoteles und Jori, A. (2009). Über den Himmel. Darmstadt, Wissenschaftliche Buchgesellschaft.

Azocar, F., Pablo Ivân und Buchroithner, M. (2014). Paradigms in cartography an epistemological review of the 20th and 21st centuries. Heidelberg, Springer.

Barber, P., Harper, T. und British Library (London) (2010). Magnificent maps power, propaganda and art. London, The British Library.

Battersby, S. ud Montello, D. R. (2009). «Area Estimation of World Regions and the Projection of the Global-Scale Cognitive Map.» In: Annals of the Association of American Geographers 99(2): S. 273–291.

Battersby, S. E. (2014). «Implications of Web Mercator and its use on online mapping.» In: Cartographica 49(2): S. 85–101.

Baumgärtner, I. (2008). Europa im Weltbild des Mittelalters: kartographische Konzepte. Berlin, Akademie Verlag.

Baumgärtner, I. (2009). Die Welt als Erzählraum im späten Mittelalter. In: Raumkonzepte. Baumgärtner, I., Klumbies, P.-G. and Sick, F. Göttingen, V & R unipress: S. 145–170.

Baumgärtner, I. (2012). Das Heilige Land kartieren und beherrschen. In: Herrschaft verorten: Politische Kartographie im Mittelalter und in der frühen Neuzeit. Baumgärtner, I. and Stercken, M. Zürich, Chronos: S. 27–75.

Berggren, J. L. und Jones, A. (2000). Ptolemy's Geography. Princeton, Princetion University Press.

Bering, K. und Rooch, A. (2008). Raum: Gestaltung, Wahrnehmung, Wirklichkeitskonstruktion. Oberhausen, Athena.

Bertin, J. (1967). Sémiologie graphique les diagrammes - les réseaux - les cartes. Paris, Mouton.

Bertin, J. (2001). «Matrix theory of graphics.» In: Information design journal : IDJ 10 (1): 5–19.

Black, J. (1997). Maps and history : constructing images of the past. New Haven [etc.], Yale University Press.

Black, J. (1997). Maps and Politics. Chicago, London, The University of Chicago Press.

Black, J. (2014). The power of knowledge how information and technology made the modern world. New Haven, Yale University Press.

Blom, P. R., Christian (2012). Koordinaten – Fiktionen für ein Weiterdenken. In: Kartographisches Denken. Reder, C. Wien, Springer: S. 243–235.

Bollmann, J. (2001). Lexikon der Kartographie und Geomatik in zwei Bänden. Berlin, Spektrum.

Bollmann, J. und Koch, W. G. (2002). Lexikon der Kartographie und Geomatik. Bollmann, J. and Koch, W. G. Heidelberg, Berlin, Spektrum Akademischer Verlag.

Bredekamp, H. (2011). Blue Marble. Der Blaue Planet. In: Atlas der Weltbilder. Markschies, C. and Siegel, S. Berlin, Akademie-Verlag: S. 396–375.

Brincken, A.-D. v. d. (1998). Zur Umschreibung empirisch noch unerschlossener Räume in lateinischen Quellen des Mittelalters bis in die Entdeckungszeit. In: Raum und Raumvorstellungen im Mittelalter. Aertsen, J. A. Berlin etc., de Gruyter: S. 557–572.

Brincken, A.-D. v. d. (2008). Die Rahmung der «Welt» auf mittelalterlichen Karten. In: Karten-Wissen: Territoriale Räume zwischen Bild und Diagramm. Günzel, S. and Historisch-kulturwissenschaftliches Forschungszentrum (Mainz ; Trier). Wiesbaden, Reichert Verlag.

Brincken, A.-D. v. d. (2008/1981). Raum und Zeit in der Geschichtsenzyklopädie des hohen Mittelalters. In: Studien zur Universalkartographie des Mittelalters. Brincken, A.-D. v. d. and Szabó, T. Göttingen, Vandenhoeck & Ruprecht.

Brincken, A.-D. v. d. (2008/1999). Jerusalem on medieval mappaemundi: A site both historical and eschatological. In: Studien zur Universalkartographie des Mittelalters. Brincken, A.-D. v. d. and Szabó, T. Göttingen, Vandenhoeck & Ruprecht: S. 683-703.

Brincken, A.-D. v. d. und Szabó, T. (2008). Studien zur Universalkartographie des Mittelalters. Göttingen, Vandenhoeck & Ruprecht.

Brotton, J. (2014). Die Geschichte der Welt in zwölf Karten. München, C. Bertelsmann.

Brugger, W. und Schöndorf, H. (2010). Philosophisches Wörterbuch. Freiburg, Verlag Karl Alber.

Brüning, J. (2011). Atlas der Weltbilder. In: Ein Weltbild der Naturwissenschaften. Markschies, C. and Siegel, S. Berlin, Akademie-Verlag: S. 412–421.

Canters, F. und Decleir, H. (1989). The World in Perspective: A directory of World Map Projections. Chister, New York, Brisbane, Toronto, Singapore, John Wiley & Sons.

Cassirer, E. und Lauschke, M. (2009). Schriften zur Philosophie der symbolischen Formen. Hamburg, Meiner.

Casti, E. (2015). Reflexive cartography a new perspective on mapping. Amsterdam, Elsevier.

Cattaneo, A. (2011). Fra Mauro's mappa mundi and fifteenth-century Venice. Turnhout, Brepols.

Cauvin, C., Escobar, F. und Serradj, A. (2010). Thematic cartography. London, ISTE.

Chang, K.-T. (2012). Introduction to geographic information systems. New York, McGraw-Hill.

Couprie, D. L. (2011). Heaven and earth in ancient Greek cosmology from Thales to Heraclides Ponticus. New York, Springer.

Crampton, J. und Krygier, J. (2006). «An introduction to critical cartography.» In: ACME: An International E-Journal for Critical Geographies 4(1): S. 11–33.

Crampton, J. W. (2011). Reflection Essay: Deconstructing the Map. In: Classics in cartography reflections on influential articles from Cartographica. Dodge, M. Chichester, West Sussex, Wiley-Blackwell.

Culcasi, K. (2015). Counter-Mapping. In: The History of Cartography. Monmonier, M. Monmonier, Mark, University of Chicago Press. Volume I: S. 286–287.

Cuozzo, G. (2011). Nikolaus von Kues und Albrecht Dürer: Proportion, Harmonie und Vergleichbarkeit. Die ratio melancholica angesichts des verborgenen Masses der Welt. . In: Texte und Studien zur europäischen Geistesgeschichte Reihe B. Schneider, W. C., Schwaetzer, H., Mey, M. d. and Bocken, I. Münster, Aschendorff: S. 351–369.

Dalché, P. G. (1987). The Reception of Ptolemy's Geography (End of the Fourteenth to Beginning of the Sixteenth Century). In: The history of cartography. Harley, J. B. and Woodward, D. Chicago etc., University of Chicago Press.

Daru, M. (2001). «Jacques Bertin and the graphic essence of data.» In: Information design journal : IDJ 10 (1): 20–25.

Daum, E. (2012). «Subjektive Kartographien – Dekonstruktion und Konstruktion.» In: Kartografische Nachrichten 62(3): S. 120–126.

DGfK, D. G. f. K. (1985). Ideologie statt Kartographie: Die Warheit über die «Peters-Weltkarte». DGfK, D. G. f. K. Dortmund/Frankfurt a.M.

Dilke, O. A. W. (1987). Cartography in the Ancient World: A Conclusion. In: The history of cartography. Harley, J. B. and Woodward, D. Chicago etc., University of Chicago Press: Vol. 1-.

Dilke, O. A. W. (1987). The Culmination of Greek Cartography in Ptolemy. In: The history of cartography. Chicago ; London, Univ. of Chicago Press.

Dubois, M. (2010). Zentralperspektive in der florentinischen Kunstpraxis des 15. Jahrhunderts. Petersberg, Imhof.

Dueck, D. und Brodersen, K. (2013). Geographie in der antiken Welt. Darmstadt, Philipp von Zabern.

Edgerton, S. Y. (2002). Die Entdeckung der Perspektive. München, Fink.

Edmondson, A. C. und Fuller, R. B. (1987). A Fuller explanation the synergetic geometry of R. Buckminster Fuller. Boston a.o., Birkhäuser.

Edney, M. H. (1993). «Cartography Without «Progress»: Reinterpreting the Nature and Historical Development of Mapmaking.» In: Cartographica 2 & 3(30): S. 54–68.

Edson, E., Savage-Smith, E. und Brincken, A.-D. v. d. (2005). Der mittelalterliche Kosmos: Karten der christlichen und islamischen Welt. Darmstadt, Primus-Verlag.

Egel, N. A. (2014). Die Welt im Übergang der diskursive, subjektive und skeptische Charakter der ‹Mappamondo› des Fra Mauro. Heidelberg, Winter.

Engels, J. (2013). Kulturgeographie im Hellenismus: Die Rezeption des Eratosthenes und Poseidonios durch Strabon in den Geographika. In: Vermessung der Oikumene. Geus, K. Berlin, De Gruyter: S. 87–100.

Englisch, B. (2002). Ordo orbis terrae die Weltsicht in den Mappae mundi des frühen und hohen Mittelalters. Berlin, Akademie-Verlag.

Eratosthenes und Roller, D. W. (2010). Eratosthenes' Geography. Princeton, Princeton University Press.

EuroGeographics (2015). from http://www.eurogeographics.org/about.

Farinelli, F. (2011). The Power, the Map, and Graphic Semiotics: The Origin. In: Projektion, Reflexion, Ferne räumliche Vorstellungen und Denkfiguren im Mittelalter. Glauch, S., Köbele, S. and Strömer-Caysa, U. Berlin, De Gruyter: S. 335–353.

Farman, J. (2010). «Mapping the digital Empire. Google Earth and the process of postmodern cartography.» In: New Media & Society 20:10: S. 1–10.

Fehrenbach, F. (2011). Leonardo da Vinci: Proportionsstudie nach Vitruv. In: Atlas der Weltbilder. Markschies, C. and Siegel, S. Berlin, Akademie-Verlag.

Feyerabend, P. (1984). Wissenschaft als Kunst. Frankfurt a. M., Suhrkamp.

Feyerabend, P. (1986). Wider den Methodenzwang. Frankfurt am Main, Suhrkamp.

Flasch, K. (1986). Das philosophische Denken im Mittelalter von Augustin zu Machiavelli. Stuttgart, Philipp Reclam.

Flusser, V. (1991). Räume. In: Aussen Räume Innen Räume. Der Wandel des Raumbegriffs im Zeitalter der elektronischen Medien. Seblatnig, H. Wien, Universitätsverlag: S. 75–83.

Gadenne, V. (2011). Das naturwissenschaftliche Weltbild am Beginn des 21. Jahrhunderts. In: Schriftenreihe der Karl Popper Foundation Klagenfurt. Kanitscheider, B. Frankfurt am Main, Peter Lang.

Gartner, G. (2009). Web Mapping 2.0. In: Rethinking maps : new frontiers in cartographic theory. Dodge, M., Kitchin, R. and Perkins, C. London, Routledge: S. 68–81.

Gasché, R. (1986). The tain of the mirror: Derrida and the philosophy of reflection. Cambridge (Mass.) ; London, Harvard Univ. Press.

Gehrig, M. (2011). Mythos und Bedeutsamkeit. Cassirer und Blumberg über den Mythos als symbolische Form. In: Potentiale der symbolischen Formen. Eine interdisziplinäre Einführung in Ernst Cassirers Denken. Büttner, U. Würzburg, Königshausen & Neumann: S. 53–61.

Gehrke, H.-J. (2007). Die Raumwahrnehmung im archaischen Griechenland. In: Wahrnehmung und Erfassung geographischer Räume in der Antike. Rathmann, M. Mainz am Rhein, von Zabern: S. 17–30.

Gerich, K. (2014). Die Geschichte der Naturwissenschaften im Wandel erkenntnistheoretischer Positionen: von der biologischen Evolution zur kulturellen Evolution. Hamburg, Dr. Kovač.

Geus, K. (2007). Ptolemaios Über die Schulter geschaut. In: Wahrnehmung und Erfassung geographischer Räume in der Antike. Rathmann, M. Mainz am Rhein, von Zabern: S. 159–166.

Geus, K. (2011). Eratosthenes von Kyrene. Studien zur hellenistischen Kultur- und Wissenschaftsgeschichte. Oberhaid, Utopica.

Geus, K. (2013). Vermessung der Oikumene. Berlin, De Gruyter.

Google, I. (2016). http://www.google.com/intl/en/about/.

Günzel, S. (2013). Texte zur Theorie des Raums. Stuttgart, Reclam.

Günzel, S. und Historisch-kulturwissenschaftliches Forschungszentrum (Mainz; Trier) (2012). Karten-Wissen: Territoriale Räume zwischen Bild und Diagramm. Wiesbaden, Reichert Verlag.

Hahn-Woernle, B. (1987). Die Ebstorfer Weltkarte. Stuttgart, Dr. Cantz'sche Druckerei.

Hake, G. und Grünreich, D. (1994). Kartographie. Berlin, New York, Walter de Gruyter.

Harley, J. B. (1989). «Deconstructing the map.» In: Cartographica 26(2): S. 1–20.

Harley, J. B. (1989). Maps, Knowledge, and Power. In: The iconography of landscape essays on the symbolic representation, design and use of past environments. Cosgrove, D. Cambridge, Cambridge U.P.: S. 277–303.

Harley, J. B. (2001). The New Nature of Maps. Baltimore, London, The Johns Hopkins University Press.

Harley, J. B. und Woodward, D. (1987). The history of cartography. Chicago etc., University of Chicago Press.

Hedwig, W. (2012). Die Performanz der digitalen Karte. In: Karten Wissen. Territoriale Räume zwischen Bild und Diagramm. Günzel, S. Wiesbaden, Reichert.

Hegenboss-Dürkop, K. (1991). Jerusalem – Das Zentrum der Ebstorf-Karte. In: Ein Weltbild vor Columbus die Ebstorfer Weltkarte interdisziplinäres Colloquium 1988. Kugler, H., Michael, E. and Appuhn, H. Weinheim, VCH.

Herb, G. H. (2015). Geopolitics and Cartography. In: The History of Cartography. Monmonier, M. Monmonier, Mark, University of Chicago Press. Volume I: S. 539–548.

Hopfner, F. (1938). Die beiden Kegelprojektionen I, II des Ptolemaiso. In: Des Klaudios Ptolemaios Einführung in die darstellende Erdkunde. M*zik, H. v. Wien, Gerold & Co.

INSPIRE (2015). from inspire.ec.europa.eu.

Isidorus, H. und Oroz Reta, J. (1982). Etimologías. Madrid, Editorial católica.

Janowiski, B. (2007). Vom Natürlichen zum Symbolischen Raum. In: Wahrnehmung und Erfassung geographischer Räume in der Antike. Rathmann, M.: S. 51–64.

Jenny, B. (2012). «Adaptive Composite Map Projections.» In: IEEE Transactions on Visual Computer Graphics 18(12): S. 2575–2582.

Jenny, B. und Patterson, T. (2007). «Flex Projector.» 2007, from http://www.flexprojector.com/ (12.15).

Jenny, B., Patterson, T., Ferry, H. und Hurni, L. (2011). «Graphischer Netzentwurf für Weltkarten mit Flex Projector.» In: Kartographische Nachrichten 61(3): S. 133–139.

Kent, A. J. (2015). Cartographic Conventions. In: The History of Cartography. Monmonier, M. University of Chicago Press. Volume I: S. 273–278.Kirchner, K. und Bens, P. (2010). Google Maps Webkarten einsetzen und erweitern. Heidelberg, dpunkt.

Kitchin, R. (2009). International encyclopedia of human geography. Amsterdam, Elsevier.

Klinghoffer, A. J. (2006). The power of projections how maps reflect global politics and history. Westport, Conn., Praeger.

Kölmel, W. (1998). Roger Bacon: Körper und Bild. In: Miscellanea mediaevalia: Raum und Raumvorstellungen im Mittelalter. Aertsen, J. A. Berlin etc., de Gruyter: S. 729–738.

Krygier, J. und Wood, D. (2010). Making Maps: A visual Guide to Map Design for GIS. New York, London, The Guilford Press.

Kugler, H. (2007). Die Ebstorfer Weltkarte: Atlas. Berlin, Akademie Verlag.

Kugler, H. (2007). Die Ebstorfer Weltkarte: Untersuchungen und Kommentar. Berlin, Akademie Verlag.

Kuhn, T. S. (1973). Die Struktur wissenschaftlicher Revolutionen. Frankfurt a.M., Suhrkamp.

Kunkel, S. (2011). Ernst Cassirer – Vordenker der Bildwissenschaft? Plädoyer für eine Rehabilitierung. In: Potentiale der symbolischen Formen. Eine interdisziplinäre Einführung in Ernst Cassirers Denken. Büttner, U. Würzburg, Königshausen & Neumann: S. 93–100.

Lehmann, M., Ringmann, M. und Waldseemüller, M. (2010). Die Cosmographiae Introductio Matthias Ringmanns und die Weltkarte Martin Waldseemüllers aus dem Jahre 1507 ein Meilenstein frühneuzeitlicher Kartographie. München, Martin Meidenbauer.

Leppin, V. (2008). Der umstrittene Aristoteles. Ostfildern, Thorbecke.

Leroi-Gourhan, A. (1988). Soziale Symbole. In: Hand und Wort. Die Evolution von Technik, Sprache und Kunst. Leroi-Gourhan, A. Frankfurt am Main, Suhrkamp: S. 387–412

Lester, T. (2010). Der vierte Kontinent : wie eine Karte die Welt veränderte. Berlin, Berlin Verlag.

Llanque, M. (2012). Geschichte der politischen Ideen von der Antike bis zur Gegenwart. München, C.H. Beck.

Maling, D. H. (1973). Coordinate systems and map projections. London, Philip.

Maling, D. H. (1992). Coordinate systems and map projections. Oxford etc., Pergamon Press.

Medynska-Gulij, B. (2012). «Pragmatische Kartographie in Google Maps API.» In: Kartografische Nachrichten 62(5): S. 250–255.

Meyer, R. (2014). Europa zwischen Land und Meer. Geopolitisches Denken und geopolitische Europamodelle nach der «Raumrevolution». Göttingen, V & R unipress: 416 S.

Monmonier, M. (1991). Centering a Map on the Point of Interest. Matching the Map Projection to the need. Robinson, A. H. and Snyder, J. P., Commitee on Map Projections: S. 1–11

Muehlenhaus, I. (2014). Web cartography map design for interactive and mobile devices. Boca Raton, Fla., CRC Press.

Müller, L. (2003). Wörterbuch der analytischen Psychologie. Düsseldorf Zürich, Walter.

Norris, C. und Benjamin, A. (1990). Was ist Dekonstruktion? Zürich etc., Verlag für Architektur Artemis.

Nünning, A. (2005). Weltbilder in den Wissenschaften. In: Wissenschaft - Bildung - Politik. Brix, E. Wien, Böhlau: S. 147–179.

Panofsky, E. (1927). Die Perspektive als «Symbolische Form». Leipzig, Teubner.

Pearson, A. W. (2015). International Map of the World. In: The History of Cartography. Monmonier, M. Monmonier, Mark, University of Chicago Press. Volume I: S. 689–693.

Pedersen, O. und Jones, A. (2011). A survey of the Almagest. New York, Springer.

Peters, A. (1983). Die neue Kartografie. New York, Friendship Press.

Pickels, J. (1991). Texts, Hermeneutics and Propaganda Maps. In: Writing Worlds: Discourse, Text and Metaphor in the Representation of Landscape. Barnes, J. and Duncan, T. London, Routledge.

Pinkau, K. (2008). Von der Einheit der Wissenschaften im Mittelalter. In: Natur und Geist von der Einheit der Wissenschaften im Mittelalter. Auge, O. Ostfildern, Thorbecke.

Ptolemaeus, C. und Melanchthon, P. (2012). Tetrabiblos. Tübingen, Chiron-Verlag.

Raisz, E. (1962). Principles of cartography. New York, McGraw-Hill.

Reder, C. (2012). Orientierungslinien durch Raum und Zeit. In: Kartographisches Denken. Reder, C. Wien, Springer: S. 157–235.

Reischl, G. (2008). Die Google-Falle die unkontrollierte Weltmacht im Internet. München, Ueberreuter.

Rendgen, S. und Wiedemann, J. (2012). Information graphics. Köln, Taschen.

Rendgen, S. und Wiedemann, J. (2014). Understanding the world. The atlas of infographics. Köln, Taschen.

Riegel, A. (1927). Die zunehmende Emanzipation des Raumes. In: Spätrömische Kunstindustrie. Riegl, A. Wien, Östreichische Staatsdruckerei.

Riffenburgh, B. und Royal Geographical Society (Great Britain) (2011). The men who mapped the world the treasures of cartography. London, Carlton.

Ritter, J. und Kranz, M. (1971). Historisches Wörterbuch der Philosophie. Darmstadt, Wissenschaftliche Buchgesellschaft.

Robinson, A. H. (1990). «Rectangular World Maps – No!» In: Professional Geographer 42(1): 101–104.

Robinson, A. H. (1995). Elements of Cartography. New York, Chichester, Brisbane, Toronto, Singapore, John Wiley & Sons, Inc.

Saarinen, T. F., Parton, M. und Billberg, R. (1996). «Relative Size of Continents on World Sketch Maps.» In: Cartographica 33(2): S. 37–47.

Scharfe, W. (1986). «Max Eckert's Kartenwissenschaft – The Runing Point in German Cartography.» In: Imago Mundi. The international Journal for the History of Cartography 38: S. 61–66.

Schmidt, H. und Gessmann, M. (2009). Philosophisches Wörterbuch. Stuttgart, Alfred Kröner Verlag.

Schneider, R. U. (2015). Das Kartenhaus: Wie Google innerhalb von nur zehn Jahren zur Grossmacht der Kartographie aufstieg. NZZ-Folio. Zürich, Verlag NZZ-Folio. 7: S. 14–21.

Schneider, U. (2012). Die Macht der Karten eine Geschichte der Kartographie vom Mittelalter bis heute. Darmstadt, Primus.

Schöller, B. (2015). Wissen speichern, Wissen ordnen, Wissen übertragen. Schriftliche und Bildliche Aufzeichnungen der Welt im Umfeld der Londoner Psalterkarte. Zürich, Chronos.

Schramm, M. (2012). Kartenwissen und digitale Kartographie. Technischer Wandel und Transformation des Wissens im 20. Jahrhundert. In: KartenWissen: Territoriale Räume zwischen Bild und Diagramm. Günzel, S. and Historisch-kulturwissenschaftliches Forschungszentrum (Mainz ; Trier). Wiesbaden, Reichert Verlag.

Schwartz, S. I. (2007). Putting «America» on the map the story of the most important graphic document in the history of the United States. Amherst, N.Y., Prometheus Books.

Shea, W. (2003). Nikolaus Kopernikus der Begründer des modernen Weltbilds. Heidelberg, Spektrum der Wissenschaft.

Short, J. R. (2003). The world through maps a history of cartography. Toronto, Firefly Books.

Simek, R. (1992). Erde und Kosmos im Mittelalter das Weltbild vor Kolumbus. München, Beck.

Snyder, J. P. (1987). Map projections a working manual. Washington, United States Government Printing Office.

Snyder, J. P. (1987). Map Projections in the Renaissance. In: The history of cartography. Harley, J. B. and Woodward, D. Chicago etc., University of Chicago Press.

Snyder, J. P. (1993). Flattening the Earth: Two Thousand Years of Map Projections. Chicago, London, The University of Chicago Press.

Snyder, J. P. und Voxland, P. M. (1989). An album of map projections. Washington, DC, United States Government Printing Office.

Soler Gil, F. J. (2014). Philosophie der Kosmologie. Eine kurze Einleitung. Frankfurt am Main, Peter Lang Edition.

Sollbach, G. E. (1995). Die mitttelalterliche Lehre vom Mikrokosmos und Makrokosmos. Hamburg, Kova*c.

Spengler, O. (1918). Die Symbolik des Weltbildes und das Raumproblem (1918). In: Der Untergang des Abendlandes.Umrisse einer Morphologie der Weltgeschichte. Spengler, O. Stuttgart, München, dtv. 1972. Bd. 1. Gestalt und Wirklichkeit.: S. 231–234.

Stekeler-Weithofer, P. (2002). Zur Dekonstruktion gegenstandsfixierter Seinsgeschichte bei Heidegger und Derrida. In: Philosophie der Dekonstruktion zum Verhältnis von Normativität und Praxis. Kern, A. Frankfurt am Main, Suhrkamp: S. 17–42.

Steward, H. (1943). «The use and abuse of map projections.» In: The Geographical Review 33(4): S. 589–604.

Stirnemann, J. M. (2011). Projektion – die Grundlage zur Darstellung der Erdoberfläche Universität Bern, Institut für Kunstgeschichte, Unpublizierte Masterarbeit im Studiengang «MA Research on the Arts» an Universität Bern.

Stirnemann, J. M. (2013). «Worldmapgenerator.» 2013, from http://www.worldmapgenerator.com/

Stirnemann, J. M. (2014). «Multiple Alternativen zur Konstruktion und Gestaltung von Weltkarten.» In: Kartographische Nachrichten 1(Jg. 64): S. 17–21

Stirnemann, J. M. (2016). Multiple Perspctives in Design: World Maps and their Perspectives. 10th Conference of the International Committee for Design History and Design Studies. ICDHS 2016 Taipei, C. Taipei, Taiwan at the National Taiwan University of Science and Technology ICDHS 2016 Taipei.

Stirnemann, J. M., Fabrikant, S. I. und Klingemann, H. (2016). Katalogisierung und Typisierung von Weltkarten: Eine visuelle Analyse von Weltkarten in Schul- und Nationalatlanten. Berne/Zürich, Forschungsschwerpunkt Visuelle Kommunikation, Bern (HKB). Institut für Geografische Informationsvisualisierung, Universität Zürich (GIVA).

Strebe, D. (2009). «Geocart.» 2009, from http://www.mapthematics.com/Index.php (Stand: 12.15).

Stückelberger, A. (2011). Der Gestirnte Himmel: Zum Ptolemäischen Weltbild. In: Atlas der Weltbilder. Markschies, C. Berlin, Akademie Verlag: S. 42–52.

Stückelberger, A. (2012). Erfassung und Darstellung des geographischen Raumes bei Ptolemaios. In: KartenWissen : Territoriale Räume zwischen Bild und Diagramm. Günzel, S. and Historisch-kulturwissenschaftliches Forschungszentrum (Mainz ; Trier). Wiesbaden, Reichert Verlag.

Stückelberger, A. und Ptolemaeus, C. (2006). Klaudios Ptolemaios: Handbuch der Geographie: Griechisch. Basel, Schwabe.

Stückelberger, A. und Ptolemaeus, C. (2006). Klaudios Ptolemaios: Handbuch der Geographie: Griechisch. Basel, Schwabe.

Svennerberg, G. (2010). Beginning Google maps API 3. New York, Apress.

Thaliath, B. (2005). Perspektivierung als Modalität der Symbolisierung: Erwin Panofskys Unternehmung zur Ausweitung und Präzisierung des Symbolisierungsprozesses in der Philosophie der symbolischen Formen von Ernst Cassirer. Würzburg, Königshausen & Neumann: 375 S.

Thümmel, H. G. (2008). Makrokosmos und Mikrokosmos. In: Natur und Geist von der Einheit der Wissenschaften im Mittelalter. Auge, O. Ostfildern, Thorbecke: S. 157–170.

Tyner, J. A. (2015). Women in Cartography. In: The History of Cartography. Monmonier, M. Monmonier, Mark, University of Chicago Press. Volume II: S. 1758–1761.

Vesel, M. z. (2014). Copernicus Platonist astronomer-philosopher cosmic order, the movement of the earth, and the scientific revolution. Frankfurt am Main, Peter Lang Edition.

Waldseemüller, M. und Hessler, J. W. (2008). The naming of America Martin Waldseemüller's 1507 world map and the «Cosmographiae introductio». London, Giles.

Waldseemüller, M. und Wieser, F. (1907). Die Cosmographiae Introductio des Martin Waldseemüller (Ilacomilus). Strassburg, Heitz.

Welsch, W. (2002). Unsere postmoderne Moderne. Berlin, Akad.-Verl.

Wetzel, M. (2010). Derrida. Stuttgart, Reclam.

Wilke, J. (2001). Die Ebstorfer Weltkarte. Bielefeld, Verlag für Regionalgeschichte: 1. Textband.

Willing, A. (2011). Binnenstrukturen heilsgeschichtlicher Projektion. Zur Christusfigur auf der Ebstorfer Weltkarte. In: Projektion, Reflexion, Ferne räumliche Vorstellungen und Denkfiguren im Mittelalter. Glauch, S., Köbele, S. and Strömer-Caysa, U. Berlin, De Gruyter: S. 297–318.

Wood, D. und Fels, J. (1986). «Designs on Signs / Myth and Meaning in Maps.» In: Cartographica 23(3): S. 54–103.

Wood, D., Fels, J. und Kriygier, J. (2010). Rethinking the Power of Maps. New York, London, The Guilford Press.

Woodward, D. (1987). Cartography and the Renaissance: Continuity and Change. In: The history of cartography. Harley, J. B. and Woodward, D. Chicago etc., University of Chicago Press: S. 3–25.

Woodward, D. (1987). Medieval Mappaemundi. In: The history of cartography. Harley, J. B. and Woodward, D. Chicago etc., University of Chicago Press.

Worth, O. (2015). Rethinking hegemony. London, Palgrave Macmillan.

Ziemkiewicz, C. K., R (2010). «Beyond Bertin: Seeing the Forest despite the Trees.» In: IEEE Computer Graphics And Applications 30(5): 7–11.

Zurawski, N. (2014). Raum – Weltbild – Kontrolle Raumvorstellungen als Grundlage gesellschaftlicher Ordnung und ihrer Überwachung. Opladen, Budrich UniPress.

Abbildungsverzeichnis

Einleitung

Abb. 01 Stirnemann, Julia Mia. Illustration. Struktur der Arbeit. Erster Teil. Rekonstruktion.

Abb. 02 Stirnemann, Julia Mia. Illustration. Struktur der Arbeit. Zweiter Teil. Dekonstruktion. Verschiedene Aspekte münden in verschiedenen Thesen. Diese Zuweisung der einzelnen Aspekte zu den Thesen ist in dieser Abbildung nur zur Illustration der Idee dargestellt. D. h. die Zuweisung der Aspekte werden so im Kapitel 4.4 Dekonstruktion der Projektionen nicht vorgenommen.

1. Teil: Rekonstruktion

1 Projektion: Weltkarten und Weltanschauungen

Abb. 03 Ptolemäische Weltkarte.
Notes on the Plates and Maps: Plate 6. Map of the world in Ptolemy's second projection, from the 1482 Latin edition printed by Lienart Holle at Ulm. This was the first edition of the Geography to have woodcut maps. The Maps derive from one of Nicolaus Germanus' later copies of the Geography (now at Schloss Wolfegg, Wurtemberg); the world map is inscribed with the name of the engraver, Johannes of Armsheim. Most copies of this edition have the maps colored, as in the present instance. Department of Printing and Graphic Arts, The Houghton Library, Harvard University. In: Berggren und Jones (2000, Appendix)

Abb. 04 Das einflussreiche Werk Ptolemäus': Einführung in die Geographie. Faksimile. In: Ptolemaeus/Skelton (1511, 1969)

Abb. 05 Ebstorfer Weltkarte. In: Barber, Harper et al. (2010, S. 80)
Um die Entwicklung visuell aufzuzeigen, wurden die einzelnen Projektionen leicht modifiziert.

Abb. 06 Etimologías. In: Isidorus und Oroz Reta (1982)

Abb. 07 Waldseemüller Weltkarte. In: Schneider (2012, S. 34–35)

Abb. 08 Titelseite der Cosmographiae Introductio. In: Waldseemüller und Wieser (1907, S. 1)

Abb. 09 Bildschirmfoto von Google Maps. Screenshot, (Stand: 06. 14)

Abb. 10 Bildschirmfoto der Google-Suchmaschine. Startseite. Screenshot, (Stand: 09. 15)

2 Projektion: Weltkarten und ihre Geometrie

Abb. 11 Ptolemäische Weltkarte.
Notes on the Plates and Maps: Plate 6. Map of the world in Ptolemy's second projection, from the 1482 Latin edition printed by Lienart Holle at Ulm. This was the first edition of the Geography to have woodcut maps. The Maps derive from one of Nicolaus Germanus' later copies of the Geography (now at Schloss Wolfegg, Wurtemberg); the world map is inscribed with the name of the engraver, Johannes of Armsheim. Most copies of this edition have the maps colored, as in the present instance. Department of Printing and Graphic Arts, The Houghton Library, Harvard University. Berggren und Jones (2000, S. 126)

Abb. 12 Stirnemann, Julia Mia. Illustration. Erste Ptolemäische Projektion. Nach: Stückelberger und Ptolemaeus (2006, S.122–123), (2016).

Abb. 13 Stirnemann, Julia Mia. Illustration. Zweite Ptolemäische Projektion. Nach: Stückelberger und Ptolemaeus (2006, S.134–135), (2016).

Abb. 14 Graticule of the Projektion in Ptolemy's picture of the ringed globe. In: Berggren und Jones (2000, S. 39)

Abb. 15 Ebstorfer Weltkarte. In: Barber, Harper und British Library (London) (2010, S. 80)

Abb. 16 Stirnemann, Julia Mia. Illustration. T-O Schema. Nach: Edson, Savage-Smith und Brincken (2005, S. 54), (2016).

Abb. 17 Basisdreieck in Ebstorfer Weltkarte. In: Englisch (2002, S.654)

Abb. 18 Stirnemann, Julia Mia. Illustration. Basisdreieck von Englisch. Nach: Englisch (2002, S.480), (2016).

Abb. 19 Three Ways of expanding the World. In: Snyder (1987, S. 366)

Abb. 20 Waldseemüller Weltkarte. In: Schneider (2012, S. 34–35)

Abb. 21 Stirnemann, Julia Mia. Idee, Zusammenstellung & Illustration. Entwicklung von der ptolemäischen- zur Bonne-Projektion von oben nach unten: 1. Zweite ptolemäische Projektion, 2. Ptolemäische Projektion mit Nord-Süd Ausdehnung, 3. Waldseemüllerprojektion (Ptolemäische Projektion mit Längenausdehnung von 360° und Nord Süd: 90°N–40°S) 4. Bonne-Projektion. Nach: verschiedene. (2016)

Abb. 22 Stirnemann, Julia Mia. Illustration. Lage der Abbildung. Nach: Hake und Grünreich (1994, S. 56), (2016).

Abb. 23 Stirnemann, Julia Mia. Illustration. Beispiele von Projektionsarten und deren Umrissformen. Nach: Canters und Decleir (1989, S. 29), (2016).

Abb. 24 Die zur Verfügung stehende Auswahl an Projektionen für querformatige Darstellungen. Der Zoomfaktor ist anhand der x-Achse aufgezeigt, die y-Achse bezieht sich auf die Breitengrade vom Äquator bis 90°N. Für die Südhalbkugel muss das Diagramm gespiegelt werden. Jenny (2012, S. 2580)

Abb. 25 Stirnemann, Julia Mia. Illustration. Beispiele von Gradnetzten in verschiedenen Klassen. Nach: Hake und Grünreich (1994, S. 28).
Polykonische Klasse: Die Längengrade und Breitengrade sind gekrümmt.
Pseudozylindrische Klasse: Die Längengrade sind parallele Geraden zum Äquator, die Breitengrade sind gekrümmt.
Zylindrische Klasse: Die Längengrade und Breitengrade sind gradlinig. Diese Klasse umfasst alle Zylinderprojektionen.

Abb. 26 Bildschirmfoto von Google Maps. Screenshot, (Stand: 06. 14)

Abb. 27 Hier ist die Web-Mercator und die Merkatorprojektion überlagert, wobei in diesem Massstab die Formen identisch erscheinen. Battersby (2014, S. 3)

II. Teil: Rekonstruktion

3. Dekonstruktion von Projektionen

Abb. 28 Stirnemann, Julia Mia. Erstellt mittels Worldmapgenerator.com. (2016).
Verschiedene Screenshots von Worldmapgenerator.com: Vier verschiedene Ansichten des interaktiven «Kugel-Flächenmodells» mit verschiedenen Zentrierungen und geometrischen Projektionen: (v. l. oben n. r. unten) Millerprojektion, Robinsonprojektion, Mollweideprojektion, Armadillo-Projektion.

Abb. 29 Stirnemann, Julia Mia. Erstellt mittels Worldmapgenerator.com. (2016).
Screenshot von Worldmapgenerator.com: Die drei Anwendungen Da Vinci, Journalist, Tourist auf der Startseite der Website.

Abb. 30 Stirnemann, Julia Mia. Erstellt mittels Worldmapgenerator.com. (2016).
A–C Da Vinci: Weltkarten mit verschiedenen Projektionen und gestalterischen Variablen: A Sinusoidal-Projektion, B Waterman-Projektion, C Eckert-IV-Projektion
D–F Tourist: Dargestellte Strecke: Taipei – Zürich, Zürich – Montréal, Montréal – Buenos Aires, von Buenos Aires – Taipei. D: Weltkarte auf Afrika zentriert E: Weltkarte auf Taipei zentriert. F: Weltkarte auf Zürich zentriert.

Abb. 31 Stirnemann, Julia Mia. Illustriert und erstellt mittels Worldmapgenerator.com. (2016).
1. Schritt: Transformation von Kugeloberfläche zur Fläche: Von Kugeloberfläche in die Ebene, von Globusoberfläche zur Karte.

Abb. 32 Stirnemann, Julia Mia. Erstellt mittels Worldmapgenerator.com. (2016).
2. Schritt: Anwendung einer Projektion: Einige Beispiele von geometrischen Projektionen aus einer breiten Vielfalt.

Abb. 33 Stirnemann, Julia Mia. Illustrationen. (2016). 3. Schritt: Verschiebung des Grosskreis-Äquators. Links: Quadratische Plattkarte mit dem Äquator in der horizontalen Bildmitte. Rechts: Quadratische Plattkarte mit einem beliebigen Grosskreis in der horizontalen Bildmitte.

Abb. 34 Stirnemann, Julia Mia. Erstellt mittels Worldmapgenerator.com. (2016).
Verschiedene Abbilder der Wirklichkeit. (Projektion: Eckert IV)

Abb. 35 Stirnemann, Julia Mia. Erstellt mittels Worldmapgenerator.com. (2016).
Die Schematisierung unseres Denkstils wird in Weltkarten durch den gegenwärtigen Darstellungsstil widergespiegelt. Dabei ist das Gradnetz ein wichtiges visuelles Element, das die Welt in verschiedene Einheiten gliedert. (Projektion: Miller)

Abb. 36 Stirnemann, Julia Mia. Erstellt mittels Worldmapgenerator.com. (2016).
Die Vielfalt möglicher Weltkarten. (Projektion: verschiedene)

Abb. 37 Stirnemann, Julia Mia. Erstellt mittels Worldmapgenerator.com. (2016).
Symmetrie und Zentrierung. (Projektion: Merkator)

Abb. 38 Stirnemann, Julia Mia. Erstellt mittels Worldmapgenerator.com. (2016).
Geopolitik. Eurozentrische Weltkarte und entsprechende Gegenbeispiele, in denen Europa marginalisiert dargestellt ist. (Projektion: Winkel Tripel)

Abb. 39 Stirnemann, Julia Mia. Erstellt mittels Worldmapgenerator.com. (2016).
Verschiedene Perspektiven auf die Welt. (Projektion: Robinson)

Abb. 40 Stirnemann, Julia Mia. Erstellt mittels Worldmapgenerator.com. (2016).
Symbolische Formen. Die Antarktis und Russland in verschiedenen Weltkarten mit unterschiedlichen Zentrierungen und geometrischen Projektionen. (Projektionen: Wagner IV, Miller, Azimuthal Equal Area)

Glossar

Die nachfolgenden Begriffe gehen hauptsächlich aus der Kartografie hervor und sind für das Verständnis der vorliegenden Arbeit notwendig. Die Begriffsdefinitionen dienen als Lesehilfe und sind aus diesem Grund im folgenden zusammengetragen, mitunter aus dem «Lexikon der Kartographie und Geomatik» vonBollmann (2001):

Abbildungsfläche: Fläche, auf die die Erdoberfläche oder ein Teil davon zum Zweck der kartographischen Darstellung abgebildet wird (Bollmann und Koch, 2002, S. 1).

Äquator: Grosskreis, der vom Nord, und Südpol gleich weit entfernt ist (Bollmann und Koch, 2002, S. 28).

Basiskarte: Grundlagenkarte, Grundkarte, Kartengrund, Kartengrundlage [...sind] vorwiegend aus topographischen Elementen bestehende Bezugsgrundlage in thematischen Karten, die den Bezug zum Georaum herstellt, aber auch Sachbezüge unterstützt. (Bollmann und Koch, 2002, S. 67).

Darstellende Geometrie: Teilgebiet der angewandten Mathematik, das sich mit den Abbildungen des dreidimensionalen Raumes in eine Ebene, die Zeichenebene, befasst. Verfahrensgrundlage der d. G. bildet die Projektion (z.B. Zentralprojektion, Parallelprojektion). (Ziehr 1991, Band 2, S. 131.)

Ekliptik: Als Ekliptik [...] wird die scheinbare Bahn der Sonne vor dem Hintergrund der Fixsterne bezeichnet, die sich von der Erde aus betrachtet im Laufe eines Jahres ergibt. (www.de.wikipedia.org/wiki/Ekliptik. Stand: 06.15)

Geodätische Linie: Kurve auf einer Oberfläche, bei der subjektiv immer geradeaus gefahren wird. Sie hat also eine Seitenkrümmung nach links oder rechts. Auf der Ebene sind die geodätischen Linien natürlich die übrigen Geraden. Auf Kugeln sind es Grosskreise (Walser, 2009, S. 2).

Geo–Informationssysteme: Ein Informationssystem als Software, mit dessen Hilfe Geodaten erfasst, verwaltet und ausgegeben werden können (Bollmann und Koch, 2002, S. 304).

Geomorphologie: Geowissenschaft, die sich mit den Oberflächenformen der Erde befasst (Bollmann und Koch, 2002, S. 313).

Globus: Verkleinertes kugelförmiges Modell der Erde (Erdglobus), des Mondes (Mondglobus) oder eines anderen Himmelskörpers, ... Auf Globen wird die Erdoberfläche bzw. die Oberfläche des jeweiligen Himmelskörpers unverzerrt, das heisst längen-, flächen- und winkeltreu abgebildet (Bollmann und Koch, 2002, S. 336).

Gradnetz der Erde: Gradnetz der Erde, System zur eindeutigen Festlegung der Position eines Punktes auf der Erdoberfläche. Vereinfacht wird die Erde zunächst als homogene Kugel angesehen. Das Gradnetz ist ein sphärisches Polarkoordinatensystem mit den Koordinaten geographische Breite [...] und geographische Länge [...] (Lexikon der Geographie: www.spektrum.de/lexikon/geographie/gradnetz-der-erde/3176, Stand: 06.18).

Grosskreise: Orthodrome, Grosskreis auf der Kugeloberfläche, der durch Schnitt der Kugel mit einer Ebene entsteht, die den Kugelmittelpunkt enthält. Grosskreis bzw. Orthodrome haben den gleichen Radius R wie die Kugel (Bollmann und Koch, 2002, S. 200).

Karte: Ist eine grundrissbezogene grafische Repräsentation georäumlichen Wissens auf der Basis kartographischer Abbildungsbedingungen (Bollmann und Koch, 2002, S. 422).

Weltkarte: Eine Kartengattung, die eine zusammenhängende Abbildung der Erdoberfläche in ebener Darstellung bietet (Bollmann und Koch, 2002, S. 423).

Kartengestaltung: Teilgebiet der Kartographie, das sich im Rahmen der allgemeinen Kartographie mit Theorien und Methoden der graphischen Modellierung von Karten und anderen kartographischen Darstellungsformen im Sinne der kartographische Modellbildung befasst (http://www.geodz.com/deu/d/Kartengestaltung).

Kartenprojektion: Darstellung des geografischen Koordinatennetzes der Erde oder eines Teils davon in der Abbildungsfläche (Karte) durch eine geometrische Projektion. In der Literatur wird häufig die Bezeichnung Kartenprojektion grundsätzlich für alle Arten von Kartennetzen verwendet. Die kritiklose Verwendung des Wortes Kartenprojektion sollte vermieden werden, da die meisten Kartennetzentwürfe keine Projektionen im geometrischen Sinne sind. Vielmehr wird meist ein mathematisches Modell durch Abbildungsvorschriften vorgegeben, welches gewünschte Eigenschaften der vorgesehenen Karte optimal realisiert. (Bollmann und Koch, 2002, S. 443).

Kartennetzentwurf: Im mathematischen Sinn Sonderfälle der Abbildungen der Koordinatennetze zweier beliebiger Flächen aufeinander. Ein gewählter Entwurf ist die mathematische Grundlage für eine analoge Karte bzw. ein digitales Kartenmodell unterschiedlicher Zweckbestimmung. Kartennetzentwürfe umfassen den Sonderfall der Abbildung des Systems der geographischen bzw. geodätischen Koordinaten der Bezugsfläche ... in die Abbildungsfläche (Globus oder Karten-ebene) (Bollmann und Koch, 2002, S. 440).

Kartentyp: kartographische Ausdrucksform, kartographisches Gefüge, kartographischer Strukturtyp, in der Kartographie 1. Das Ergenis der Ableitung von Karten und 2. Die Zusammenfassung von Karten gleicher inhaltlicher Ausrichtung im Rahmen der kartographischen Objekt-Zeichen-Referenzierung aufgrund gleicher oder ähnlicher datenlogischer und logisch-graphischer Merkmale im Sinne einer Grundform. (Bollmann und Koch, 2002, S. 449).

Mercatorentwurf: Ein winkeltreuer Zylinderentwurf, spielt eine wichtige Rolle in der Seefahrt, weil die Loxodrome zwischen zwei Punkten der Karte als Gerade abgebildet wird (Bollmann und Koch, 2002, S. 149).

Millerentwurf: Vermittelnder Entwurf zwischen einer Mercator- und einer Zylinderprojektionen, der weder flächen- noch winkeltreu ist. Die Meridiane und die Parallelkreise sind Geraden, die sich unter einem rechten Winkel schneiden (Brandenberger, 1996, S. 19).

Robinsonentwurf: Vermittelnder Entwurf mit relativ geringen Winkel- und Flächenverzerrung (Brandenberger, 1996, S. 54).

Vermittelnde Kartennetzentwürfe: Sie sind hinsichtlich der Abbildung in keinem der Elemente Längen, Flächen und Winkel verzerrungsfrei. Sie haben aber den Vorteil, dass sämtliche Verzerrungen vor allem in den Randbereichen relativ klein sind (Bollmann und Koch, 2002, S. 408).

Kartenzeichen: spezielles, künstliches Zeichen für Erscheinungen und Sachverhalte des Georaums, zusammenfassend als Geoobjekte bezeichnet, in Karten und anderen kartographischen Darstellungsformen (Bollmann und Koch, 2002, S. 451).

Kognitive Karte: mentale Karte, Begriff für die mentale Repräsentation geografisch räumlichen Wissens, jenes Wissens also, welches wir über räumliche Relationen von im geografischen Raum verorteten Objekten erwerben (Bollmann und Koch, 2002, S. 61).

Meridian: Halbellipse, die durch den Schnitt des Rotationsellipsoids mit einer Halbebene entsteht, die von der kleinen Ellipsoidhalbachse begrenzt wird (Bollmann und Koch, 2002, S. 140).

Physische Geografie: Befasst sich mit naturgesetzlich determinierten Strukturen und Prozessen der Geosphären deren Systemzusammenhängen (Bollmann und Koch, 2002, S. 298).

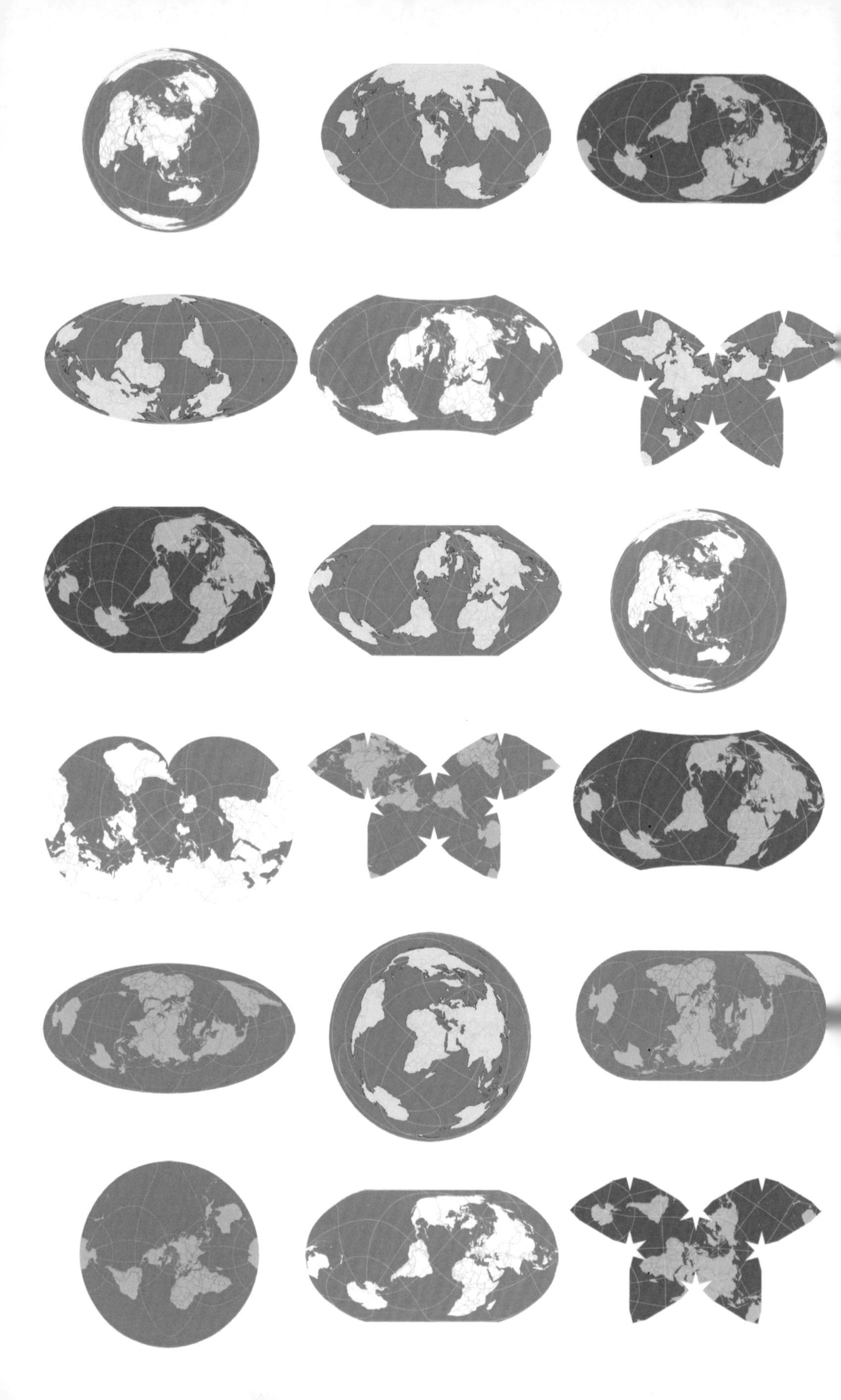

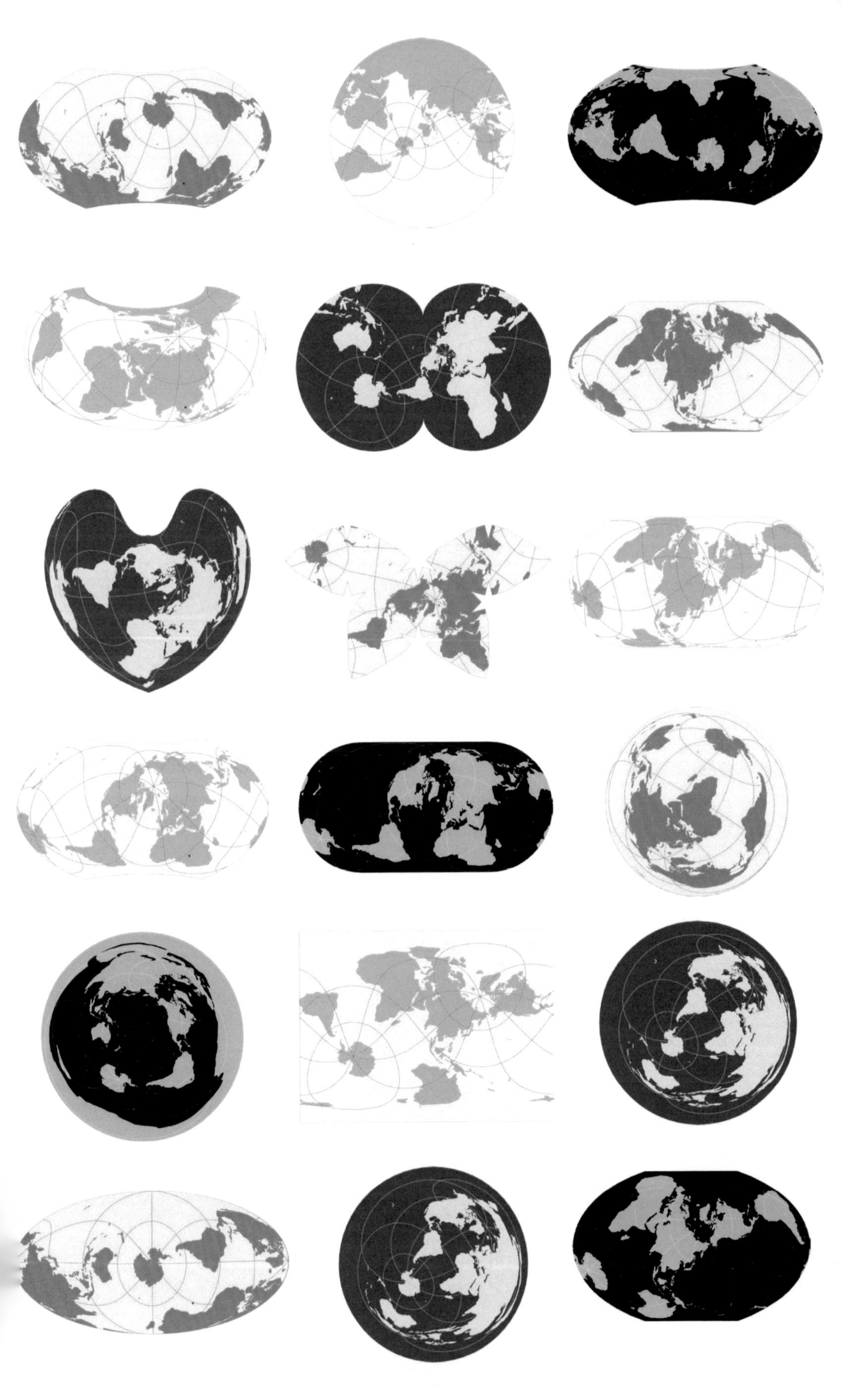

Studie: Typisierung von Weltkarten

Studie: Typisierung von Weltkarten

Inhalt

1 Absicht **257**

2 Methodisches Vorgehen **257**

3 Analyse **259**
3.1 (a) Kontextualisierung der Weltkarten 259
3.2 (b) Typisierung einzelner «gehaltvoller Elemente» 260

4 Untersuchungsmaterial **261**
4.1 Beschreibung des Untersuchungsmaterials 261
4.1.1 Herkunft der Atlanten 262
4.1.2 Vollständigkeit der Abbildung 262
4.1.3 Aktualität 262
4.1.4 Zeitspanne des Untersuchungsmaterials 262
4.1.5 Kartentyp 263
4.1.6 Herausgeber der Atlanten 263
4.1.7 Untersuchte Bestände 263
4.1.8 Qualität und Bearbeitung der Weltkarten 263
4.1.9 Ausschluss 264

5 Resultate **265**
5.1 Form des Äquators 265
5.2 Lage des Äquators 265
5.3 Lage der Länder der untersuchten Atlanten 266
5.4 Geografische Gebiete im Bildmittelpunkt 266

6 Typisierung und Interpretation **267**
6.1 Typisierung 267
6.1.1 I. Weltkartentyp 267
6.1.2 II. Weltkartentyp 268
6.1.3 III. Weltkartentyp 269
6.2 Interpretation 270

Visuelle Analyse **275**
Untersuchungsmaterial 276
Weltkarten Katalog 280
Bildtypen 294

1 Absicht

In dieser Studie werden Schul- und Nationalatlanten auf darstellerische Konventionen hin untersucht. Dabei werden Gestaltungselemente in Weltkarten analysiert, um bestimmte Aussagen zu vorherrschenden Konventionen zu erreichen. Diese analysierten Gestaltungselemente sind Grundbausteine einer Weltkarte und beim Generieren von Weltkarten unabdingbar. Sie bestimmen durch ihre Eigenschaften massgeblich die Formgebung von Weltkarten. Durch die Analyse wird eine Typisierung erreicht, wodurch schlussendlich anhand von drei Weltkartentypen eine «konventionelle Weltkarte» beschrieben und eingeordnet werden kann.

2 Methodisches Vorgehen

Die vorliegende Studie verfolgt eine systematische, analytische Bildanalyse, wobei über bestimmte «gehaltvolle Elemente» vorherrschende Konventionen in Weltkarten erfasst werden. Die Weltkarten werden durch folgende Kriterien erfasst: durch a) eine stichwortartige Kontextualisierung, durch b) eine Typisierung einzelner «gehaltvoller Elemente» und durch c) die Katalogisierung und Strukturierung von Elementen. Zum Schluss folgt eine Auswertung, und Interpretation, die anhand einzelner beispielhafter «Kartentypen» vorgenommen wird.

a) *Kontextualisierung:* Es erfolgt eine faktische Beschreibung der einzelnen Weltkarten nach verschiedenen Kriterien (Erscheinungsjahr, Kartenthema, das im Mittelpunkt abgebildete Gebiet und der Vollständigkeit der Abbildung).

b) *Typisierung* von Weltkarten über «gehaltvolle Elemente»: Die Typisierung von Weltkarten geschieht über einzelne «gehaltvolle Elemente». Diese Elemente sind massgeblich für den Stil einer Weltkarte verantwortlich und bilden im gleichen Zug vorherrschende Konventionen in Weltkarten ab. Das heisst, über «gehaltvolle Elemente» können hier vorherrschende Konventionen festgehalten und miteinander verglichen werden. Folgende «gehaltvolle Elemente» sind von belangen: Das im Bildmittelpunkt abgebildete geografische Gebiet, die Ausrichtung, die Form und die Position des Äquators. Um diesen Vergleich zwischen den verschiedenen Weltkarten und ihren Konventionen zu erlangen, werden die jeweiligen «gehaltvollen Elementen» in einem karteneigenen Piktogramm dargestellt.[1] Das heisst, die Bildkompositionen der einzelnen Weltkarten werden auf codierfähige «gehaltvolle Elemente» reduziert und visuell dargestellt . Durch diese Codierung wird die Position des Äquators visualisiert, der Bildmittelpunkt vermessen und das Land aus dem der Atlant entstammt eingezeichnet (VGL. ABB. 01). Anhand dieser konstruktiven «gehaltvollen Elementen» – die sich sinngemäss mehr oder weniger alle auf das im Bildmittelpunkt abgebildete Gebiet hindeuten – können die verschiedenen Weltkarten codifiziert und anschliessend typisiert werden. Schliesslich können über den visuellen Vergleich solcher «gehaltvollen Elemente» Rückschlüsse auf verschiedene «Typen» von Weltkarten oder sogar eine stereotype Darstellungsweise gemacht werden.

Abb. 01: JMS: Eine *Typisierung* einer Weltkarte durch «»gehaltvolle Elemente».

c) *Katalogisierung und Strukturierung* einzelner Elemente: Hier steht das vollständige Erfassen und die Strukturierung dieser einzelnen Elemente des ganzen Untersuchungskorpus im Fokus. Weltkarten werden in eine Auslegeordnung gebracht, strukturiert und erfasst. In einem weiteren Schritt werden die Weltkarten in einen breiteren Kontext gestellt und bezüglich ihrer Konventionen hinterfragt: Gibt es eine Tendenz zu einer «konventionellen Weltkarte»? Kann man durch die vorgenommene Typisierung auf eine stereotype Weltkarte schliessen?

1 Vgl. Müller, M. G. (2011). Ikonografie und Ikonologie, visuelle Kontextanalyse, visuelles Framing. In: Die Entschlüsselung der Bilder: Methoden zur Erforschung visueller Kommunikation. Petersen, T. und Schwender, C. Köln, Herbert von Halem Verlag. S. 41–43. Müller zeigt anhand zweier Beispiele die Segmentierung von Bildinhalten auf.

3 Analyse

3.1 (a) Kontextualisierung der Weltkarten

Jede Weltkarte ist mit Erscheinungsjahr, Kartenthema, Projektionsart und der Vollständigkeit der Abbildung beschrieben (VGL. ABB. 02). Das Erscheinungsjahr ist dem Impressum entnommen. Das Kartenthema konnte nur erfasst werden, wenn die Weltkarte durch einen Kartentitel benennt ist und dieser in lateinischem Alphabet geschrieben steht.

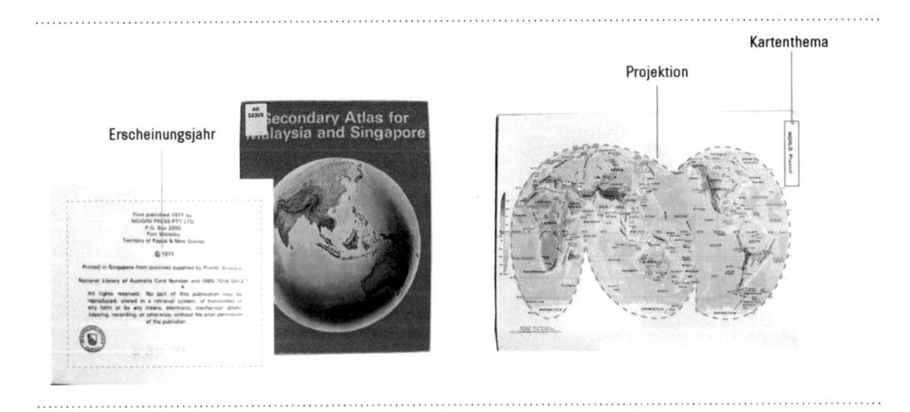

Abb. 02: Angaben zur *Kontextualisierung* zu den untersuchten Atlanten.
Hier am Beispiel des Atlanten für Malaysia und Singapur.

Bei vielen Abbildungen von Weltkarten handelt es sich nicht um eine vollständige Darstellung der Welt, sondern bloss um einen Bildausschnitt (VGL. ABB. 03). Diese unvollständigen Darstellungen sind dafür verantwortlich, dass der Äquator unter die horizontale Bildmitte zu liegen kommt und die gesamte Umrissform der Projektion nicht mehr erkennbar ist.

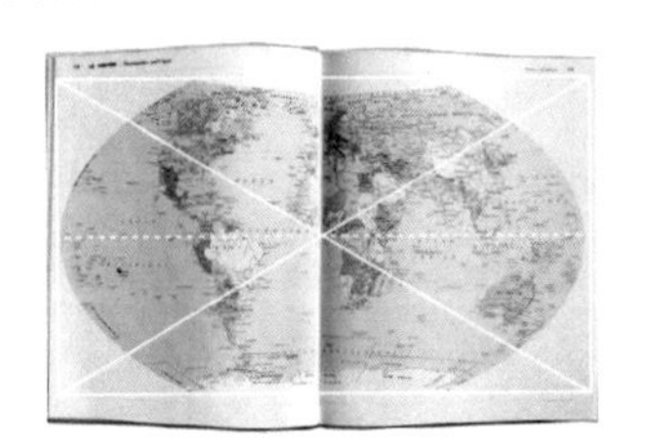

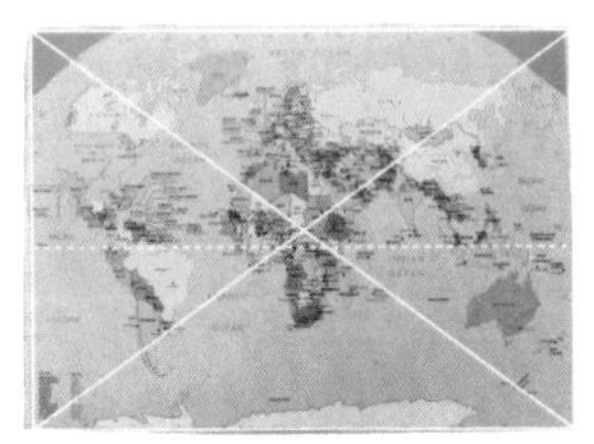

Abb. 03: Beispiele bezüglich der Vollständigkeit der Abbildung: Vollständige Abbildung (Kanada, 1971), unvollständige Abbildung (Belize, 2008)

3.2 (b) Typisierung einzelner «gehaltvoller Elemente»

Die möglichen Eigenschaften von «gehaltvollen Elementen», die für die «Typenbildung» mitverantwortlich sind, werden hier kurz erklärt. Die Ausprägung eines «gehaltvollen Elementes» verursacht einen bestimmten Stil einer Darstellung. Ein solcher Stil ist für die Vermittlung von Konventionen in Weltkarten verantwortlich. In dieser Analyse ist beispielsweise die Form sowie die Lage des Äquators als «gehaltvolles Element» definiert, wodurch der konstruktive Stil und die Bildproportionen der Weltkarten erfasst werden können (VGL. ABB. 04 & 05). Ist beispielsweise die Form des Äquators gekrümmt, kann man darauf schliessen, dass keine Zylinderprojektion verwendet wurde und oder das im Bildmittelpunkt abgebildete Gebiet nicht auf dem Äquator liegt. Liegt etwa der Äquator unterhalb des Bildmittelpunktes, kann man davon ausgehen, dass nur ein Bildausschnitt einer Weltkarte abgebildet ist und die Abbildung dementsprechend unvollständig ist. Auffallend ist, dass nicht alle theoretisch möglichen Ausprägungen der «gehaltvollen Elemente» im Untersuchungskorpus auffindbar sind: der Äquator etwa kommt in keinem der 91 untersuchten Atlanten oberhalb der horizontalen Bildmitte zuliegen.

TYPISIERUNG DURCH DIE FORM DES ÄQUATORS

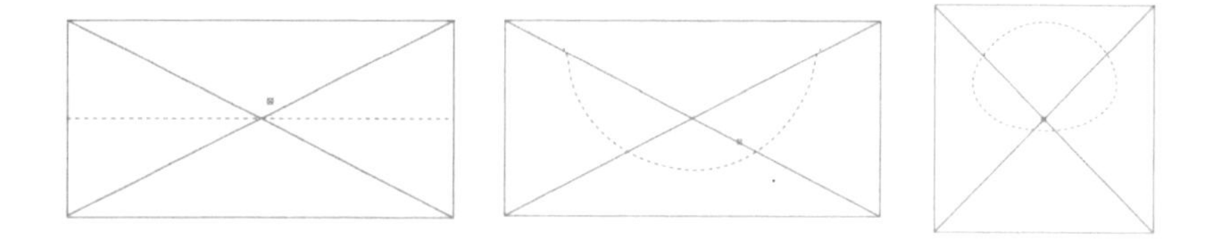

Abb. 04: Diagramme JMS: Beispiele der Form des Äquators von links nach rechts: Äquator als eine Gerade (Cambodgia, 2006), Äquator als eine gekrümmte Linie (Arabische Emirate, 1993), Äquator als Kreis (Hawaii, 1983), Äquator als unterbrochene Linie (konstruiertes Bild, Waterman-Projektion.

TYPISIERUNG DURCH DIE LAGE DES ÄQUATORS

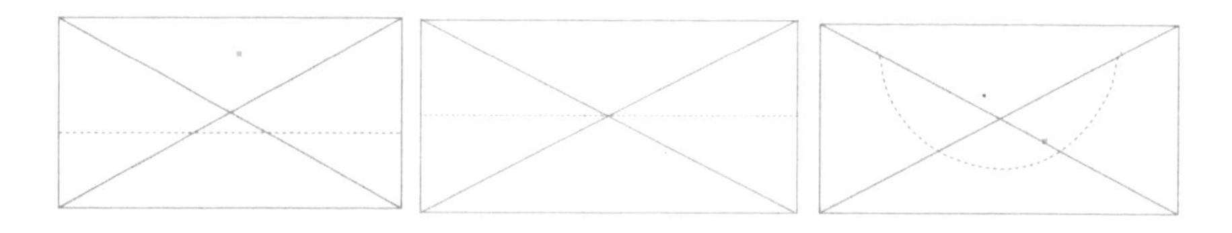

Abb. 05: Diagramme JMS: Beispiele der Lage des Äquators von links nach rechts: Äquator unterhalb der Bildmitte (Russland, 19XX), Äquator ist oberhalb der Bildmitte (konstruiertes Bild), Äquator ist bezüglich der Lage nicht zu definieren (Arabische Emirate, 1993)

4 Untersuchungsmaterial

4.1 Beschreibung des Untersuchungsmaterials

Das untersuchte Material ist aus den Spezialsammlungen (Kartensammlungen) der Zentralbibliothek Zürich, der ETH–Bibliothek Zürich und der Staatsbibliothek Berlin zusammengetragen (SIEHE ABB. 06). Die analysierten Weltkarten stammen vorwiegend aus National- und Schulatlanten. Diese Kartenwerke sind meistens landeseigene Veröffentlichungen, wodurch sie die Perspektive – und somit auch ein Darstellungsprinzip – des entsprechenden Landes widerspiegeln. In Schul- und Nationalatlanten können am ehesten physische Weltkarten oder allgemeine Übersichtskarten aufgefunden werden, die sich für diese Analyse eignen.

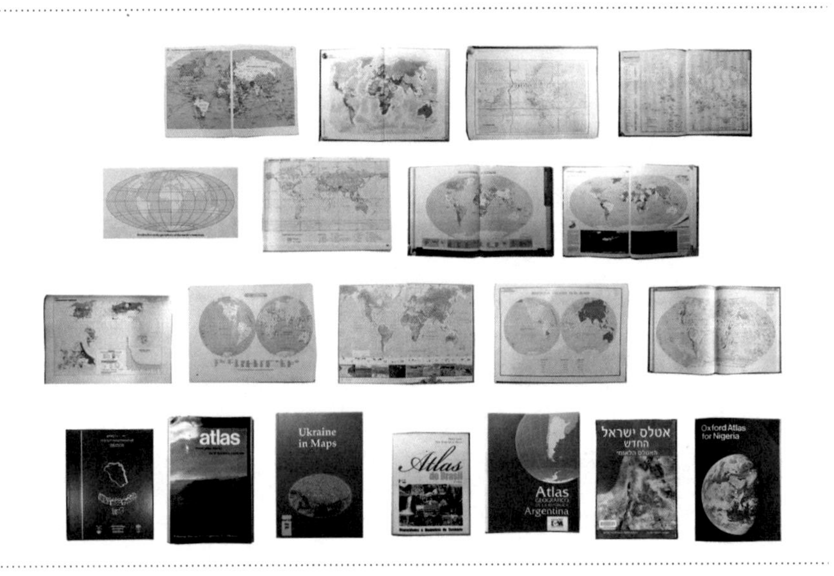

Abb. 06: Der Untersuchungskorpus umfasst 91 Atlanten im Zeitraum von 1968 bis 2013

Die verschiedenen Weltkarten stellen die Welt alle auf eine bestimmte Art und Weise dar. Auf den ersten Blick wirken die Weltkarten sehr unterschiedlich, sie bestehen jedoch alle aus ähnlichen Bildelementen und Grundformen. Die Weltkarten zeichnen verschiedene Umrissformen ab, wobei die Mehrheit aller Karten einen viereckigen Umriss aufweist. Alle Weltkarten visualisieren die Welt und ihre Geophysik und vermitteln so ein «Bild der Welt». Dabei ist die Bildaufteilung bei vielen Weltkarte sehr ähnlich, wodurch man sich über bestimmte geografische Referenzpunkte in der Karte orientieren kann. Die Weltkarten unterscheiden sich hauptsächlich durch Verzerrungen, wobei sich manchmal die Umrissformen der einzelnen Kontinente und die Grössenverhältnisse von einzelnen Gebieten unterscheiden. Bei einigen Ausnahmen ist die Umrissform nicht quadratisch sondern in einer alternativen Form dargestellt, wodurch sich auch die Bildproportionen entsprechend verhalten.

Bei allen Weltkarten ist die Land- sowie die Wassermasse abgebildet, wobei die Landmasse in unterschiedlichen Detailgraden dargestellt ist; manchmal sind einige politischen Angaben gemacht (wie Ländergrenzen, Ortsnamen, etc.). In vielen Weltkarten sind einzelne Gebiete hervorgehoben, wie etwa einzelne Kontinente. Die Wassermasse ist meist in Blautönen abgebildet, während die Oberfläche der Landmasse mehrere unterschiedliche Darstellungsarten aufweist; einzelne Länder oder Gebiete unterscheiden sich farblich, bei physischen Weltkarten ist die Beschaffenheit der Erdoberfläche abgebildet – es können Flächenmuster eingesetzt sein. Der Kontrast zwischen Land- und Wassermasse ist so hoch, dass sich die verschiedenen geophysischen Merkmale gut voneinander unterscheiden.

Weiter sind einige typografische Angaben zu erkennen, die sich auf Referenzpunkte im Ozeanen oder auf die Landmasse beziehen. Die Deutung der einzelnen Farben und Zeichen geschieht über Text- und Farblegenden an den Seitenrändern. Zusätzlich unterteilt oftmals ein Gradnetz die Weltkarte durch gerade oder gekrümmte Linien in verschiedene Teile. Diese Unterteilung wirkt sehr geometrisch und mathematisch. Auffallend hierbei ist die horizontale Mittellinie, die manchmal durch die Strichstärke hervorgehoben wird und das Bild horizontal in zwei Teile splittet.

4.1.1 Herkunft der Atlanten

Die Analyse umfasst **91 Atlanten** aus **73 unterschiedlichen Ländern**. Dabei sind 30 aus dem **asiatischen Raum**, 26 aus **Nord- Süd- und Mittelamerika**, 18 aus **Afrika** und 17 aus **Europa**.

4.1.2 Vollständigkeit der Abbildung

Die Weltkarten sind meistens nicht vollständig abgebildet. Das heisst, bei der Weltkarte handelt es sich oft lediglich um einen Bildausschnitt. Arktis und Antarktis sind häufig nicht abgebildet und Gebiete im Pazifischen Ozean sind oftmals angeschnitten (Gebiet um den 180° Längengrad). Bedauerlicherweise sind gerade in afrikanischen Nationalatlanten, wie beispielsweise der Länder Gabon, Burundi oder Kamerun, die Weltkarten nicht vollständig abgebildet.

4.1.3 Aktualität

Das Untersuchungsmaterial weist nicht aus jeder geografischen Region dieselbe Aktualität auf. Atlanten der Region Europa weisen eine hohe Aktualität auf, während Atlanten aus den Regionen Asien, Europa und Australien über die untersuchte Zeitspanne verteilt sind. Afrikanische Atlanten treten vorwiegend in den 70er und 80er Jahren auf.

4.1.4 Zeitspanne des Untersuchungsmaterials

Das Untersuchungsmaterial erstreckt sich über eine Zeitspanne von 1968 – 2013. Während diesen letzten Dekaden wurde unser heutiges Weltbild über Weltkarten in Atlanten geprägt. Gerade Atlanten sind massgeblich für die geographische Bildung im erwähnten Zeitraum verantwortlich, wobei sich so Weltbilder über Weltkarten in unseren Köpfen verankert haben.

4.1.5 Kartentyp

Die meisten Atlanten beinhalten verschiedene Kartentypen als Übersichtskarten, die sich mehrheitlich auf den ersten Doppelseiten im Atlanten befinden. Für diesen Untersuch haben wir physische- und politische Übersichtskarten priorisiert. Waren jedoch keine dieser Weltkartentypen vorhanden, wurde auf eine alternative Weltkarte (meist thematische Karte) zurückgegriffen. Bildete ein Atlant mehrere physische- oder politische Weltkarten ab, wurde die Weltkarte gewählt, die für den Untersuch als geeigneter erachtet wurde.[2]

4.1.6 Herausgeber der Atlanten

Bei den meisten Atlanten handelt es sich um landeseigene Veröffentlichungen. Bei afrikanischen Atlanten allerdings stehen oft europäische Verlage (oft Englische) hinter den Atlanten, die jedoch in Koproduktion mit dem entsprechenden Land konzipiert wurden. (vgl. Israel (2012), Karibik (1998), Surinam (2011), Burkina Faso (2005), Kamerun (2010), Nigeria (1968), Ruanda (2013), Senegal (2007), Tschad (2012)). Diese Atlanten sind bewusst im Untersuchungskorpus aufgenommen, obwohl ein externer Staat (meist eine ehemalige Kolonialmacht) den Atlanten produziert hat. Diese Atlanten geben nicht desto trotz Rückschluss auf das vorherrschende Weltbild dieser entsprechenden Länder.

4.1.7 Untersuchte Bestände

Die 91 untersuchten Atlanten stammen aus der Zentralbibliothek Zürich (Kartensammlung) (13 Atlanten), der ETH-Bibliothek Zürich (39 Atlanten) sowie der Staatsbibliothek Berlin (Kartensammlung) (39 Atlanten).

Nach der Einschätzung der Sammlung Perthes (Ballenthin, Sven, Mailkorrespondenz 12.11.14) weist die Staatsbibliothek Berlin einen der dichtesten Bestände bezüglich Schul- und Nationalatlanten auf. Daher wurde neben den landeseigenen Beständen der Zentral- und ETH-Bibliothek dieser Bestand für den Untersuch gewählt. Weiter ist dieser Untersuch nicht darauf ausgelegt, verschiedene Sammlungsphilosophien unterschiedlicher Bestände zu untersuchen. Die Analyse fokussiert auf eine geeignete Auswahl der Atlanten (Zeitspanne, verschiedene Herkunftsländer, etc.) innerhalb der einzelnen Bestände. Die drei Bestände ermöglichen es, eine für die Analyse adäquate Auswahl zusammen zu stellen (Einschätzung Hurni, Gespräch 26.01.15).

4.1.8 Qualität und Bearbeitung der Weltkarten

Die Atlanten weisen keine Farbechtheit auf. Die Weltkarten wurden durch Fotografien festgehalten, wodurch Farbe und Qualität je nach Umstand beeinflusst wurde. Zudem sind die hier dargestellten Bilder bearbeitet, das heisst es wurden Scharfzeichner angewendet und Farbkorrekturen vorgenommen.

2 Vgl. Wirth, W. (2001). Inhaltsanalyse: Perspektiven, Probleme, Potentiale. Köln, Herbert von Halem Verlag. S. 162 In: Inhaltsanalyse. Wirth erwähnt bei der textbasierten Inhaltsanalyse, die Freiräume, die durch den Forscher zwar eingegrenzt und kanalisiert, jedoch nicht völlig ausgeschaltet werden. Im Gegenteil ist die Rezeptionskompetenz des Codierers respektive. Wie hier der Codiererin unverzichtbar, um interpretierend eine im Sinne des Forschungsinteresses sinnvolle und reliable Codierentscheidung treffen zu können. Diese Aussage lässt sich auch auf die hier angewendete bildbasierte Inhaltsanalyse übertragen.

4.1.9 Ausschluss

Atlanten derselben Herkunftsländer, die sich nicht durch das Erscheinungsjahr oder nur durch eine neue Auflage unterscheiden, jedoch in unterschiedlichen Beständen doppelt erfasst wurden, sind aus dem Untersuchungskorpus ausgeschlossen. Sind also beispielsweise dieselben Atlanten Deutschland, 2005/2006, Mexiko,1979/1986 sowie Jordanien 2007/2007 in unterschiedlichen Beständen wiederholt aufgetreten und wurden deswegen doppelt erfasst. Solche Verdoppelungen wurden nicht ausgewertet und entsprechend wieder ausgeschlossen. Diese Wiederholungen zeichnen jedoch die Tendenz zu einer «theoretische Sättigung» hin ab. Zudem weisen die drei Bestände proportional zur ihrer Gesamtmenge ein in etwa ähnliches Verhältnis der Anzahl analysierten Bildtypen auf. Wir können davon ausgehen, dass sich beim Untersuch weiterer Bestände eine ähnliche Zusammensetzung des Untersuchungsmaterials ergeben würde.

5 Resultate

5.1 Form des Äquators

Der Äquator ist bei den meisten Weltkarten durch eine gerade Linie dargestellt (VGL. ABB. 07). Folgende Rückschlüsse lassen sich aufgrund der Formausprägung des Äquators machen: Eine gekrümmte Linie deutet auf zweierlei charakteristische Eigenschaften hin: 1. die horizontale Bildmitte ist nicht durch den Äquator in der Bildmitte bestimmt, sondern durch ein x-beliebiges Zentrum. 2. Solchen Abbildungen liegt eine Azimutalprojektion zugrunde oder die Projektion ist in schiefer Lage, wobei der Äquator immer eine kreisartige Linie aufweist.

FORM DES ÄQUATORS

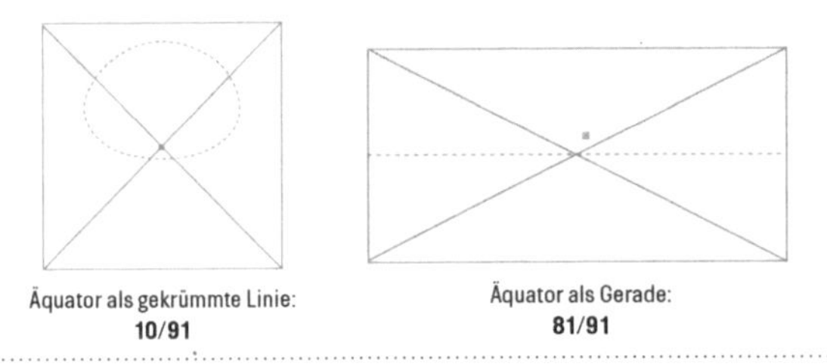

Abb. 07: Diagramme JMS: Verschiedene Formen des Äquators.

5.2 Lage des Äquators

Der Äquator ist bei den meisten Weltkarten unterhalb der horizontalen Bildmitte dargestellt (VGL. ABB. 08). Folgende Rückschlüsse lassen sich aufgrund der Lage des Äquators machen: 1. Liegt der Äquator unterhalb der horizontalen Bildmitte handelt es sich bei der Darstellung lediglich um einen Bildausschnitt. 2. Liegt der Äquator in der horizontalen Bildmitte, ist die Darstellung vollständig oder die polaren Gebiete sind gleichermassen angeschnitten. 3. In keinem Fall ist der Äquator oberhalb der horizontalen Bildmitte.

LAGE DES ÄQUATORS

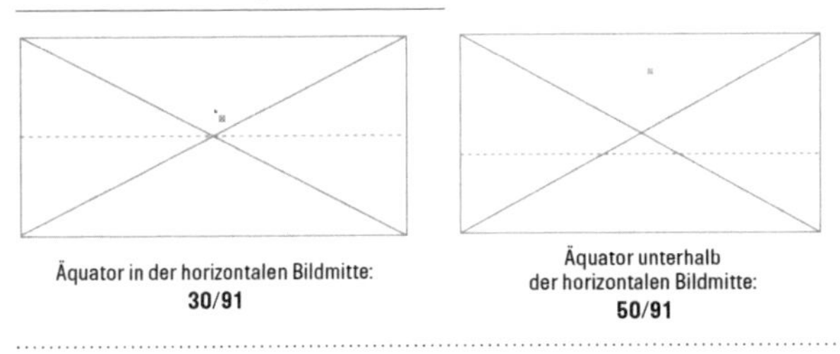

Abb. 08: Diagramme JMS: Verschiedene Lagen des Äquators.

5.3 Lage der Länder der untersuchten Atlanten

Die Landfläche der Nordhalbkugel beträgt 39%, die der Südhalbkugel 19%. Im vorliegenden Untersuch sind 17 Weltkarten von Herkunftsländer der Südhalbkugel, 74 Länder befinden sich auf der Nordhalbkugel (VGL. ABB. 09).

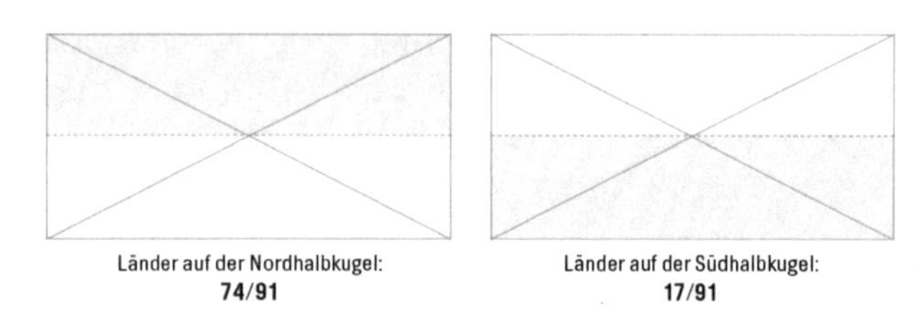

Abb. 09: Diagramme JMS: Verschiedene Formen des Äquators.

5.4 Geografische Gebiete im Bildmittelpunkt

Grundsätzlich wird eine horizontale Verschiebung entlang des Äquators beobachtet. Auffällig ist dennoch eine vermehrte Häufung folgender Gebiete im Bildmittelpunkt: Tschad: **16**, um den Punkt 0 – 55°|0°: **14**, Mali: **6**, Niger: **4**, Nigeria: **4**, Kongo: **3**. Das geografische Zentrum fällt auffällig häufig auf das Gebiet um den Schnittpunkt Äquator/Nullmeridian respektive auf Nordafrika um die Länder Mali und Tschad. Auf folgende Gebiete sind einige wenige Weltkarten zentriert: um 150°– 180° | 0°: **3**, sowie Papa New Guinea: **2**.

6 Typisierung und Interpretation

Die Interpretation erfolgt über drei verschiedene Weltkartentypen, die repräsentativ für weitere untersuchte Weltkarten stehen. Diese Typen zeichnen sich alle durch bestimmte Eigenschaften aus, die Aussagen über Bildproportionen und ästhetische Eigenschaften aufzeigen.

6.1 Typisierung

6.1.1 I. Weltkartentyp

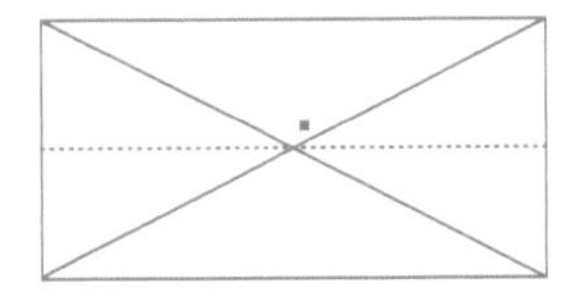

Abb. 10: Piktogramm, Kanada, 1971

Vollständigkeit: vollständig
Lage des Äquators: in der horizontalen Bildmitte
Form des Äquators: gerade Linie
Projektionsart: verschieden

Von den 91 untersuchten Atlanten entsprechen 30 diesem Typus (33%). Der 1. Weltkartentyp bildet die Welt vollständig ab, der Bildmittelpunkt liegt immer in der horizontalen Bildmitte und ist durch eine gerade Linie dargestellt. Die Position des Äquators widerspiegelt die Mitte der beiden Pole und unterteilt das Bild horizontal in «unten» und «oben». Der Position des Herkunftslandes wird nur durch eine horizontale Verschiebung des Äquators Rechnung getragen. Das heisst, das Herkunftsland wird nie durch eine vertikale Verschiebung in der Bildmitte abgebildet, es geschieht lediglich eine Annäherung des Herkunftslandes zum Bildmittelpunkt durch eine Verschiebung des geografischen Zentrums entlang des Äquators (VGL. ABB. 11, VANUATU, 2009). In vielen Weltkarten verharrt der Bildmittelpunkt jedoch nicht nur in der horizontalen Bildmitte, sondern die Weltkarte bleibt auch eurozentrisch ausgerichtet (VGL. ABB. 11, EQUADOR, 1994). In solchen Fällen beeinflusst die Position des Herkunftslandes das abgebildete Gebiet im Bildmittelpunkt nicht. Je weiter entfernt sich das Herkunftsland vom Bildmittelpunkt befindet, desto geringer ist seine Form- oder Flächentreue (VGL. ABB. 11, KANADA, 1971). Der Äquator trennt das Bildformat in ein regelmässiges «Unten» und «Oben», die Proportionen des Formates der verschiedenen Weltkarten variiert jedoch.

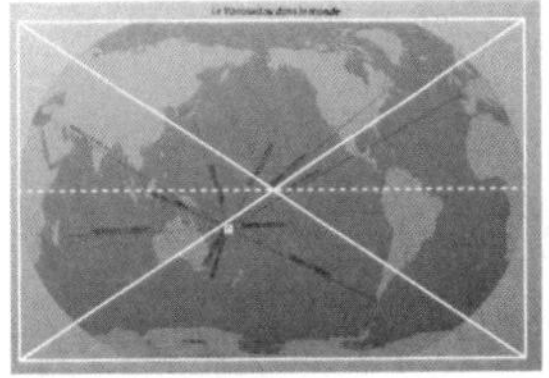

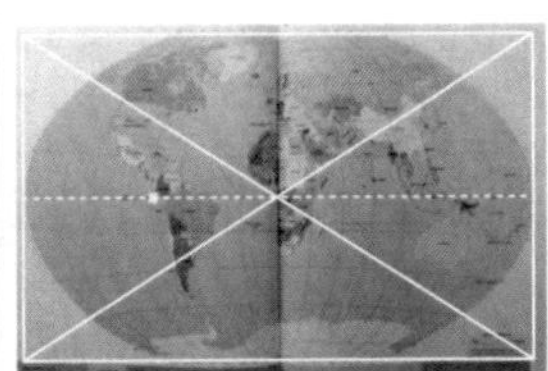

Abb. 11: Links: Vanuatu, 2009. Die Bildmitte ist entlang dem Äquator richtig Vanuatu verschoben. Mitte: Equador, 1994. Der Bildmittelpunkt verharrt auf dem Nullmeridian, das geografische Zentrum bleibt eurozentrisch Rechts: Kanada, 1971 . Kanada in peripherer Lage

6.1.2 II. Weltkartentyp

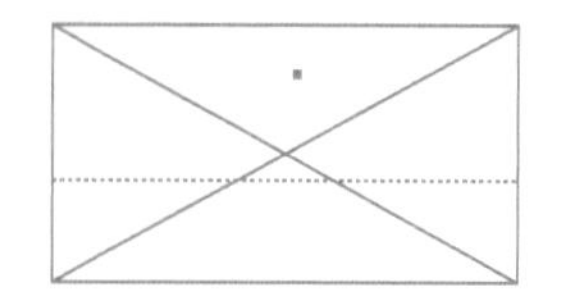

Abb. 12: Piktogramm, China, 1977

Vollständigkeit: unvollständig
Lage des Äquators: unterhalb des horizontalen Zentrums
Form des Äquators: gerade Linie
Projektionsart: verschieden

Von den 91 untersuchten Atlanten entsprechen 50 diesem Typus (55%). Der 2. Weltkartentyp bildet die Welt unvollständig ab, oder einige Gebiete an den Kartenrändern werden wiederholt abgebildet (vgl. Abb. 13, Chile, 1994). Die Pole sind nur partiell oder gar nicht dargestellt, wobei im speziellen südpolare Gebiete stärker angeschnitten sind. Diese Tendenz ist mitverantwortlich, dass der Äquator unterhalb der horizontalen Bildmitte zu liegen kommt (vgl. Abb. 13, Swaziland, 1983). Die Position des Äquators weißt auf zwei bemerkenswerte Auffälligkeiten hin: Die Erdoberfläche ist nicht in ihrer Gesamtheit abgebildet, es handelt sich bei dieser Weltkarte lediglich um eine vermeintliche Abbildung der Kugeloberfläche, indes handelt es sich nur um einen Bildausschnitt einer Weltkarte. Bei einer vollständigen Weltkarte müsste sich der Äquator in der Bildmitte befinden oder durch eine gekrümmte Linie dargestellt sein. Bei diesem 2. Weltkartentyp ist der Äquator immer durch eine gerade Linie dargestellt. Es zeigt sich, dass bei dieser Lage des Äquators der Nordhemisphäre in unseren Weltdarstellungen wesentlich mehr Platz eingeräumt wird. Nie in den hier untersuchten Weltkarten liegt der Äquator oberhalb der horizontalen Bildmitte.

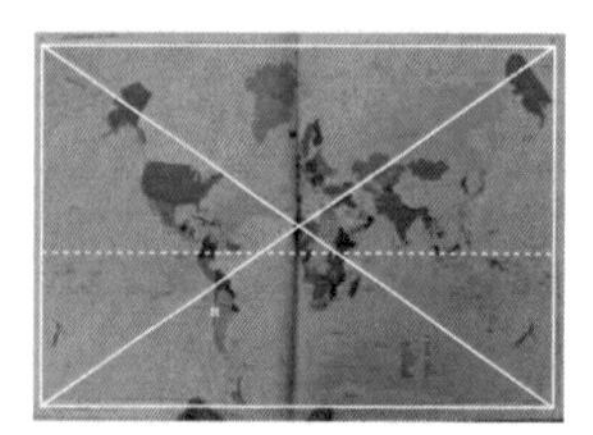

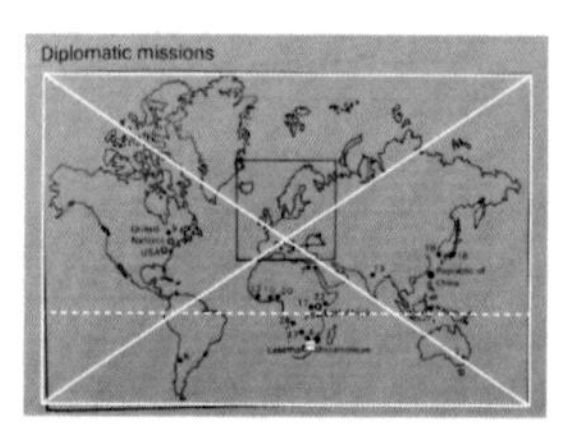

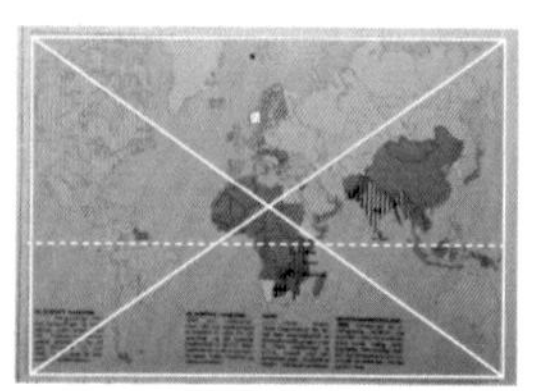

Abb. 13: Links: Chile, 1994. Gebiete wie Alaska oder Teile von Russland werden am linken und am rechten Bildrand wiederholt dargestellt. Mitte: Swaziland, 1983. Der Äquator liegt weit unterhalb der horizontalen Bildmitte, die Erdoberfläche ist unvollständig abgebildet. Rechts: Norwegen, 1983. Durch den gewählten Bildausschnitt wird das entsprechende Land näher in den Bildmittelpunkt gerückt.

Die Positionierung des Herkunftslandes im Format wird bei diesem Typus durch zwei Faktoren berücksichtigt: Das Herkunftsland wird durch die Wahl des Bildausschnitts in den Fokus gerückt (vgl. Abb. 13, Norwegen, 1983) und zudem kann eine horizontale Verschiebung entlang des Äquators, eine Annäherungen zum Bildmittelpunkt ermöglichen (vgl. 1. Weltkartentypus). Allerdings weist auch dieser 2. Weltkartentypus viele Weltkarten auf, bei denen der Bildmittelpunkt in Europa zu liegen kommt und das Herkunftsland unberücksichtigt bleibt.

Diesem 2. Weltkartentypus liegen verschiedene Projektionen zugrunde, lediglich Azimutalprojektionen oder Projektionen in schiefer Lage können ausgeschlossen werden. Die Bildproportionen verhalten sich nicht konsequent; der Äquator ist zwar unterhalb der horizontalen Bildmitte dargestellt, das Verhältnis des «oberen» und des «unteren» Teils respektive der «nördlichen» und der «südlichen» Gebiete sind von Weltkarte zu Weltkarte verschieden und auch das Bildformat variiert.

6.1.3 III. Weltkartentyp

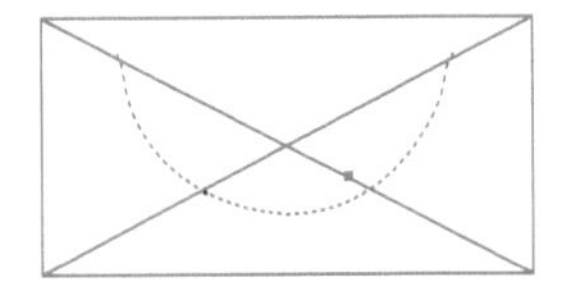

Abb. 14: Piktogramm, Arabische Emirate, 1993

Vollständigkeit: vollständig
Lage des Äquators: –
Projektionsart: Azimutalprojektionen oder vermittelnde Entwürfe mit unkonventionellem Projektionszentrum

Von den 91 untersuchten Atlanten entsprechen 10 diesem Typus (11%). Der 3. Weltkartentyp bildet die Welt meist vollständig ab, die Position des Äquators ist nicht eindeutig zu bestimmen, da sich der Äquator durch eine gekrümmte Linie darstellt. Die Form und die Position des Äquators weisen darauf hin, dass diesem Weltkartentyp eine Azimutalprojektion oder eine Projektion in schiefachsiger Lage zugrunde liegt. Auffällig hier ist die Position des Herkunftslandes: Ist die Weltkarte mittels einer Azimutalprojektion dargestellt, ist das Herkunftsland meist im Bildmittelpunkt zentriert (VGL. ABB. 15, SRI LANKA, 2006). Bei schiefachsigen Projektionen wird das Herkunftsland in der Regel in eine vorteilhafte Position gebracht (VGL. ABB. 15, ITALIEN, 1993). Dieser Weltkartentypus ermöglicht die Darstellung geografischer Zusammenhänge, die für das Herkunftsland von Bedeutung sind und vermittelt so eine entsprechend geeignete Sichtweise auf die Welt. Auffällig ist, dass in schiefachsigen Lagen der Berührungspunkt der Weltkarte gewöhnlich auf der nördlichen Hemisphäre zu liegen kommt. Das heisst, der Bildmittelpunk wird zwar vertikal sowie horizontal verschoben, allerdings geschieht die vertikale Verschiebung hauptsächlich vom Äquator aus Richtung Nordpol. Hinzu bleibt auch in schiefachsigen Abbildungen oft Europa im Zentrum (VGL. ABB. 15, BRASILIEN, 2009).

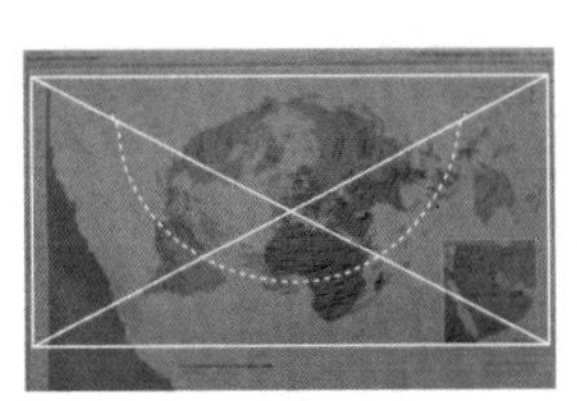

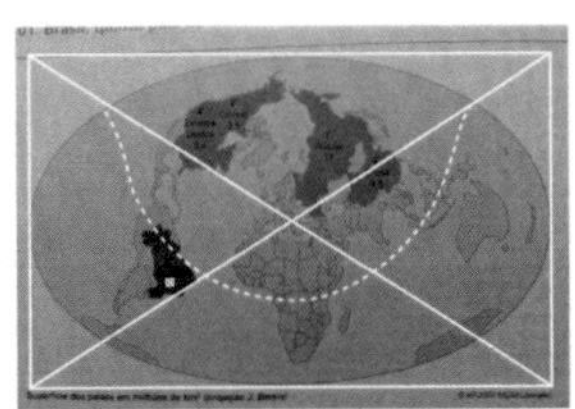

Abb. 15: Links: Sri Lanka, 2006. Hier wird Sri Lanka im Bildmittelpunkt abgebildet. Mitte: Italien, 1993. Hier wird Italien durch eine schiefachsige Lage in den Bildmittelpunkt gebracht. Rechts: Brasilien, 2009. Trotz schiefachsiger Weltdarstellung bleibt Europa im Bildzentrum.

Die Bildproportionen verhalten sich bei diesem Typus nicht in jedem Fall gleich. Die Bildformate unterscheiden sich, die Form und Position des Äquators ebenfalls.

6.2 Interpretation

Die Interpretation läuft auf bestimmte Aspekte hinaus, die hier genauer erläutert werden, wie etwa die geografische **Zentrierung** der Weltkarte, die verwendete **Projektion**, die Form und Lage des **Äquators** und anhand der **Vollständigkeit** der Abbildung respektive des gewählten Bildausschnitts. Zusätzlich werden einige Überlegungen zum Verhältnis zwischen Darstellungsweise und Kartentitel, respektive Kartenthema angestellt. Die einzelnen Aspekte sind nicht isoliert zu betrachten, da sie miteinander korrelieren, wie etwa die geografische Zentrierung mit der Projektion und der Form des Äquators.

Zum Schluss werden die Weltkarten in einen breiteren Kontext gestellt. Die Frage nach der «konventionellen Weltkarte» und ihren darstellerischen Konventionen wird erneut aufgeworfen und beantwortet.

Zentrierung durch Projektion & Form des Äquators

Anhand der Form des Äquators ist auf die Projektionsart sowie auf die Zentrierung zurück zu schliessen. Der Äquator ist mehrheitlich als Gerade dargestellt, (vgl. Weltkartentypen 1 & 2). Form des Äquators: Eine gerade Linie als Äquator weist nicht auf eine einzige Projektionsart hin, man kann aber davon ausgehen, dass der Weltkarte eine Zylinderprojektion oder einen vermittelnden Entwurf zugrunde liegt. Entgegen den Weltkartentypen 1 & 2 erscheint beim Weltkartetyp 3 der Äquator in einer gekrümmten Linie, was auf eine «schiefachsige Lage» hindeutet. Eine kreisartige Form ist ein Indiz auf eine Azimutalprojektion. Grundsätzlich ist durch die Projektion das geografische Zentrum im Bildmittelpunkt definiert. So bilden tendenziell ähnliche Projektionsarten dieselben geografischen Zentren im Bildmittelpunkt ab. Bei den meisten Zylinderprojektionen kommt also beispielsweise der Äquator im geografischen Zentrum zuliegen, während das geografische Zentrum bei Azimutalprojektionen beliebig ist. Zentrierung: Ist der Äquator als Gerade dargestellt, liegt die Zentrierung auf dem Äquator, sprich die Zentrierung unterliegt keiner vertikalen Verschiebung. Auffallen hier ist der Weltkartentyp 3, dessen Äquators entgegen den anderen Weltkartentypen gekrümmt ist und somit auf die charakteristische Eigenschaft hindeutet, dass die horizontale Bildmitte nicht durch den Äquator in der Bildmitte, sondern durch ein x-beliebiges Zentrum bestimmt ist.

Zentrierung durch Vollständigkeit und Lage des Äquators

Der Äquator ist ein aussagekräftiger Indikator, wenn Aussagen über Bildproportionen in Weltkarten gemacht werden sollen. Liegt der Äquator in der horizontalen Bildmitte (vgl. Weltkartentyp 1.), ist die Weltkarte tendenziell vollständig abgebildet (oder die Polregionen gleichermassen angeschnitten sind) und das horizontale geografische Zentrum liegt auf dem Äquator.[3] Ist nur ein Ausschnitt einer Weltkarte abgebildet, ist meist der Südpol (unvollständige Abbildung geografischer Breiten) oder Teile des Pazifiks (Unvollständige Abbildung geografischer Längen) angeschnitten. Auffallend ist, dass in allen Fällen der Bildausschnitt auf Kosten der südlichen Breiten geschieht: auch dadurch wird den Gebieten auf der Nordhalbkugel mehr Platz eingeräumt, während die südpolaren Gebiete weniger voll-

---

3 Anmerkung: «Echte» Projektionen sind unendlich, die Verzerrung der Pole geht ins unendliche. Streng genommen ist also jede Darstellung einer «echten» Projektion ein Bildausschnitt, da die Darstellung der Pole irgendwann beschränkt wird.

ständig dargestellt sind (vgl. Weltkartentyp 2.). Die theoretische Möglichkeit, dass der Äquator unterhalb des Bildmittelpunktes zu liegen kommt, ist in diesem Untersuchungskorpus jedoch nicht aufgetaucht, sprich die südliche Hemisphäre wird visuell gegenüber der nördlichen nie bevorzugt. Die Weltkarten im untersuchten Korpus zeigen deutlich, dass der Äquator durch die Wahl des Bildausschnittes in etwa der Hälfte aller Weltkarten unterhalb des Bildmittelpunkt zu liegen kommt.

Kartentitel: Absicht und Darstellungsweise

Weltkarten verfolgen verschiedene Absichten, wie etwa die Darstellung der Geophysik der Erde oder die Verortung eines bestimmten Landes in der Welt. Für verschiedenen Absichten stehen verschiedene Darstellungsweisen zur Verfügung, wobei das Kartenthema und diese Darstellungsweise der Weltkarte aufeinander abgestimmt sein sollten (wie etwa die Weltkarte von Italien (1993) mit dem Titel: «Italia nel mondo» – 3. Weltkartentypus). So suggeriert beispielsweise die Weltkarte der Karibik (VGL. ABB. 16, KARIBIK, 2006) mit dem Titel «Die Welt: physisch», die Darstellung der Erdoberfläche. Dies wird mit einer vollständigen Weltdarstellung eingelöst, wobei die geophysischen Gegebenheiten durch eine entsprechende Oberflächengestaltung und einer Kartenlegende dargestellt sind (vgl. 1. Weltkartentypus). Bei der Libyschen Weltkarte hingegen, suggeriert wohl der Titel «The World: Physical Map» die vollständige Abbildung der Geophysik, die Weltkarte bildet jedoch nicht die ganze Welt, sondern nur einen Bildausschnitt ab. Somit ist die Repräsentativität der Geophysik der Welt ist durch deren unvollständige Weltdarstellung in Frage. Bei den untersuchten Weltkarten zeigt sich oft eine Diskrepanz zwischen Kartenthema und Darstellungsweise. Es zeichnet sich ab, dass die Darstellungsweise Konventionen unterliegt und der Zusammenhang zwischen der beschriebenen Absicht durch den Kartentitel und der Weltkarte oftmals nicht ausreichend durchdacht ist.

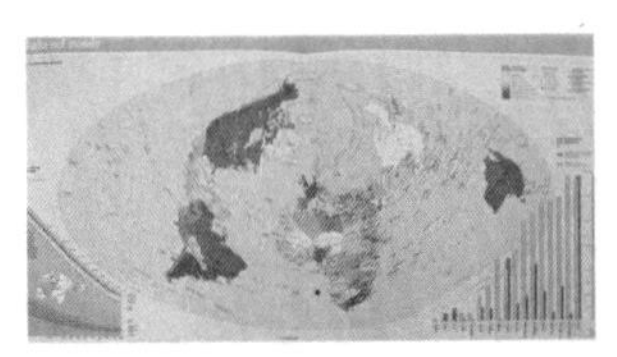

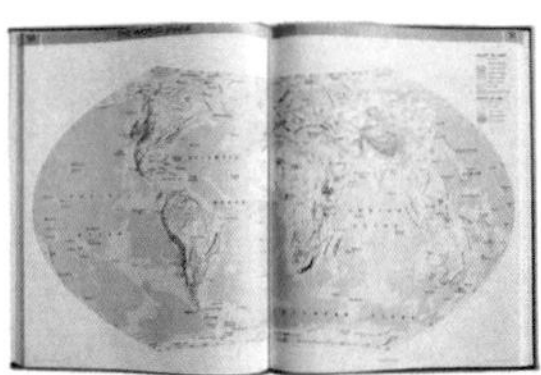

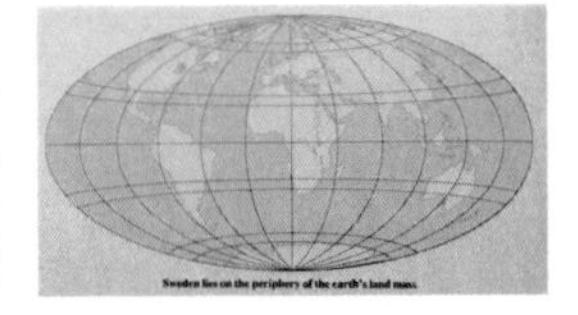

Abb. 16: Links: Italien, 1993: Italia nel mondo. Mitte: Karibik, 2006: The World: Physical. Rechts: Schweden, 1990: Sweden lies on the periphery oft he earth's Landmass.

Umgekehrt bestimmt nicht nur der darzustellende Inhalt die Weltkarte, sondern auch die Weltkarte das Kartenthema. Eine Weltkarte aus einem Schwedischen Atlanten (VGL. ABB. 16, SCHWEDEN, 1990) zeigt auf, dass das Kartenthema den Kartentitel wesentlich beeinflusst hat. So wird die Lage Schwedens in der Bildlegende wie folgt beschrieben: «Sweden lies on the periphery oft he earth's landmass». Bedenkt man, dass die Kugelgestalt der Erde, wird die Frage nach Peripherie hinfällig. Die Aussage geht auf das Bild der Welt auf einer Weltkarte zurück, wobei Schweden in einer konventionellen Weltkarte peripher dargestellt ist.

Fazit: Was ist eine konventionelle Weltkarte?

Die Darstellung von Weltkarten unterliegt historisch gewachsenen Konventionen. Die Typenbildung dieser Analyse zeigt auf, dass eine Mehrheit aller Karten dem 2. Weltkartentyp zugewiesen wird. Schul- und Nationalatlanten sind daran interessiert, die Erde einerseits phänomenologisch abzubilden und andererseits soziokulturelle Aspekte über Weltkarten zu vermitteln. Die phänomenologische Dimension beinhaltet die Darstellung der Erde wie sie existiert, mit all ihren natürlichen geophysischen Eigenschaften. Die Visualisierung von soziokultureller Aspekte mittels Weltkarten zielt darauf ab, die Erde abzubilden, wie sie uns unter gegebenen sozialen, politischen und kulturellen Aspekten darstellt. Betrachtet man nun aber eine Weltkarte des 2. Weltkartentyps, wird den soziokulturellen Aspekten überaus mehr Priorität eingeräumt als der Vermittlung der phänomenologischen Erscheinung der Welt. Dies zeigt sich anhand verschiedener Aspekte bezüglich der Bildproportionen, wie etwa der Vollständigkeit.

Die Mehrheit der «konventionellen Weltkarten» bildet die Welt nicht vollständig ab, sprich es wird uns nicht die Gesamtheit der Erdoberfläche vermittelt. Wir orientieren uns lediglich an einem «Ausschnitt der Erde». Solche unvollständigen Abbildungen prägen aber das Bild der Erde – unser Weltbild – aufgrund dessen sich unsere Weltanschauung konstituiert. Verloren geht uns dabei ein Bewusstsein, die Erde in ihrer gesamten Gestalt wahrzunehmen. Durch diese unvollständige Abbildung werden bewohnte Gebiet auf der Nordhalbkugel oder geopolitisch wichtige Regionen viel präsenter abgebildet. Natürlich lebt ein Grossteil der Bevölkerung auf der Nordhalbkugel, was auch zur Folge hat, dass sie oftmals präsenter visualisiert wird. Trotzdem wird die Vermittlung von phänomenologischen Erkenntnis zu oft ausser Acht gelassenen und den Ländern der Südhalbkugel, wie etwa Argentinien oder Australien wird nicht genügend Rechnung getragen. Polaren Regionen etwa oder dem Pazifischen Ozeanen wird kaum die entsprechende Aufmerksamkeit geschenkt.

Weiter zeigt sich, dass in einer «konventionelle Weltkarte» meist der Äquator als Projektionslinie definiert wird, die schliesslich im horizontalen Bildmittelpunkt (1. Kartentyp) – oder unter der horizontalen Bildmitte (2. Kartentyp) abgebildet ist. Wenn eine Zentrumsverschiebung geschieht, passiert diese mehrheitlich entlang dem Äquator, wodurch die Gebiete um den Äquator also tendenziell genauer darstellt sind als Regionen in höheren Breiten. Auffallend ist, dass sich der Eurozentrismus nach wie vor auf die Darstellungen auswirkt. Diese immer gleiche Zentrierung ist besonders erstaunlich, wenn man bedenkt, dass sich theoretisch unendlich viele verschiedene im Bildmittelpunkt in Weltkarten abbilden lassen. Weiter ist die starke Orientierung am Äquator ein Hinweis darauf, dass die Erde als Planet kaum in gesamt universalem Zusammenhang gedacht wird – die Relation zum Kosmos würde sich an der Ekliptik abzeichnen.

Die Typisierung von Weltkarten zeigt auf, dass sich anhand von bestimmten Bildproportionen «konventionelle Weltkarten» definieren lassen. Diese «konventionellen Weltkarten» repräsentieren eine mögliche Art und Weise aus einem breiten Spektrum an möglichen Darstellungsweise. Es wird klar, dass sich diese «konventionellen Weltkarten» gegenüber von alternativen Darstellungen aufgrund von soziokultureller Konditionierung herausgebildet haben.

Untersuchungskorpus Typisierung von Weltkarten

Grittmann, E. und Ammann, I. (2011). Quantitative Bildtypenanalyse. In: Die Entschlüsselung der Bilder: Methoden zur Erforschung visueller Kommunikation. Petersen, T. und Schwender, C. Köln, Herbert von Halem Verlag.

Müller, M. G. (2011). Ikonografie und Ikonologie, visuelle Kontextanalyse, visuelles Framing. In: Die Entschlüsselung der Bilder: Methoden zur Erforschung visueller Kommunikation. Petersen, T. und Schwender, C. Köln, Herbert von Halem Verlag.

Panofsky, E. (1932). Ikonographie und Ikonologie: Bildinterpretation nach dem Dreistufenmodell. Köln, Du Mont.

Wirth, W. (2001). Inhaltsanalyse : Perspektiven, Probleme, Potentiale. Köln, Herbert von Halem Verlag.

Herzlichen Dank an:

Zentralbibliothek Zürich, Kartensammlung.
ETH-Bibliothek Zürich, Karten.
Kartenabteilung der Staatsbibliothek zu Berlin, Preussischer Kulturbesitz.

Visuelle Analyse

Untersuchungsmaterial

	68	69	70	71	72	73	74	75	76	77	78	79	80	81	82	83	84	85	86	87	88	89	90	91	92	93
ASIEN																										
Afghanistan																				•						
Arabische Emirate																										•
Cambodgia																										
China																										
China										•																
Iran																										
Israel (!) Paris																										
Israel																		•								
Japan																							•			
~~Jordanien (*)~~																										
Jordanien (*)																										
Korea																										
Libanon																		•								
Libanon																										
Malaysia																			•							
Mongolei																							•			
Osttimor																										
Pakistan																										
Pakistan																							•			
Philippinen								•																		
Russland																										
Saudiarabien																										
Singapur				•																						
Sri Lanka																										
Tadschikistan	•																									
Thailand																										
Vietnam																										
Yemen																										
Neuseeland										•																
Neuseeland				•																						
Vanuatu																										
AMERIKA																										
Argentinien																										
Argentinien																						•				
Belize																										
Bolivien																										
Brazil																										
Brasilien																									•	
Kanada				•																						
Kanada																										
Chile																										
Chile																										
Domenikanische R.								•																		
Equador																										
Equador																										
Hawaii																•										
Jamaika				•																						
Karibik																										
Karibik (!) London																										
Kolumbien																										
Kuba											•															
Kuba																						•				
~~Mexiko~~												•														
Mexiko																			•							
Panama																					•					
Peru																						•				
Surinam (!) Niederland																										
Venezuela												•														
USA			•																							

• Zentralbibliothek • ETH-Bibliothek • Staatsbibliothek Berlin (!) Verlag (*) Doppeltes Vorkommen

	94	95	96	97	98	99	00	01	02	03	04	05	06	07	08	09	10	11	12	13
ASIEN																				
Afghanistan																				
Arabische Emirate																				
Cambodgia													•							
China																	•			
China																				
Iran																•				
Israel (!) Paris																			•	
Israel																				
Japan																				
~~Jordanien (*)~~																				
Jordanien (*)														•						
Korea														•						
Libanon																				
Libanon														•						
Malaysia																				
Mongolei																				
Osttimor													•							
Pakistan											•									
Pakistan																				
Philippinen																				
Russland					•															
Saudiarabien						•														
Singapur																				
Sri Lanka													•							
Tadschikistan																				
Thailand											•									
Vietnam																		•		
Yemen																	•			
Neuseeland																				
Neuseeland																				
Vanuatu																•				
AMERIKA																				
Argentinien														•						
Argentinien																				
Belize															•					
Bolivien				•																
Brazil																•				
Brasilien																				
Kanada																				
Kanada		•																		
Chile	•																			
Chile												•								
Domenikanische R.																				
Equador	•																			
Equador	•																			
Hawaii																				
Jamaika																				
Karibik													•							
Karibik (!) London					•															
Kolumbien									•											
Kuba																				
Kuba																				
~~Mexiko~~																				
Mexiko																				
Panama																				
Peru																				
Surinam (!) Niederland																	•			
Venezuela																				
USA																				

• Zentralbibliothek • ETH-Bibliothek • Staatsbibliothek Berlin (!) Verlag (*) Doppeltes Vorkommen

	68	69	70	71	72	73	74	75	76	77	78	79	80	81	82	83	84	85	86	87	88	89	90	91	92	93
AFRIKA																										
Algerien																										
Angola															•											
Botswana																										
Burkina Faso (!) Paris																										
Elfenbeinküste												•														
Elfenbeinküste (!) Paris																										
Kamerun (!) Paris																										
Libyen											•															
Mali (!) Paris																										
Mozambique																			•							
Nigeria (!)	•																									
Ruanda (!) Paris																										
Senegal (!) Paris																										
Senegal											•															
Sierra Leone						•																				
Swaziland																•										
Tschad (!) Paris																										
Tschad					•																					
EUROPA																										
Armenien																										
~~Deutschland (*)~~																										
Deutschland (*)																										
Finnland					•																					
Italien																										•
Lettland																										
Luxemburg																										
Norwegen																•										
Portugal																								•		
Schweden																							•			
Schweden																										•
Serbien																										
Slowenien																										
Slowenien																										
Ukraine																										
Ukraine																										
Ungarn																									•	
Weissrussland																										
GESAMT	**91**																									
ETH	39																									
ZB	13																									
Staatsb. B.	39																									
ASIEN	**30**																									
AMERIKA	**26**																									
AFRIKA	**18**																									
EUROPA	**17**																									
WELTATLANTEN																										
~~Universal Atlas of the World, UK~~																										
~~Der grosse Du Mont Atlas der Welt~~																										
~~Bertelsmann Der Grosse Weltatlas~~																										
~~Meyers Grosser Weltatlas~~																										
~~The Times Atlas of the World~~																										

• Zentralbibliothek • ETH-Bibliothek • Staatsbibliothek Berlin (!) Verlag (*) Doppeltes Vorkommen

	94	95	96	97	98	99	00	01	02	03	04	05	06	07	08	09	10	11	12	13
AFRIKA																				
Algerien											•									
Angola																				
Botswana							•													
Burkina Faso (!) Paris												•								
Elfenbeinküste																				
Elfenbeinküste (!) Paris																				•
Kamerun (!) Paris																	•			
Libyen																				
Mali (!) Paris																	•			
Mozambique																				
Nigeria (!)																				
Ruanda (!) Paris																				•
Senegal (!) Paris														•						
Senegal																				
Sierra Leone																				
Swaziland																				
Tschad (!) Paris																			•	
Tschad																•				
EUROPA																				
Armenien																	•			
~~Deutschland (*)~~												•								
Deutschland (*)													•							
Finnland																				
Italien																				
Lettland														•						
Luxemburg													•							
Norwegen																				
Portugal																				
Schweden																				
Schweden																				
Serbien														•						
Slowenien								•				•								
Slowenien									•											
Ukraine															•					
Ukraine														•						
Ungarn																				
Weissrussland												•								
GESAMT																				
ETH																				
ZB																				
Staatsb. B.																				
ASIEN																				
AMERIKA																				
AFRIKA																				
EUROPA																				
WELTATLANTEN																				
~~Universal Atlas of the World, UK~~															•					
~~Der grosse Du Mont Atlas der Welt~~												x								
~~Bertelsmann Der Grosse Weltatlas~~												x								
~~Meyers Grosser Weltatlas~~										•										
~~The Times Atlas of the World~~																				

• Zentralbibliothek • ETH-Bibliothek • Staatsbibliothek Berlin (!) Verlag (*) Doppeltes Vorkommen

Weltkarten Katalog

Asiatischer Raum

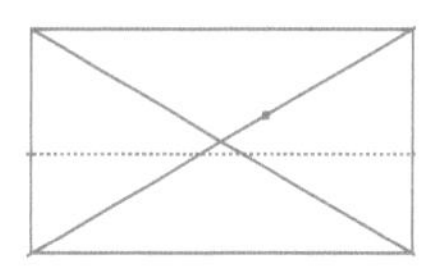
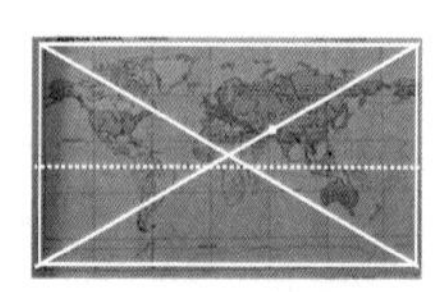
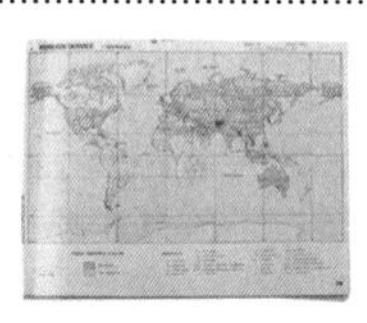

Afghanistan, 1987: Thema: Afghan Diplomatic Missions Geografisches Zentrum: Tschad
Äquator: unterhalb horizontalem Zentrum Vollständigkeit: Wiederholungen Breitengrad (Alaska), Pole angeschnitten

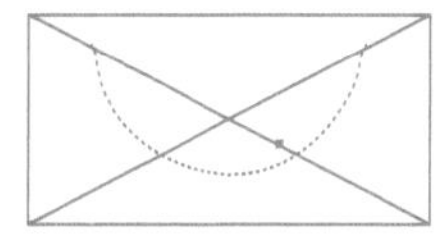
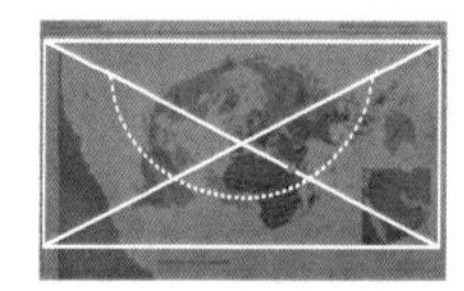

Arabische Emirate, 1993: Thema: United Arab Emirates in the World Projektionsart: Vermittelnder Entwurf in schiefachsiger Lage Geografisches Zentrum: Sonstiges Vollständigkeit: Vollständig

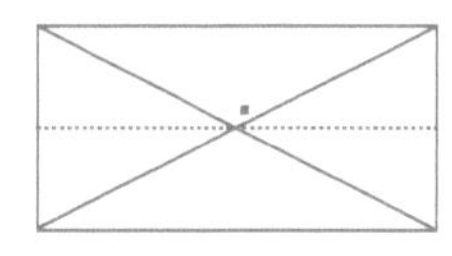
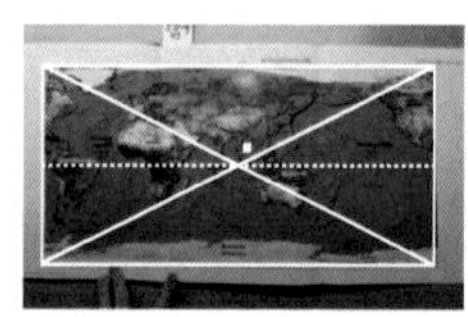
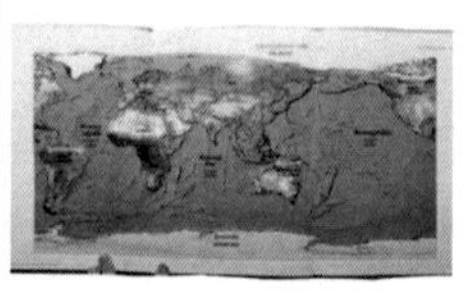

Cambodgia, 2006: Thema: World Map Geografisches Zentrum: Indonesien Äquator: in der horizontalen Bildmitte
Vollständigkeit: polare Gebiete angeschnitten

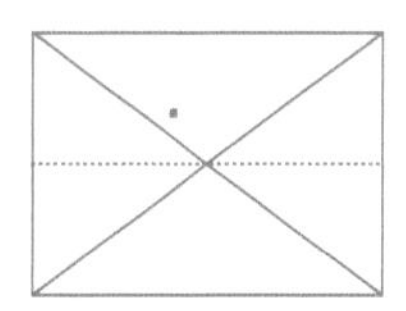
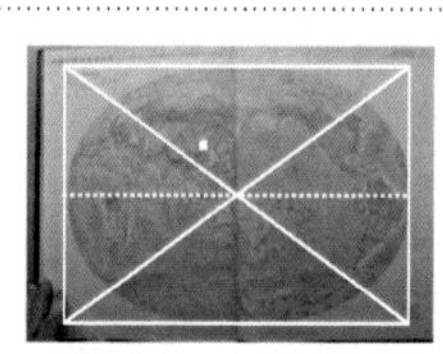
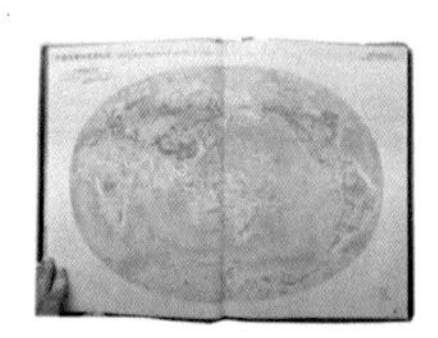

China, 2010: Thema: Location and Administrative Divisions of China Geografisches Zentrum: Papa New Guinea
Äquator: in horizontaler Bildmitte Vollständigkeit: vollständig

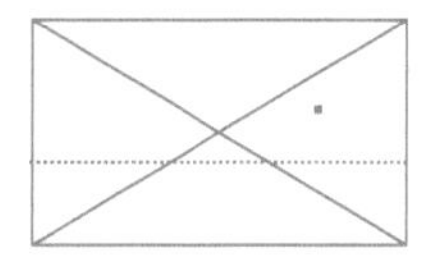
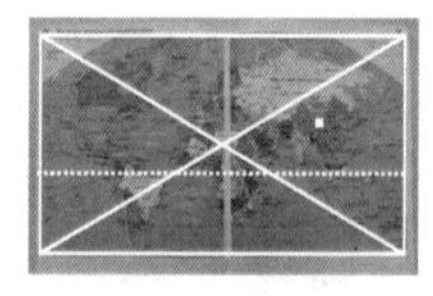
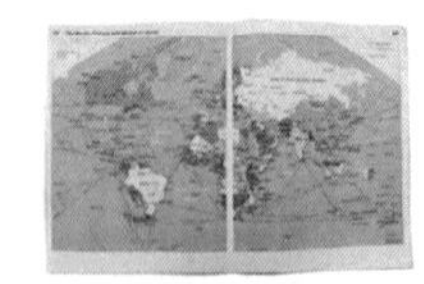

China, 1977: Thema: The World – Political, with sea and air routes Geografisches Zentrum: Tschad
Äquator: unterhalb horizontalem Zentrum Vollständigkeit: Bildausschnitt

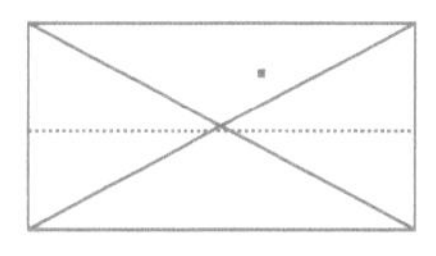
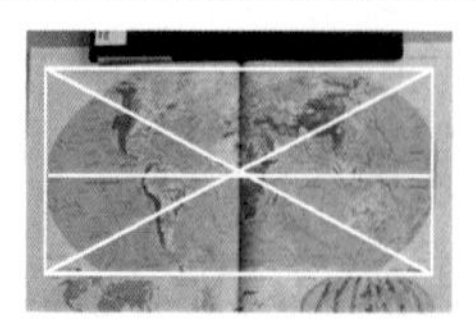
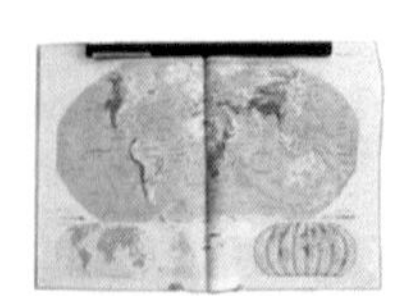

Iran, 2009: Thema: – Projektionsart: Vermittelnder Entwurf Geografisches Zentrum: Gabun
Äquator: etwas unter horizontale Bildmitte Vollständigkeit: Antarktis und Pazifik angeschnitten

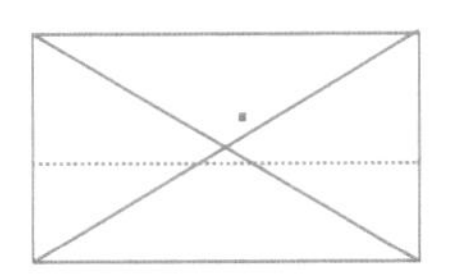
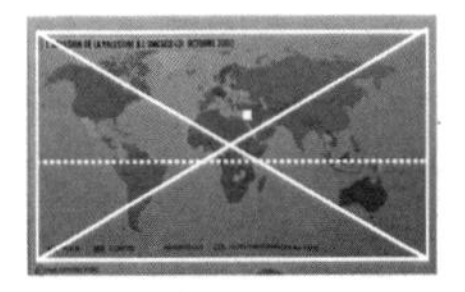

Israel (!) Paris, 2012: Thema: L'Adhésion de la Palestine à l'Unesco Geografisches Zentrum: Tschad Äquator: unterhalb horizontaler Bildmitte Vollständigkeit: Bildausschnitt

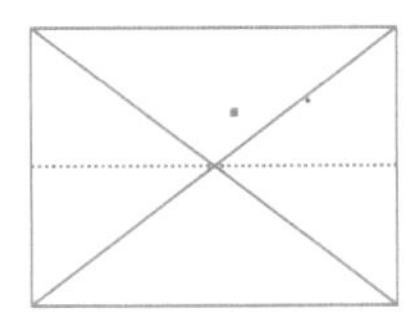
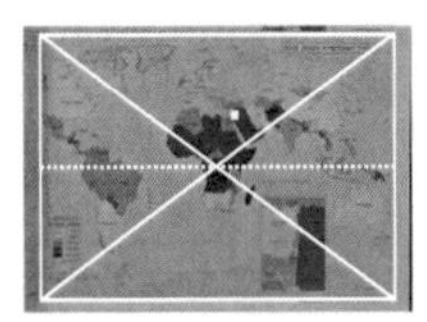

Israel, 1985: Thema: – Geografisches Zentrum: Kongo Äquator: in horizontaler Bildmitte Vollständigkeit: Bildausschnitt

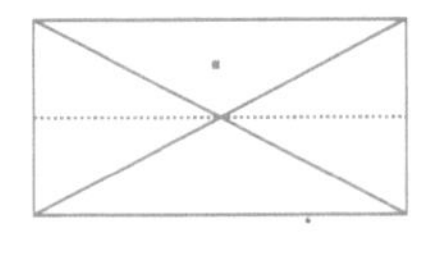
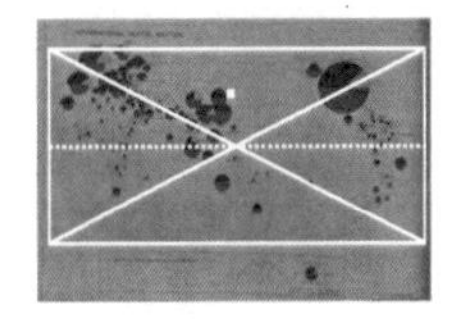
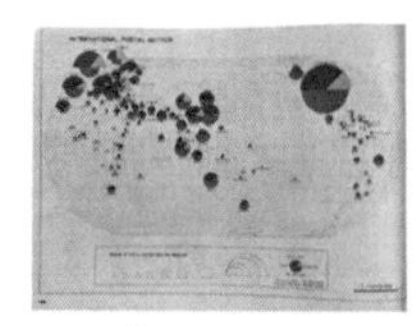

Japan, 1990: Thema: – Geografisches Zentrum: oberhalb Papa New Guinea Äquator: im horizontalen Zentrum Vollständigkeit: vollständig

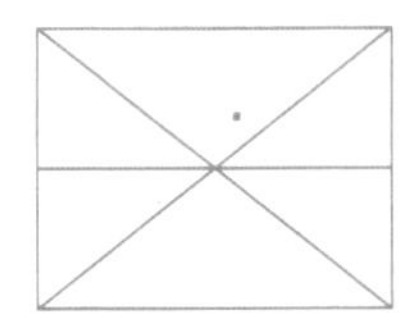
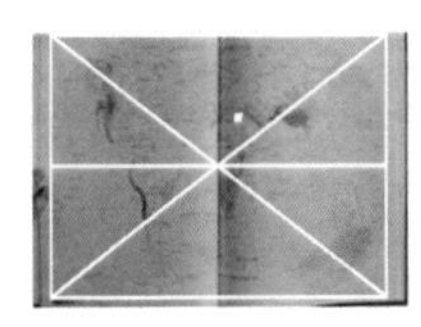
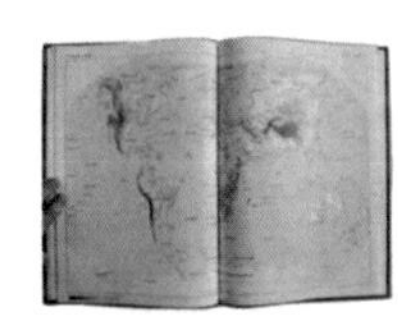
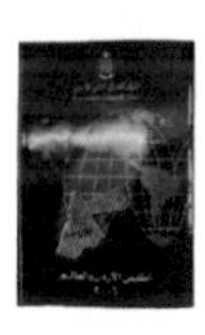

Jordanien (*), 2007: Thema: – Geografisches Zentrum: Schnittpunkt Äquator I Nullmeridian Äquator: horizontale Bildmitte Vollständigkeit: Teile des Pazifik angeschnitten

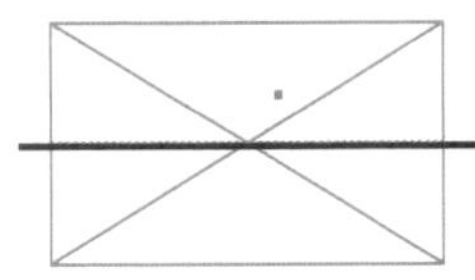
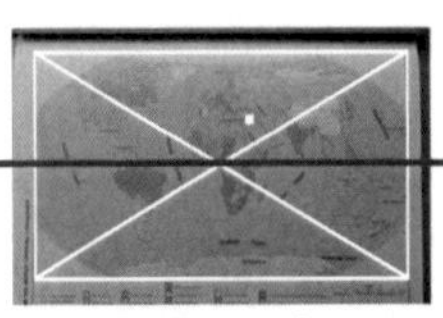
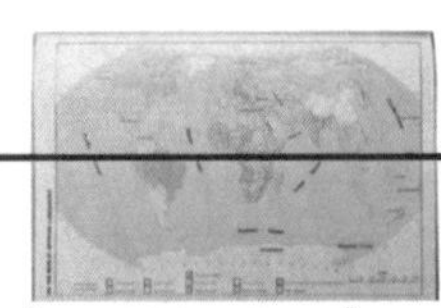
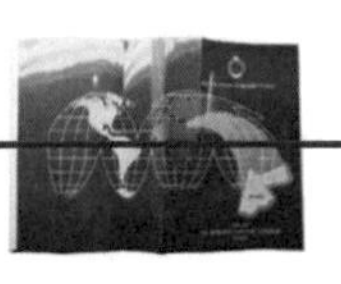

Jordanien (*), 2007: Thema: – Geografisches Zentrum: Schnittpunkt Äquator I Nullmeridian Äquator: horizontale Bildmitte Vollständigkeit: Teile des Pazifik angeschnitten

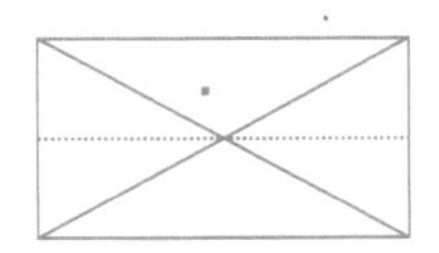
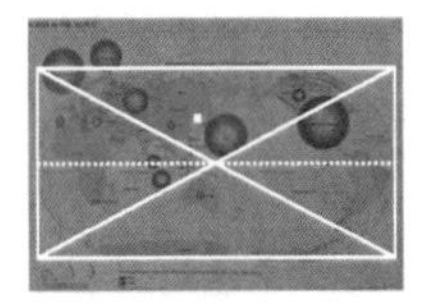
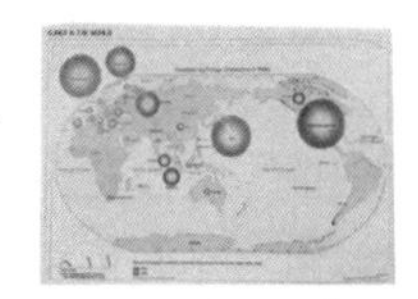

Korea, 2007: Thema: Korea in the World Geografisches Zentrum: oberhalb Papa New Guinea Äquator: im horizontalen Zentrum Vollständigkeit: vollständig

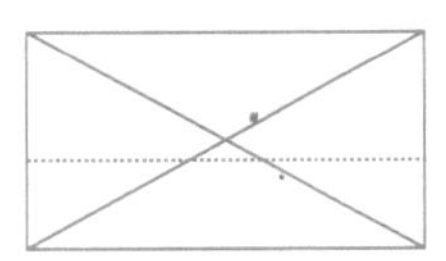

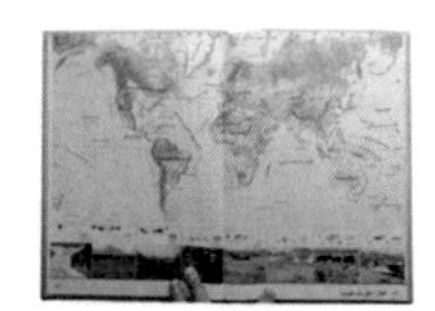

Libanon, 1985: Thema: – Geografisches Zentrum: ca. Mali Äquator: unterhalb horizontaler Bildmitte Vollständigkeit: Bildausschnitt

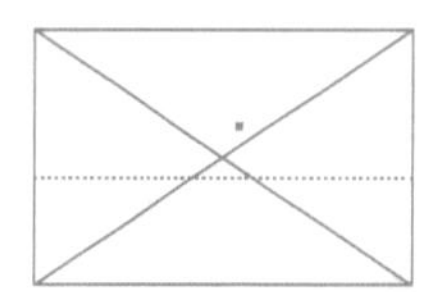
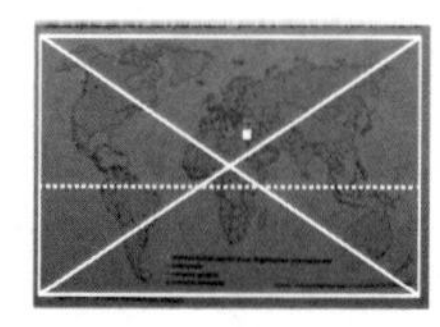

Libanon, 2007: Thema: – Geografisches Zentrum: Tschad Äquator: unterhalb horizontaler Bildmitte Vollständigkeit: Bildausschnitt

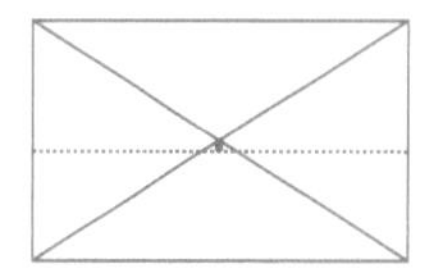
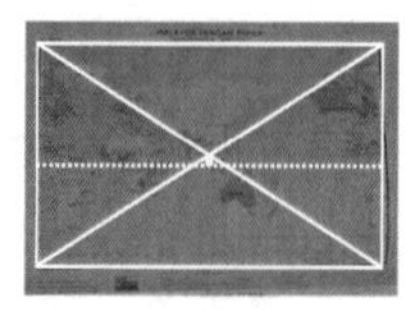

Malaysia, 1986: Thema: Malaysia Dengan Dunia Geografisches Zentrum: Süd-Vietnam Äquator: knapp unterhalb horizontaler Mitte Vollständigkeit: südpolare Gebiete angeschnitten, Überlappungen um den 180° Breitengrad

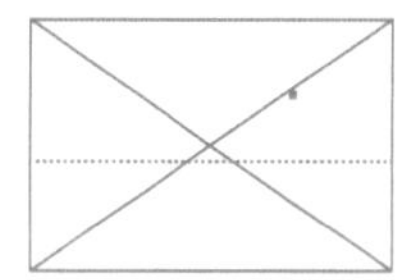
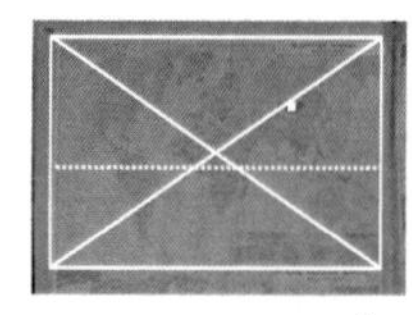
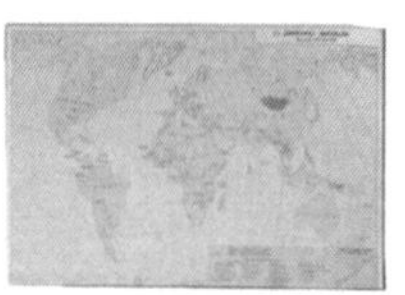

Mongolei, 1990: Thema: – Geografisches Zentrum: Tschad Äquator: unterhalb der horizontalen Bildmitte Vollständigkeit: Bildausschnitt, Überlappungen um den 180° Breitengrad

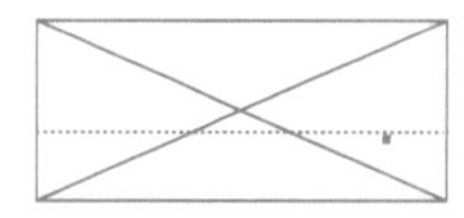
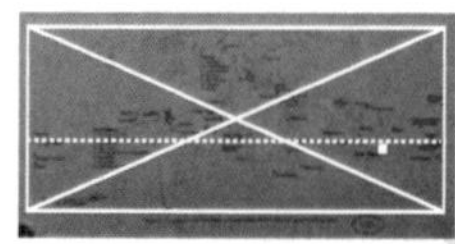
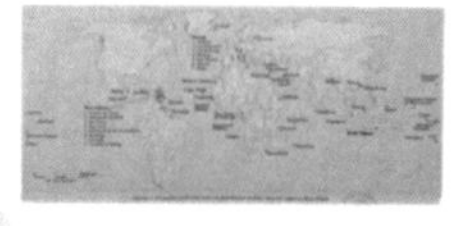

Osttimor, 2006: Thema: Countries with land area or population smaller than or equal to East Timor Geografisches Zentrum: Burkina Faso Äquator: unterhalb der horizontalen Bildmitte Vollständigkeit: Bildausschnitt

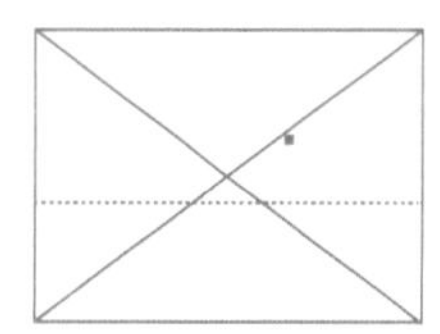
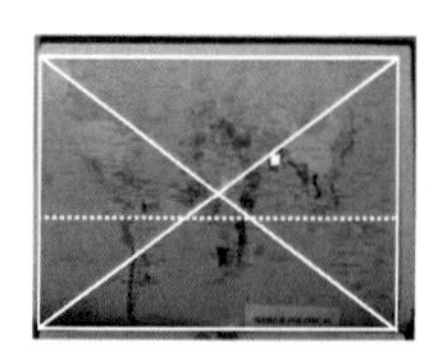
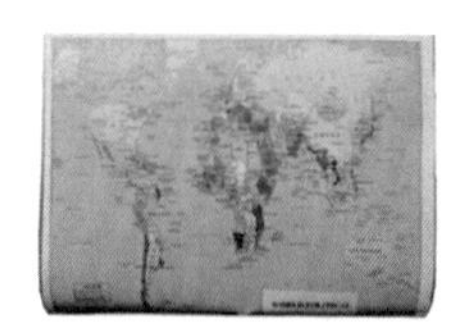

Pakistan, 2004: Thema: World Political Projektionsart: (evt. Peters-Projektion) Geografisches Zentrum: Tschad Äquator: unterhalb horizontaler Bildmitte Vollständigkeit: Bildausschnitt

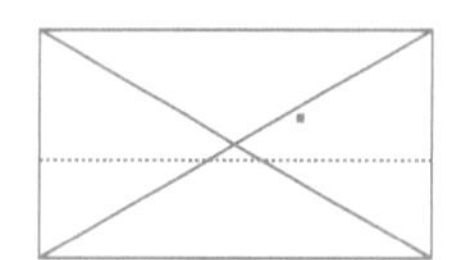
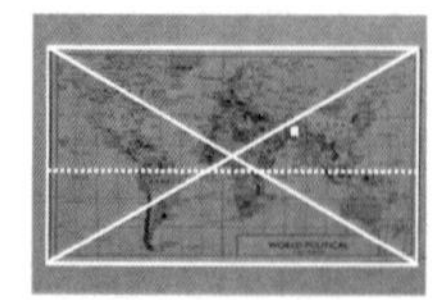

Pakistan, 1990: Thema: World Political Geografisches Zentrum: Nigeria Äquator: unterhalb der horizontale Bildmitte Vollständigkeit: polare Gebiete sind angeschnitten

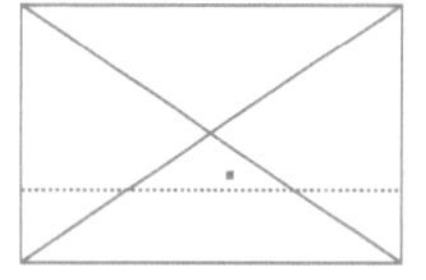
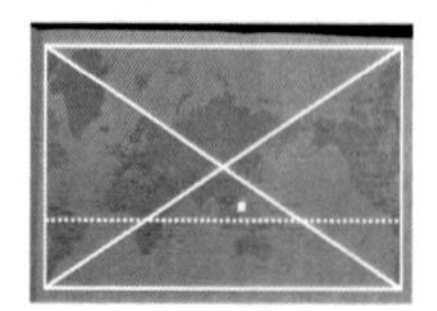

Philippinen, 1975: Thema: – Geografisches Zentrum: Mongolei Äquator: unterhalb der horizontalen Bildmitte Vollständigkeit: polare Gebiete sind angeschnitten

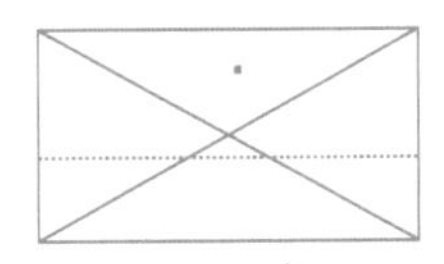
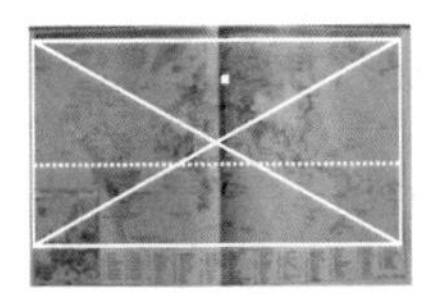

Russland, 1998: Thema: – Geografisches Zentrum: Eritrea Äquator: unterhalb der horizontalen Bildmitte Vollständigkeit: Bildausschnitt

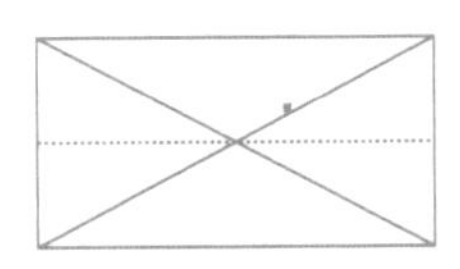
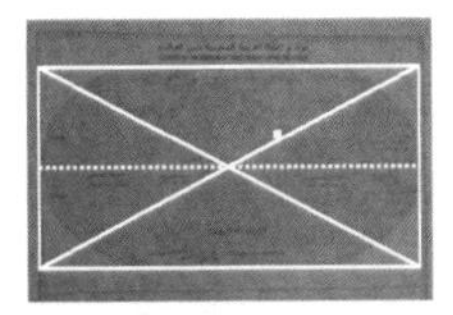
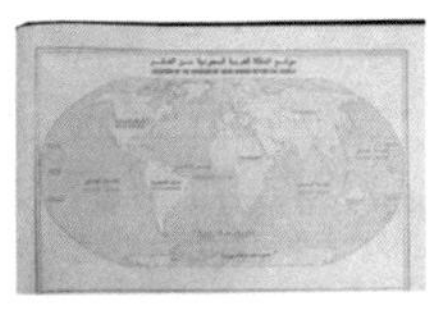

Saudiarabien, 1999: Thema: Location of the kingdom of Saudi Arabia within the world Geografisches Zentrum: Schnittpunkt Äquator I Nullmeridian Äquator: horizontale Bildmitte Vollständigkeit: vollständig

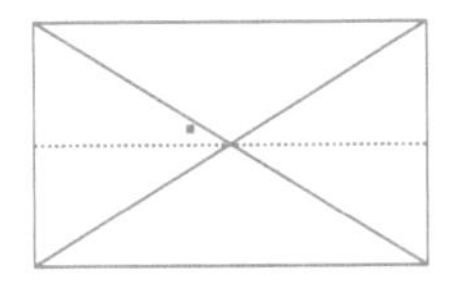
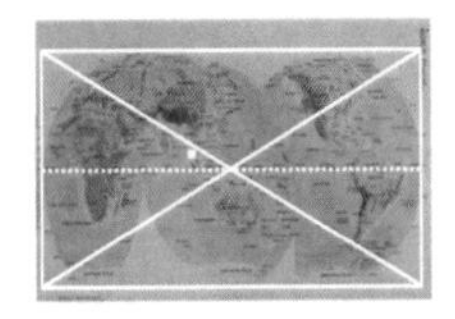

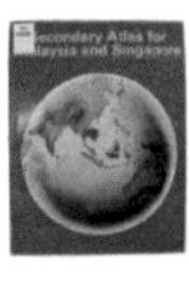

Singapur, 1971: Thema: World Physical Projektionsart: Entwurf in Goodescher Form Geografisches Zentrum: Indonesien Äquator: horizontaler Bildmitte Vollständigkeit: vollständig

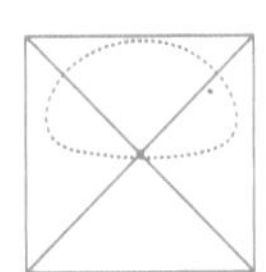
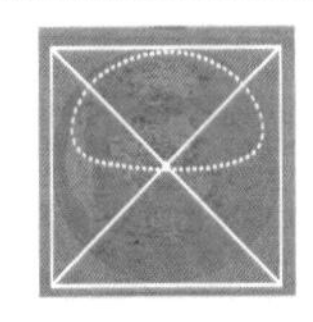

Sri Lanka, 2006: Thema: World centered on Colombo Geografisches Zentrum: Colombo Äquator: Sonstige Vollständigkeit: vollständig

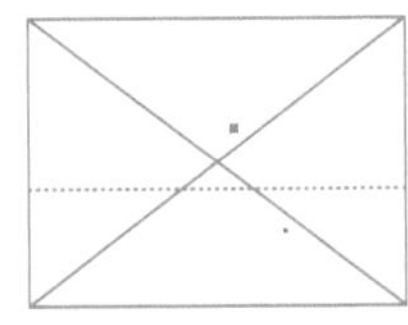
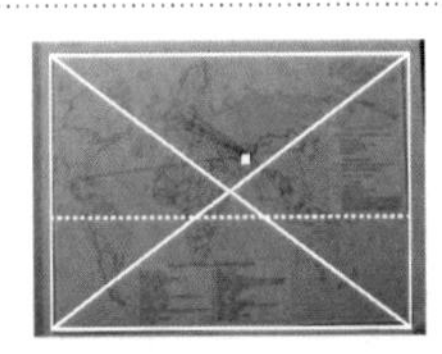

Tadschikistan, 1968: Thema: – Geografisches Zentrum: Saudiarabien Äquator: unterhalb der horizontalen Bildmitte Vollständigkeit: Bildausschnitt

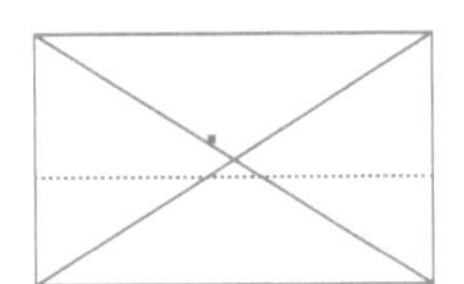
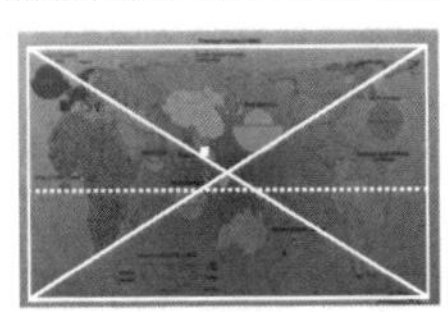
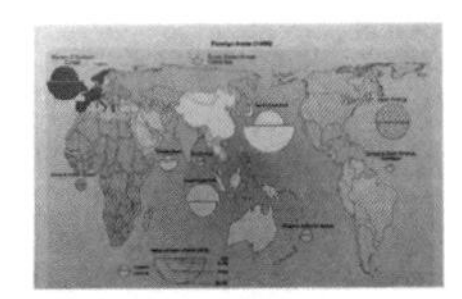

Thailand, 2004: Thema: Economic Relations and Integration Projektionsart: (Petersprojektion) Geografisches Zentrum: Philippinen Äquator: unterhalb der horizontalen Bildmitte Vollständigkeit: Bildausschnitt

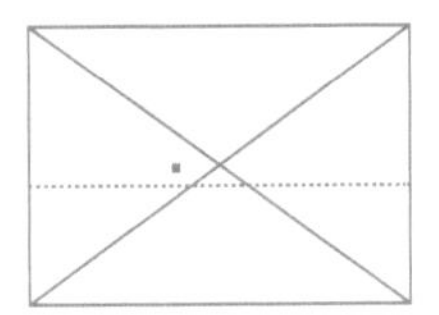
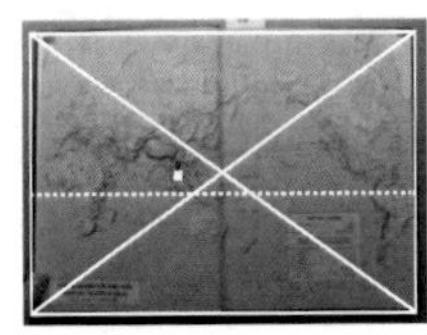
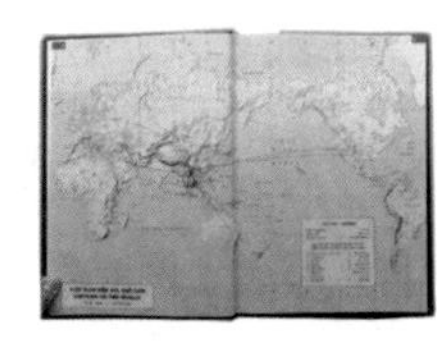

Vietnam, 2011: Thema: Vietnam on the World Geografisches Zentrum: 150° E I 15° N Äquator: unterhalb der horizontalen Bildmitte Vollständigkeit: Bildausschnitt

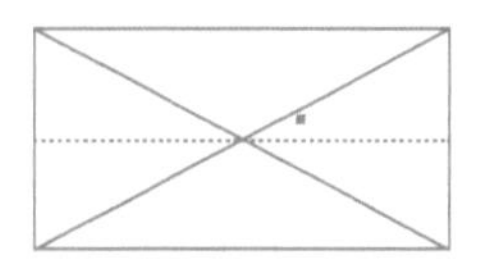
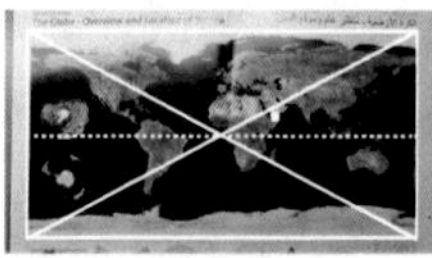
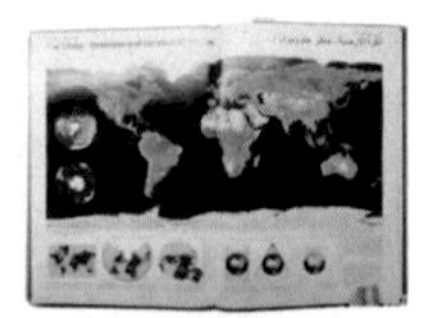

Yemen, 2010: Thema: The Globe – Overview and Location of Yemen Geografisches Zentrum: 0° | 0° Äquator: in horizontaler Bildmitte Vollständigkeit: vollständig (sogut wie möglich: Zylinderprojektion)

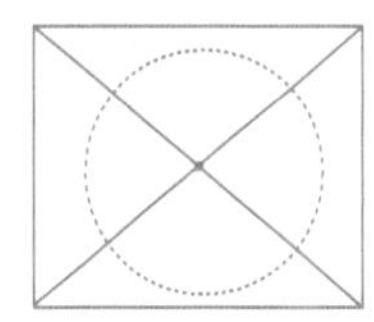
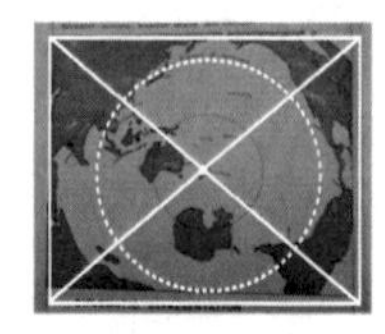

Neuseeland, 1977: Thema: Global Location Geografisches Zentrum: Neuseeland Äquator: Sonstige Vollständigkeit: Bildausschnitt

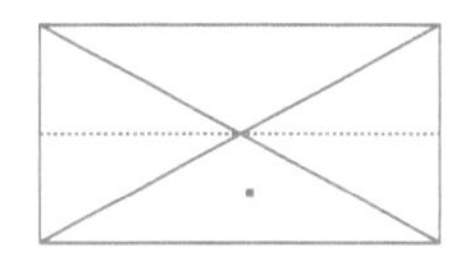
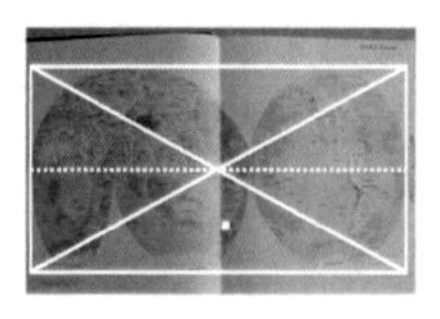
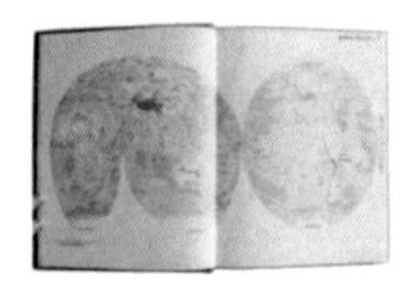
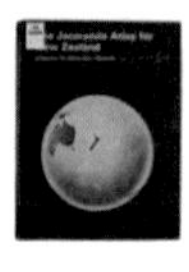

Neuseeland, 1971: Thema: World Physical Projektionsart: Entwurf in Goodescher Form Geografisches Zentrum: Nauru | Mikronesien Äquator: horizontaler Bildmitte Vollständigkeit: vollständig

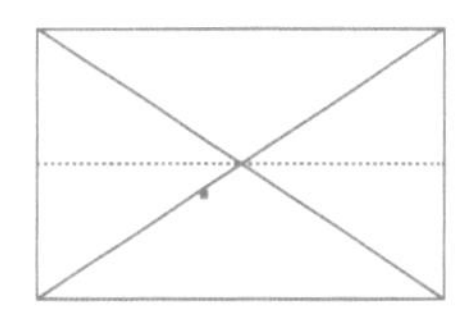
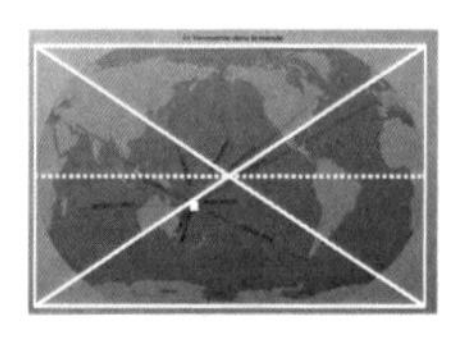
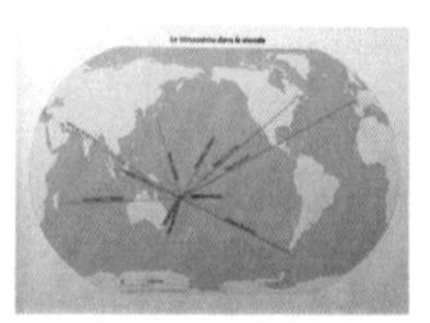

Vanuatu, 2009: Thema: Le Vanuatu dans le monde Geografisches Zentrum: um 150° E | 0° Äquator: in der Bildmitte Vollständigkeit: vollständig

Amerikanischer Raum

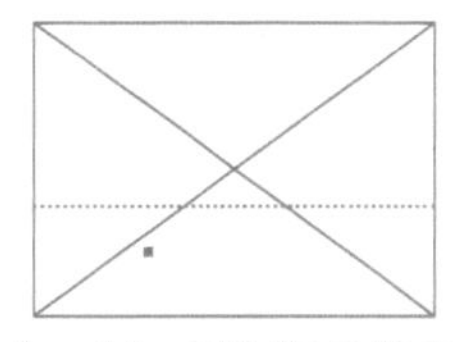
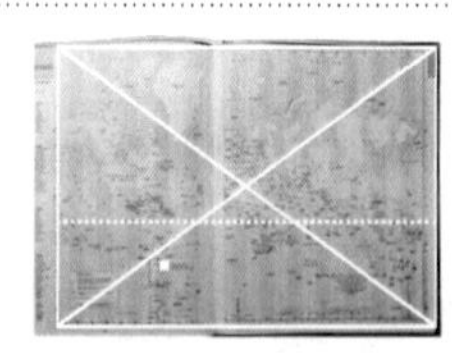

Argentinien, 2007: Thema: Planisferio Geografisches Zentrum: Tunesien Äquator: unterhalb horizontaler Bildmitte Vollständigkeit: Bildausschnitt

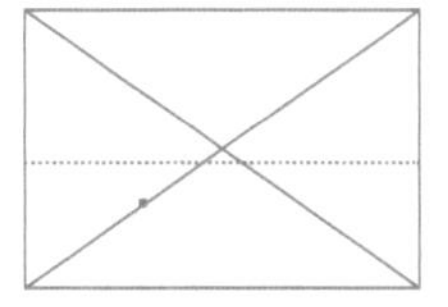
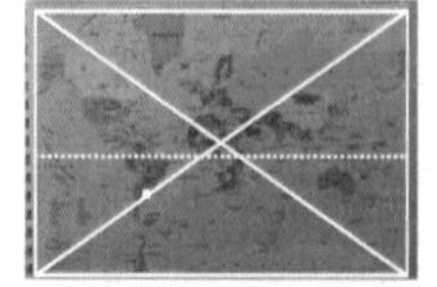
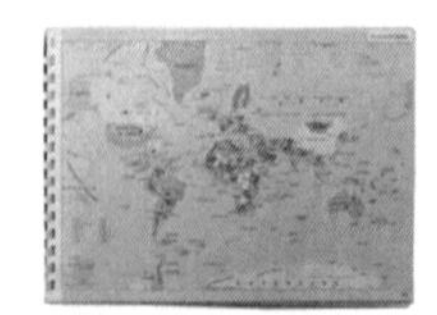

Argentinien, 1989: Thema: Planisferio Geografisches Zentrum: Tschad Äquator: unterhalb horizontaler Bildmitte Vollständigkeit: Bildausschnitt

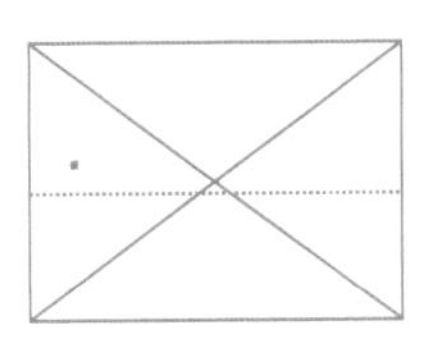

Belize, 2008: Thema: – Geografisches Zentrum: Zentralafrikanische Republik Äquator: unterhalb der Bildmitte
Vollständigkeit: Bildausschnitt

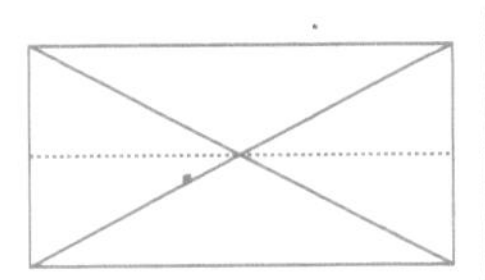
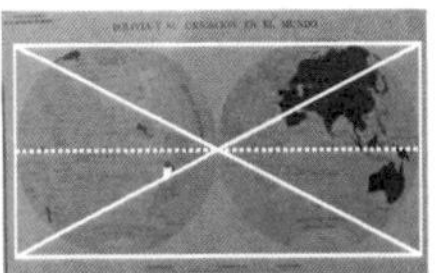
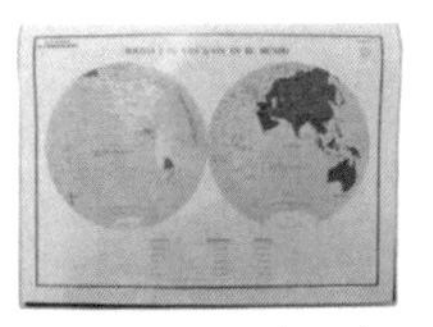

Bolivien, 1997: Thema: Bolivia y su ubication en el mundo Geografisches Zentrum: ca. 55° E | 0° Äquator: horizontale Bildmitte
Vollständigkeit: vollständig

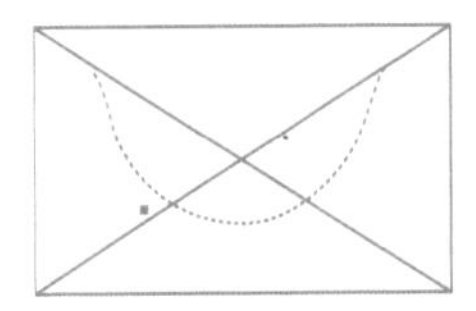
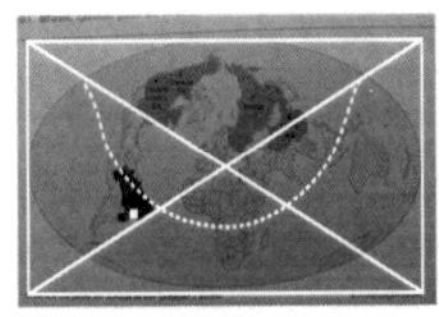

Brazil, 2009: Thema: Superficie dos paises em milhoes de km2 Geografisches Zentrum: Serbien Äquator: sonstige
Vollständigkeit: vollständig

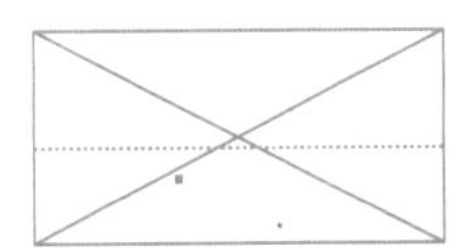
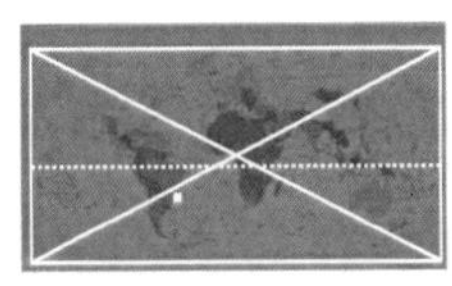

Brasilien, 1992: Thema: Atlas Nacional do Brazil Geografisches Zentrum: Nigeria Äquator: unterhalb horizontaler Bildmitte
Vollständigkeit: Bildausschnitt

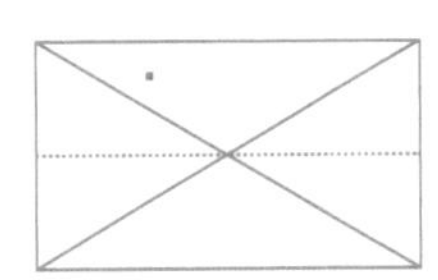
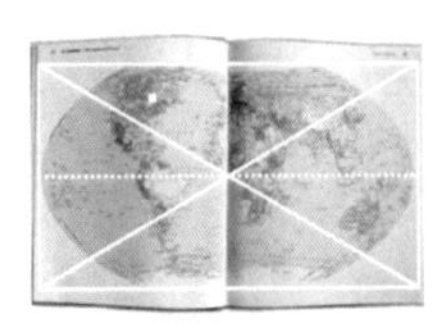

Kanada, 1971: Thema: Planisphère politique Geografisches Zentrum: 0° x 0° Äquator: in der Bildmitte
Vollständigkeit: vollständig

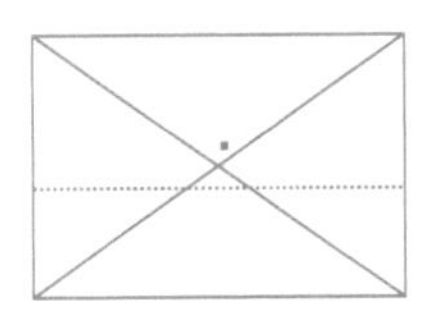
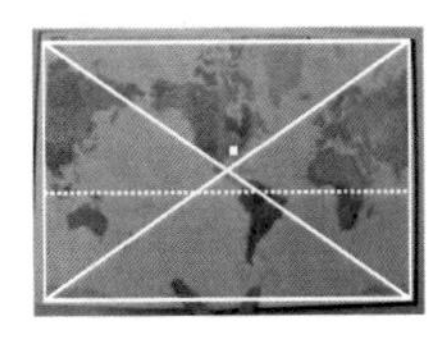

Kanada, 1995: Thema: Worldmap Geografisches Zentrum: Gulf of Mexico Äquator: unterhalb der horizontalen Bildmitte
Vollständigkeit: polare Gebiete sind angeschnitten

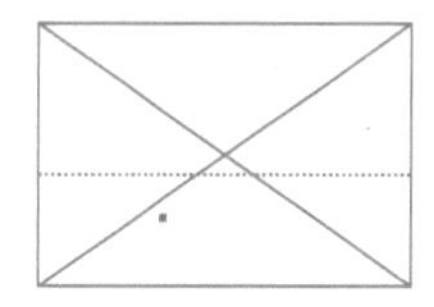
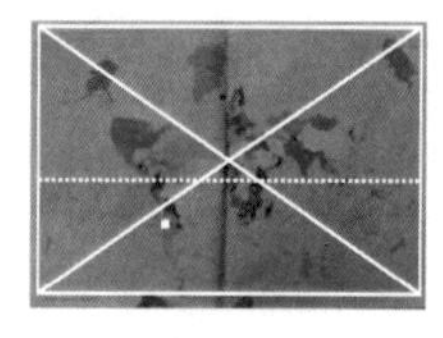

Chile, 1994: Thema: Los paises de la tierra Projektionsart: vermittelnder Entwurf Geografisches Zentrum: Niger Äquator: unterhalb der Bildmitte Vollständigkeit: Bildausschnitt

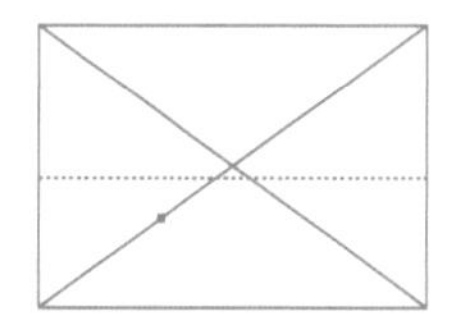
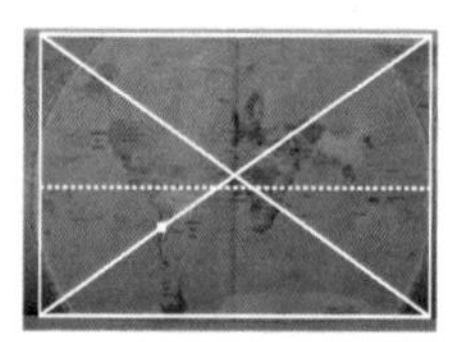

Chile, 2005: Thema: Mapa politico del mundo Geografisches Zentrum: Elfenbeinküste Äquator: unterhalb der horizontalen Bildmitte Vollständigkeit: Bildausschnitt

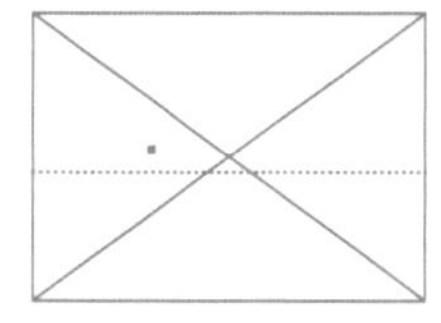
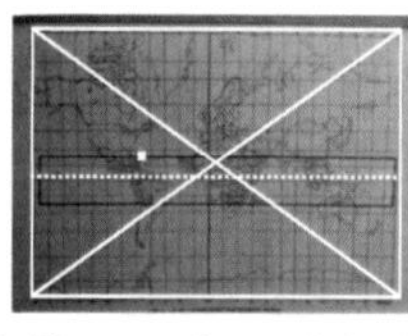
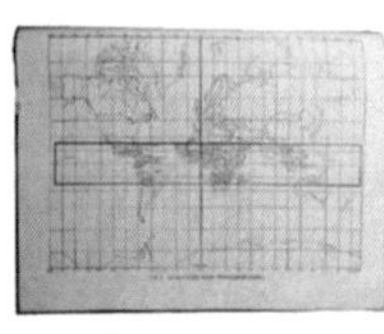

Domenikanische R., 1975: Thema: La RD y otros paises tropicales del mundo Geografisches Zentrum: Nigeria Äquator: unterhalb der horizontalen Bildmitte Vollständigkeit: Bildausschnitt

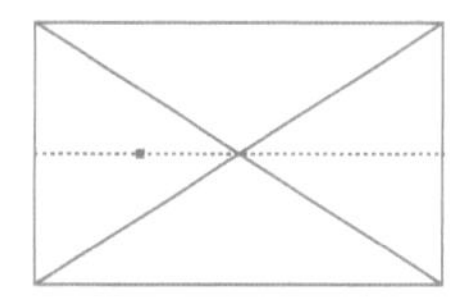
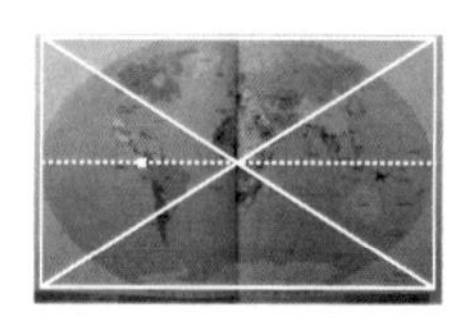

Equador, 1994: Thema: Planisferio Politico Geografisches Zentrum: um 0° | 0° Äquator: in der Bildmitte Vollständigkeit: vollständig

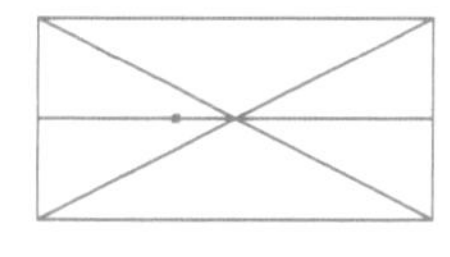

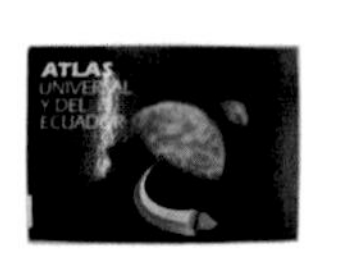

Equador, 1994: Thema: Planisferio Politico Geografisches Zentrum: ca. 55° E | 0° Äquator: in der Bildmitte Vollständigkeit: vollständig

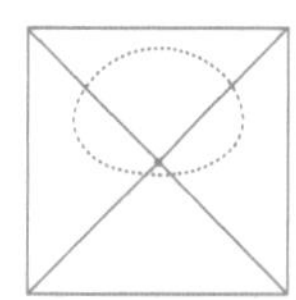
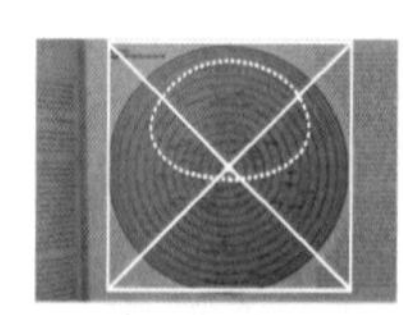
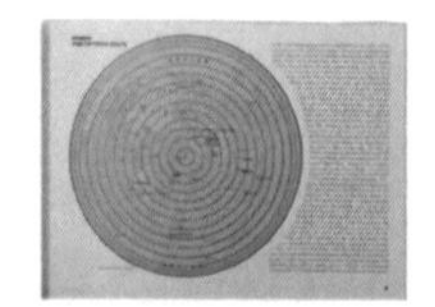

Hawaii, 1983: Thema: Hawaii, the fiftieth state Geografisches Zentrum: Hawaii Äquator: Sonstiges Vollständigkeit: vollständig

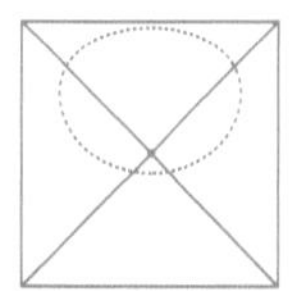
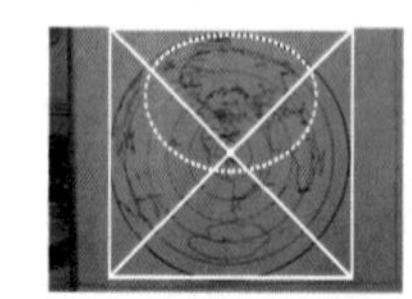

Jamaica, 1971: Thema: World Position Geografisches Zentrum: Jamaika Äquator: Sonstiges Vollständigkeit: vollständig

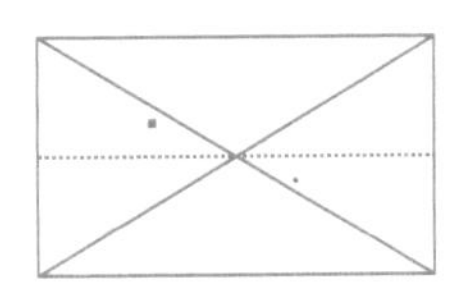

Karibik, 2006: Thema: The World: physical Geografisches Zentrum: 0° | 0° Äquator: in der Bildmitte Vollständigkeit: –

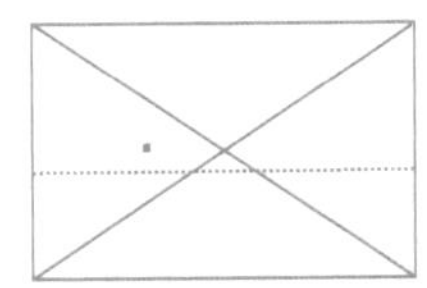
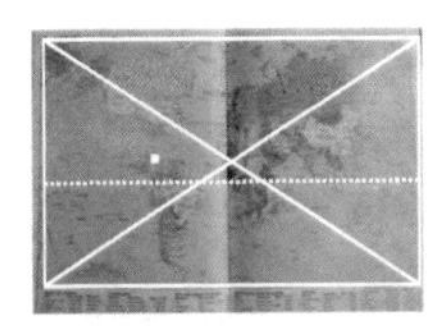

Karibik (!) London, 1998: Thema: Mapamundi Geografisches Zentrum: Niger Äquator: unterhalb der horizontalen Bildmitte Vollständigkeit: Bildausschnitt

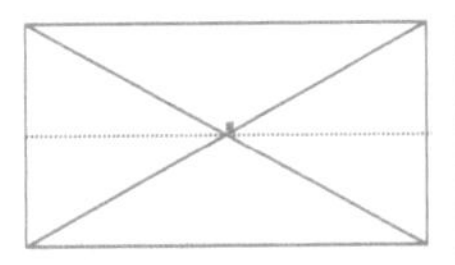
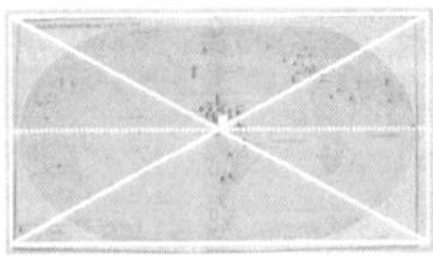
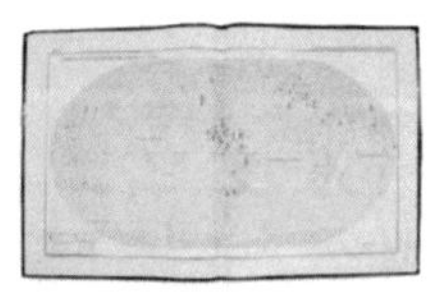

Kolumbien, 2002: Thema: Comercio Exterior Segun Cantidad Geografisches Zentrum: Equador Äquator: in der horizontalen Bildmitte Vollständigkeit: –

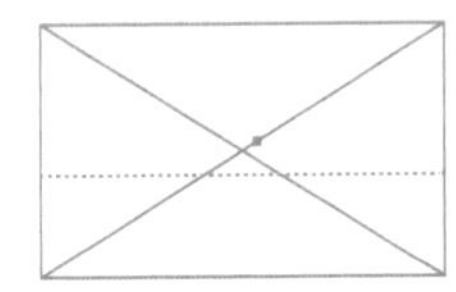
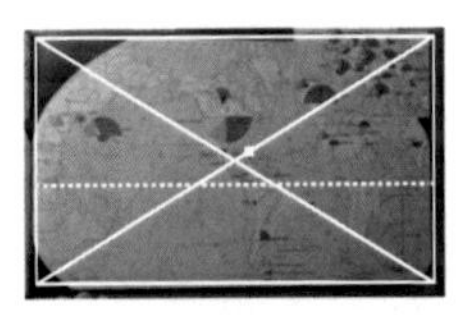

Kuba, 1978: Thema: – Geografisches Zentrum: Kuba Äquator: unterhalb horizontaler Bildmitte Vollständigkeit: Bildausschnitt

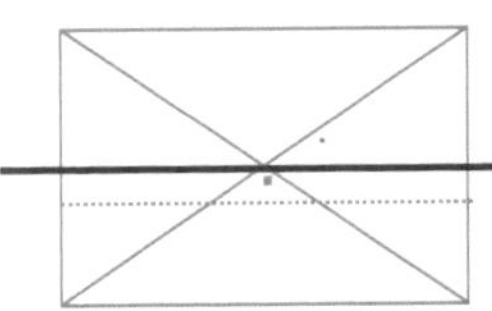
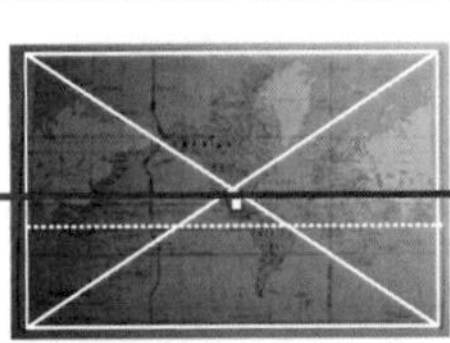

Mexiko, 1979: Thema: Planisferio – Situacion de Mexico en el Mundo Geografisches Zentrum: Mexiko Äquator: unterhalb horizontaler Bildmitte Vollständigkeit: Bildausschnitt

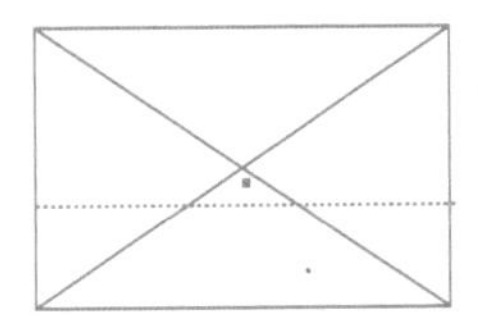
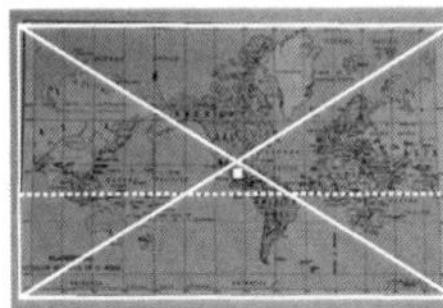

Mexiko, 1986: Thema: Planisferio – Situacion de Mexico en el Mundo Geografisches Zentrum: Mexiko Äquator: unterhalb horizontaler Bildmitte Vollständigkeit: Bildausschnitt

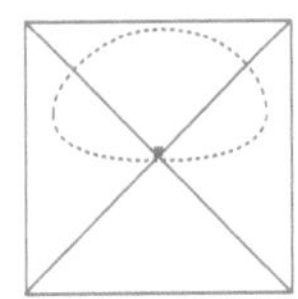
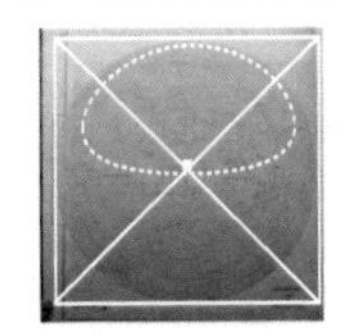

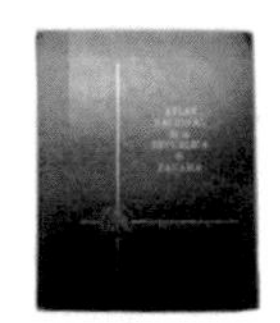

Panama, 1988: Thema: Panama en el Mundo Geografisches Zentrum: Panama Äquator: Sonstige Vollständigkeit: vollständig

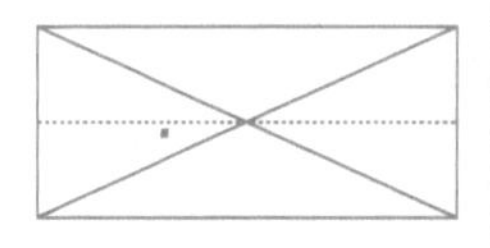
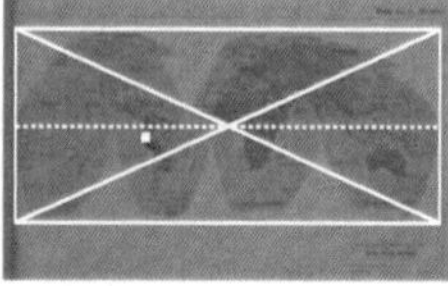
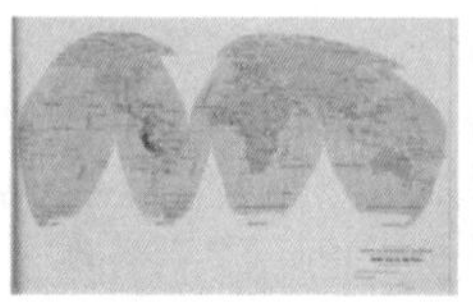

Peru, 1989: Thema: Peru en el mundo Geografisches Zentrum: 0° | 0° Äquator: in der horizontalen Bildmitte
Vollständigkeit: vollständig

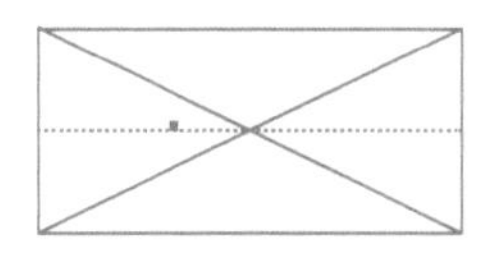
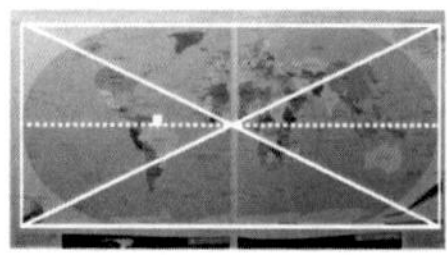
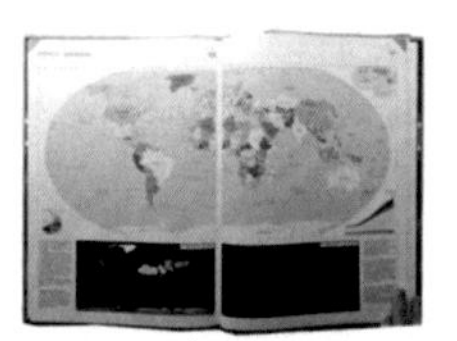
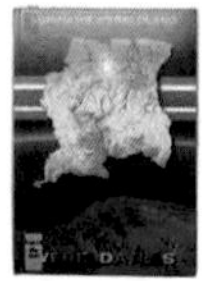

Surinam (!), 2010: Thema: Wereld – Staatkundig Geografisches Zentrum: um 0° | 0° Äquator: in der Bildmitte
Vollständigkeit: vollständig

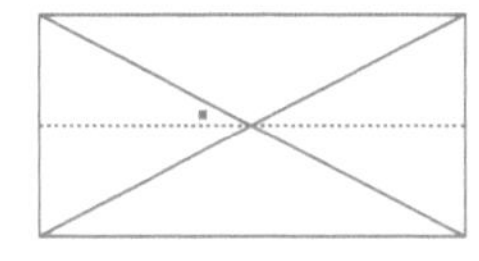
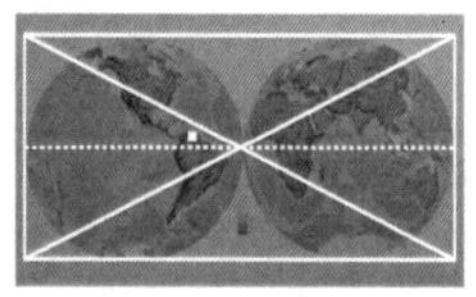
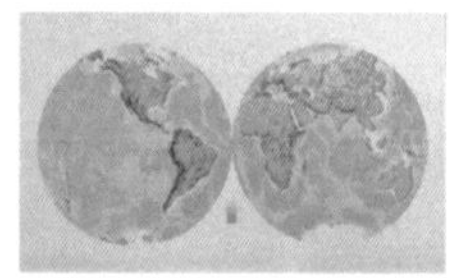

Venezuela, 1979: Thema: Venezuela-su localization en el mundo Geografisches Zentrum: 180° | 0°
Äquator: in der horizontale Bildmitte Vollständigkeit: vollständig

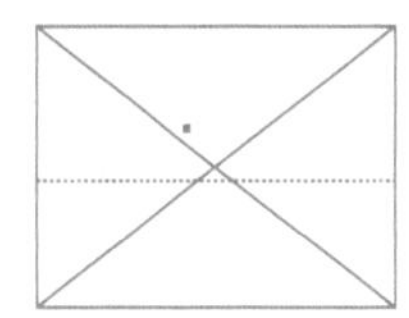
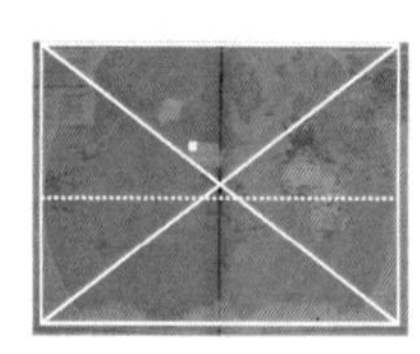
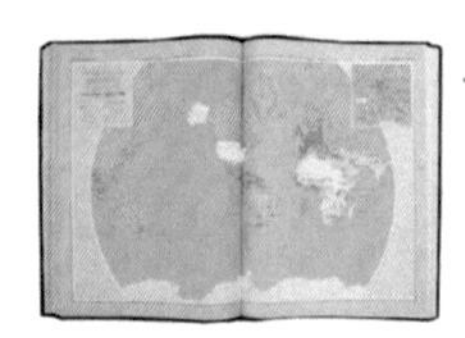

USA, 1970: Thema: National Atlas Geografisches Zentrum: Nicaragua Äquator: unterhalb der horizontalen Bildmitte
Vollständigkeit: Bildausschnitt

Afrikanischer Raum

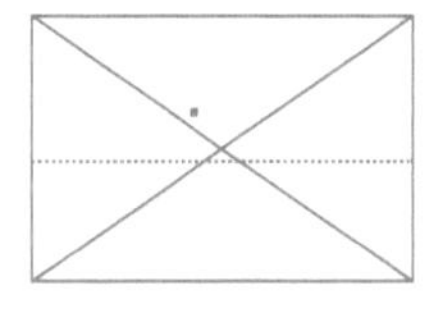
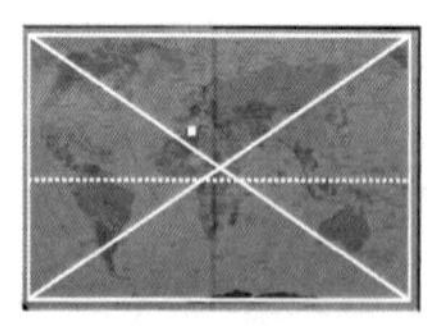
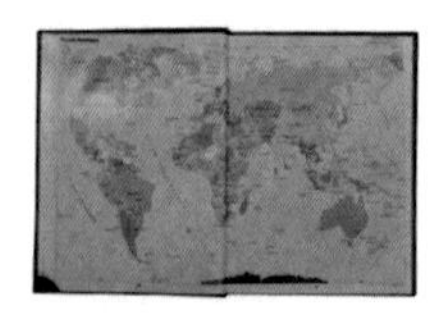

Algerien, 2004: Thema: – Geografisches Zentrum: Äthiopien Äquator: unterhalb horitzontaler Bildmitt
Vollständigkeit: Bildausschnitt

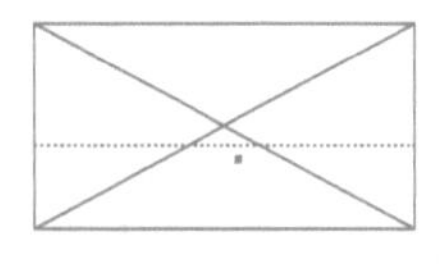
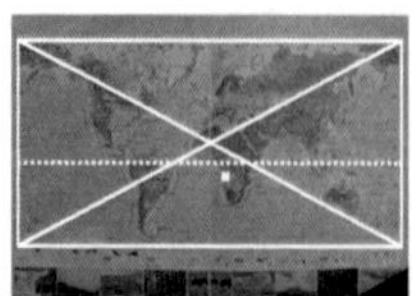

Angola, 1982: Thema: O Mundo: Meio Geogràfico Geografisches Zentrum: Mali Äquator: unterhalb horizontaler Bildmitte
Vollständigkeit: Bildausschnitt

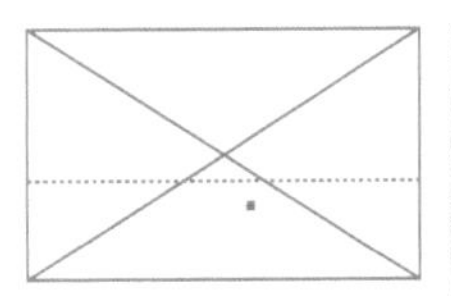
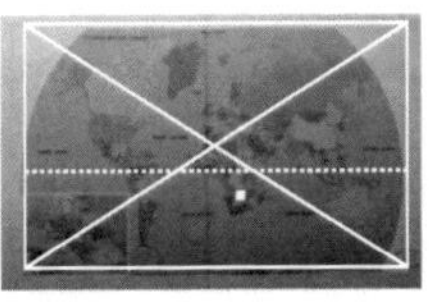

Botswana, 2000: Thema: Countries and their Capitals   Geografisches Zentrum: Mali   Äquator: unterhalb horizontaler Bildmitte   Vollständigkeit: Bildausschnitt

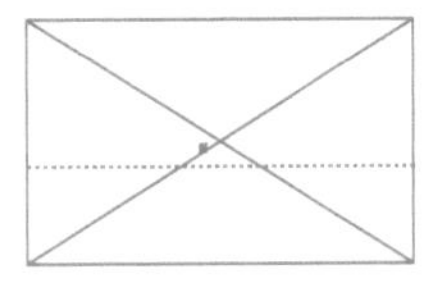
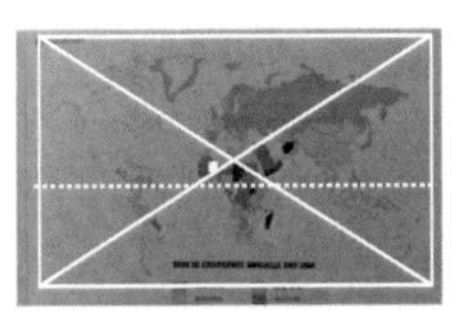

Burkina Faso (!) Paris, 2005: Thema: Taux de croissance annuelle 2002 – 2004   Geografisches Zentrum: Tschad   Äquator: unterhalb horizontaler Bildmitte   Vollständigkeit: Bildausschnitt

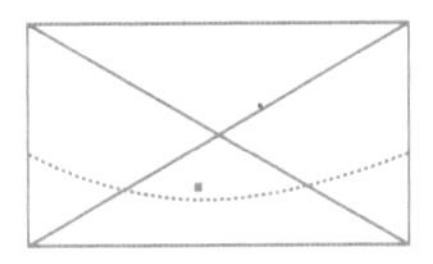
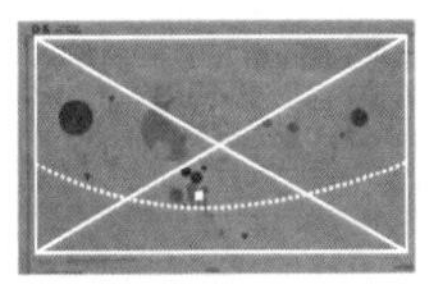
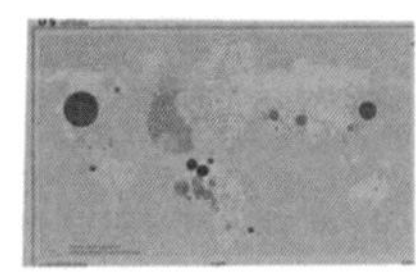

Elfenbeinküste, 1979: Thema: Valeurs Globales des Échange   Geografisches Zentrum: Griechenland   Äquator: Sonstige   Vollständigkeit: Bildausschnitt

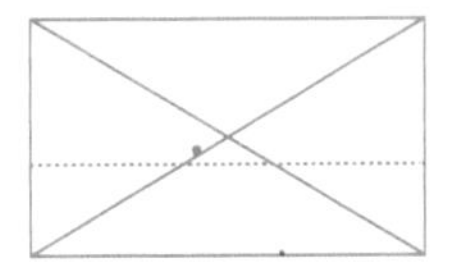
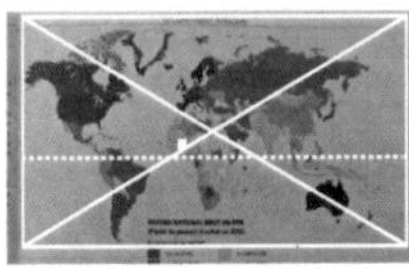
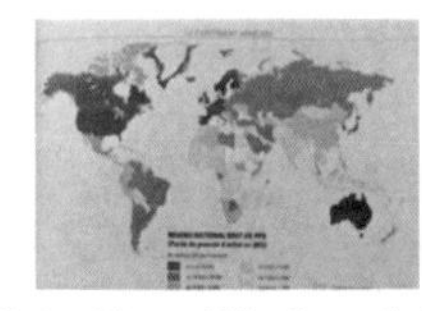

Elfenbeinküste (!) Paris, 2013: Thema: Le Continent Africa – Revenu National Brut en PPA   Geografisches Zentrum: Tschad   Äquator: unterhalb horizontaler Bildmitte   Vollständigkeit: Bildausschnitt

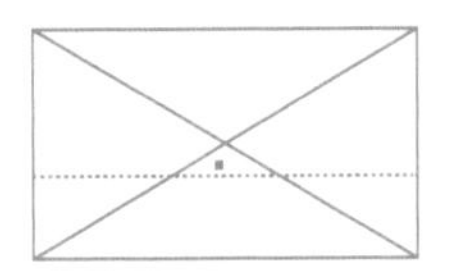
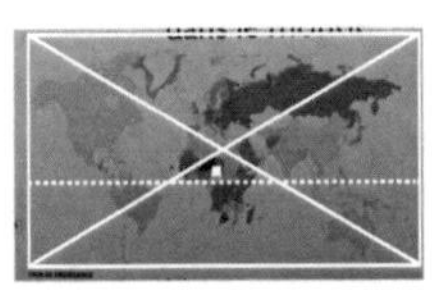

Kamerun (!) Paris, 2010: Thema: Africa dans le Monde   Geografisches Zentrum: Tschad   Äquator: unterhalb horizontaler Bildmitte   Vollständigkeit: unvollständig

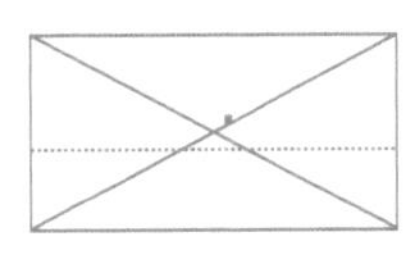
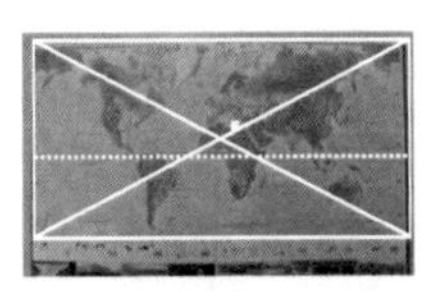

Libyen, 1978: Thema: The World: Physical Map   Geografisches Zentrum: Mali   Äquator: unterhalb horizontaler Bildmitte   Vollständigkeit: Bildausschnitt

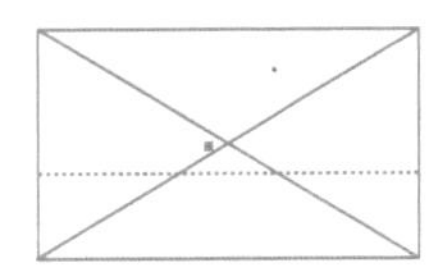
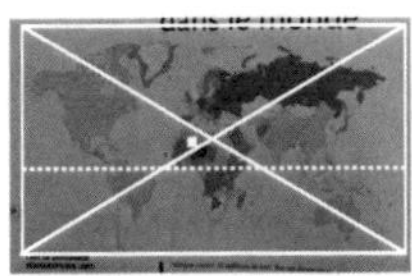

Mali (!) Paris, 2010: Thema: L'Afrique dans le monde   Geografisches Zentrum: Tschad   Äquator: unterhalb horizontaler Bildmitte   Vollständigkeit: Bildausschnitt

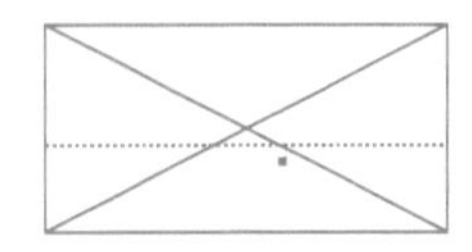
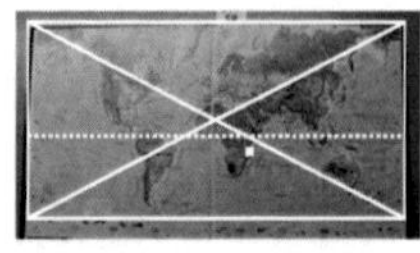
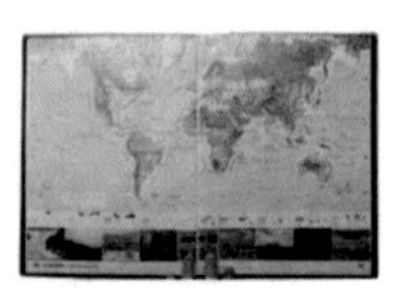

Mocambique, 1986: Thema: O Mundo: Meio geografico Geografisches Zentrum: Mali Äquator: unterhalb horizontaler Bildmitte Vollständigkeit: Bildausschnitt

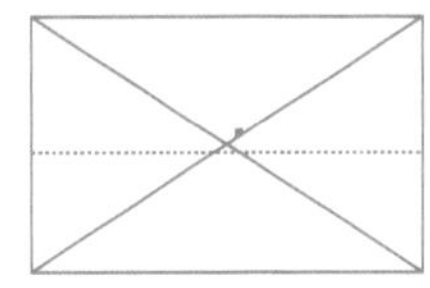
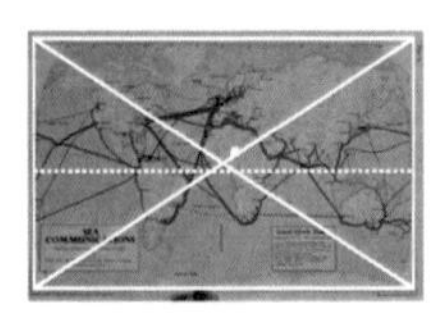
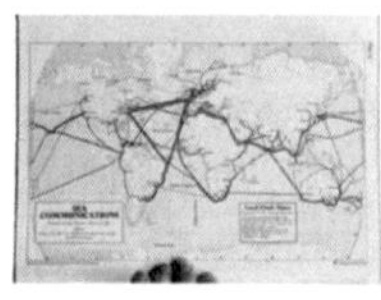

Nigeria (!) Oxford, 1968: Thema: Sea Communication Geografisches Zentrum: Ghana Äquator: unterhalb des geografischen Zentrums Vollständigkeit: Arktis, Antarktis angeschnitten

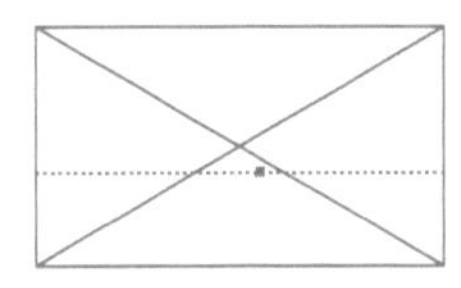
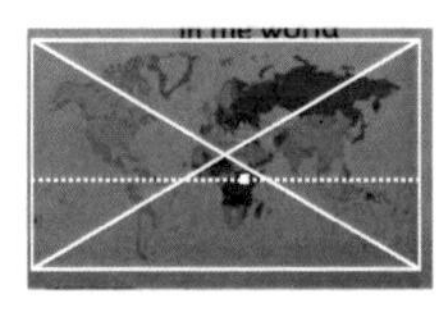
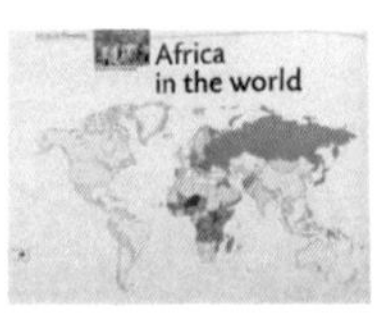

Ruanda (!) Paris, 2014: Thema: Africa in the World Geografisches Zentrum: Tschad Äquator: unterhalb horizontaler Bildmitte Vollständigkeit: Bildausschnitt

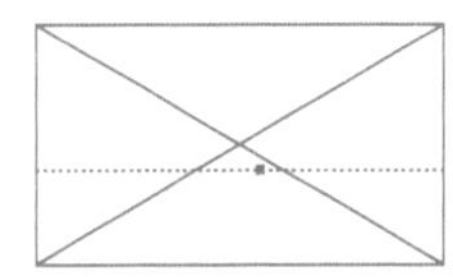
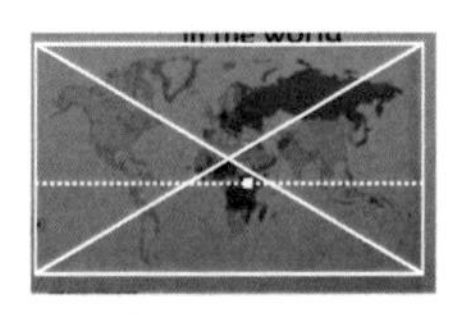

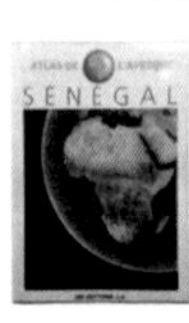

Senegal (!) Paris, 2007: Thema: Population – Taux de Croissance annuelle 2000 – 2005 Geografisches Zentrum: Tschad Äquator: unterhalb horizontaler Bildmitte Vollständigkeit: Bildausschnitt

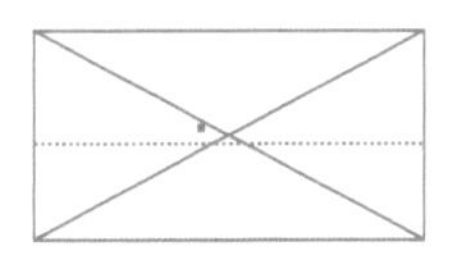
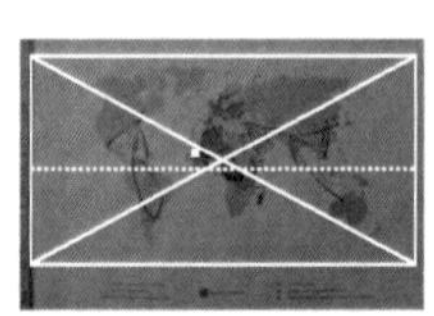
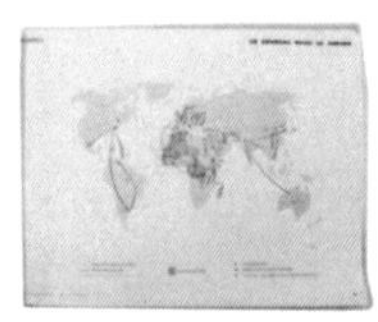

Senegal, 1978: Thema: Le Sénégal dans le mond Geografisches Zentrum: Nigeria Äquator: unterhalb der horizontalen Bildmitte Vollständigkeit: polare Gebiete sind angeschnitten

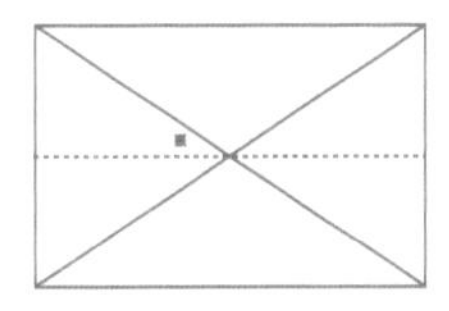
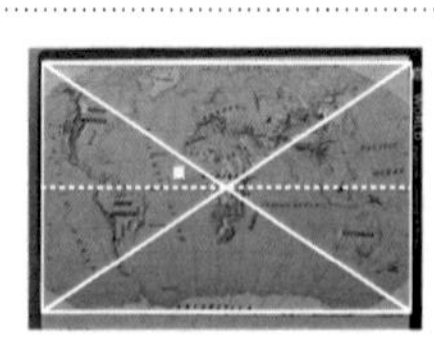

Sierra Leone, 1973: Thema: World – Highlands, Lowlands, Rivers Geografisches Zentrum: Kongo Äquator: in der Bildmitte Vollständigkeit: nord- und südpolare Gebiete angeschnitten

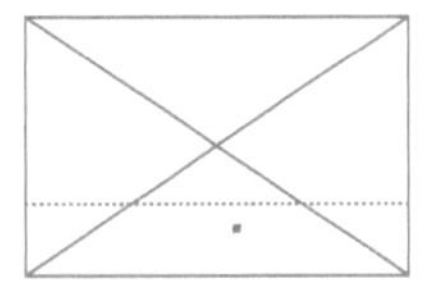
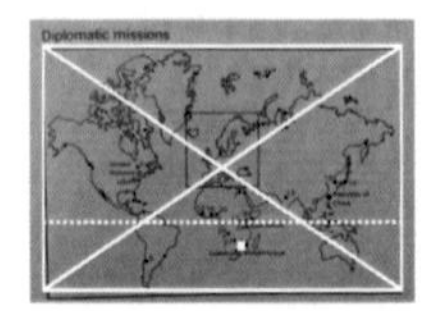
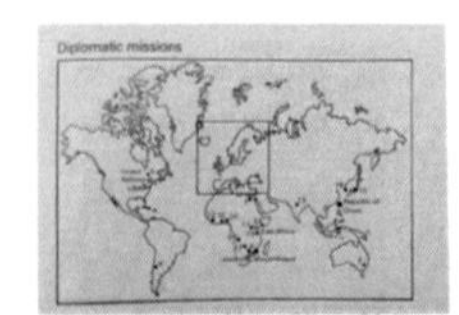

Swaziland, 1983: Thema: Diplomatic mission Geografisches Zentrum: Schweiz Äquator: unterhalb horizontaler Bildmitte Vollständigkeit: Bildausschnitt

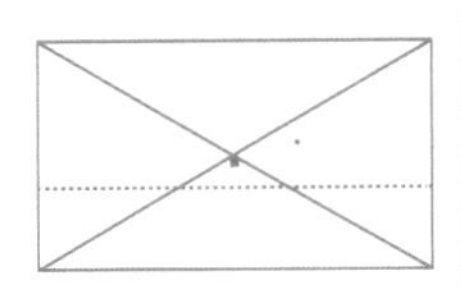
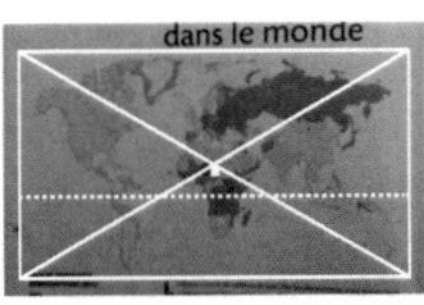

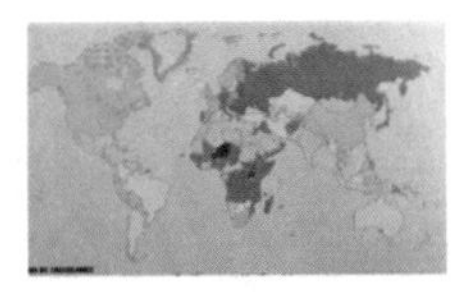

Tschad (!) Paris, 2012: Thema: L'Afrique dans le Monde Geografisches Zentrum: Tschad Äquator: unterhalb horizontaler Bildmitte Vollständigkeit: Bildausschnitt

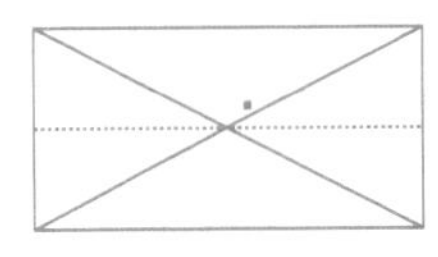
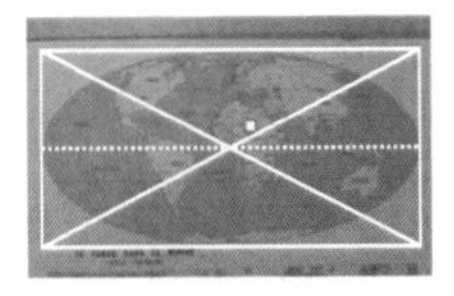

Tschad, 1972: Thema: Le Tchad dans le Monde Geografisches Zentrum: 0° I 0° Äquator: in der horizontalen Bildmitte Vollständigkeit: vollständig

Europäischer Raum

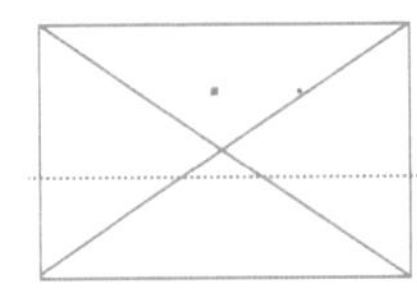
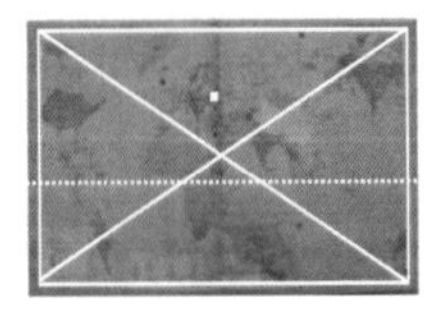

Armenien, 2010: Thema: – Geografisches Zentrum: Saudi Arabien Äquator: unterhalb der horizontalen Bildmitte Vollständigkeit: Bildausschnitt

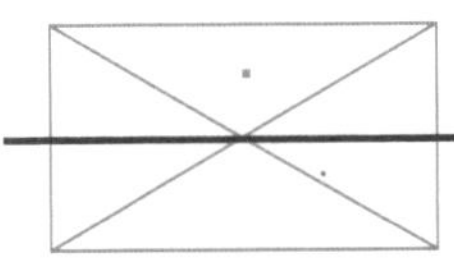
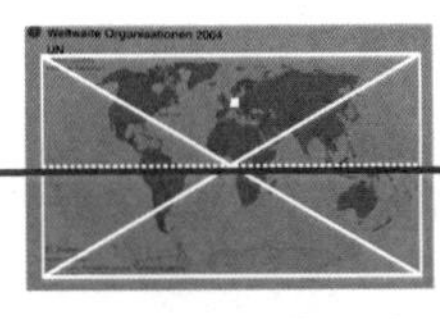
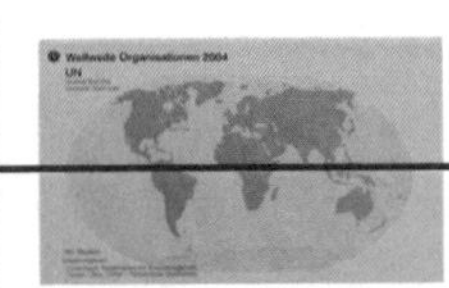

Deutschland (*), 2005: Thema: Weltweite Organisationen 2004 Geografisches Zentrum: um 0° I 0° Äquator: in horizontaler Bildmitte Vollständigkeit: vollständig

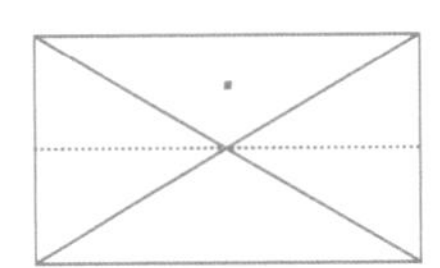
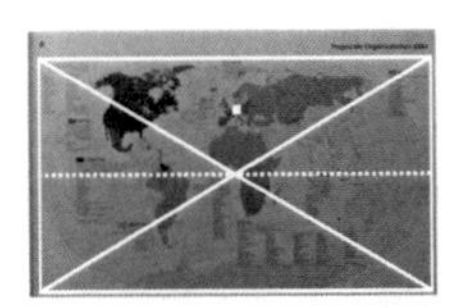

Deutschland (*), 2006: Thema: Regionale Organisationen 2004 Geografisches Zentrum: um 0° I 0° Äquator: in horizontaler Bildmitte Vollständigkeit: vollständig

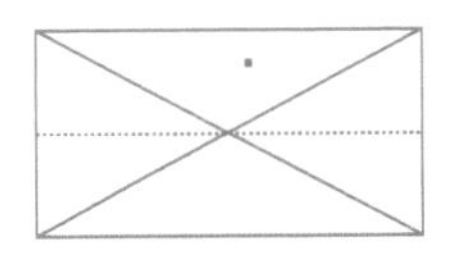
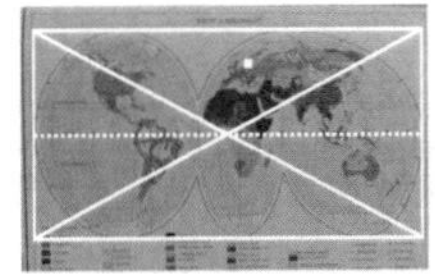

Finnland, 1972: Thema: Kielet ja Uskonnot Projektionsart: Goodesche Form Geografisches Zentrum: Niger Äquator: in horizontaler Bildmitte Vollständigkeit: vollständig

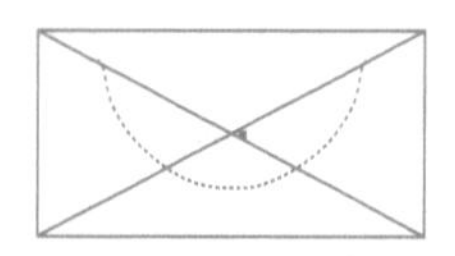
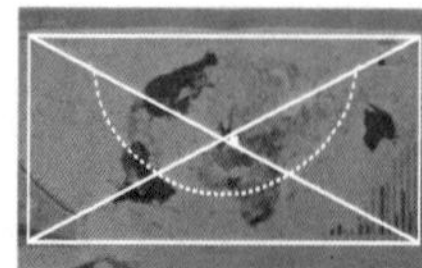
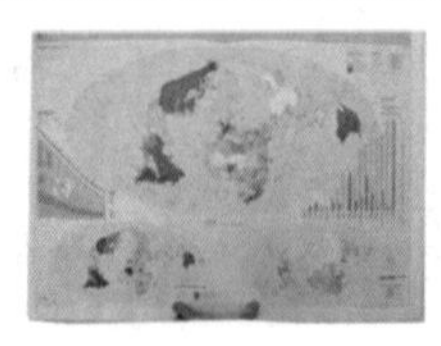

Italien, 1993: Thema: Italia nel mondo Geografisches Zentrum: Frankreich Äquator: Sonstige Vollständigkeit: vollständig

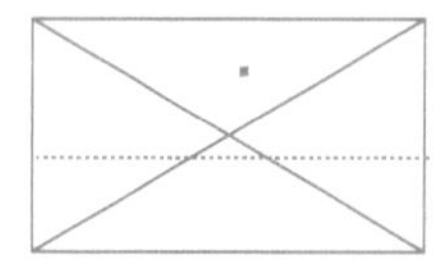
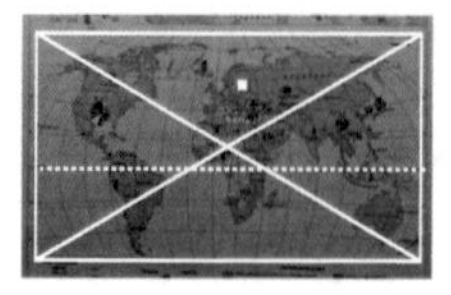

Lettland, 2007: Thema: Areja tirdzniecība Geografisches Zentrum: Niger Äquator: unterhalb der horizontalen Bildmitte Vollständigkeit: Bildausschnitt

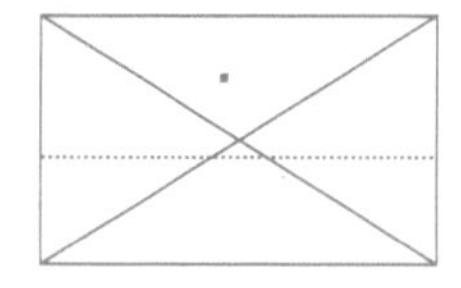
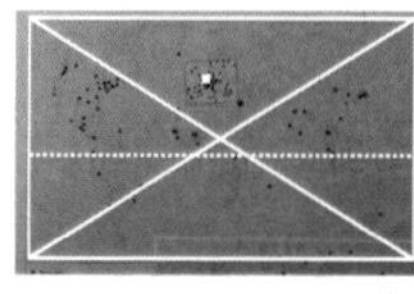
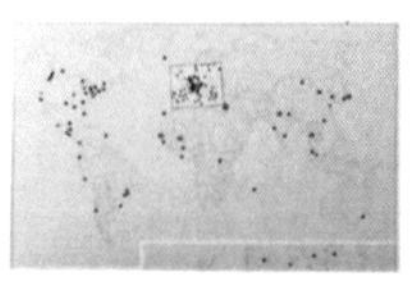

Luxemburg, 2006: Thema: – Geografisches Zentrum: Tschad Äquator: unterhalb der horizontalen Bildmitte Vollständigkeit: Bildausschnitt

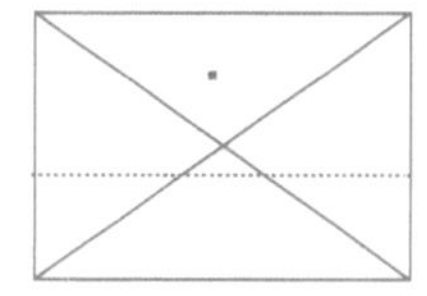
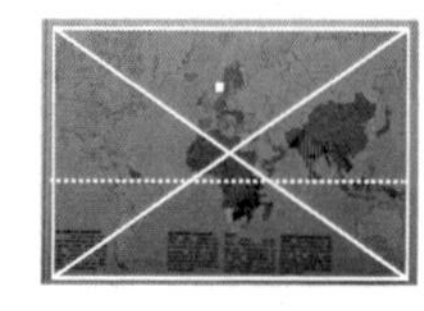
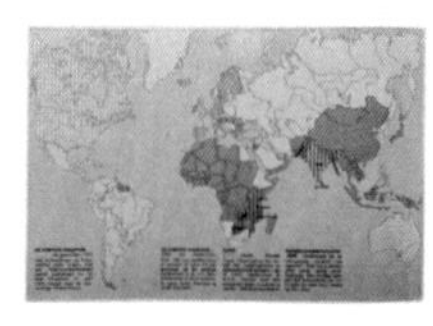

Norwegen, 1983: Thema: – Geografisches Zentrum: Tschad Äquator: unterhalb der horizontalen Bildmitte Vollständigkeit: Bildausschnitt

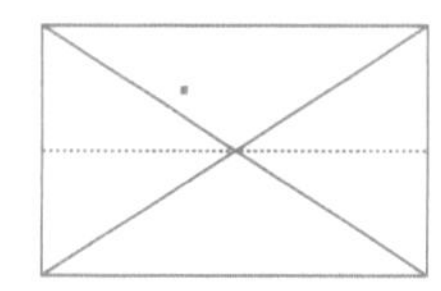
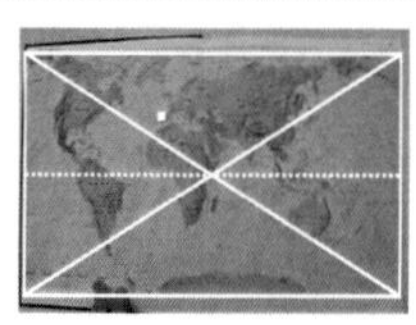
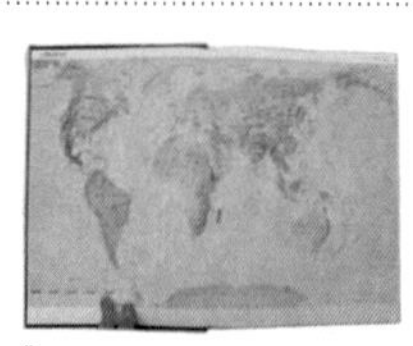

Portugal, 1991: Thema: Planisfério Geografisches Zentrum: Somalia Äquator: in der Bildmitte Vollständigkeit: nord- und südpolare Gebiete angeschnitten

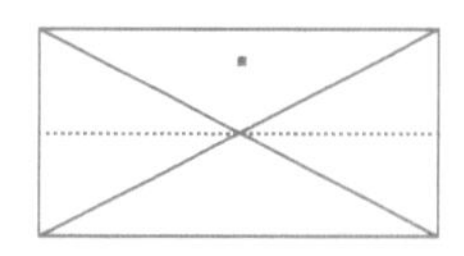
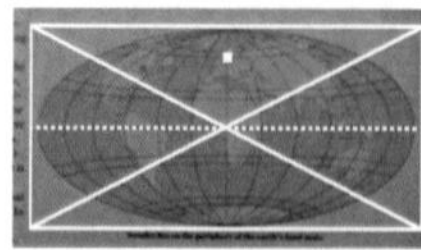
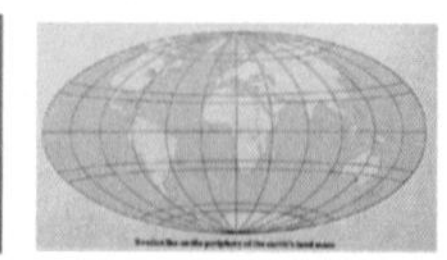

Schweden, 1990: Thema: Sweden lies on the periphery of the earth's land mass Geografisches Zentrum: 20° E I 0° Äquator: in der horizontalen Bildmitte Vollständigkeit: vollständig

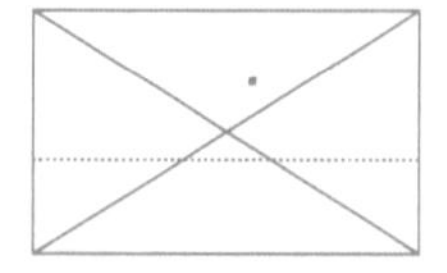
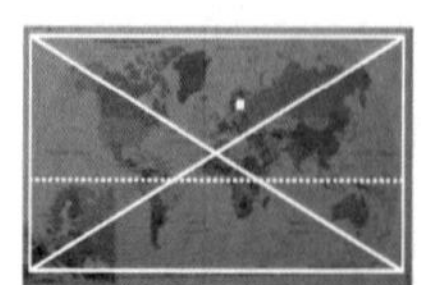

Schweden, 1993: Thema: Countries and their capital Geografisches Zentrum: Mali Äquator: unterhalb der horizontalen Bildmitte Vollständigkeit: Bildausschnitt

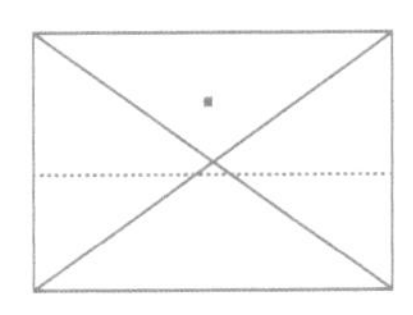
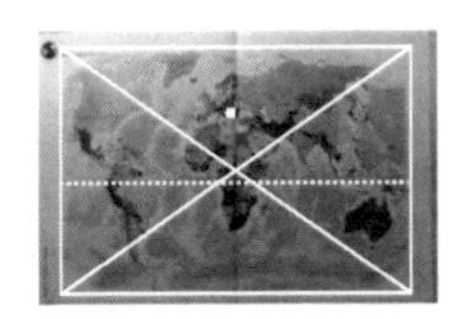
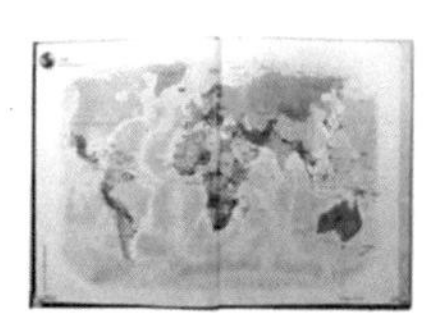

Serbien, 2007: Thema: Cbet Geografisches Zentrum: Zentral Afrikanische Republik Äquator: unterhalb geografischem Zentrum
Vollständigkeit: Bildausschnitt

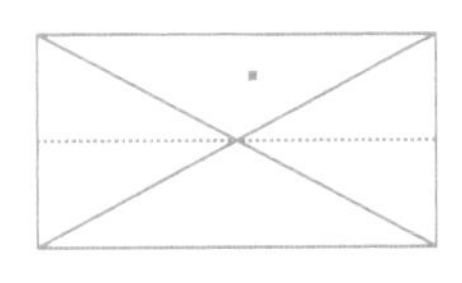
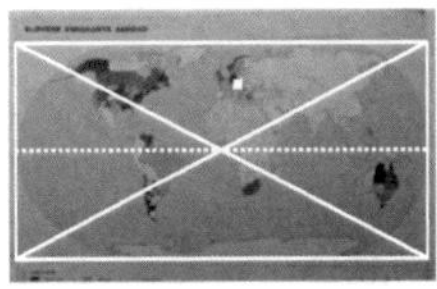

Slowenien, 2001: Thema: Slovene Emigrants Abroad Geografisches Zentrum: um 0° I 0° Äquator: in der horizontalen Bildmitte
Vollständigkeit: vollständig

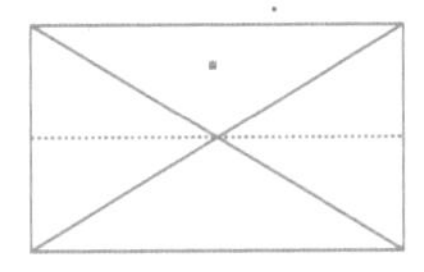
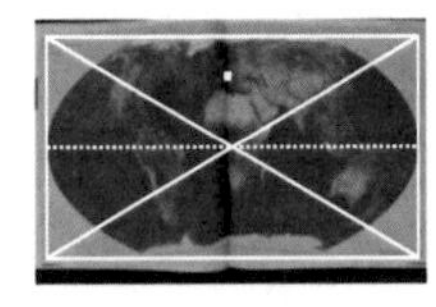
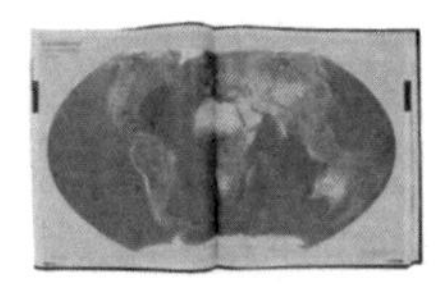

Slowenien, 2002: Thema: Slovensko a Svet Geografisches Zentrum: Kongo Äquator: in der horizontalen Bildmitte
Vollständigkeit: vollständig

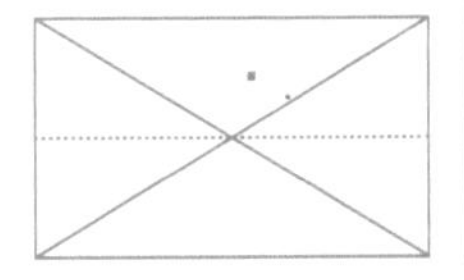
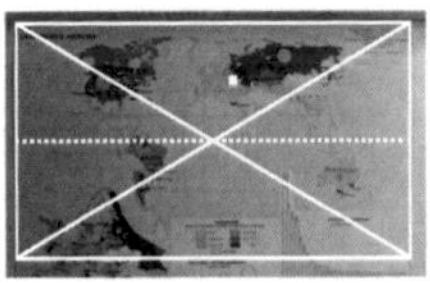
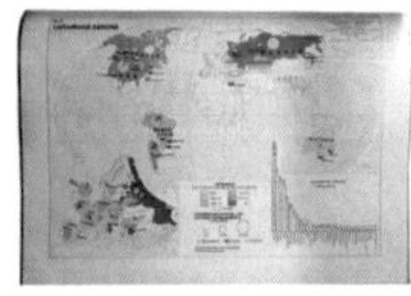

Ukraine, 2008: Thema: Ukrains Abroad Geografisches Zentrum: Gabon Äquator: in horitonaler Bildmitte Vollständigkeit: vollständig

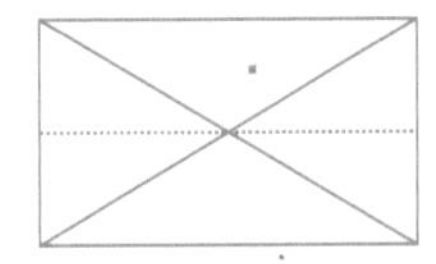
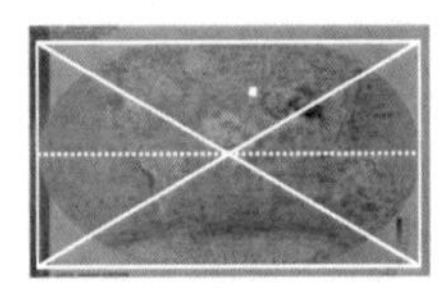
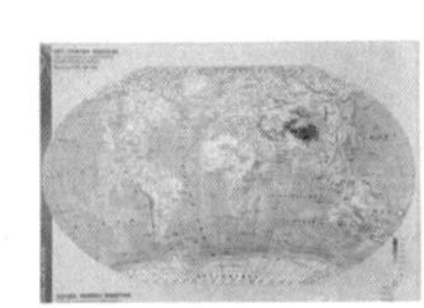

Ukraine, 2007: Thema: – Geografisches Zentrum: Gabon Äquator: horizontale Bildmitte Vollständigkeit: vollständig

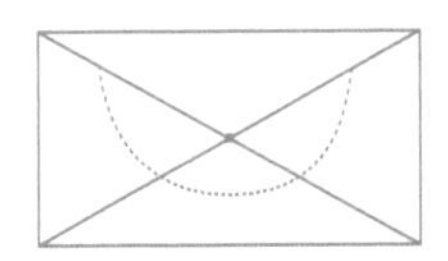
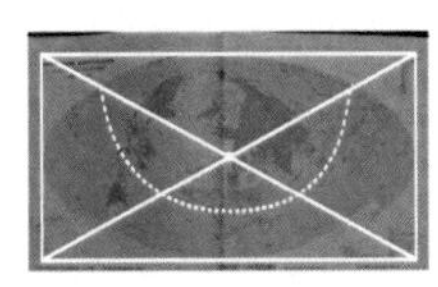

Ungarn, 1992: Thema: Diplomaciai Kapcsolatok Geografisches Zentrum: Ungarn Äquator: Sonstige Vollständigkeit: vollständig

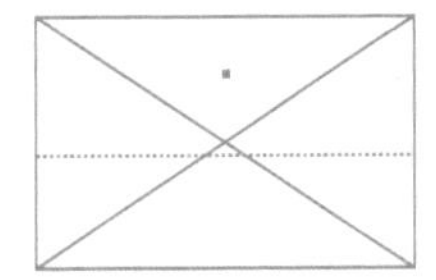
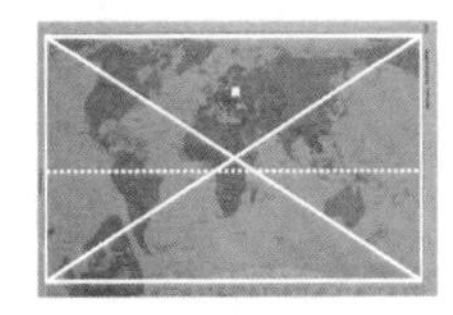

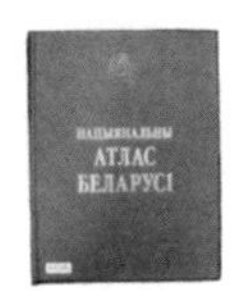

Weissrussland, 2005: Thema: – Geografisches Zentrum: Sudan Äquator: unterhalb horizontaler Bildmitte
Vollständigkeit: polare Gebiete sind angeschnitten

Bildtypen

1. Bildtyp

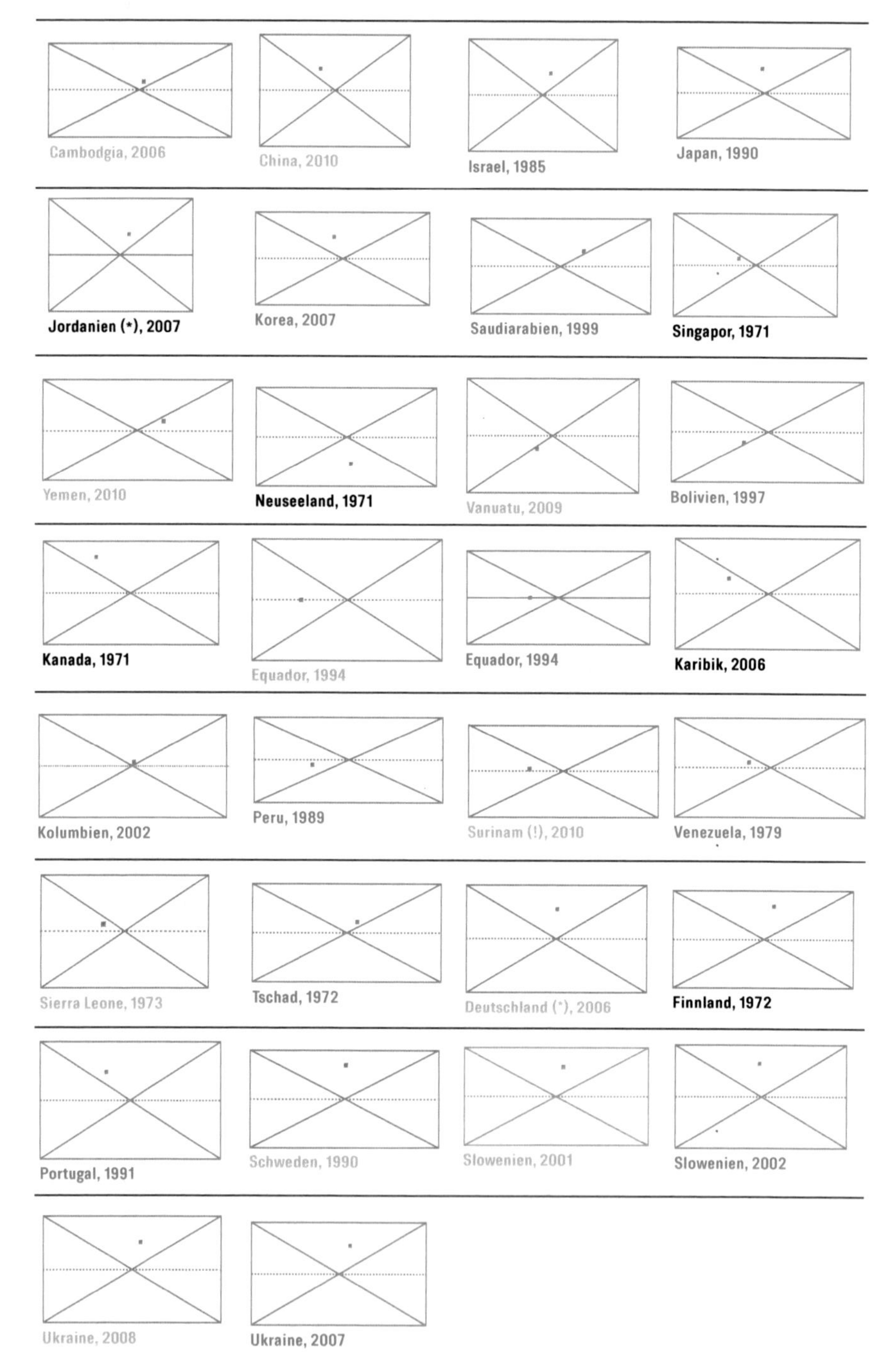

Anteil Bibliotheken: • Zentralbibliothek: **6** • ETH-Bibliothek: 15 • Staatsbibliothek Berlin: 11

2. Bildtyp

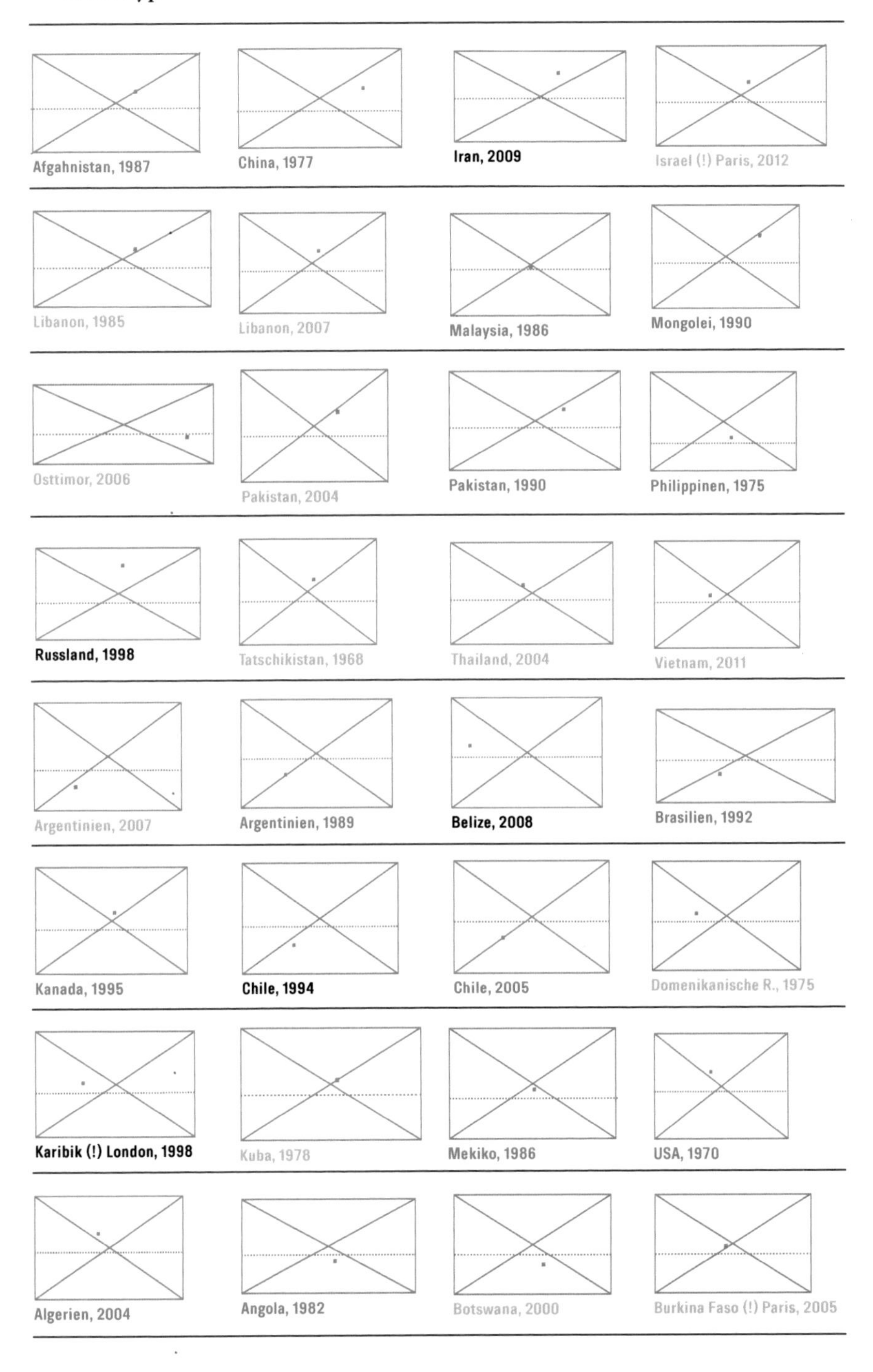

Afgahnistan, 1987
China, 1977
Iran, 2009
Israel (!) Paris, 2012
Libanon, 1985
Libanon, 2007
Malaysia, 1986
Mongolei, 1990
Osttimor, 2006
Pakistan, 2004
Pakistan, 1990
Philippinen, 1975
Russland, 1998
Tatschikistan, 1968
Thailand, 2004
Vietnam, 2011
Argentinien, 2007
Argentinien, 1989
Belize, 2008
Brasilien, 1992
Kanada, 1995
Chile, 1994
Chile, 2005
Domenikanische R., 1975
Karibik (!) London, 1998
Kuba, 1978
Mekiko, 1986
USA, 1970
Algerien, 2004
Angola, 1982
Botswana, 2000
Burkina Faso (!) Paris, 2005

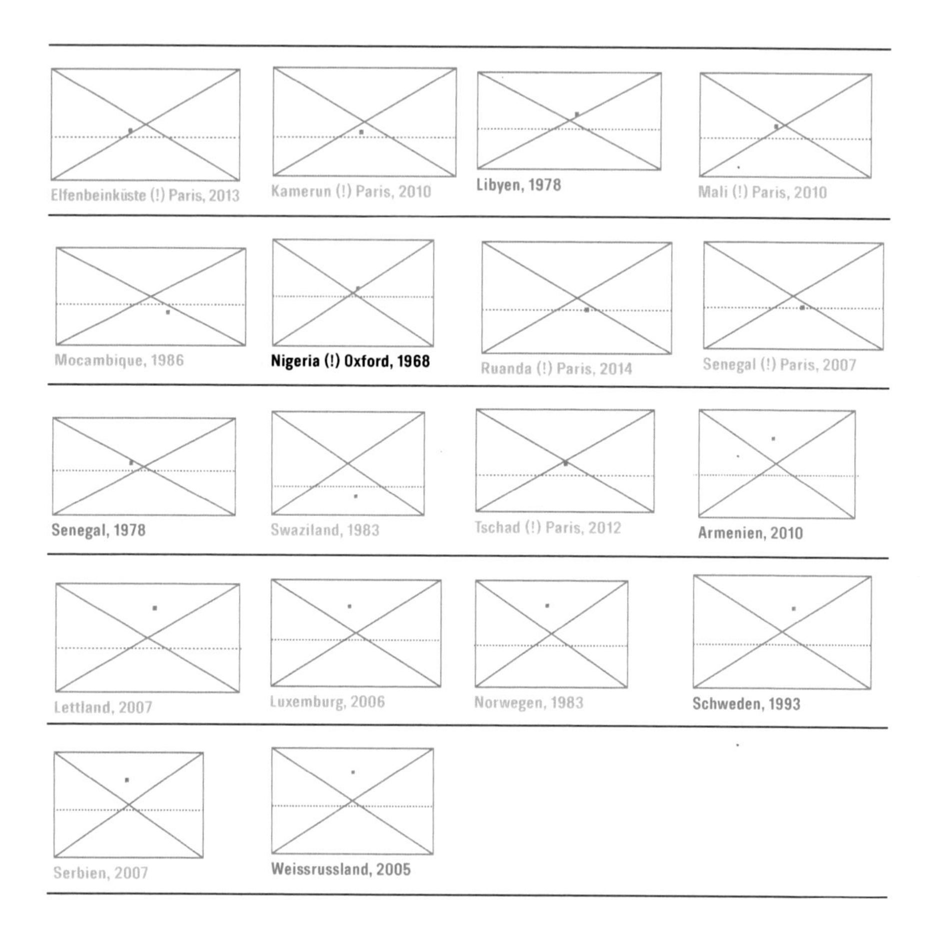

Anteil Bibliotheken: • Zentralbibliothek: 6 • ETH-Bibliothek: 17 • Staatsbibliothek Berlin: 25

3. Bildtyp

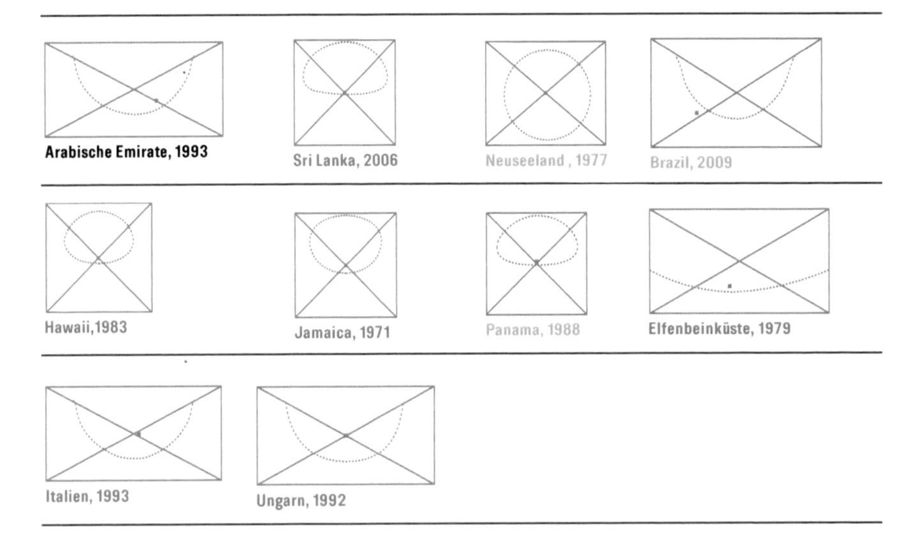

Anteil Bibliotheken: • Zentralbibliothek: **3** • ETH-Bibliothek: 6 • Staatsbibliothek Berlin: 3